InSAR 技术原理及实践

杨红磊　彭军还　康志忠 等　著

科 学 出 版 社

北 京

内 容 简 介

本书总结了国内外相关的研究成果，采取理论分析、实验分析与软件实习相结合的形式，系统陈述了 InSAR 及时序 InSAR 的理论、模型和数据处理方法与实践。全书分 13 章，主要内容包括：绪论、SAR 基本理论、InSAR 技术基本原理、InSAR 技术数据处理方法、干涉相位相干性分析、InSAR 干涉基线、D-InSAR 技术原理、永久散射体识别方法、时间序列 InSAR 分析方法、高分辨率时间序列 InSAR 技术、InSAR 形变监测精度评定、地基干涉雷达测量技术和 GAMMA 软件操作指南。

本书可作为高等院校、科研院所测绘、遥感、地质灾害、资源调查和地球物理等专业的本科生、研究生的专业课教材，也可供相关专业的研究人员和工程技术人员参考阅读。

图书在版编目(CIP)数据

InSAR 技术原理及实践 / 杨红磊等著 . —北京：科学出版社，2021. 10

ISBN 978-7-03-070213-5

Ⅰ. ①I…　Ⅱ. ①杨…　Ⅲ. ①合成孔径雷达-干涉测量法　Ⅳ. ①P237

中国版本图书馆 CIP 数据核字（2021）第 214730 号

责任编辑：周　杰 / 责任校对：樊雅琼
责任印制：赵　博 / 封面设计：无极书装

科学出版社 出版
北京东黄城根北街 16 号
邮政编码：100717
http://www.sciencep.com
涿州市般润文化传播有限公司印刷
科学出版社发行　各地新华书店经销
*
2021 年 10 月第　一　版　开本：720×1000　1/16
2024 年 8 月第四次印刷　印张：19 3/4
字数：400 000
定价：150. 00 元
（如有印装质量问题，我社负责调换）

前　　言

地表形变致灾过程缓慢，一旦形成难以恢复。地表形变监测可以丰富和完善地球动力学理论，同时对地震监测、火山运动和冰川流动等地学科学具有重要的指导意义。另外，其对于人类生产实践中有效监测和防治形变诱发的地质灾害具有重要的实践意义。

近些年发展起来的合成孔径雷达干涉测量（Interferometric Synthetic Aperture Radar，InSAR）技术具有全天时、全天候的特点，可以从空间直接获取大范围、高精度的地表高程信息和形变信息。InSAR 技术最初设计是为了获得地表高程，后来该技术延伸出形变监测技术——差分合成孔径雷达干涉测量（Differential InSAR，D-InSAR）技术，在地表形变、地震形变、冰川移动、火山运动及山体滑坡等方面得到了广泛应用。特别时间序列 InSAR 技术的监测能力达到了毫米级，精度与水准测量相当，但是监测点分布远远大于水准测量。

时间序列 InSAR 技术提供的结果数据中蕴含了丰富的地表形变规律信息，如何充分挖掘和利用这些信息为灾害监测及公共安全预警服务，是需要进一步解决的问题，该技术巨大的应用潜力吸引了众多学者及研究生的参与，国内多所高校和研究所都开设相关的选修课与必修课，这也迫切需要一本适合教学用的教材或参考书。

本书侧重 InSAR 技术的理论和方法，给出大量的实际案例展示这些理论和方法的应用效果及应用条件，同时给出了国内外知名的 GAMMA 软件的指导教程，供读者在实际工作中参考，本书也可作为高校的实习教材。

本书主要取材于作者近些年完成的研究工作，主要内容来源于课题的研究报告，部分内容来源于所指导的研究生毕业论文，其中有些内容已在国内外有关刊物发表。河南省大数据管理局汪宝存高级工程师、中国地质大学（北京）胡腾副教授、北京地空软件技术有限公司陈兴国和中国电力科学研究院有限公司赵斌滨高级工程师对本书的撰写做出了重要贡献，本书还参考了国内外的许多著作和研究论文，在书稿的整理和修改过程中，研究生陈雪、刘杰、刘友奉、李进、王士正、杜家宽、余静、韩晴、陆兆威和韩建锋等做了大量的文字整理和图表绘制等工作，在此一并表示衷心感谢。

本书涉及的研究工作得到了国家自然科学基金项目（41304012、61427802）、中国地质大学（北京）本科教育质量提升计划建设项目等项目资助。

InSAR 技术仍然处于不断发展之中，作者尽力将近些年的研究成果进行了整理，但是局限于写作水平，书中不足之处在所难免，敬请各位专家和读者批评指正。

作　者

2021 年 6 月

目　　录

第 1 章　绪　论

近些年发展起来的合成孔径雷达干涉测量（Interferometric Synthetic Aperture Radar，InSAR）技术具有全天时、全天候的特点，可以从空间直接获取大范围、高精度的地表高程和形变信息。InSAR 技术已经成为目前发展迅速、极具潜力的新型对地观测及测绘技术，成为各国地学界研究的热点之一。本章首先简要回顾合成孔径雷达（Synthetic Aperture Radar，SAR）技术、InSAR 技术的发展现状，最后描述 InSAR 技术模式和应用现状。

1.1　SAR 技术发展概况

雷达即无线电探测与测距。早期的雷达系统由军方研制，主要用于探测和追踪目标（飞机和船只等），这些雷达系统不产生影像。20 世纪 50 年代初期，出现了机载侧视雷达（Side-looking Airborne Radar，SLAR）系统，其主要用于军事侦察，直到 60 年代中期，高分辨率 SLAR 影像才被解密用于科学研究。

SAR 技术的研究最早开始于 20 世纪 50 年代初，1951 年美国 Goodyear 公司的 Carl Wiley 提出采用频率分析方法改善雷达的方位向分辨率，为 SAR 的发展奠定了理论基础。与此同时，伊利诺伊大学控制系统实验室证实了该理论，并于 1952 年成功研制了第一个实用化的 SAR 系统，1953 年 7 月采用非聚焦合成孔径方法获取了第一幅机载 SAR 影像。在此基础上，美国密歇根大学雷达和光学实验室成功研制了第一个 X 波段的机载 SAR 系统，并于 1957 年 8 月进行了飞行试验，获取了第一幅大面积聚焦的 SAR 影像。SAR 的出现，不仅提高了雷达探测与测距的精度，更为重要的是它提供了目标成像的一种新途径，因而 SAR 技术广泛地应用到遥感、测绘、林业制图等领域。从此，SAR 得到了世界的广泛认可并引起众多学者的关注。

1978 年，美国国家航空航天局（National Aeronautics and Space Administration，NASA）发射了世界上第一颗搭载 SAR 系统的卫星 SEASAT-A，空间分辨率为 25m，超过了同期专题制图仪（Thematic Mapper，TM）图像的空间分辨率（30m），不受云雾的影响，具有全天时、全天候的工作能力，引起了遥感领域科研工作者的广泛关注。SEASAT-A 的成功发射标志着 SAR 已进入太空对地面观测的新时代。此后，很多国家相继成功研制了自己的星载 SAR 系统，表 1-1 列出了国际上主要的星载 SAR 系统及其参数。这些 SAR 系统的成功运营，获取了大量的对地观测数据，在全球范围掀起 SAR 研究与应用的热潮。

表 1-1　国际上主要的星载 SAR 系统及其参数

卫星 SAR 系统	发射 年份	轨道高度 /km	波段/波长 /cm	侧视角 /(°)	重复周期 /天	地面分辨率 /m	影像幅宽 /km
ALMAZ-1	1991	300	S/10	21 ~ 65	5 ~ 7	15 ~ 30	30 ~ 45
ERS-1/2	ERS-1：1991 ERS-2：1995	790	C/5.6	23	35	25	100
JERS-1	1992	568	L/23.5	38	44	25	80
RADARSAT-1	1995	790	C/5.6	23 ~ 65	24	8 ~ 30	50 ~ 500
ENVISAT	2002	800	C/5.6	15 ~ 45	35	25 ~ 100	100 ~ 405
ALOS-1	2006	700	L/23.5	8 ~ 60	46	10 ~ 100	20 ~ 350
RADARSAT-2	2007	798	C/5.6	10 ~ 49	24	3 ~ 100	25 ~ 500
TerraSAR-X	2007	514	X/3.1	20 ~ 45	11	1 ~ 16	10 ~ 100
TanDEM-X	2010	514	X/3.1	20 ~ 45	11	1 ~ 16	10 ~ 100
COSMO-SkyMed (四星座)	2007 ~ 2010	620	X/3.1	20 ~ 60	4 ~ 16	1 ~ 100	10 ~ 200
ALOS-2	2014	628	L/23.6	8 ~ 70	14	1 ~ 100	25 ~ 490
高分三号	2016	755	C/5.6	10 ~ 60	3	1 ~ 500	10 ~ 650
Sentinel-1a/b	Sentinel-1A：2014 Sentinel-1B：2016	693	C/5.6	18 ~ 46	6/12	5 ~ 80	80 ~ 400
ICEYE-X1	2018	500	X/3.1	10 ~ 35	2 ~ 3	1 ~ 20	30 ~ 500

随着 SAR 理论和技术水平的不断进步，SAR 应用技术和应用领域的不断发展与拓宽，星载 SAR 系统正朝着高分辨率宽幅、多极化、多平台和高维成像方向发展。

1）高分辨率宽幅

随着科学技术的进步和遥感应用的多样化，人们希望通过 SAR 系统获取大范围、精细化信息。这就要求 SAR 系统同时具备高分辨率与宽幅成像的能力。然而，受制于最小天线面积约束，传统单相位中心 SAR 系统难以实现分辨率与幅宽的同时提升。

人们为了满足对 SAR 影像高分辨率的要求，提出了聚束模式 SAR（Spotlight SAR）成像与滑动聚束模式 SAR（Sliding Spotlight SAR）成像，通过控制天线波束的指向增加对目标区域的观测时间，从而提高 SAR 影像方位向分辨率。然而，高分辨率需要大的脉冲重复频率（Pulse Repetition Frequency，PRF）来避免方位多普勒模糊，从而限制了成像的测绘带宽。因此，这两种成像模式是以减小测绘带宽为代价来提高方位分辨率的。另外，人们为了满足对 SAR 影像宽幅的要求，提出了扫描模式 SAR（ScanSAR）成像与循序扫描地形观测 SAR（Terrain Observation by Progressive Scans SAR，TOPS SAR）。然而，这两种间歇性的扫描模式使得方位向的合成孔径时间变短，导致方位向分辨率降低。因此，这两种工作模式是以降低方位分辨率为代价来增加距离测绘带宽的。

为解决方位高分辨率与距离宽测绘带之间的矛盾，提出了方位多通道结合数字波束形成（Digital Beam Forming，DBF）技术，该技术可以有效突破传统单通道 SAR 系统受到的最小天线面积的限制。该 DBF 技术是利用方位向的空间自由度解决采用低于回波多普勒带宽的 PRF 造成的多普勒模糊，从而实现高分辨率宽测绘带（High Resolution and Wide Swath，HRWS）SAR 成像。目前，星载 HRWS SAR 系统有德国的 TerraSAR-X、加拿大的 RADARSAT-2、日本的 ALOS-2 和欧洲航天局（European Space Agency，ESA）的 Sentinel-1 等。

2）多极化 SAR

多极化 SAR 系统通过测量目标场景中每个分辨单元内的散射回波，获取该单元内可以用来完全描述目标散射特性的回波的幅度和相位信息，通过调整收发电磁波的极化组合形式获取场景目标的全部极化散射特征，极大地提高了成像雷达对目标信息的获取能力，在灾害评估、国民经济发展及军事等众多领域都有广阔的应用前景。自 2007 年以来，德国的 TerraSAR-X、加拿大的 RADARSAT-2、日本的 ALOS-2、意大利的 COSMO-SkyMed 和中国的高分三号等新型全极化 SAR 系统出现，为多极化 SAR 的发展带来了新的机遇。一方面，全极化方式能够大大提高地物检测与识别能力；另一方面，极化干涉技术可以同时获取观测目标的空间三维信息和散射信息，可以分解处于不同高度上的散射机制类型，在获取森林地形和树木高度等方面具有重要的应用价值。

3）多平台 SAR

传统单一平台 SAR 电磁波的发射与接收由同一部雷达完成，多平台 SAR 是指电磁波的发射和接收由位于不同空间位置的两部或者两部以上的雷达完成，也称为分布式 SAR。与单一 SAR 系统相比，多平台 SAR 系统具有隐蔽性好、安全性高、抗干扰能力强的特点，而且系统的灵活性好，在高分辨率宽幅成像、干涉测量和动态目标检测等方面具有明显的优势。通过多个 SAR 系统，可以缩短重访周期，提高 SAR 数据获取的时效性；另外，还可以联合不同视角的 SAR 系统获取地表三维形变信息。双站 SAR 系统作为多平台 SAR 系统的一种最简单形式，成为近年来 SAR 领域研究的热点。目前，德国的 TanDEM-X 和 TerraSAR-X 为双站 SAR 系统。

4）高维成像能力

InSAR 技术在 SAR 基础上利用两副天线从不同角度对同一地区进行成像，根据得到的两景 SAR 图像相位差来提取地表高程信息，实现对地表物体的三维成像。但 InSAR 系统获取的三维图像实际上是三维表面图像，无法确定同一距离-方位单元内的不同散射点的高度分布，不具有高度维几何分辨率，只能用来测量高程。近些年发展起来的多基线层析 SAR 是单基线 InSAR 技术的延伸，垂直于视线的方向上依次增加多个基线，在层析向合成一个大孔径，其具有高度维几何分辨率，从而实现目标高精度三维成像。随着 SAR 三维成像技术的不断发展与完善，多基线层析 SAR 在国防军事、自然环境监测和国民经济等很多领域发挥着越来越重要的作用。

1.2 InSAR 技术发展概况

InSAR 技术是利用同一地区的两景 SAR 数据中的相位信息来提取地表三维信息，其最初用于对金星和月球的地形观测中（Rogers and Ingalls，1969）。1974 年，Graham 提出运用 InSAR 技术进行地形测量的技术原理，首次演示了 InSAR 用于地形测量的可行性，并制作了第一台用于三维地形测绘的机载 InSAR 系统。此后未见有关 InSAR 技术的报道，直到 1986 年喷气推进实验室（Jet Propulsion Laboratory，JPL）的 Zebker 和 Goldstein 首次利用航空侧视雷达获取了旧金山地区的数字高程模型（Digital Elevation Model，DEM）。1988 年，Goldstein 等把机载 InSAR 技术用在 SEASAT 卫星观测数据处理中，以死亡谷（Death Valley）地区为例，得到的地形图和美国地质调查局发布的结果非常一致。同年，Gabriel 和 Goldstein 等又将该技术进行修正用到 SIR-B 数据处理中。

1989 年，喷气推进实验室的 Gabriel 等首次提出差分合成孔径雷达干涉测量（Differential Interferometric SAR，D-InSAR）技术，并将其用于监测地表微小形变，采用 SEASAT L 波段 SAR 数据获取了美国加利福尼亚东南部的因皮里尔河谷（Imperial Valley）灌溉区的地表形变。1993 年，Massonnet 等利用 ERS-1 SAR 数据成功获取了 1992 年 Landers 地震的形变场，并取得与地震模型一致的结果，相关研究成果发布在 *Nature* 上，引起国际地震界的关注。这些早期的研究成果极大地鼓舞和推动了 InSAR 技术的发展。随后国际上诸多学者在 D-InSAR 原理、模型试验、计算方法、软件开发和实际应用等方面开展了大量的工作，并取得了重大进展，D-InSAR 技术被广泛地应用于地震、火山、滑坡及地表沉降等方面的监测与物理模型反演中。

2000 年 2 月 11 日，美国“奋进”号航天飞机搭载雷达地形测绘（Shuttle Radar Topography Mission，SRTM）系统获取了 60°N ~ 56°S 的 SAR 数据。该系统通过加载一个 60m 可伸缩长臂将一部 X 波段和一部 C 波段天线伸出舱外，和舱内的主天线构成了双天线 InSAR 系统，如图 1-1 所示，采用 InSAR 技术生产出覆盖全球陆地表面 80% 的 DEM 产品，该产品平面分辨率 30m×30m，相对高程精度为 6m，绝对高程精度 16m，被誉为是与“建立人类基因库相并列的伟大工程”。

图 1-1　SRTM 系统结构

大量研究表明，在利用 D-InSAR 技术进行长时间的地表微小形变监测中，受时间和空间失相干及大气延迟等因素干扰，该技术适合在特定区域监测大形变（如同震形变场、油田形变等）。随着 SAR 系统的发展，同一地区积累了大量的 SAR 数据，对这些数据进行研究发现，某些点（人工建筑、裸露岩石等）的观测值在长时间序列中仍能保持高相干性，利用这些高相干点的干涉信息，国内外学者开展了时间序列 InSAR 技术的研究。

1999 年意大利 Usai 和 Klees 利用时间序列 SAR 数据集，依据短时空基线组合原则，获取高相干点的干涉相位，构建时间和干涉相位的函数模型，采用最小二乘方法求解形变信息，获得了和地面监测手段一致的结果。该方法中的函数模型没有顾及 DEM 误差和大气延迟相位的影响，得到的是一个整体意义上的最优解，得到的结果精度有限。但是该方法是永久散射体合成孔径雷达干涉测量（Permanent Scatterers InSAR，PS-InSAR）技术和小基线集（Small Baseline Subsets，SBAS）技术等时间序列 InSAR 的理论基础。

2001 年，Ferretti 等提出了 PS-InSAR 技术，对同一地区的时间序列 SAR 数据通过统计分析探测出高相干点（即 PS 点），通过离散 PS 点建模分析，可以减弱大气延迟的影响，并精确分离出地表形变和高程信息。

2002 年，Berardino 等提出了 SBAS 技术，通过选取短时空基线干涉对，限制了长时空基线导致的失相干问题，与 PS-InSAR 技术相比，SBAS 技术选取更多的干涉对参与计算，依据时间序列中的高相干点的干涉相位，建立形变模型。由于干涉相位中存在相关观测，故采用奇异值分解（Singular Value Decomposition，SVD）方法求解形变信息和高程改正量。该方法需要对 SAR 数据进行多视处理，故多用于大范围地表沉降普查中。

2006 年，Kampes 等采用 GPS 中求解整周模糊度的最小二乘模糊度降相关平差法（Least Square Ambiguity Decorrelation Adjustment，LAMBDA）求解 PS 模型参数，发展了基于统计模型的时间序列分析方法——时空网络解缠算法（Spatio-Temporal Unwrapping Network，STUN）。

2010 年 6 月 21 日，德国科研卫星 TanDEM-X 成功发射，与之前的 TerraSAR-X 卫星进行双星星座模式运行，开创了真正意义上的星载双站 SAR 干涉测量。与 2000 年 NASA 获取的 SRTM 数据相比，TanDEM-X DEM 由 60°N ~ 56°S 覆盖扩展到全球覆盖，包括南北极的全部地区，且空间分辨率和高程精度分别提高到 12m 和 2m。

2011 年，Zhang 等提出了时域相干点雷达干涉（Temporarily Coherent Point InSAR，TCPInSAR）技术，该技术在 SBAS 技术的基础上，通过偏移量估计的标准差方法选取点集，对时间序列中高相干点进行选取时不要求点在整个序列中都保持高相干性，大大增加点的分布，同时该方法引入了相位模糊度探测方法，无需进行相位解缠。

2011 年，Ferretti 等提出把 PS 点和分布式散射体（Distributed Scatterer，DS）联合起来的 SqueeSAR 技术，并采用传统 PS-InSAR 处理流程求解，提高了形变监测的点密度，扩展了 PS-InSAR 技术的应用领域。

时间序列 InSAR 技术已是 InSAR 技术研究和应用的一个重要方向。尽管上述时间序列 InSAR 技术方法不尽相同，但均可归结为对时间序列中高相干点进行建模分析，近些年诸多学者对高相干点选取、非线性形变提取、大气延迟相位剔除、数据自动化处理等问题开展研究，进一步推动 InSAR 技术向工程化发展。

1.3　InSAR 技术模式

根据 SAR 数据获取方式的不同，InSAR 技术可划分为单航过模式和重复轨道模式。

1.3.1　单航过模式

单航过模式是通过在同一平台上安装的两副天线在单次飞行中同时获取双通道的 SAR 数据，其具有不受时间失相干影响、大气干扰小，以及基线稳定的优势。单航过模式根据基线结构的不同，又可以分为交轨干涉测量（Cross Track Interferometry，XTI）和顺轨干涉测量（Along Track Interferometry，ATI）两种。其中，XTI 是指基线与航向垂直的工作模式，如图 1-2 所示，在该模式下，一副天线发射电磁波，两副天线同时接收来自地面的反射信息，干涉相位由两副天线与地面目标之间的路径差引起，路径差与地形存在几何关系，因此该模式用于获取地表高程信息。ATI 模式是指基线与航向平行的工作模式，如图 1-3 所示，干涉相位主要由两次观测内地面目标的位移变化引起，故该模式常用于检测地面目标移动、水流制图等。星载平台上难以搭建两个具有一定基线距的 SAR 系统，因此该模式主要用于机载平台。

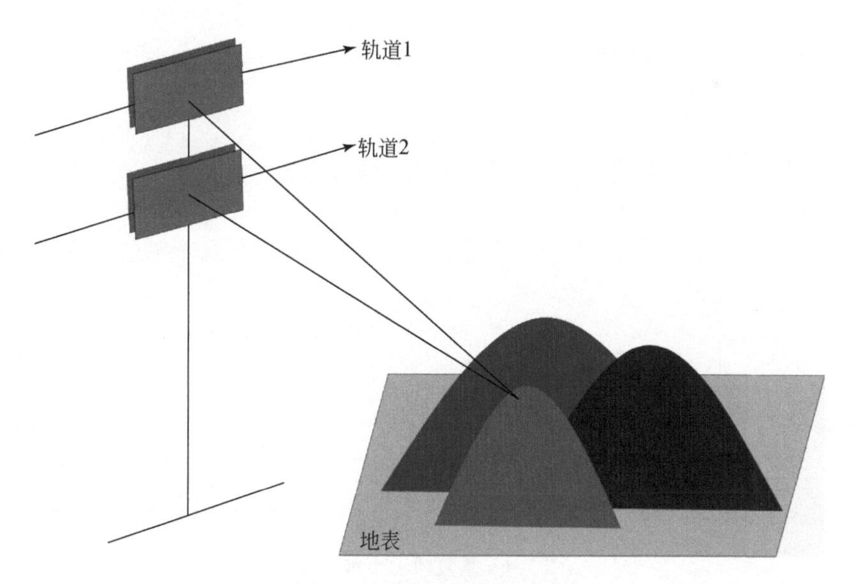

图 1-2　交轨干涉测量示意

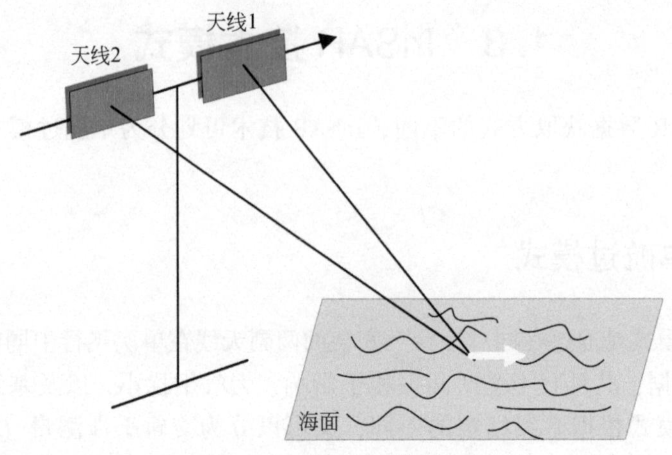

图 1-3　顺轨干涉测量示意

1. 3. 2　重复轨道模式

重复轨道模式是在平台上安装单幅天线，以一定的时间间隔重复对同一地区获取 SAR 数据，如图 1-4 所示，两次成像期间地表如能保持相干性，就能实现干

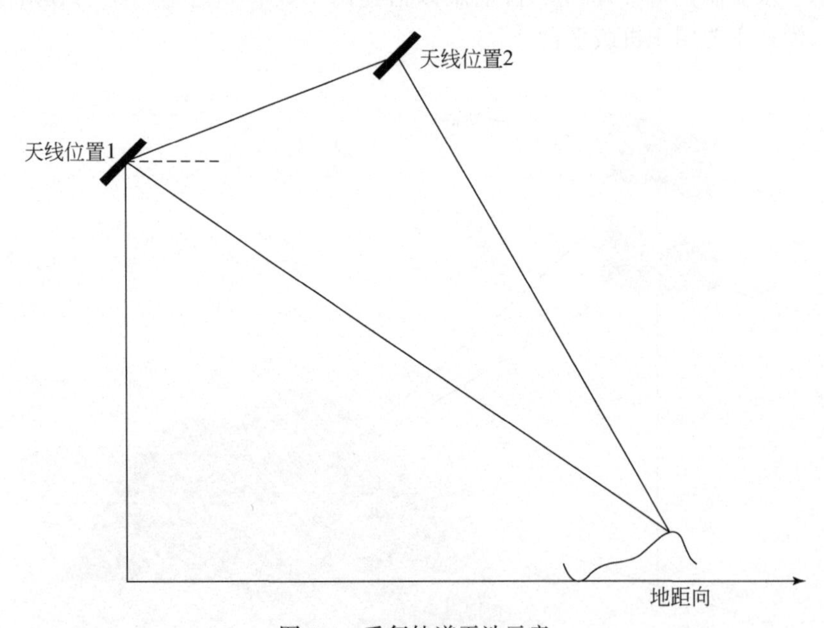

图 1-4　重复轨道干涉示意

涉测量。与机载平台相比，星载平台具有稳定的、周期性的运行轨道，容易实现基线的控制与重构，故该模式主要应用于星载平台。如果该模式两次观测的轨道完全重合，对应的相位差即为地面目标的位移信息，因此该模式多用于地表形变监测。但是该模式下两次观测的轨道并非完全重合，基线存在交轨基线分量，对应的干涉相位中除了地表位移信息外，还包含地面目标的高程信息，故该模式也可以用于获取地形信息。

1.4　InSAR 技术应用领域

目前 InSAR 技术的应用已涉及地形测量、地表沉降监测、地物分类和海洋研究等领域。

1.4.1　地形测量

与摄影测量和激光雷达等技术相比，InSAR 系统对地面目标成像基本不受昼夜、气象等条件的限制。特别是在常年阴雨、无人区和境外区域，InSAR 系统具有无可比拟的优势。与 SAR 立体测图技术相比，具有相位测量的 InSAR 技术有更高的测量精度。目前，利用 InSAR 技术进行地形测量已经可以实现业务化应用。例如，SRTM 系统、TanDEM-X 系统和我国西部 1∶50 000 地形图空白区测图工程等。

1.4.2　地表沉降监测

InSAR 技术监测地表沉降早期主要采用 D-InSAR 技术监测沉降比较明显的地震、火山和冰川等高危险区域，以安全、大面积、面状和高精度的对地观测方式代替传统的危险、局部、点状和低精度的实地外业观测方式，提高了观测的安全性和精度，减小了外业观测的强度和成本。对于地震形变监测，可以结合模型模拟结果，分析形变场，推测震源参数，阐述地震机理。对火山的研究是通过 InSAR 技术获取高程和形变信息。高程信息可用来分析火山坡面状况及熔岩的厚度和宽度，为防灾和救灾提供信息；形变信息可用于预测火山喷发。对于冰川的研究，InSAR 技术一方面可以提供高精度的地形数据，另一方面可以监测冰川流速、预测流量，为全球气候和环境变化研究提供数据源。

1.4.3 地物分类

SAR 系统在不同时期对地表成像时，地面目标的物理属性（如介电常数等）发生变化，造成地面目标的散射特性发生变化，进而导致 InSAR 相干性发生变化，如人工建筑和裸露地表具有高相干性，植被覆盖区域次之，水体和光滑地表完全失相干。这样结合不同频率、波长的 SAR 数据，可以实现对地表目标的识别与分类，在土地分类、森林识别和水域提取等方面具有重要的应用价值和潜力。

1.4.4 海洋研究

顺轨 InSAR 可以监测海浪方向和海流速度，也可以用于海面舰艇等运动目标的监测和海岸线的动态监测等。另外，交轨 InSAR 可以用于测量海面高度，进而估计海浪高度。

第 2 章　SAR 基本理论

本章首先给出了雷达的基本工作原理，介绍了侧视成像雷达的基本原理及特征；然后介绍了星载 SAR 的主要成像模式和特点；最后分析了 SAR 影像的几何特征和统计特征。

2.1　雷达概述

2.1.1　雷达工作原理

雷达，是英文 Radar 的音译，源于“Radio detection and ranging”的缩写，意思为“无线电探测和测距”，即用无线电的方法发现目标并测定它们的空间位置。因此，雷达也被称为“无线电定位”。雷达是利用电磁波探测目标的电子设备。雷达发射电磁波对目标进行照射并接收其反射波，由此获得目标至电磁波发射点的距离、距离变化率（径向速度）、方位、高度等信息（Skolnik，1962）。

各种雷达的具体用途和结构不尽相同，但基本形式是一致的，包括：发射机、发射天线、接收机、接收天线，以及处理部分和显示器，还有电源设备、数据录取设备、抗干扰设备等辅助设备。

雷达的作用跟眼睛和耳朵相似，当然，它不再是大自然的杰作，同时，它的信息载体是无线电波。事实上，不论是可见光或是无线电波，其在本质上是同一种东西，都是电磁波，在真空中传播的速度都是光速 c，差别在于它们各自的频率和波长不同。雷达的原理是雷达设备的发射机通过天线把电磁波能量射向空间某一方向，处在此方向上的物体反射碰到的电磁波；雷达天线接收此反射波，送至接收设备进行处理，提取有关该物体的某些信息（目标物体至雷达的距离、距离变化率或径向速度、方位、高度等信息）。

测量速度原理是雷达根据自身和目标之间有相对运动产生的频率多普勒效应。雷达接收的目标回波频率与雷达发射频率不同，两者的差值称为多普勒频率。从多普勒频率中可提取的主要信息之一是雷达与目标之间的距离变化率。当目标与干扰杂波同时存在于雷达的同一空间分辨单元内时，雷达利用它们之间多普勒频率的差异从干扰杂波中检测和跟踪目标。测量目标方位原理是利用天线的尖锐方位波束，通过测量仰角靠窄的仰角波束，从而根据仰角和距离计算出目标高度。测量距离原理是测量发射脉冲与回波脉冲之间的时间差，因电磁波以光速传播，据此就能换算成雷达与目标的精确距离。

2.1.2 雷达波段划分

最早用于搜索雷达的电磁波波长为23cm，这一波段被定义为L波段（L，即英文Long的字头），后来这一波段的中心波长变为22cm。当波长为10cm的电磁波被使用后，其波段被定义为S波段（S，即英文Short的字头，意为比原有波长短的电磁波）。在主要使用3cm电磁波的火控雷达出现后，3cm波长的电磁波被称为X波段，因为*X*代表坐标上的某点。为了结合X波段和S波段的优点，逐渐出现了使用中心波长为5cm的雷达，该波段被称为C波段（C，即英文Compromise的字头）。在英国之后，德国也开始独立开发自己的雷达，他们选择1.5cm作为自己雷达的中心波长。这一波长的电磁波被称为K波段（K，即德文中Kurz的字头）。“不幸”的是，德国以其日耳曼民族特有的“精确性”选择的波长可以被水蒸气强烈吸收，导致这一波段的雷达不能在雨中和有雾的天气使用。第二次世界大战设计的雷达为了避免这一吸收峰，通常使用频率略高于K波段的Ka波段（Ka，即英文K-above的缩写，意为在K波段之上）和略低于K波段的Ku波段（Ku，即英文K-under的缩写，意为在K波段之下）。最后，由于最早的雷达使用的是米波，这一波段被称为P波段（P，即英文Previous的字头）。SAR系统常用的波段的波长与频率如表2-1所示。

表2-1 SAR系统常用的波段信息汇总

频率带	波长/cm	频率/GHz
Ka	0.8~1.1	26.5~40.0
K	1.1~1.7	18.0~26.5
Ku	1.7~2.4	12.5~18.0
X	2.4~3.8	8.0~12.5
C	3.8~7.5	4.0~8.0
S	7.5~15.0	2.0~4.0
L	15.0~30.0	1.0~2.0
P	30.0~100.0	0.3~1.0

2.1.3 雷达分类

雷达的种类繁多，分类的方法也非常复杂，具体分类如下。

（1）按定位方法可分为：有源雷达、半有源雷达和无源雷达；

（2）按照雷达系统载体可分为：地基雷达、舰载雷达、机载雷达和星载雷达等；

（3）按照辐射种类可分为：脉冲雷达和连续波雷达；

（4）按照工作波段可分为：米波雷达、分米波雷达、厘米波雷达和其他波段雷达；

（5）按照用途可分为：目标探测雷达、侦察雷达、武器控制雷达、飞行保障雷达、气象雷达和导航雷达等。

以下简要介绍一些新体制雷达。

1）合成孔径雷达

合成孔径雷达（SAR）通常安装在移动的空中或空间平台上，利用雷达与目标间的相对运动将雷达在每个不同位置上接收到的目标回波信号进行相干处理，就相当于通过运动形成一个“大个”的雷达，这样小孔径天线就能获得大孔径天线的探测效果，具有很高的目标方位分辨率，再加上应用脉冲压缩技术又能获得很高的距离分辨率。SAR 在军事上和民用领域都有广泛应用，如战场侦察、火控、制导、导航、资源勘测、地图测绘、海洋监视、环境遥感等。

2）双/多基地雷达

双基地雷达（周万幸，2011）是使用不同位置的天线进行发射和接收的雷达系统。通过发射天线发射电磁波，电磁波遇到目标后发生反射，被接收站接收，并从中检测出目标。由于接收和发射不在同一个位置，因此要利用发射波束与基线的夹角、距离及基线距来解算双基地空间三角形，求出目标到发射站或者接收站，以及目标到接收站与基线的夹角，这样接收站形成的波束可对准回波方向，并接收到目标信息。

若系统使用两个或两个以上具有公共覆盖空域的接收基地，并且每个基地的目标数据在一个中心站融合，则这种系统称为多基地雷达。由稀疏分布阵列、随机分布阵列、畸变分布阵列和分布阵列构成的雷达、干涉雷达、无线电摄影和多基地测量系统也被认为是多基地雷达的分支。

3）相控阵雷达

蜻蜓的每只眼睛由许许多多个小眼组成，每个小眼都能完整地成像，这样就使得蜻蜓看到的范围要比人眼大得多。与此类似，相控阵雷达的天线阵面也由许多个辐射单元和接收单元（称为阵元）组成，单元数目和雷达的功能有关，可以从几百个到几万个。这些单元有规则地排列在平面上，构成阵列天线。利用电磁波相干原理，通过计算机控制馈往各辐射单元电流的相位，就可以改变波束的方向进行扫描，故称之为电扫描。辐射单元把接收到的回波信号送入主机，完成雷达对目标的搜索、跟踪和测量。每个天线单元除了有天线振子之外，还有移相器等必需的器件。不同的振子通过移相器可以被馈入不同相位的电流，从而在空间辐射出不同方向性的波束。天线的单元数目越多，则波束在空间可能的方位就越多。这种雷达的工作基础是相位可控的阵列天线，“相控阵”由此得名（张光义，1994）。

4）宽带/超宽带雷达

超宽带（Ultra-wideband，UWB）雷达通常定义为（Kaiser and Zheng，2010）：雷达发射信号的分数带宽（Fractional Band Width，FBW）大于 0.25 的雷达。超宽带技术就是通过对非常短的单脉冲进行一系列的加工和处理，包括产生、传输、接收和处理等，实现通信、探测和遥感等功能。超宽带是指该技术的一个主要特点，即占用的带宽非常大。它也可以被称为脉冲雷达、脉冲无线电、无载波技术和时域技术等。超宽带雷达最早的应用是出于美国陆军探测地下物体的需要，且其在目标成像、丛林透视，以及某些类型的杂波抑制和低 RCS 目标探测等方面亦有应用前景。

5）毫米波雷达

毫米波雷达，是工作在毫米波波段（Millimeter Wave）探测的雷达（Yanovsky，2008）。通常毫米波是指 30～300GHz 频域（波长为 1～10mm）的电磁波。毫米波的波长介于厘米波和光波，因此毫米波兼有微波制导和光电制导的优点。毫米波雷达具有天线波束窄、分辨率高、频带宽、抗干扰力强等特点，因而具有反隐形能力。它能分辨识别很小的目标，而且能同时识别多个目标，具有成像能力强、体积小、机动性和隐蔽性好等优点，广泛应用在导弹制导、目标监视与截获、炮火控制与跟踪、遥感等方面。

6）激光雷达

激光雷达（Light Detection and Ranging，LiDAR）是激光探测及测距系统的简称，另外也称 Laser Radar 或 LADAR（Laser Detection and Ranging），其工作在红外和可见光波段，以激光为工作光束。激光雷达是以发射激光束来探测目标的位置、速度等特征量的雷达系统。从工作原理上讲，其与微波雷达没有根本的区别：向目标发射探测信号（激光束），然后将接收的从目标反射回来的信号（目标回波）与发射的探测信号进行比较，做适当处理后，就可获得目标的有关信息，如目标距离、方位、高度、速度、姿态、甚至形状等参数。激活雷达广泛用于获取三维地形信息（Dong and Chen，2018）。

2.2 侧视雷达

侧视雷达属于主动式传感器，在成像时，雷达发射一定波长和功率的高频电磁波波束，然后接收该波束被目标反射回来的信息，从而达到探测目标的目的。侧视雷达使用微波波段的电磁波，故受大气影响较小，可以实现全天候成像，同时具有较高的分辨率，因此在遥感领域被广泛应用。

侧视雷达一般由脉冲发射器、接收机、转换开关、天线、显示记录器组成，如图 2-1 所示。脉冲发射器产生脉冲信号，由转换开关控制，经天线向观测区域发射，目标反射脉冲信号，由转换开关控制进入接收机，接收的信号在显示记录器上显示或者记录在磁带上。

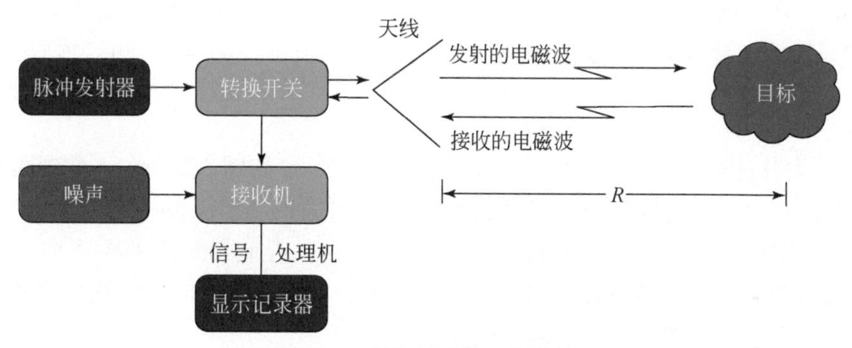

图 2-1　侧视雷达的一般结构

雷达接收的回波中还有多种信息，如雷达到达目标的距离、方位、雷达与目标的相对速度、目标的反射特性等。其中，距离可以表示为

$$R = \frac{1}{2}Ct \tag{2-1}$$

式中，R 为目标到雷达天线中心的距离；C 为电磁波传播速度；t 为脉冲信息在雷达和目标间往返的时间。

雷达接收到的回波强度是系统参数和地面目标参数的复杂函数，雷达探测的单个目标的回波功率 P_r 为

$$P_r = \frac{P_t G_t G_r \lambda^2 \delta}{(4\pi)^3 R^4} \tag{2-2}$$

式中，P_t 为发射功率；G_t 为发射天线的功率增益；G_r 为接收天线的功率增益；λ 为雷达波长；δ 为雷达截面面积（雷达接收天线方向上的有效面积）；R 为目标到雷达天线中心的距离。

侧视雷达按照成像机理可分为真实孔径雷达（Real Aperture Radar，RAR）和合成孔径雷达（Synthetic Aperture Radar，SAR）。

2.2.1 真实孔径雷达

RAR 的天线安装在飞机或者卫星的侧面，雷达发射天线向平台行进方向（称为方位向）的侧向（称为距离向）发射一束宽度很窄的脉冲电磁波束，然后接收从地物发射回来的后向散射波，进而从接收的信号中获取地表的影像。由于地面点到平台的距离不同，地物后向反射信号被天线接收的时间也不同，依它们到达天线的先后顺序记录，即距离近者先记录，距离远者后记录，这样依据后向散射波返回的时间排列就可以实现距离向上的扫描。通过平台的前进，扫描面在地面上移动，进而实现方位向上的扫描。

RAR 在距离向和方位向的地面分辨率是不一样的（Curlander and Mcdonough，2006）。距离向分辨率 ΔR 是在距离向上能够分辨的最小目标单元，可表示为

$$\Delta R=\frac{\tau\cdot c}{2\sin\theta} \tag{2-3}$$

式中，τ 为脉冲宽度；c 为光速；θ 为雷达波的侧视角，如图 2-2 所示。侧视角在一定范围内变化，因为脉冲宽度和光速为定值，对应的 ΔR 也在一定范围内变化，也就是说雷达距离向分辨率是随着侧视角变化的，近地端对应的距离向分辨率低，远地端对应的分辨率高。如果侧视角为 0°，即中心投影时，无法分辨相邻的地面点，这也是成像雷达一定侧视的原因。

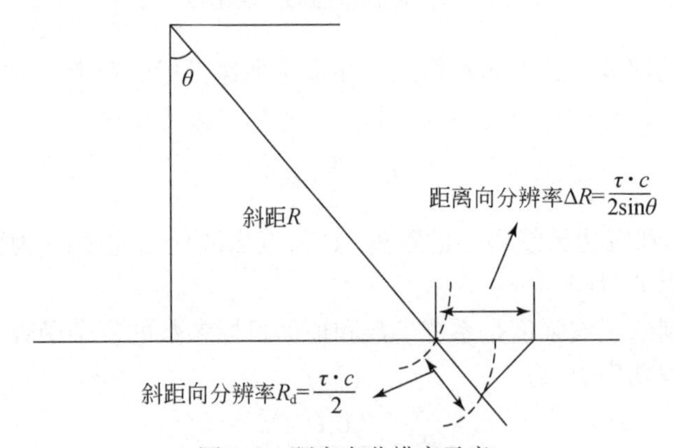

图 2-2　距离向分辨率示意

由式（2-3）可知，脉冲的持续时间（脉冲宽度）越短，距离向分辨率越高，如果要提高距离向分辨率，就需要减小脉冲宽度。但是脉冲宽度过小会造成

雷达发射功率下降，回波信号的信噪比降低，故提高距离向分辨率一般不采用减小脉冲宽度的措施，而是采用脉冲压缩技术（张直中，2004）。

方位向分辨率 ΔL 是在方位向能分辨的最小目标的尺寸，表示为

$$\Delta L = \beta \cdot R = \frac{\lambda \cdot R}{D} \tag{2-4}$$

式中，β 为波束宽度；D 为雷达天线的孔径；$\frac{\lambda}{D}$ 为波束宽度；R 为目标到雷达天线中心的距离，如图 2-3 所示。

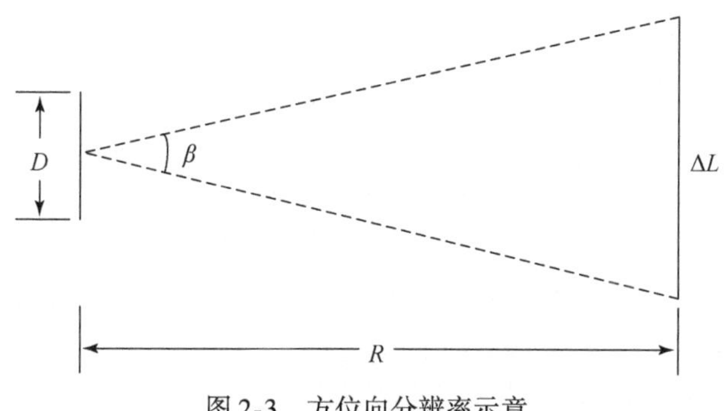

图 2-3　方位向分辨率示意

由式（2-4）可知，采用较短波长的电磁波，或加大天线的孔径，或缩短观测距离，均可以提高方位向分辨率，但是这几项措施在飞机或者卫星上的应用都受到限制。例如，采用 C 波段（5. 6cm）的电磁波，卫星高度为 600km，侧视角为 40°，如果要获得方位向分辨率为 25m，就需要天线的有效孔径为 1790m，这在卫星上几乎是不能实现的，因此 RAR 难以在航天遥感领域实现，目前多采用 SAR 技术来提高侧视雷达的方位向分辨率。

2. 2. 2　合成孔径雷达

雷达安装在运动平台（卫星、飞机和滑轨等）上，以一定的频率不断地发射和接收电磁波脉冲，每发射一次脉冲时的天线位置视为阵列天线的单元阵子位置，最后将这些位置上不同时刻存在的单元阵子组合起来，形成一个等效的大孔径天线，从而提高方位向分辨率。

合成孔径原理可以用真实孔径阵列的概念来解释，如图 2-4 所示，真实孔径阵列的 n 个阵列距目标的距离为 r_n，对应的回波传输延迟为 A_n，将不同振元的信号相干叠加便可对目标聚焦。合成孔径的概念与真实孔径阵列相似，也是将各个振元的信号经过相位补偿后同相相加来实现对目标的聚焦。区别在于

这些振元并不是物理上存在的，而是通过小尺度天线的移动形成等效的天线，如图 2-5 所示。

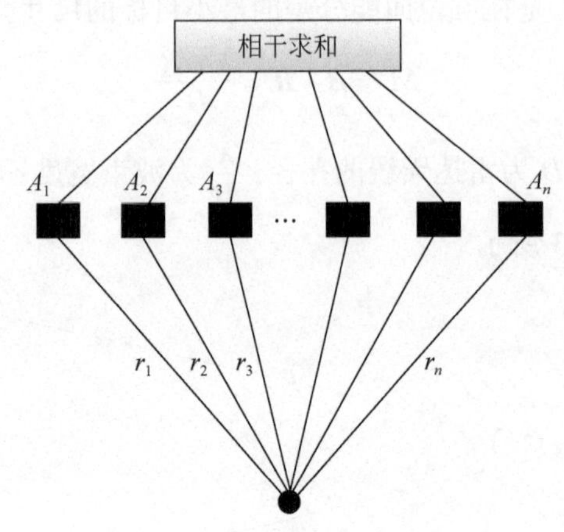

图 2-4　真实孔径阵列示意

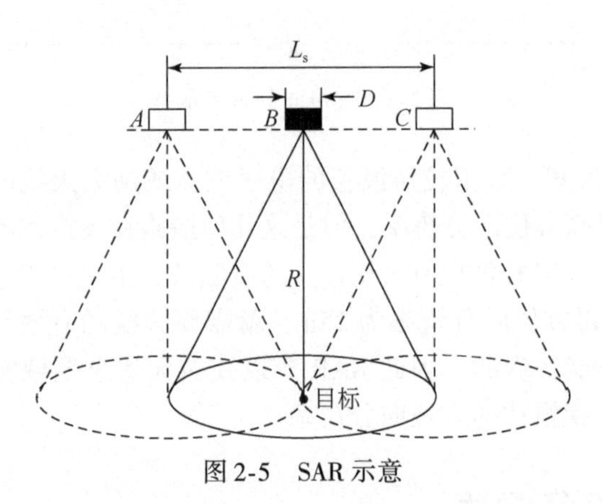

图 2-5　SAR 示意

在图 2-5 中，天线的孔径为 D，合成后的天线长度为 L_s，其长度等于真实孔径长度的天线能够照射的范围，即

$$L_s = \beta \cdot R = \frac{\lambda}{D} \cdot R \tag{2-5}$$

与真实阵列同时发射与接收不同，在合成孔径条件下，各个天线单元先后依次收发信号，因此各个单元之间的相位差是由收发双程距离差引起的，相当于阵列加长了一倍，对应的波束宽度为

$$\beta_s = \frac{\lambda}{2L_s} \tag{2-6}$$

对应的 SAR 的方位向分辨率为

$$\Delta L_s = \beta_s \cdot R = \frac{\lambda \cdot R}{2L_s} = \frac{\lambda}{2\beta} = \frac{D}{2} \tag{2-7}$$

式（2-7）表明 SAR 的方位向分辨率与距离无关，仅与实际天线的孔径相关，且天线越短分辨率越高。例如，天线孔径为 10m，波长为 5.6cm，目标与平台间的距离为 800km 时，RAR 方位向分辨率为 4.48km，而 SAR 的方位向分辨率仅为 5m。

SAR 方位向分辨率也可以从多普勒的角度进行分析，图 2-6 为 SAR 侧视平面的几何模型，平台以速度 v 沿 x 方向做匀速直线运动，假设目标 p 与雷达天线相位中心的最近距离为 r_0，则任意时刻 t ，目标的斜距表示为

$$R(t,r_0) = [r_0^2 + (vt)^2]^{\frac{1}{2}} = r_0 \cdot \left(1 + \frac{v^2t^2}{2r_0^2} - \frac{v^4t^4}{8r_0^4} + \cdots\right) \approx r_0 + \frac{v^2t^2}{2r_0} \tag{2-8}$$

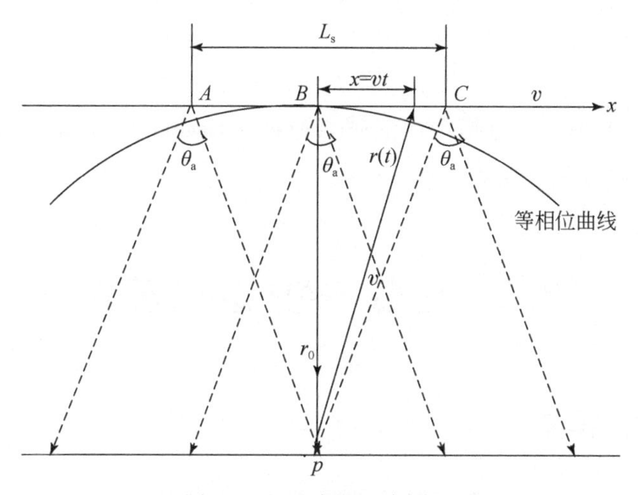

图 2-6　SAR 侧视几何关系

对应的回波相位表示为

$$\varphi(t) = -\frac{4\pi}{\lambda}R(t,r_0) = -\frac{4\pi}{\lambda}r_0 - \frac{2\pi}{\lambda}\frac{v^2t^2}{r_0} \tag{2-9}$$

式中，等号右端第一项为 r_0 引起的固定相位项；等号右端第二项为随时间变化的相位项，对其求导即可得到回波的瞬时多普勒频率：

$$f_d(t) = \frac{1}{2\pi} \cdot \frac{d\varphi(t)}{dt} = -\frac{2v^2}{\lambda r_0}t \tag{2-10}$$

可知，回波的瞬时多普勒频率为时间 t 的线性函数，其调频斜率为

$$f_R = -\frac{2v^2}{\lambda r_0} \tag{2-11}$$

合成孔径时间为

$$T_a = \frac{L_s}{v} = \frac{\lambda r_0}{vD} \tag{2-12}$$

多普勒带宽可表示为

$$B_a = |f_R \cdot T_a| = \frac{2v}{D}$$

对应的方位向分辨率可由速度 v 和多普勒带宽之比得到，如式（2-13）所示：

$$\Delta L_s == \frac{v}{B_a} = \frac{D}{2} \tag{2-13}$$

对于SAR，小孔径天线的波束较宽，可以得到较长的合成孔径长度，实现较高的方位向分辨率。但是缩短天线的物理孔径会明显降低信噪比，同时也会降低场景成像的速率。因此，要实现更高分辨率，必须设计出更长的合成孔径。为了使雷达的主波束一直覆盖在一个固定散射点，雷达在空间运动形成合成孔径的时候，需要在传感器添加惯性导航系统实施监测并调整天线，使波束的视线方向（Line of Sight，LOS）一直指向地面感兴趣区（Region of Interest，ROI）的中心点，这样可以提高方位向分辨率，但是牺牲了场景连续条带成像的能力，这种模式称为聚束式SAR。

2.3 星载SAR成像模式

2.3.1 条带模式

条带模式是星载SAR最常用的成像模式，在条带模式工作时，雷达以一个固定视角对地面进行照射（图2-7），星载SAR一般工作在脉冲模式，即以一定的脉冲重复频率向地面发射脉冲并接收地面反射的回波信号。在距离向，星载SAR通过发射带宽为线性调频信号（Linear Frequency Modulation，LFM）并用匹配滤波器来提高距离向分辨率；在方位向，星载SAR通过合成孔径原理提高方位向分辨率。一般的星载SAR都具有条带模式，早期的星载SAR系统，如SEASAT、SIR-A和ERS-1/2等，由于相控阵天线和卫星平台等技术的限制，仅具有一个固定入射角，因此只具有条带模式一种工作模式。后期的星载SAR系统一般都具有多个波位，并且能够左右侧视，特别是RADARSAT-1/2、ALOS、COSMO-SkyMed等先进的卫星SAR系统，它们通过调整天线波束，具有多种条带模式。以RADARSAT-2为例，它除了继承RADARSAT-1的标准、宽幅、低视角、高视角和精细几种条带模式外，还增加了标准四极化、精细四极化、精细多视、高精细等附加模式，如图 2-8 所示。

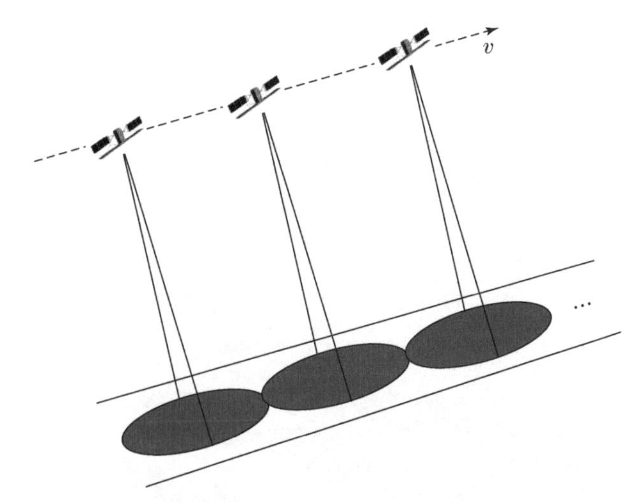

图 2-7　条带模式示意

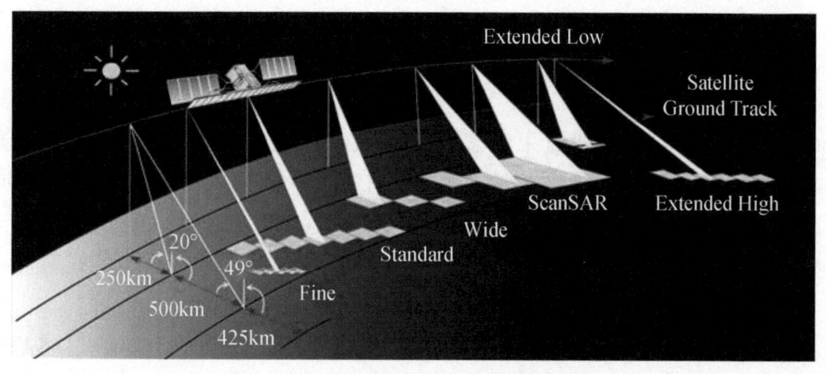

图 2-8　RADARSAT-2 成像模式示意

2.3.2　ScanSAR 模式

ScanSAR 模式是星载 SAR 宽测绘带观测的重要模式，它通过在多个子测绘带（Sub-swath）间切换来扩展其一次通过观测区域时的观测带宽度，从而实现宽测绘带观测（图 2-9）。星载 SAR 工作于 ScanSAR 模式时，首先在第一个子测绘带工作一段时间，然后切换到第二个子测绘带。对所有子测绘带完成扫描后，再回到第一个子测绘带继续工作。为了实现对地面连续成像，ScanSAR 需要在合成孔径时间内完成对所有子测绘带的观测，因此在每个子测绘带观测的时间就会比较短。从目标的角度讲，就是把原来的合成孔径时间，与在同一方位向不同子测绘带的目标分享，各占一段。因此，相比条带模式，ScanSAR 模式是牺牲了一部分分辨率来实现宽测绘带观测的。

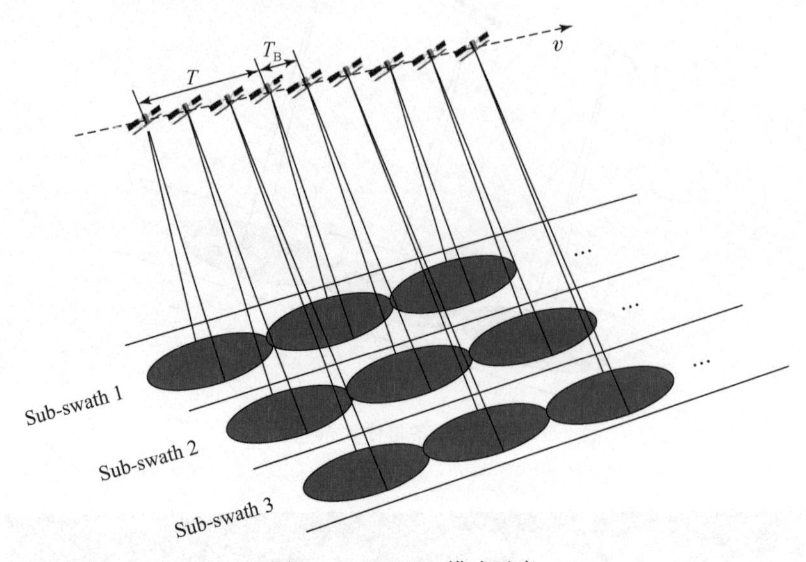

图 2-9　ScanSAR 模式示意

ScanSAR 模式通过天线波束在多个子测绘带间切换扩展了卫星一次通过观测区的观测带宽度，从而实现宽测绘带观测。1994 年美国 NASA 利用挑战号航天飞机将研制的 SIR-C/X-SAR（Shuttle Imaging Radar-C/X-band SAR）送上太空，这部雷达采用当时先进的相控阵天线，利用模拟波束形成（Analog Beamforming）技术，首次实现了波束的电扫描。正是由于具备了俯仰向电扫描的能力，ScanSAR 作为一种实验模式，为 1995 年加拿大 RADARSAT-1 实现 ScanSAR 模式奠定了良好的基础。目前，具备 ScanSAR 模式的星载 SAR 系统有：美国的 SRTM、欧洲的 ENVISAT ASAR、日本的 ALOS1/2、意大利的 COSMO-SkyMed、德国的 TerraSAR-X、加拿大的 RADARSAT-1/2 和中国的高分三号等。高分三号工作于 C 波段，具有全球监测、宽和窄三种 ScanSAR 模式，测绘带宽分别为 650km、500km 和 300km，分辨率分别为 500m×500m、100m×100m 和 50m×50m。

2.3.3　聚焦模式

聚焦模式是获取高分辨率图像的重要模式。与 ScanSAR 模式为了获取宽测绘带而切分合成孔径时间不同，聚焦模式主要通过延长对目标的照射时间来提高方位向分辨率。星载 SAR 的聚焦模式是通过电扫描或者机械扫描，使天线波束沿方位向转动，始终对同一目标照射（图 2-10），从而延长目标照射时间，达到提高方位向分辨率的目的。聚焦模式需要长时间对同一观测区观测，相当于把原本照射到其他区域的时间用于继续照射目标区域，因此两次观测的方位向图像不连续。因此，可以讲聚焦模式是牺牲测绘带宽来实现高分辨率观测的。

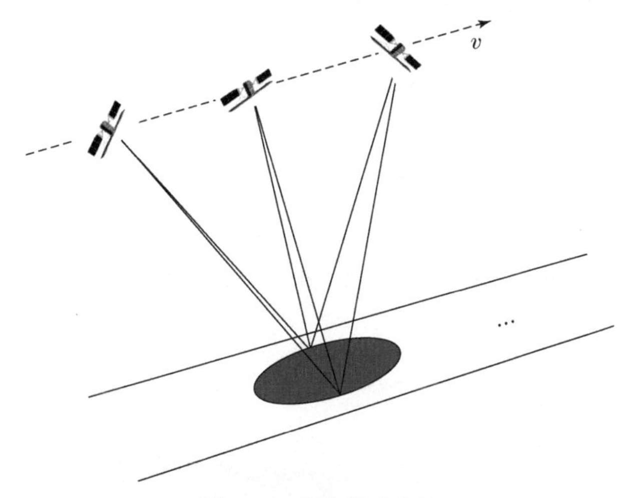

图 2-10 聚焦模式示意

较早具有聚焦模式的星载 SAR 是德国的 SAR-Lupe，SAR-Lupe 是一颗军用侦察卫星，于 2006 年 12 月发射，工作于 X 波段。目前在轨的星载 SAR 系统有：德国的 SAR-Lupe 和 TerraSAR-X、意大利的 COSMO-SkyMed、美国的“长曲棍球”卫星、加拿大的 RADARSAT-2、日本的 ALOS-2、中国的高分三号和以色列的 TecSAR 系统等。其中，德国的 TerraSAR-X 是目前比较先进的星载 SAR 系统，其将超高分辨率聚焦模式作为一种实验模式，采用多种优化方式，使方位向电扫描至±2.2°，方位向分辨率可达 0.21m，方位向成像范围为 2.5～4km，性能可谓是如今公开报道的星载 SAR 之最，达到了令人惊叹的地步。

2.3.4 滑动聚焦模式

聚焦模式是星载 SAR 系统获取高分辨率图像的有效手段，但是传统聚焦模式存在两个问题：

（1）图像照射范围有限，只能对一个波束覆盖范围内成像；

（2）沿方位向照射不均匀，中心目标与边缘目标能量差距较大。

滑动聚焦模式是一种介于条带模式和聚焦模式的新的 SAR 工作模式。滑动聚焦模式工作原理如图 2-11 所示。一方面，滑动聚焦模式通过天线在方位向上转动扫描，延长点目标的照射时间，获取宽测绘带高分辨率的 SAR 图像；另一方面，滑动聚焦模式在方位向通过扫描而不是凝聚来扩大测绘范围，相比聚焦模式，其有更好的灵活性。再者，滑动聚焦模式和条带模式一样，各地面目标都经历从整个天线方向图照射，不会产生 scalloping 效应，图像质量比传统聚焦模式高，故滑动聚焦模式主要用于对局部区域进行高分辨率观测。然而，与聚焦模式相似，滑动聚焦模式也是将其他区域的照射时间附加到目标区域，因此也只能实现对一块区域成像，而不能在方位向连续成像。

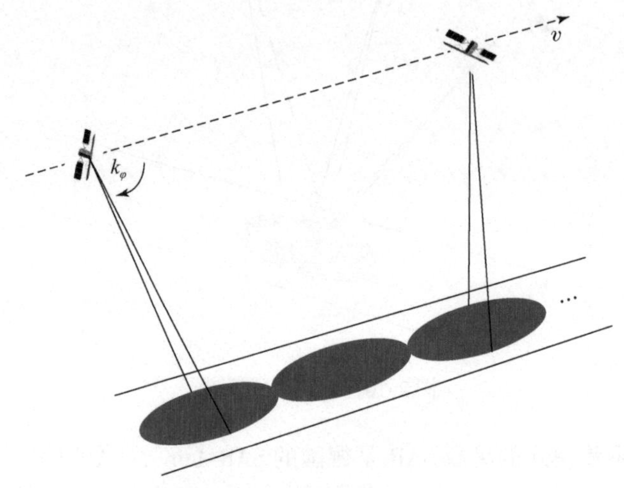

图 2-11　滑动聚焦模式示意

目前，TerraSAR-X 的两种高分辨率模式都是通过滑动聚焦模式来实现的。其中，高分辨率聚焦（High-resolution Spotlight，HS）模式的入射角范围为 20°～55°，单极化方位向分辨率为 1.1m，是目前公开报道的滑动聚焦模式中分辨率最高的。在未来的星载 SAR 计划中，TerraSAR-X2 也将具有多种高分辨率滑动聚焦模式。

2.3.5　TOPS 模式

传统的 ScanSAR 模式由于方位向天线方向图对不同位置的目标加权不均匀，扫描模式会产生 scalloping 效应，影响后续的干涉等应用。为克服这种效应的影响，一般需要进行多视或者校正，但多视会降低扫描模式的分辨率，影响扫描模式的测绘能力，采用精确多普勒参数进行纠正也不能完全消除这种效应，会带来残余 scalloping 误差。随着天线技术的发展，人们从 Scan-GMTI 技术中获得灵感，想到利用 2D 扫描技术，通过天线在方位向扫描，使不同位置的方位向目标都能经历相同的天线方向图加权，从工作体制上解决了 ScanSAR 模式的 scalloping 效应问题，于是产生了 TOPS 模式。星载 SAR 工作在 TOPS 模式时，天线波束以一个从后向前的速率（与聚焦模式相反）进行扫描，同时在距离向多个子测绘带间切换。由于它的扫描方向与聚焦模式（也叫作 SPOT SAR）相反，它也被命名为 TOPS 模式。

TOPS 模式是在传统 ScanSAR 模式上改进提出的，ScanSAR 模式是通过将波束的合成孔径时间切分给各个子测绘带，所以方位向天线图对不同位置的目标照射不均匀，会产生 scalloping 效应。TOPS 模式的工作原理如图 2-12 所示。星载 SAR 工作在 TOPS 模式时，天线波束首先对第一个子测绘带以一个从后向前的速度进行扫描，扫描完第一个子测绘带后再把天线指向后方，对第二个子测绘带进行扫描；扫描完所有子测绘带后，再回到第一个子测绘带进行扫描。与 ScanSAR 把合成孔径时间切分给几个子测绘带的原理不同，TOPS 模式把合成孔径时间通过扫描压缩，使每个目标都能快速地历经整个天线方向图的加权。因此，TOPS 模式在保持了 ScanSAR 宽测绘带优势的同时，解决了 scalloping 效应问题。

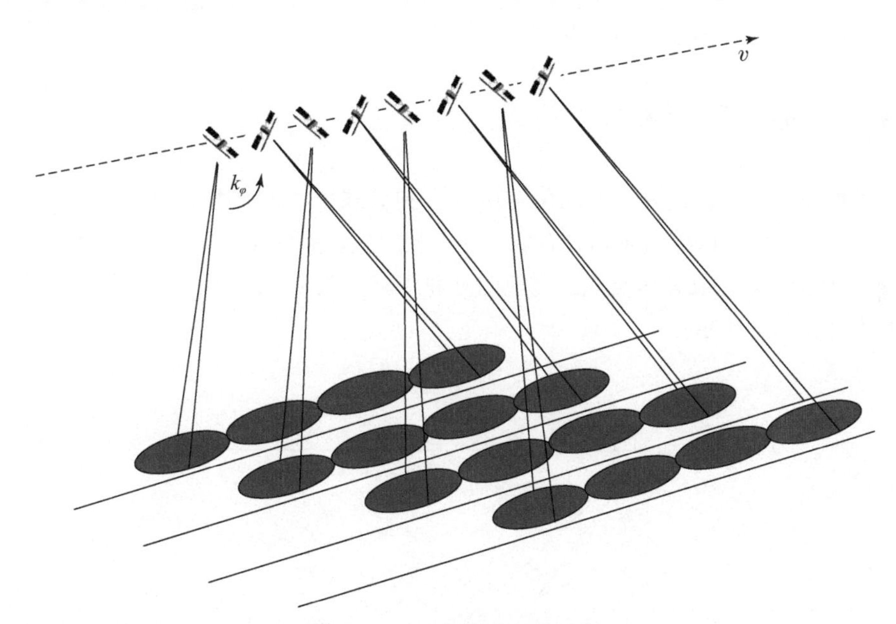

图 2-12　TOPS 模式工作示意

TOPS 模式是由 E. Attema（欧洲航天局欧洲空间研究与技术中心）和 F. Rocca（意大利米兰理工大学）提出。de Zan 和 Monti Guarnieri（2006）在论文中对其进行完整描述，并把这种工作模式叫作 TOPS 模式。TOPS 模式出现的较晚，但其性能受到广泛关注。目前的星载 SAR 系统中，除了 TerraSAR-X 进行过 TOPS 模式实验外，RADARSAT-2 为了支持 Sentinel-1 卫星实现 TOPS 模式，也进行了 TOPS 模式实验。目前比较受关注的 Sentinel-1 卫星是欧洲航天局的 GMES（Global Monitoring for Environment and Security）计划中较新的 SAR 卫星，其目的主要在于对海冰、海洋环境进行监测，对地表的森林、水和土壤等进行测绘，以及在危急时刻进行人道主义观测。Sentinel-1 卫星为实现大范围快速环境监测的目的，它要求 SAR 卫星具有较高的重访周期。因此，TOPS 模式成为 Sentinel-1 卫星的主要工作模式，即其所谓的 IWS（Interferometric Wide Swath）模式，在此模式下，TOPS 的测绘带宽为 250km，分辨率为 5m×20m（距离×方位）。在未来星载 SAR 计划中，TerraSAR-X2 也将使用 TOPS 模式取代 ScanSAR 模式。

2.4 SAR 影像的几何特征

由于 SAR 影像侧视成像的特点，其在影像上会形成固有的几何特征，如距离向压缩、透视收缩、顶底位移和雷达阴影等。

2.4.1 距离向压缩

侧视成像地面点在影像中的位置由该点到天线中心的斜距来确定，如图 2-13 所示，地面上两个目标点 A 和 B 在像平面上相对应的点为 a 和 b，如果 A 和 B 相距比较近，可以视 $\angle ACB$ 为直角，对应的地面距离（简称地距）R_g 与斜距 R_s 之间关系如式（2-14）所示：

$$R_s = R_g \cdot \sin\theta \tag{2-14}$$

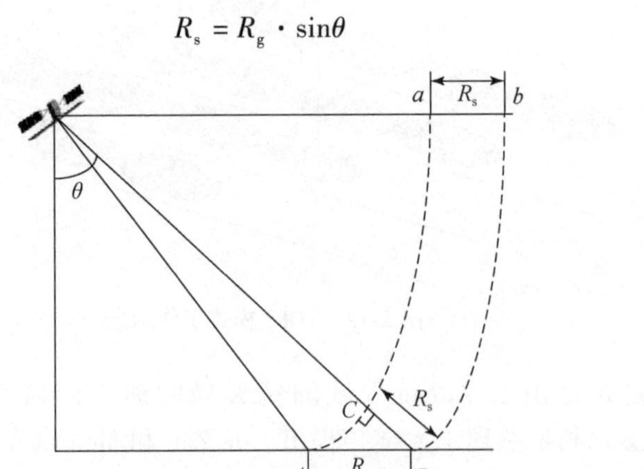

图 2-13　侧视雷达斜距投影示意

可知斜距 R_s 比地距 R_g 小，而且同样大小的地面目标，离天线正下方越近，其在影像上的尺寸越小，因此在影像上存在近地点被压缩、远地点被拉伸的现象，如图 2-14 和图 2-15 所示。

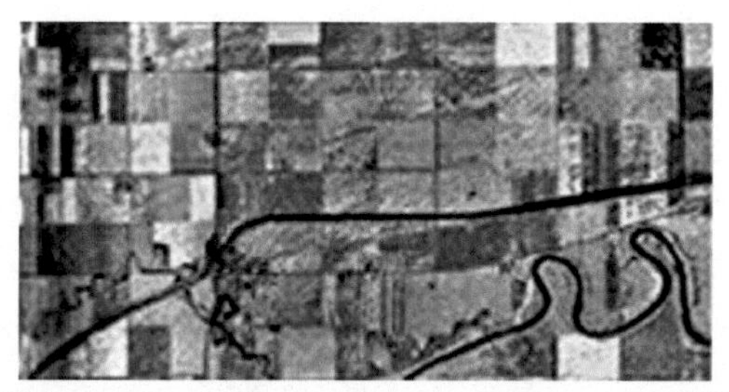

图 2-14　斜距 SAR 影像

图 2-15　地距 SAR 影像

2.4.2　透视收缩

当雷达波束照射位于雷达天线同一侧的斜面时，如图 2-16 所示，雷达波束到达斜面顶部的斜距 R_s 和到达底部的斜距 R'_s 之差 ΔR 比斜面对面的地距差 ΔX 小，在 SAR 影像上斜面长度被缩短，这样的现象称为透视收缩，见图 2-16。

$$\varphi = \theta - \alpha$$

$$\Delta R \approx \Delta X \cdot \frac{\sin\varphi}{\cos\alpha} \tag{2-15}$$

对应的收缩比为

$$l = \frac{\Delta R}{\Delta X} = \frac{\sin\varphi}{\cos\alpha} \tag{2-16}$$

式中，θ 为侧视角；α 为斜面的坡度角。可知，当 $\theta > \alpha$ 时，出现透视收缩现象；当 $\theta = \alpha$ 时，收缩比达到极小值。入射角越小，透视收缩越严重，即近地端透视收缩严重，远地端次之。

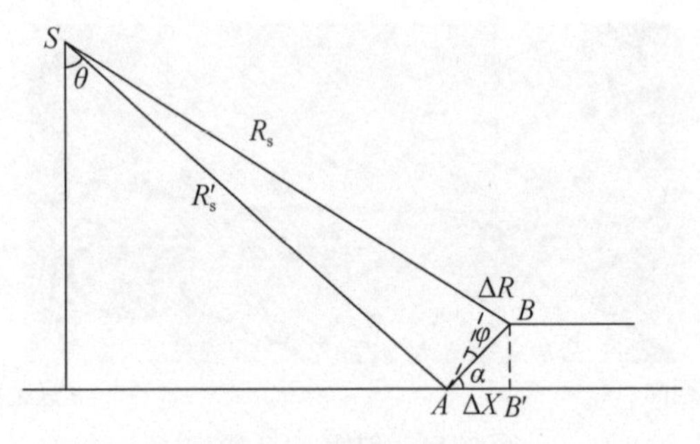

图 2-16　透视收缩示意

背向天线的地面斜坡也存在透视收缩，只不过斜面长度看起来被拉长，如图 2-17 所示，当 $\theta + \alpha \leqslant 90°$ 时，背坡出现透视收缩。

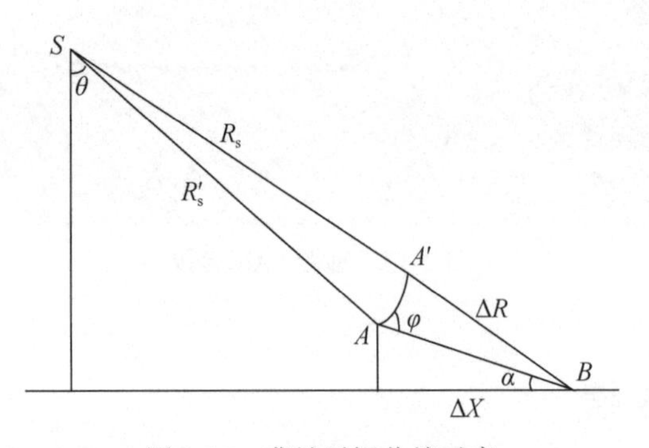

图 2-17　背坡透视收缩示意

2.4.3　顶底位移

当雷达波束到斜坡顶部的时间比到斜坡底部的时间短时，顶部影像先被记录，底部影像后被记录，斜坡底部和顶部影像颠倒显示的现象称为顶底位移，如图 2-18 所示。顶底位移是透视收缩的进一步发展，由式（2-16）可知，当 $\theta < \alpha$ 时，发生顶底位移现象。

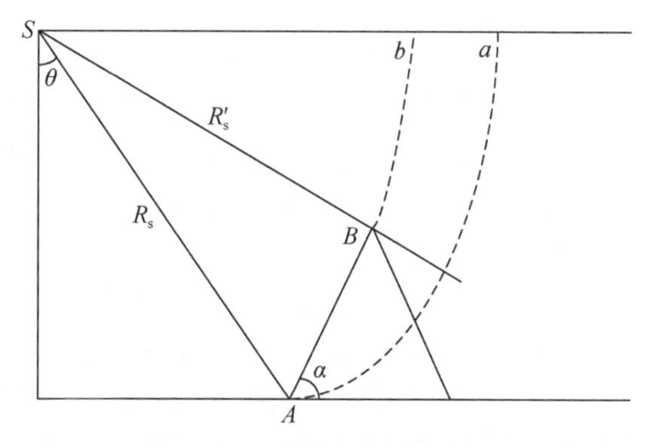

图 2-18　顶底位移示意

2.4.4　雷达阴影

山脉、高大目标的背面因接收不到雷达信号，而在影像中形成阴影，这种现象称为雷达阴影，如图 2-19 所示。阴影的长度 L 与地物高度 h 和侧视角 θ 存在以下关系：$L = h \cdot \sec\theta$ 。

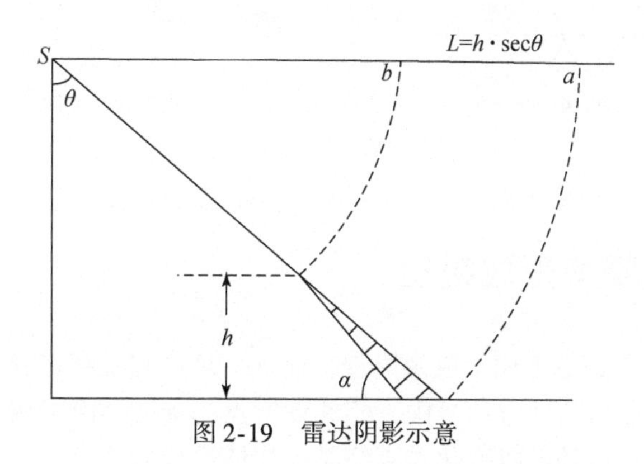

图 2-19　雷达阴影示意

2.5　SAR 影像的统计特征

后向散射系数是 SAR 图像中重要的物理参数。这个参数集中反映了地物目标对电磁波的散射能力，提供了如土壤类型、水分含量、林型、农作物生长等有关地表环境的信息。地物的后向散射系数与诸多因素有关，这些因素包括地物因素和雷达因素。地物因素包括表面粗糙度、复介电常数、散射类型、几何形状、材料和尺寸等；雷达因素包括波长、极化方式、功率和入射角等（匡纲要等，2007）。不同雷达波长的影响主要与地物有效表面粗糙度和复介电常数有关。在不同极化方式下，雷达后向散射系数会有差别，有时会有重大差别，差别大小与地物表面粗糙度和几何形状等因素有关。雷达脉冲入射角对地物后向散射系数的影响是呈线性关系的，也就是说，后向散射系数随着入射角增大而降低。所以对于一个表面较为平滑的目标单元，在没有斑点噪声影响的情况下，影像上的像素值会呈现淡的色调。然而，由于相干波的叠加，有些地方振动加强，有些地方振动减弱，每个分辨单元内每个细小物体的回波会导致 SAR 影像上某些像素比平均值更暗，这样，目标表面上出现了有些分辨单元呈亮点，有些呈暗点的情况，如图 2-20 所示，从而降低了图像的灰阶和空间分辨率，隐藏了图像的精细结构，降低了图像质量和成像系统的探测能力，使图像的可解释性和判读性变差，限制了图像的应用。

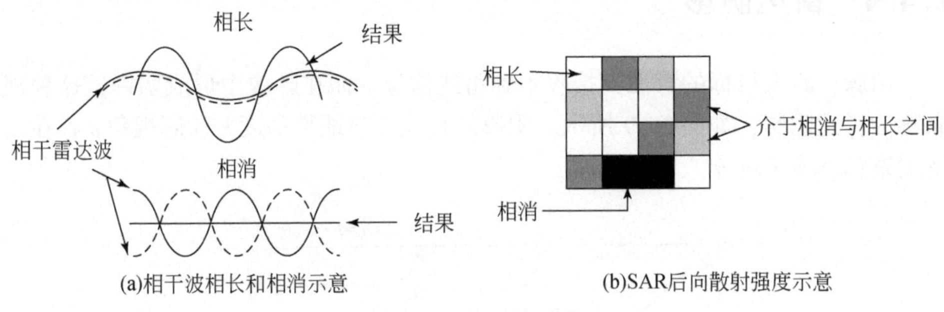

图 2-20　相干波示意

2.5.1　斑点噪声形成机理

SAR 成像系统是基于相干成像原理，而这一理论基础存在着原理性缺陷。这个缺陷表现为：在雷达回波信号中，相邻像素点的灰度会由于相干性而产生一些随机的变化，并且这种随机变化是围绕某一均值进行的。

SAR 图像的分辨单元尺寸一般为其信号波长的几十倍。因此，在每一时刻，雷达脉冲照射的地表单元内部都包含了成百上千个与波长相当的散射体（Krul，1984；Curlander and McDonough，2001）。在这个单元内的地物中存在着大量的散射点。每个散射点都产生一个子回波，每个子回波都具有独立的相位和振幅，可表示为 $A_k e^{i\varphi_k}$，$k=1，2，3，\cdots，M$，其中 A_k 和 φ_k 分别为第 k 个散射点的振幅和相位，M 为散射点的个数，相干相加（图 2-21）得到总的回波信号：

$$Ae^{i\varphi} = \sum_{k=1}^{M} A_k e^{i\varphi_k} \tag{2-17}$$

这些散射体与接收机之间的相对距离在几个波长到几十个波长范围内变化，导致各散射回波存在相位差。在矢量求和时，振幅会相互抵消或叠加，得到的总回波强度与子回波平均强度之间存在偏差。当接收机在移动中连续观测同一地表区域时，这些具有相同后向散射系数的均质区域在 SAR 图像中并不具有均匀灰度，而是呈现出颗粒状起伏，这种现象称为相干斑噪声效应（图 2-21）。

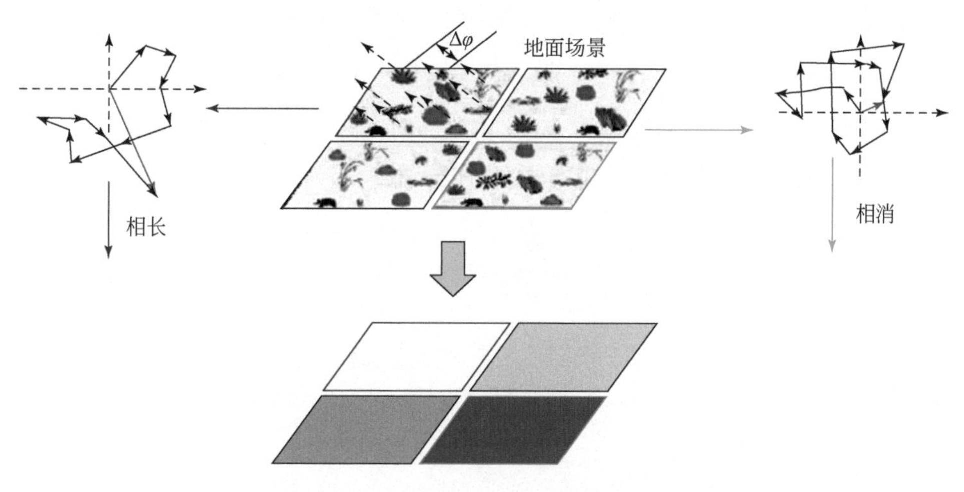

图 2-21　相干斑噪声形成示意

一般地，完全发育的相干斑噪声满足以下三点假设条件：

（1）所照射地区的分辨单元足够多；

（2）每个分辨单元的散射幅度和相位分别是统计独立的；

（3）分辨单元的散射相位是服从均匀分布的。

一般来说，对于中低分辨率的 SAR 影像，上述条件基本满足，因此可以认为这些影像的相干斑噪声是完全发育的噪声；而对于高分辨 SAR 影像而言，这一假设往往并不完全成立。因此，需要区分讨论低分率和高分辨率 SAR 影像的相干斑统计特征。

2.5.2　相干斑噪声的统计特征

SAR 图像的分辨单元尺寸远远大于雷达波长，分辨单元的后向散射回波是单元内多个散射体的回波矢量和，实践中难以探测单元内单个散射体的回波信息，这就造成 SAR 振幅影像中存在相干斑噪声。假定相干斑噪声是完全发育的，根

据中心极限定理，可采用复数高斯分布描述 SAR 观测值，对应的观测量 y 可表示为

$$y = A\cos\varphi + \mathrm{i}A\sin\varphi \tag{2-18}$$

对应的概率密度函数表示为

$$\mathrm{pdf}(A,\varphi) = \begin{cases} \dfrac{A}{2\pi\delta^2}\exp\left(-\dfrac{A^2}{2\delta^2}\right) & 当 A \geqslant 0,\ -\pi < \varphi \leqslant \pi \\ 0 & \end{cases} \tag{2-19}$$

振幅 A 服从 Rayleigh 分布，对应的概率密度函数表示为

$$\mathrm{pdf}(A) = \begin{cases} \dfrac{A}{\delta^2}\exp\left(-\dfrac{A^2}{2\delta^2}\right) & 当 A \geqslant 0 \\ 0 & \end{cases} \tag{2-20}$$

相位 φ 服从均匀分布，对应的概率密度函数表示为

$$\mathrm{pdf}(\varphi) = \begin{cases} \dfrac{1}{2\pi} & 当 -\pi < \varphi \leqslant \pi \\ 0 & \end{cases} \tag{2-21}$$

第 3 章　InSAR 技术基本原理

本章从杨氏双缝干涉出发，介绍了 InSAR 干涉相位的形成机理，根据 InSAR 干涉空间几何关系推导了 InSAR 技术的参考面、高程和形变模型，并分析了每个模型的影响因素，最后总结了 InSAR 干涉相位的一般模型，该模型是后续 D-InSAR 和时间序列 InSAR 技术的基础。

3.1　InSAR 技术的物理背景

满足一定条件的两束光叠加时，在叠加区域，光的强度或明暗有一稳定的分布，这一现象称为光的干涉，托马斯・杨在 1801 年采用光的干涉实验证明了光的波动性质，他用图 3-1 来说明实验原理，S_1 和 S_2 是两个点光源，它们发出的光波在右方叠加。在叠加区域放一白屏，就能看到在白屏上有等距离的明暗相间的条纹出现，同时托马斯・杨还由此实验测出光的波长。

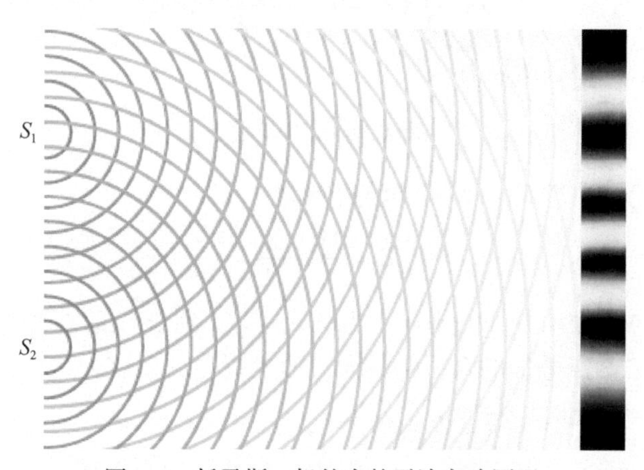

图 3-1　托马斯・杨的光的干涉实验原理

现在的类似实验用双缝代替杨氏的两个点光源，因此称为杨氏双缝干涉实验。这个实验如图 3-2 所示。S 是一线光源，其长度方向与纸面垂直。它发出的光为单色光，波长为 λ ，它通常是用强的单色光照射测一条狭缝。G 是一个遮光屏，其上开有两条平行的细缝 S_1 和 S_2。图 3-2 中画的 S_1 和 S_2 离光源 S 等远，S_1

和 S_2 之间的距离为 d 。H 是一个与 G 平行的白屏，它与 G 的距离为 D 。通常实验中总假设 $D \gg d$ ，如 $D \approx 1\text{m}$ ，而 $d \approx 10^{-4}\text{m}$ 。

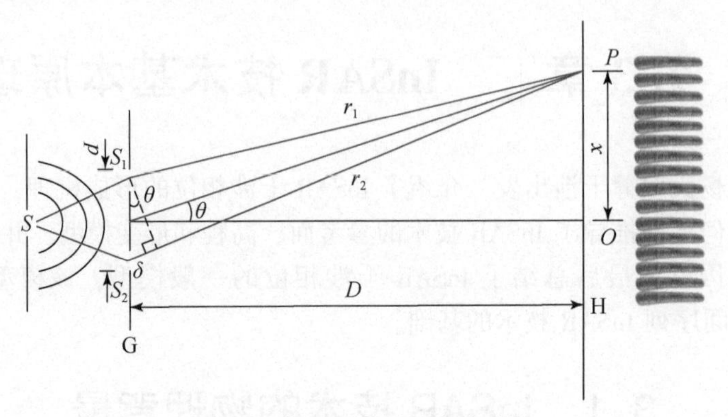

图 3-2　杨氏双缝干涉实验示意

在离屏中心 O 点较近的任一点 P ，从 S_1 和 S_2 到 P 的距离分别为 r_1 和 r_2，由图 3-2 可知，从 S 到 S_1 和 S_2 等远，所以 S_1 和 S_2 是两个同相波源。因此，在 P 处两列光波引起的振动的相位差是由从 S_1 和 S_2 到 P 点的波程差决定的，在 ΔS_2S_1P 中，根据余弦定理可知波程差为

$$\delta = \frac{2\pi}{\lambda}(r_2 - r_1) \approx \frac{2\pi}{\lambda}d\sin\theta \tag{3-1}$$

由于 θ 一般很小，所以有

$$\sin\theta \approx \tan\theta = \frac{x}{D} \tag{3-2}$$

由式（3-1）和式（3-2）可得波程差为

$$\delta = \frac{2\pi}{\lambda}d\,\frac{x}{D} \tag{3-3}$$

根据同方向的振动叠加的规律，当从 S_1 和 S_2 到 P 点的波程差为波长的整数倍时，两束光在 P 点叠加的合振幅最大，形成明亮的条纹，这种合振幅最大的叠加称为相长干涉。此时，对应屏上位置 x 为

$$x = \pm k\,\frac{D}{d}\lambda \tag{3-4}$$

式中，k 为明条纹的级次，$k=0$ 的明条纹为零级明纹或中央明纹，$k=1$，2……的明条纹分别为第 1 级明纹、第 2 级明纹……

当从 S_1 和 S_2 到 P 点的波程差为波长的半整数倍时，即

$$x = \pm(2k-1)\,\frac{D}{d}\lambda \tag{3-5}$$

叠加后的合振幅最小，形成暗条纹，此时的叠加称为相消干涉。

波程差为其他值的各点，光强介于明暗之间。相邻两明纹和暗纹间的距离为

$$\Delta x = \frac{D}{d}\lambda \tag{3-6}$$

如果在实验中测得 Δx 、D 和 d ，就可以根据式（3-6）计算出光的波长。由式（3-6）可知 Δx 与级次 k 无关，条纹是等间距排列的。条纹间距与 λ 、D 和 d 相关，在波长和双缝与白屏间的距离固定的情况下，Δx 与双缝间距 d 成反比，即随着间距的增加，Δx 逐渐减小，干涉条纹变密集，当 d 趋近于 D 时，Δx 接近于波长，在成像屏上将看不到干涉条纹。

以上实验中假定白屏为平面屏，即 D 为常数值，该方法可根据条纹间距是否恒等检测成像屏是否为平面。若假定白屏不再为平面屏时，D 将不再为常数，此时观测到的干涉条纹间隔不再相等，这时可根据此现象反算成像屏粗糙程度。

并不是任何两列波相叠加都能发生干涉现象。要发生合振动强弱在空间稳定分布的干涉现象，两列波必须满足振动方向相同、频率相同和相位差恒定三个条件，这些条件叫波的相干条件，满足这些条件的波称为相干波。振动方向相同和频率相同保证叠加时的振幅由式（3-4）和式（3-5）决定，从而合振幅有强弱之分。相位差恒定则是保证强弱分布稳定不可或缺的条件。

InSAR 技术的物理背景源于杨氏双缝干涉（Zebker and Goldstein，1986；Bamler and Hartl，1998；Burgmann et al.，2000），二者具有一致的几何模型，但 InSAR 技术又有别于杨氏双缝干涉，不论星载、机载还是地基，InSAR 技术都将面临更复杂的观测条件，如干涉基线变化、地表几何与物理属性变化和波传播介质变化等，后面章节将进行详细讨论分析。

3.2 InSAR 技术基本原理

图 3-3 为星载重复轨道 InSAR 成像几何关系图，S_1 和 S_2 分别代表星载雷达两次成像时天线的位置；H 为卫星第一次成像时的飞行高度；R_1 和 R_2 分别为雷达两次成像时到目标点的斜距；B 为卫星两次成像时天线之间的距离，称为基线，与杨氏双缝干涉实验中的缝隙间距 d 对应；α 为基线 B 沿水平方向的倾角；θ 为卫星第一次成像时雷达观测目标 P 的视角。$B_{\perp}$ 和 $B_{\parallel}$ 为基线 B 沿雷达视线方向 $\boldsymbol{S_1P}$ 分解的垂直分量和水平分量，分别称为垂直基线和平行基线，表达式为

$$\begin{cases} B_{\perp} = B\cos(\theta - \alpha) \\ B_{\parallel} = B\sin(\theta - \alpha) \end{cases} \tag{3-7}$$

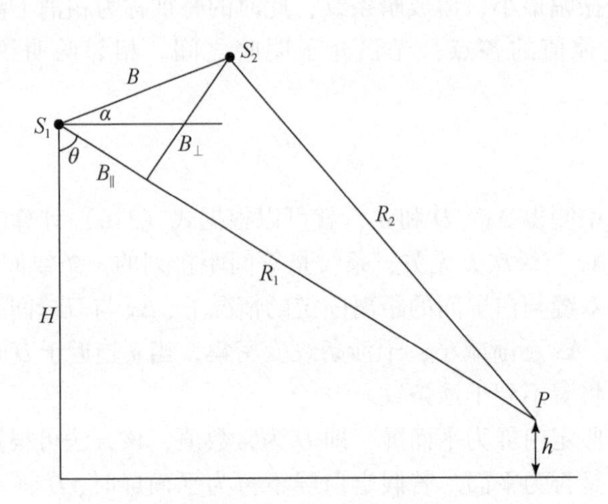

图 3-3　星载重复轨道 InSAR 成像几何关系

参与干涉计算的数据只能是单视复数影像，即每个像素采用一个复数（$a+bi$）表示，复数的振幅对应着地面分辨单元的后向散射强度信息，复数的相位对应着雷达沿斜距方向传播总波数的不整周部分。但是星载 SAR 获得的初始数据不能直接进行干涉，需要经过预处理得到单视复数数据。图 3-3 中，SAR 卫星两次成像接收的地面回波信号分别用 ω_1 和 ω_2 表示，表达式如式（3-8）所示。

$$\begin{cases} \omega_1(R_1) = |\omega_1| \exp(\mathrm{j}\psi_1) \\ \omega_2(R_2) = |\omega_2| \exp(\mathrm{j}\psi_2) \end{cases} \tag{3-8}$$

式中，$|\omega|$ 和 ψ 分别为地面分辨单元的散射强度值和相位值。

由于 SAR 卫星轨道的不确定性，两次成像时轨道轻微的偏离会造成入射角的变化，造成两景 SAR 影像像元不能一一对应，不能直接进行干涉，因此必须对影像进行配准，配准的影像才能逐像元进行复共轭相乘，得到干涉条纹图像。

$$\omega_1(R_1) \cdot \omega_2^*(R_2) = |\omega_1| |\omega_2| \exp[\mathrm{j}(\psi_1 - \psi_2)] \tag{3-9}$$

雷达接收信号中的相位 ψ 由两部分组成：斜距 R 的相位部分和分辨单元内不同散射体造成的随机相位部分（Hanssen，2001），即

$$\begin{cases} \psi_1 = -\dfrac{4\pi}{\lambda}R_1 + \psi_1^{\mathrm{scat}} \\ \psi_2 = -\dfrac{4\pi}{\lambda}R_2 + \psi_2^{\mathrm{scat}} \end{cases} \tag{3-10}$$

式中，λ 为 SAR 系统波长；ψ_1^{scat} 和 ψ_2^{scat} 分别为不同时期地面分辨单元内不同散射

体的随机相位。假设两次成像时地面分辨单元的散射特征相同，则两景影像干涉得到的相位差为

$$\varphi = \psi_1 - \psi_2 = -\frac{4\pi}{\lambda}(R_1 - R_2) = -\frac{4\pi}{\lambda}\Delta R \tag{3-11}$$

从式（3-11）可以看出，干涉相位是两次成像时雷达天线到目标点的斜距之差的函数。

依据式（3-11）和图 3-3，可以推导出地面目标点 P 的高程 h 和干涉相位 φ 之间的关系式（王超等，2002a；廖明生等，2003）：

$$h = H - \frac{B^2 - \left(\frac{\lambda}{4\pi}\varphi\right)^2}{\frac{\lambda}{2\pi}\varphi + 2B\sin(\theta - \alpha)}\cos\theta \tag{3-12}$$

已知干涉相位，依据式（3-12），就可以得到地面高程，式（3-12）也是 InSAR 技术测图的基础公式。

3.3 干涉相位成分分析

在非零基线情况下，干涉得到的相位是多个贡献分量的叠加，根据干涉几何关系和干涉物理条件，采用式（3-13）表示（Colesanti et al.，2003；刘国祥，2006；廖明生和王腾，2014）：

$$\varphi = \varphi_{\mathrm{flat}} + \varphi_{\mathrm{top}} + \varphi_{\mathrm{def}} + \varphi_{\mathrm{atm}} + \varphi_{\mathrm{noi}} \tag{3-13}$$

式中，φ_{flat} 为参考面相位；φ_{top} 为地形相位；φ_{def} 为形变相位，这三部分为可模型化的相位成分；φ_{atm} 为大气延迟相位；φ_{noi} 为随机噪声相位，这两部分为不可模型化的相位成分。

1）参考面相位 φ_{flat}

φ_{flat} 为参考面相位，也称为平地相位。平地相位是由参考椭球面引起的系统相位，即在平地情况下，干涉图也会存在密集条纹，这种相位主要是由雷达成像时的几何姿态造成的，即近距和远距的入射角差异造成的斜距变化引起的。假设目标点 P 位于参考椭球面，忽略形变相位、大气延迟相位和随机噪声相位，$B \ll H$，参考面相位观测几何示意图如图 3-4 所示。在 ΔS_2S_1P 中，根据余弦定理：

$$\begin{aligned} R_2 &= \sqrt{R_1^2 + B^2 - 2BR_1\cos(\alpha + 90° - \theta)} \\ &= \sqrt{R_1^2 + B^2 - 2BR_1\sin(\theta - \alpha)} \\ &\approx R_1 - B\sin(\theta - \alpha) \end{aligned} \tag{3-14}$$

求得 P 点对应的干涉相位，如式（3-15）所示：

$$\varphi_P = -\frac{4\pi}{\lambda}B_{\parallel} \tag{3-15}$$

此时对应的干涉相位与杨氏双缝干涉相位一致，该部分相位只与平行基线相关，对于短平行基线，表现为平行的宽干涉条纹，反之，表现为平行的窄干涉条纹。在实际计算中，不采用式（3-15）计算平地效应相位，通常根据 SAR 成像参数、卫星定轨参数、干涉配准参数和 SAR 定位方程计算干涉对影像的斜距 R_1 和 R_2，然后根据二者的差计算干涉相位。

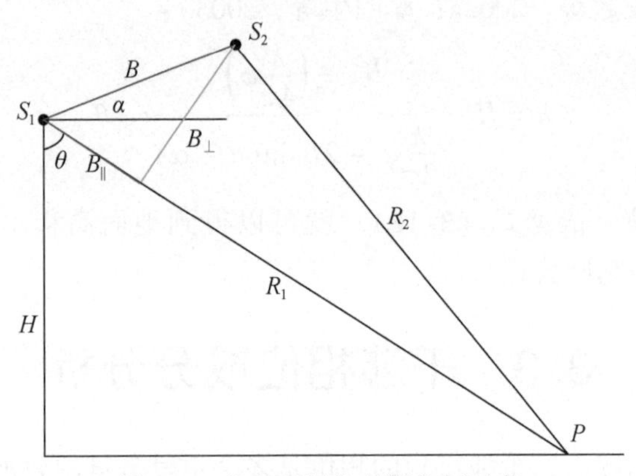

图 3-4　参考面相位观测几何示意

图 3-5 中 P_1 和 P_2 为相同高度的两点，R 为 S_1 到 P_1 点的斜距，θ_0 为 S_1 对地面 P_1 点成像时的入射角，$\Delta\theta$ 为 P_1 和 P_2 点入射角之差，B 为基线长度。由图 3-5 可知，P_1 和 P_2 点的干涉相位为

$$\begin{cases} \varphi = -\dfrac{4\pi}{\lambda}B\sin(\theta_0 - \alpha) \\ \varphi' = -\dfrac{4\pi}{\lambda}B\sin(\theta_0 + \Delta\theta - \alpha) \end{cases} \tag{3-16}$$

由式（3-16）可求得

$$\begin{aligned} \Delta\varphi = \varphi' - \varphi &= -\frac{4\pi}{\lambda}[B\sin(\theta_0 + \Delta\theta - \alpha) - B\sin(\theta_0 - \alpha)] \\ &\approx -\frac{4\pi}{\lambda}\Delta\theta B\cos(\theta_0 - \alpha) \end{aligned} \tag{3-17}$$

由于 $R\Delta\theta \approx R\sin\Delta\theta \approx \Delta R\tan\theta_0$，因此式（3-17）变换为

$$\Delta\varphi = -\frac{4\pi}{\lambda}\frac{B\cos(\theta_0 - \alpha)\Delta R}{R\tan\theta_0} \approx \frac{4\pi B_{\perp}\Delta R}{\lambda R\tan\theta_0} \tag{3-18}$$

从这个结果可以看出，地面上高程相等的两点之间只要存在斜距差 ΔR，就会存在相位差，并与 ΔR 成正比。

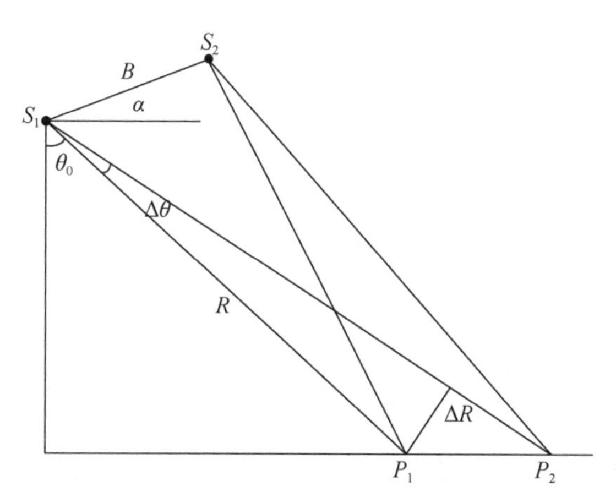

图 3-5　参考面相位变化示意

2）地形相位 φ_{top}

忽略形变相位、大气延迟相位和随机噪声相位，$B \ll H$，地形相位观测几何示意图如图 3-6 所示，假设目标点 P 具有一定的高度 h，不位于参考椭球面上，与图 3-4 相比相当于雷达视角增加了 $\Delta\theta$，那么 P 对应的干涉相位表示为

$$\begin{aligned}\varphi_P &= -\frac{4\pi}{\lambda}B\sin(\theta+\Delta\theta-\alpha)\\ &= -\frac{4\pi}{\lambda}B\sin(\theta-\alpha)-\frac{4\pi}{\lambda}B\cos(\theta-\alpha)\sin\Delta\theta \end{aligned} \tag{3-19}$$

由于 $\Delta\theta$ 值很小，根据近似定理可得

$$R\sin\Delta\theta \approx \frac{h}{\sin\theta} \tag{3-20}$$

联合式（3-19）和式（3-20）可得 P 点的干涉相位：

$$\varphi_P = -\frac{4\pi}{\lambda}B_{\parallel} - \frac{4\pi}{\lambda}\frac{B_{\perp}h}{R\sin\theta} \tag{3-21}$$

由式（3-21）可知，P 点的干涉相位由两部分组成：$-\frac{4\pi}{\lambda}B_{\parallel}$ 为参考面相位；雷达视角变化量 $\Delta\theta$ 引起的 $-\frac{4\pi}{\lambda}\frac{B_{\perp}h}{R\sin\theta}$ 为地形相位。由于初始干涉图叠加了参考面相位，因此很难从中分辨出地形相位（图 3-7），同时相位解缠的计算量和难度也增加了。因此，在实际的应用中，需要从干涉图中去除参考面相位的成分，即所谓的“去平地效应”（陈富龙等，2013）。

干涉相位和地表高程可采用式（3-22）表示：

$$\varphi_P = -\frac{4\pi}{\lambda}\frac{B_{\perp}}{R\sin\theta}H_P \tag{3-22}$$

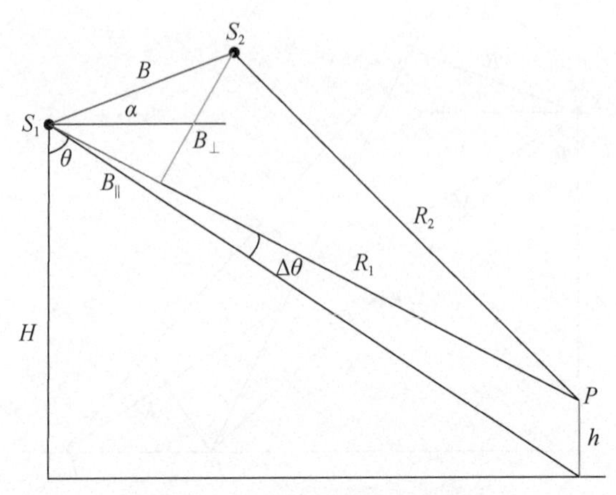

图 3-6　地形相位观测几何示意

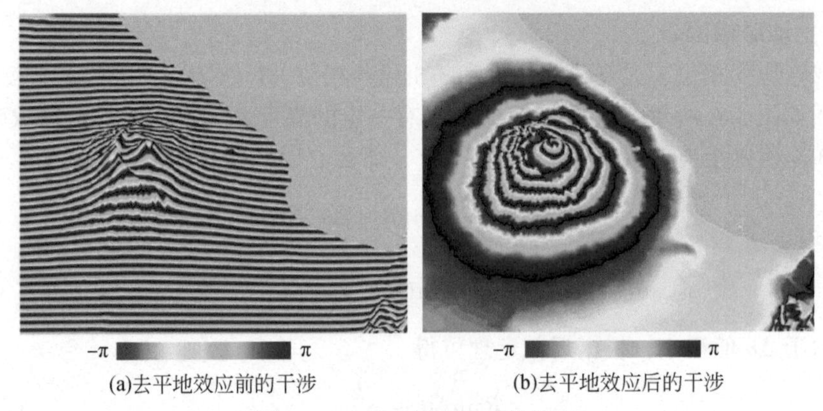

(a)去平地效应前的干涉　　(b)去平地效应后的干涉

图 3-7　去平地效应前后的干涉

对式（3-22）两边取微分，可以得到干涉相位相对高程变化的敏感度：

$$\Delta\varphi = -\frac{4\pi}{\lambda}\frac{B_{\perp}}{R\sin\theta}\Delta h \tag{3-23}$$

定义 $\Delta\varphi = 2\pi$ 时对应的高程变化为高程模糊度，即

$$h_{2\pi} = -\frac{\lambda R\sin\theta}{2B_{\perp}} \tag{3-24}$$

可知高程模糊度与垂直基线 $B_{\perp}$ 成反比，即垂直基线越大，高程模糊度越小，对应的地表高差越小，对高程反映地越精细，在干涉图中表现为密集条纹。反之，垂直基线越短，高程模糊度越大，对高程反映地越粗糙，因此采用 InSAR 技术进行测图时建议选择长的垂直基线干涉像对。图 3-8 以 ENVISAT ASAR 数据为例分析了高程模糊度与垂直基线的关系。可知垂直基线在 0 ~ 300m 时，高程模糊度变化较大；大于 300m 时，高程模糊度变化较小，特别是大于 900m 时，高程

模糊度趋于稳定。

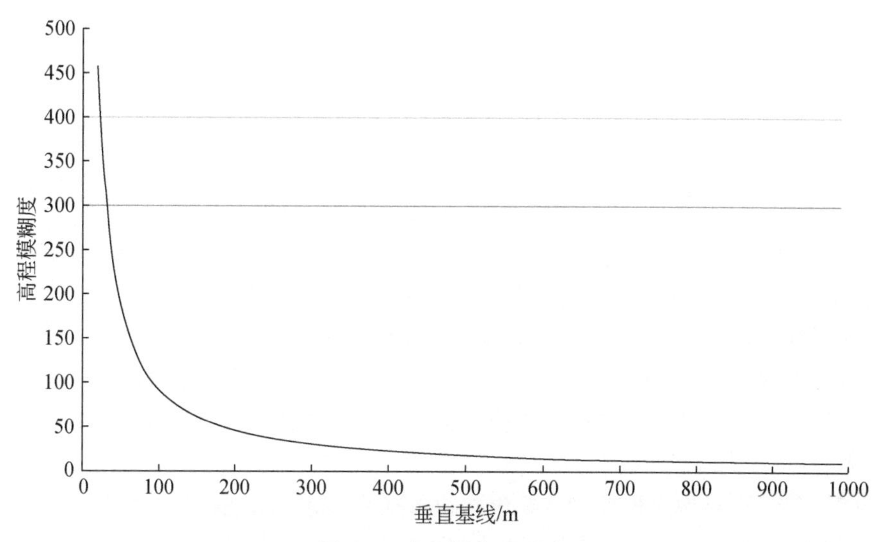

图 3-8　高程模糊度示意

以 ENVISAT ASAR 数据为例，波长为 5.6cm，平均入射角为 22.8°，平均斜距为 847km

3）形变相位 φ_{def}

忽略大气延迟相位和随机噪声相位，$B \ll H$，形变相位观测几何示意如图 3-9 所示，如果雷达第二次成像时，地表发生形变，地面点 P_2 沿着矢量 $\boldsymbol{r}$ 方向到 P_3 点，其位移量 r 在雷达视线 $\boldsymbol{S_1P_2}$ 上的投影分量为 Δr，此时雷达获取的是 P_3 点的回波信息。由此可以得到形变后的干涉相位表达式：

$$\varphi_{P_3} = -\frac{4\pi}{\lambda}(R_1' - R_2'') \tag{3-25}$$

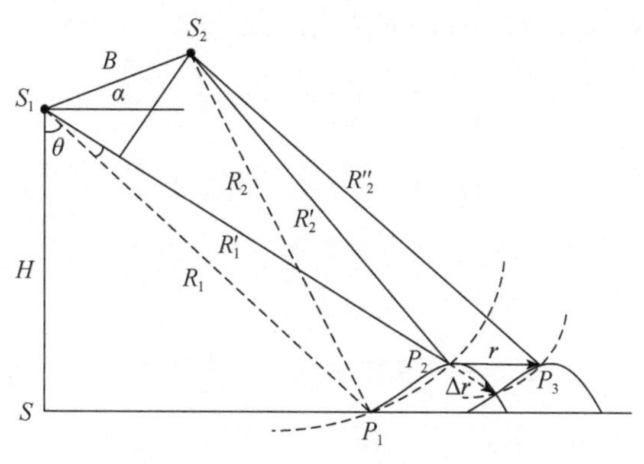

图 3-9　形变相位观测几何示意

因 $r \ll R''_2$，且由远场近似原理，R'_2近似平行于 R''_2，故 $R''_2=R'_2+\Delta r$，干涉相位还可以表示为

$$\begin{aligned}\varphi_{P_3} &= -\frac{4\pi}{\lambda}(R'_1 - R'_2) + \frac{4\pi}{\lambda}\Delta r \\ &= -\frac{4\pi}{\lambda}B\sin(\theta - \alpha) - \frac{4\pi}{\lambda}\frac{B_\perp h}{R\sin\theta} + \frac{4\pi}{\lambda}\Delta r\end{aligned} \tag{3-26}$$

由式（3-21）可知，式（3-26）中 $-\frac{4\pi}{\lambda}(R'_1 - R'_2)$ 部分正是 P_2 点形变前的干涉相位，因此可知，不考虑大气延迟相位和随机噪声相位，地表形变后的干涉相位由参考相位 φ_{flat}、地形相位 φ_{top}和形变相位 φ_{def}三部分构成。

从形变模型干涉相位分析，可以得到如下结论：

（1）当基线长度为零时，干涉相位中将不包含参考面和地形相位成分，干涉图得到的相位就是真实的形变相位，因此，对于 D-InSAR 形变监测来讲，基线越短越有利。

（2）InSAR 对地表形变的敏感度远远大于对地形的敏感度。例如，对于 ERS（雷达波长 $\lambda=0.056$m，天线距近距点大约 852km，距远距点大约 874km，近地点入射角 $\theta=21.5°$，远地点入射角 $\theta=24.5°$）干涉像对，垂直基线为 100m，1m 的高差变化仅仅对应着 4.5°的干涉条纹，远小于 ERS 干涉系统的约 40°的噪声水平，因此这样的高差对于 ERS 系统是不可测的。对于形变量来讲，雷达视线方向 1cm 的形变量对应着 127°的相位变化。因此，D-InSAR 对地表形变十分敏感。

（3）由式（3-26）可知，利用 D-InSAR 技术得到的地表形变量不是地表实际的形变量，而是雷达视线方向的形变量。

4）大气延迟相位 φ_{atm}

雷达信号穿越大气层时，不同密度的大气介质，尤其是对流层对信号产生路径延迟，如图 3-10 所示。

因此，雷达不同时刻对地面的回波相位表示为

$$\begin{cases}\varphi_1 = -\frac{4\pi}{\lambda}(R_1 + R_{\text{atm1}}) \\ \varphi_2 = -\frac{4\pi}{\lambda}(R_2 + R_{\text{atm2}})\end{cases} \tag{3-27}$$

式中，R_1 和 R_2 分别为雷达到地面点的斜距；R_{atm1}、R_{atm2}分别为两次成像时产生的大气延迟量。于是干涉相位可表示为

$$\varphi = \varphi_1 - \varphi_2 = -\frac{4\pi}{\lambda}(R_1 - R_2) - \frac{4\pi}{\lambda}(R_{\text{atm1}} - R_{\text{atm2}}) \tag{3-28}$$

从式（3-28）可知，若两次成像时，大气条件完全一致（$R_{\text{atm1}}=R_{\text{atm2}}$），则可以忽略大气延迟相位的影响。而在实际应用中，由于大气在时间尺度和空间尺

度的状态都不一致，若不能完整地剔除大气延迟相位，则其成分容易被误判为地形起伏或地表形变，降低了 InSAR 技术的可靠性。

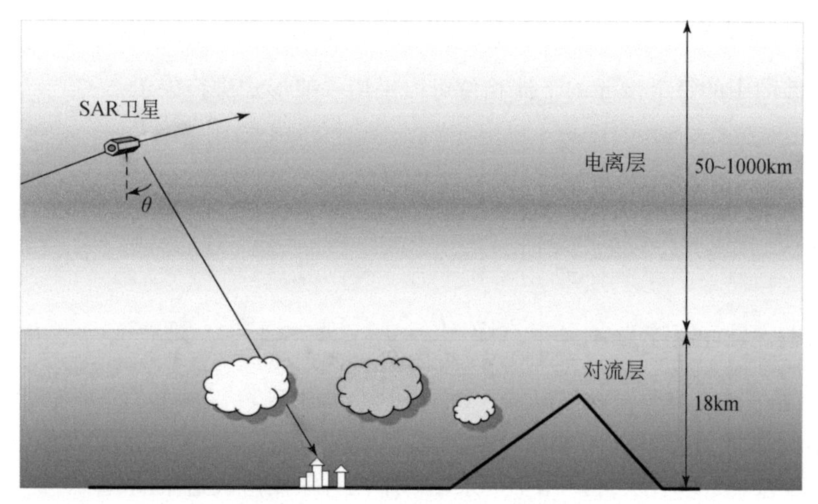

图 3-10　大气延迟相位示意

5）随机噪声相位 φ_{noi}

随机噪声相位指两次成像时系统热噪声和地表几何与物理属性的变化引起的相位差异等，随机噪声相位污染真实相位质量，不同噪声水平影响程度不一样，严重时会完全淹没真实相位，如图 3-11 所示。

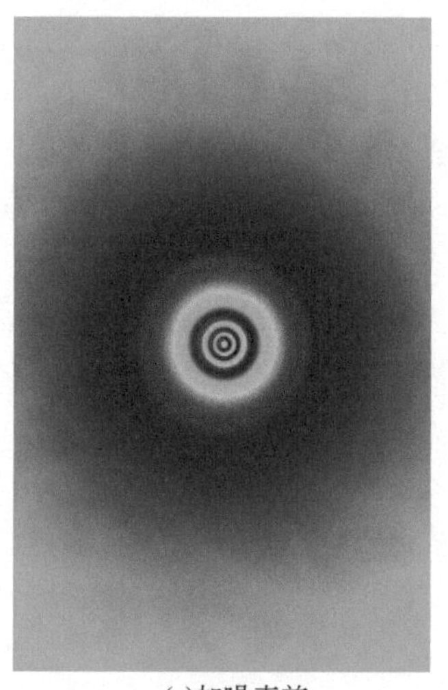

(a)加噪声前

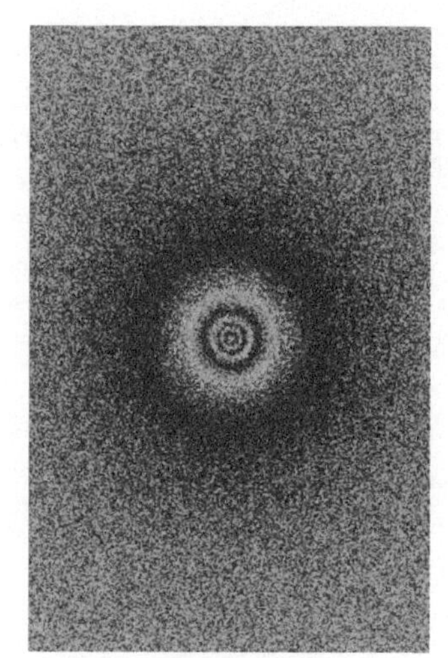

(b)加噪声后

图 3-11　加噪声前后的模拟干涉相位

综合以上的分析可以得到 InSAR 完整的相位模型，如式（3-29）所示：

$$\varphi = -\frac{4\pi}{\lambda}B\sin(\theta-\alpha) - \frac{4\pi}{\lambda}\frac{B_{\perp}}{R\sin\theta}h + \frac{4\pi}{\lambda}\Delta r - \frac{4\pi}{\lambda}R_{\mathrm{atm1}} + \frac{4\pi}{\lambda}R_{\mathrm{atm2}} + \varphi_{\mathrm{noise}} + 2w\pi \tag{3-29}$$

干涉图中的每个像元的干涉相位可以采用一般形式进行表示

$$\boldsymbol{E}\left\{\begin{bmatrix}\varphi_1^w\\ \varphi_2^w\\ \vdots\\ \varphi_m^w\end{bmatrix}\right\} = \begin{bmatrix}A_1 & & & \\ & A_2 & & \\ & & \ddots & \\ & & & A_m\end{bmatrix}\begin{bmatrix}x_1\\ x_2\\ \vdots\\ x_m\end{bmatrix} \tag{3-30}$$

其中，设计矩阵为 $\boldsymbol{A}_k = \left[-\frac{4\pi}{\lambda}\frac{B_{\perp,k}}{R_k\sin\theta_k},\ \frac{4\pi}{\lambda},\ \frac{4\pi}{\lambda},\ -\frac{4\pi}{\lambda},\ 2\pi\right]$，待求参数为 $x_k = [h_k,\ \Delta r_k,\ R_{\mathrm{atm1}}^k,\ R_{\mathrm{atm2}}^k,\ w_k]^{\mathrm{T}}$，其中 w_k 为整周数；$k=1,2,\cdots,m$，上式共有 m 个观测值，$5m$ 个未知数，缺少 $4m$ 个观测值，这样造成系数矩阵秩亏，因此无法直接求解。在实际应用中可采用以下两种策略解决这个问题：

（1）增加更多的观测值；

（2）引入额外的数据或者模型。

第一种策略是增加更多的差分干涉影像，并假定其中的一些参数在差分干涉图中保持不变，如时间序列 InSAR 技术，利用时间序列差分干涉相位，建立形变与时间、高程与垂直基线的函数模型，依据大气延迟相位的时空特征分离该部分相位。

第二种策略是引入额外的数据和模型，如采用 D-InSAR 技术进行地表形变监测时，可以采用已有的 DEM 数据模拟高程相位，采用 GACOS 大气模型消除大气延迟相位的影响，采用二维相位解缠方法获取整周数。

第4章 InSAR 技术数据处理方法

4.1 影像配准

SAR 单视复数影像配准就是使计算干涉相位的两景影像的点必须对应地面的同一点，其原理等同于摄影测量的影像匹配（王超等，2002）。不管星载、机载还是地基 SAR 传感器，当采用重轨观测时，SAR 传感器的轨道都会存在轻微偏移；当采用双天线模式观测时，两个天线之间距离不为 0；这都会造成干涉对影像不完全重合，因此在进行干涉处理前，必须对干涉对单视复数影像进行配准。

单视复数影像配准是 InSAR 数据处理中至关重要的一个步骤，直接关系到最终高程值和形变值的精度，在 PS-InSAR 数据处理中，如果配准精度达不到要求，会影响 PS 点选择和降低 PS 点相位观测值的精度。要保证重采样后单视复数影像中信息不丢失，对配准精度是有严格要求的，即必须达到亚像元的精度，Just 和 Bamler（1994）、Wegmuller（2006）指出要使干涉图的相干性不低于 5%，配准精度必须优于 0.2 个像元。

SAR 单视复数影像的配准主要分为两个步骤：粗配准和精配准。粗配准是依据卫星轨道数据或目视方法，从两景 SAR 影像中识别出少量同名点，基于同名点间的像素坐标偏移量，通过简单的平移，使干涉对影像同名像点对应同一个地面分辨单元。精配准是在粗配准的基础上，精确搜寻同名点的准确位置，并建立干涉对影像坐标映射关系，通过对副影像进行坐标变换和像元值插值重采样，实现干涉对影像同名像点精确对应同一地面分辨单元。精配准又分为像元级配准和亚像元级配准。比较常用且成熟的方法有相干系数阈值法、最大频谱法和相位差影像平均波动函数法。

4.1.1 粗配准

在 SAR 复数影像配准中，最先要做的是选择同名像点，目前比较常用的是轨道参数法，它是基于成像时的卫星轨道数据和 SAR 成像几何来寻找同名点（刘国祥等，2001）。如图 4-1 所示，在此方法中，通常选取参考影像的中心点作为参考点，由于参考影像中心点在副影像上有唯一对应点，进而利用参考影像和副影像的卫星轨道参数及 InSAR 成像几何，求得参考影像中心点在副影像中的对应点，并把它们作为配准的同名点对。

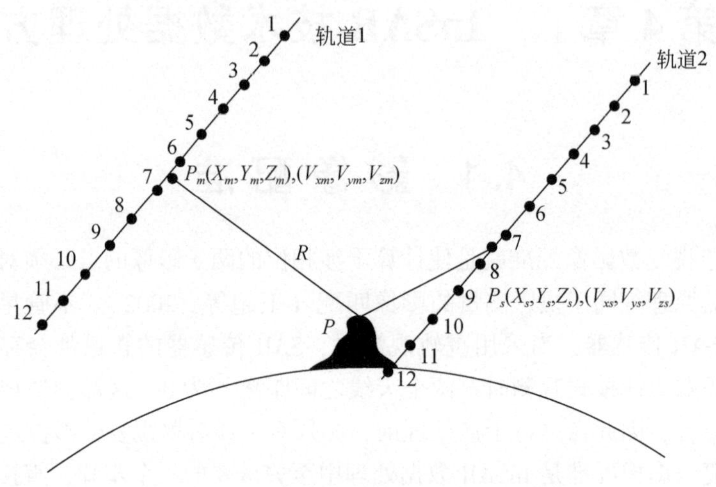

图 4-1　参考影像中心点对应的同名点示意

从参考影像的头文件中读取影像中心点 P_m 对应的地面点 P 的大地坐标（β，L），并假设 P 点的大地高为零。将 P 点的大地坐标转换为空间直角坐标（X_P，Y_P，Z_P）。

根据下面的 SAR 构象方程：斜距方程、多普勒方程和椭球方程［式（4-1）~式（4-3）］，计算地面点 P 在副影像中的像素坐标 $P_s(r_s, c_s)$。

斜距方程：
$$R = |\boldsymbol{P} - \boldsymbol{S}| \tag{4-1}$$

多普勒方程：
$$f_{\text{Dop}} = \frac{2\boldsymbol{V} \cdot \boldsymbol{SP}}{\lambda} \tag{4-2}$$

椭球方程：
$$\frac{X_P^2 + Y_P^2}{(a + h)^2} + \frac{Z_P^2}{(b + h)^2} = 1 \tag{4-3}$$

式中，R 为雷达天线中心到目标点 P 的斜距；$\boldsymbol{P}$ 为目标点 P 在地球固定坐标系（图 4-2）中的位置矢量，$\boldsymbol{P} = (X_P, Y_P, Z_P)$；$\boldsymbol{S}$ 为点 $P_s(r_s, c_s)$ 对应的成像时刻 t 卫星在地固坐标系中的位置矢量，$\boldsymbol{S} = [X_s(t), Y_s(t), Z_s(t)]$；$\boldsymbol{V} = (V_{X(t)}, V_{Y(t)}, V_{Z(t)})$ 为点 $P_s(r_s, c_s)$ 成像时刻 t 卫星在地固坐标系中的速度矢量；矢量 $\boldsymbol{SP} = \boldsymbol{P} - \boldsymbol{S}$；$\lambda$ 为电磁波波长；f_{Dop} 为多普勒频率；a、b 分别为参考椭球的长半轴、短半轴；h 为 P 点的大地高，在影像粗配准中，可以认为是零。

在用三个定位方程计算地面点 P 在副影像上的坐标时，需要用准确的成像时刻计算卫星位置矢量。所以，在副影像成像时间范围内，可设定一个初始时刻

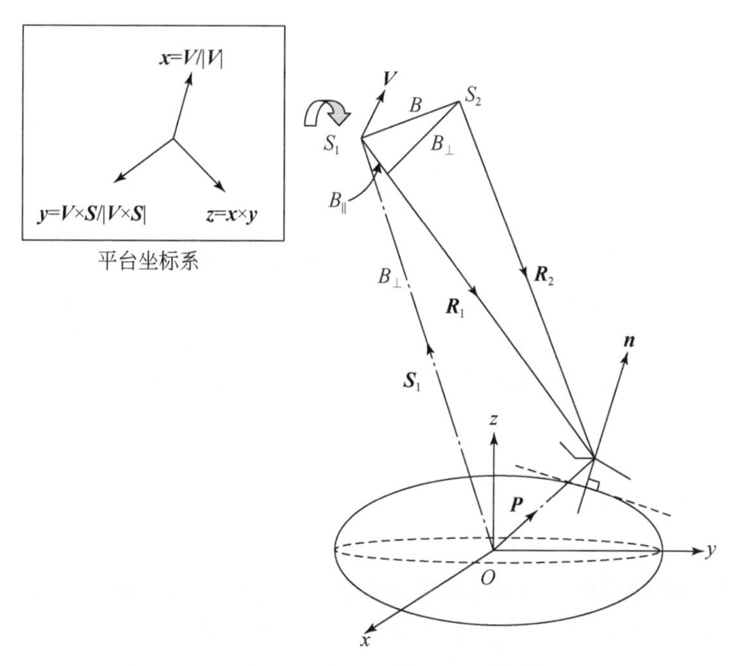

图 4-2 InSAR 中的坐标系

T_0，时间变化步长为 Δt，通过迭代计算，满足式（4-4），即雷达到地面点 P 的成像时间。

$$\min = \sqrt{[X_P - X_s(t)]^2 + [Y_P - Y_s(t)]^2 + [Z_P - Z_s(t)]^2} \tag{4-4}$$

式中，$X_s(t)$、$Y_s(t)$、$Z_s(t)$ 为卫星在 t 成像时刻的位置。为得到这三个参数，可先利用影像头文件中的卫星轨道数据，采用多项式拟合法建立卫星轨道随时间变化的数学模型，如式（4-5）所示。再根据多项式模型和求得的时间 t 计算出成像时刻的卫星位置。

$$\begin{cases} X_s(t) = a_0 + a_1 t + a_2 t^2 + a_3 t^3 \\ Y_s(t) = b_0 + b_1 t + b_2 t^2 + b_3 t^3 \\ Z_s(t) = c_0 + c_1 t + c_2 t^2 + c_3 t^3 \end{cases} \tag{4-5}$$

求得卫星位置和地面 P 点的成像时刻 t 后，就可根据式（4-6）计算出 P 点在副影像上的像素坐标（即行列号 r_s、c_s），从而确定参考影像中心点 P_m 在副影像中的对应点 P_s。

$$\begin{cases} \sqrt{[X_P - X_s(t)]^2 + [Y_P - Y_s(t)]^2 + [Z_P - Z_s(t)]^2} = R_{\text{near}} + c_s \cdot \Delta R \\ t = t_0 + r_s \cdot \Delta t \end{cases} \tag{4-6}$$

式中，R_{near} 为卫星成像的近斜距；ΔR 为斜距向采样间距；t_0 为影像开始成像时间；Δt 为方位向采样的时间间距。这些参数都可以从副影像头文件中获取。

在得到副影像像素坐标后，就可以计算出副影像相对于参考影像在行方向上的偏移量 Δr 和在列方向上的偏移量 Δc。

$$\begin{cases} \Delta r = r_s - r_m \\ \Delta c = c_s - c_m \end{cases} \tag{4-7}$$

然而，在粗配准中，基于行列偏移量，通过影像平移对两景 SAR 复数影像进行粗配准的精度通常为几十甚至上百个像元（王超等，2002a），不能满足 InSAR 和 PS-InSAR 的配准精度要求。此外，基于影像平移的粗配准不能解决两影像间的旋转、畸变差异等问题，为此，还需要在粗配准基础上对影像进行精配准。

4.1.2 精配准

SAR 复数影像精配准是在粗配准基础上，通过同名点坐标或其偏移量建立参考影像到副影像的坐标映射关系，再利用这个关系对副影像进行坐标变换、影像插值和重采样。其基本步骤如下：

（1）在参考影像中选取均匀分布的 N 个像元作为控制点，并以控制点为中心确定一定大小的匹配窗口。

（2）在副影像上相应位置确定比匹配窗口大的搜索窗口，如图 4-3 所示。图 4-3 中目标区域为匹配窗口，搜索区域为搜索窗口。

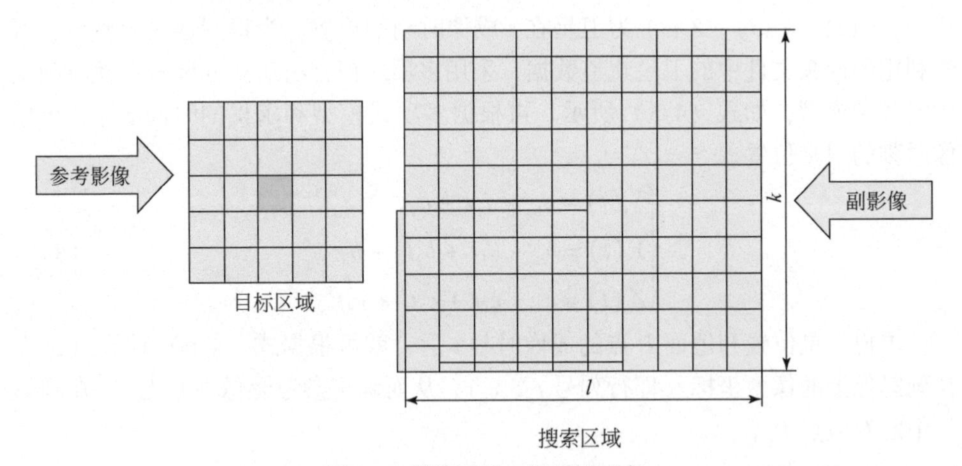

图 4-3　影像匹配一般原理示意

（3）在搜索窗口内放置匹配窗口，计算参考影像和副影像中两匹配窗口的匹配指标值，将它作为副影像中匹配窗口中心点的配准指标值。按一定顺序逐像元移动匹配窗口，直至得到搜索窗口内每个点的匹配指标值。最后选取搜索窗口内具有最佳匹配指标值的点作为副影像上的同名点，得到同名点在副影像上的行列值，并确定同名点与控制点之间的行列偏移量。

（4）重复步骤（3），确定参考影像中所有控制点在待配准影像中的同名点，最终获得 N 个坐标对和 N 个行列偏移量。

（5）剔除行列偏移量中的奇异值，确保多数点的行列偏移量保持一致，这样可消除选取同名点对可能存在的粗差。

（6）根据获得的 N 个坐标对和 N 个行列偏移量，采用最小二乘法，利用多项式（如二阶或三阶）拟合副影像坐标或偏移量，建立参考影像坐标到副影像坐标的映射关系。如式（4-8）或式（4-9）的二阶多项式：

$$\begin{cases}\Delta r = a_0 + a_1 \cdot r_m + a_2 \cdot c_m + a_3 \cdot r_m \cdot c_m + a_4 \cdot r_m^2 + a_5 c_m^2 \\ \Delta c = b_0 + b_1 \cdot r_m + b_2 \cdot c_m + b_3 \cdot r_m \cdot c_m + b_4 \cdot r_m^2 + b_5 c_m^2\end{cases} \tag{4-8}$$

$$\begin{cases}r_s = A_0 + A_1 \cdot r_m + A_2 \cdot c_m + A_3 \cdot r_m \cdot c_m + A_4 \cdot r_m^2 + A_5 c_m^2 \\ c_s = B_0 + B_1 \cdot r_m + B_2 \cdot c_m + B_3 \cdot r_m \cdot c_m + B_4 \cdot r_m^2 + B_5 c_m^2\end{cases} \tag{4-9}$$

式中，a、b、A、B 为多项式拟合系数。式（4-8）是通过偏移量表示参考影像与副影像坐标的映射关系，式（4-9）是直接建立参考影像坐标与副影像坐标的映射关系。

（7）获得坐标映射函数后，对副影像进行坐标变换、插值和重采样，实现影像的配准。

在对副影像进行插值重采样时要注意，虽然 SAR 复数影像配准和干涉的目标是求得同名点上的相位差，但在插值时也不能直接对相位数据做内插，而应对原始数据的实部和虚部分别做内插。一般认为直接对相位数据进行内插不利于保证相位数值的精度。为了保证插值和重采样后相位的精度，除了对实部和虚部分别进行插值外，还要选取高精度的插值函数。理论上，最理想的插值函数是 sinc 函数（舒宁，2003），即

$$\operatorname{sinc}(x) = \frac{\sin(x)}{x} \tag{4-10}$$

采用这种函数时，认为几乎没有信息量的损失。在实际应用中，也可采用功能类似于 sinc 函数的双线性插值方法和双三次 B 样条插值方法。

上述配准步骤就是像元级和亚像元级配准的基本步骤。只是在亚像元级配准算法中有两点不同：

（1）在确定控制点和搜索同名点之前，先采用合适的插值方法（如 sinc 函数）对参考影像和副影像做过采样（Oversample），插值间隔要优于 0.1 个像元（王超等，2002a；丁赤飚等，2017）。

（2）选择相对较小的搜索窗口，增加搜索窗口的数量，以便进行相应的数据拟合。并且，为了防止出现大的偏差，在某个搜索窗口搜索完一次得到一个同名点位置后，需要适当地增大搜索窗口的大小进行多次计算，直至各次获得的同名点与控制点的行列偏移量保持稳定，这时的同名点就是可靠的，然后就可进入下一个同名点的搜索。

在 SAR 复数影像精配准过程中，根据搜索同名点时选取的匹配指标和算法的不同，可划分出多种精配准方法，如前面提及的相干系数阈值法、最大频谱法等。下面就对相干系数阈值法、最大频谱法和相位差影像平均波动函数法这三种常用的 SAR 复数影像精配准方法进行分析。

4.1.2.1 相干系数阈值法

Prati 和 Rocca（1990）、曾琪明和解学通（2004）提出以相干系数作为配准指标进行 SAR 复数影像精配准的方法。相干性是 InSAR 中衡量两景 SAR 复数影像之间相似程度的指标。相干系数就是相干性的测度，类同于实数影像（幅度分量）之间的相关系数。在 InSAR 中，相干系数是个复数，实际应用中常用它的绝对值表示，其取值范围为［0，1］。

设 M、S 为两个零均值的复高斯随机变量，它们之间的相干系数定义为

$$\gamma = \frac{|E[M \cdot S^*]|}{\sqrt{E[|M|^2]E[|S|^2]}} \tag{4-11}$$

对于两景 SAR 复数影像，相干系数的估计是选择适当的 $m \times n$ 大小的窗口，用式（4-12）计算的相干系数近似估计值 $\hat{\gamma}$ 作为窗口中心点像素的相干系数，相干系数以图像形式表示就称为相干系数图。

$$\hat{\gamma} = \frac{\left|\sum_{i=1}^{m}\sum_{j=1}^{n} M(i,j)S^*(i,j)\right|}{\sqrt{\sum_{i=1}^{m}\sum_{j=1}^{n}|M(i,j)|^2 \sum_{i=1}^{m}\sum_{j=1}^{n}|S(i,j)|^2}} \tag{4-12}$$

式中，$M(i,j)$、$S(i,j)$ 分别为两匹配窗口对应位置 (i,j) 上的两个复数数据。相干系数阈值法就是根据式（4-12）计算出搜索窗口内所有点的相干系数值后，将其中具有最大相干系数值的点作为参考影像中控制点的同名点。

对于部分相干的圆高斯信号，最大复相干可以得到偏移量的最优估计，而幅度相关虽然是有偏估计，但是具有更好的鲁棒性，因此在相干性偏低的区域，可以采用幅度相关进行偏移估计（丁赤飚等，2017）。

4.1.2.2 最大频谱法

最大频谱法由 Gabriel 等（1988）提出，匹配精度很高，是 NASA/JPL 的经

典算法。当影像对精确配准时，复干涉图的频谱在某个频点上出现峰值，配准精度越高，峰值越明显。

对于单视复数影像 ω_1 和 ω_2，在匹配窗口 $N \times M$ 内计算干涉相位：

$$\omega = \omega_1 \cdot \omega_2^* = |\omega_1| \cdot |\omega_2| e^{j(\varphi_1 - \varphi_2)} \tag{4-13}$$

对 ω 进行 FFT 计算，得到对应的二维频谱 F。复频谱图中幅度峰值表示最亮条纹的空间频率分量，峰值的位置表示最亮条纹的空间分布频率 F_x 和 F_y。从原理来讲，这个方法的弊端非常明显——运算量大，逐行逐点移动窗口，以及同时计算窗口内的干涉相位和频谱图。另外，随着窗口的增加，FFT 计算量会急剧增大。

4.1.2.3 相位差影像平均波动函数法

Lin 等（1992）提出了 SAR 复数影像配准的相位差影像平均波动函数法。该方法以相位差影像的平均波动函数值 f 作为配准指标，首先计算两匹配窗口对应像素的相位差 $P(i, j)$，然后按式（4-14）计算窗口的相位差平均波动函数值 f：

$$f = \sum_i \sum_j \{ |P(i+1,j) - P(i,j)| + |P(i,j+1) - P(i,j)| \}/2 \tag{4-14}$$

以 f 作为匹配窗口中心点的配准指标值，最后选取搜索窗口中具有最小波动函数值的点作为同名点。

4.1.3 影像配准质量的评价指标

SAR 复数影像配准质量的高低可通过干涉条纹的清晰程度和一些量化指标表示。最直接的方法是观察干涉条纹的清晰度，条纹越清晰说明影像匹配得越好。目视观察法只是一种定性的主观评价方法，目前已发展了多种定量的客观评价方法：相干系数阈值法、信噪比法和残余点法，其中相干系数阈值法是最常用的评价方法。

相干系数不仅是两景 SAR 复数影像之间相似程度的指标，也是干涉图质量的重要指标。同样两景影像，配准精度越高，相干系数值越大。因此，可用相干系数作为衡量配准质量的指标。对配准后的影像对按式（4-12）计算各点的相干系数，每一点的相干系数表明这点的配准效果，相干系数值越大说明影像配准得越好。另外，高相干系数值越多，表示影像配准越好。

信噪比法是将配准后的两景复数影像做干涉处理（共轭相乘）得到干涉图，然后对干涉图进行二维 DFT 变换，得到各点的二维条纹谱 $f_{i,j}$，最后按式（4-15）计算干涉图的信噪比（SNR）。

$$\mathrm{SNR} = \frac{f_{\max}}{\sum f_{i,j} - f_{\max}} \tag{4-15}$$

信噪比越高，表明两景影像配准质量越高。

残余点法是将配准后的两景复数影像做干涉处理得到干涉相位图，然后判定并统计干涉相位图的残余点。干涉相位图中残余点越少，说明影像配准得越好，反之越差。

4.2 干涉图和相干图生成

4.2.1 干涉图生成

当两景影像在完成数据配准之后，每一点上的观测数据为

$$\begin{aligned} u_1 &= |u_1| e^{j\varphi_1} \\ u_2 &= |u_2| e^{j\varphi_2} \end{aligned} \tag{4-16}$$

这是分别由两组实部数据和虚部数据形成的。由每点的两组数据可以计算出干涉值：

$$u_{\text{int}} = u_1 \cdot u_2^* = |u_1| |u_2| e^{j(\varphi_1 - \varphi_2)} \tag{4-17}$$

式中，u^* 为共轭复数。u_{int} 的相位数据是每一同名点上相应于两个观测点（或天线位置）的相位差，经过计算可得其值为

$$\varphi = w(\varphi_1 - \varphi_2) = \arctan \frac{\text{Im}(u_{\text{int}})}{\text{Re}(u_{\text{int}})} \tag{4-18}$$

式中，Im（u_{int}）和 Re（u_{int}）分别为 u_{int} 虚部和实部。此处 φ 的数值在（$-\pi$，π］的范围内变化，是相位的主值数据，被称为缠绕相位数据（Wrapped Phase）。干涉条纹图之所以具有条纹状，是因为相位差的周期性变化。此处的 φ 还可以表示为

$$\varphi = \frac{\delta_\rho}{\lambda} \cdot 2\pi \tag{4-19}$$

式中，δ_ρ 为信号的路径差，也为目标点相对于两个天线位置的路径差。

4.2.2 相干图生成

相干性反映了信号间的相似程度。两个零均值圆高斯复数随机信号的相干系数 γ 定义为

$$\gamma = \frac{|E[M \cdot S^*]|}{\sqrt{E[|M|^2]E[|S|^2]}} \tag{4-20}$$

根据 γ 的定义，相干系数是标准化的协方差函数，因而能够反映两个信号之间的线性相关程度，常作为干涉相位精确性的度量。相干性高的区域，两次回波的相似程度也高，则干涉相位差能够精确反映回波间的距离差；而相干性较低的地方，两次回波之间的相似程度较低。因此，两信号之间的相位差并不完全代表回波间的距离差，这时候干涉测量就很难得到正确的结果；生成相干图有利于判断干涉图的质量，也可用于后续的相位解缠操作。

在实际应用中，通常采用适当的 $m\times n$ 大小的窗口，用式（4-21）计算的相干系数近似估计值 $\hat{\gamma}$ 作为窗口中心点像素的相干系数，用以生成相干图。

$$\hat{\gamma}=\frac{\left|\sum_{i=1}^{m}\sum_{j=1}^{n}M(i,j)S^{*}(i,j)\right|}{\sqrt{\sum_{i=1}^{m}\sum_{j=1}^{n}|M(i,j)|^{2}\sum_{i=1}^{m}\sum_{j=1}^{n}|S(i,j)|^{2}}} \tag{4-21}$$

4.3 干涉图滤波

InSAR 系统中，受斑点噪声、数据处理噪声、地面背景干扰、基线失相干等因素的影响，InSAR 影像的信噪比较低，严重影响着干涉 SAR 影像的质量，致使目标干涉相位精度降低。干涉图的质量不但直接决定了 InSAR 技术生成 DEM 或监测地面形变量的精度，而且影响相位解缠等后续处理过程的复杂程度。在干涉条纹图残差点特别密集或分布不均匀的情况下，相位解缠的结果偏差会很大甚至根本无法进行解缠。为获得高质量的干涉 SAR 影像，必须对噪声进行有效的抑制，同时应该保持干涉 SAR 影像的分辨率。

干涉影像的噪声来源主要有时间/空间基线失相干、热噪声、数据处理误差等。为了减小噪声对后续解缠的影响，需采取滤波的方法对干涉影像进行处理。

针对干涉 SAR 影像中随机噪声的特性，将抑制噪声的方法大体分为两类：空间域滤波和频率域滤波。空间域滤波方法主要有：条纹自适应滤波方法、多视滤波方法和矢量滤波方法等；频率域滤波方法主要有：自适应滤波（Goldstein 滤波）方法、频谱加权滤波方法、小波滤波方法等。

4.3.1 空间域滤波

由于干涉影像的特殊性，不能把干涉相位当作一般的标量图像进行滤波处理，采用传统均值滤波方法、中值滤波方法很难得到较好的滤波效果。目前常用的干涉影像空间域滤波方法主要有：圆周期均值和中值滤波方法、条纹自适应滤波方法、多视滤波方法和矢量滤波方法等。

4.3.1.1　圆周期均值和中值滤波

干涉条纹图中各点的值在（－π，π］内，而实际上该点的真实值是在该值的基础上加上 $2k\pi$（k 为整数），如果相位图中的某点及其邻近的真实相位值在 π 附近连续变化，则其在干涉条纹图中的相位就在（−π，π］跳跃地变化，如图 4-4 所示。这就是干涉相位的缠绕特性，也被称为干涉相位的圆周期性。

如果某相位的真实值在某一区域内为 π，噪声的影响会使得其附近点的真实相位值在 π 左右变化。如果对其进行正确的滤波处理，那么该点滤波后的值应该是 π，但是由于干涉相位的圆周期效应，在干涉条纹图中，该点附近的缠绕相位值在（−π，π］不断跳变，如果使用普通的均值和中值滤波方法，得到的滤波结果是 0，这显然就发生了错误。针对干涉相位的圆周期特性，Eichel 等（1996）和 Lanari 等（1996）分别提出了圆周期均值滤波方法和圆周期中值滤波方法。这两种方法假设前提如下。

地形的起伏相对于取样是缓变的，相邻取样点间有较好的相干性，而且噪声干扰在相邻采样点上是统计独立的。因此，可以采用空间域的滑动窗口来实现滤波。

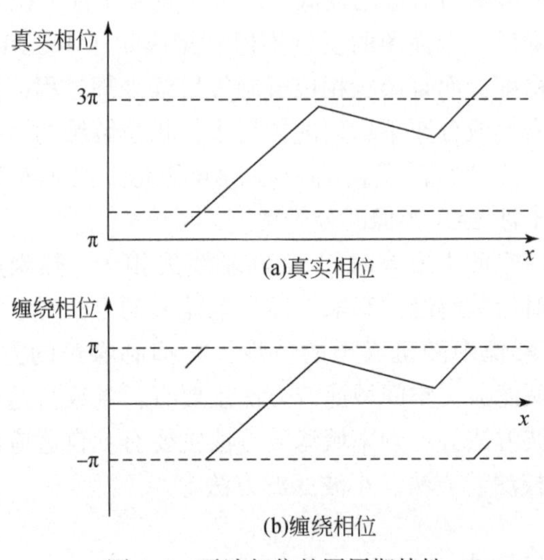

图 4-4　干涉相位的圆周期特性

圆周期均值滤波方法的数学表达式如式（4-22）和式（4-23）所示。

$$\varphi_{l,m} = \text{mean}\{\text{angle}[\exp(\mathrm{j}\varphi_{nl,nm})/d_{l,m}]\} + \arg(d_{l,m}) \tag{4-22}$$

$$d_{l,m} = \sum_{nl=l-L_D}^{l+L_D} \sum_{nm=m-M_D}^{m+M_D} \exp(\mathrm{j}\varphi_{nl,nm}) \tag{4-23}$$

式中，$\varphi_{l,m}$为干涉条纹图（l，m）点的相位值；滤波窗口大小为（$2L_D+1)\times(2M_D+1)$；l 和 m 分别为行方向和列方向的坐标；（nl，nm）为窗口中点的坐标；$\varphi_{nl,nm}$为（nl，nm）点的相位值；angle（·）为对复数取相角运算；mean（·）为取均值运算；$d_{l,m}$为滤波窗中的各相位矢量之和，称为 $\varphi_{l,m}$的主矢量。该算法通过求取随 $\varphi_{nl,nm}$而改变的主矢量 $d_{l,m}$，并用主矢量作为参考点，解决了干涉相位的圆周特性问题。

圆周期均值滤波的优点是，在干扰为与雷达信号独立的加性高斯噪声时，其滤波结果在理论上是最小均方意义下最优的。但是与均值滤波一样，该滤波方法对图像的边缘保存能力相对较弱。

圆周期中值滤波与圆周期均值滤波相似，表达式如式（4-24）和式（4-25）所示。

$$\varphi_{l,m} = \text{median}\{\text{angle}[\exp(j\varphi_{nl,nm})/d_{l,m}]\} + \arg(d_{l,m}) \tag{4-24}$$

$$d_{l,m} = \sum_{nl=l-L_D}^{l+L_D} \sum_{nm=m-M_D}^{m+M_D} \exp(j\varphi_{nl,nm}) \tag{4-25}$$

式中，median（·）为取中值运算。它一样解决了干涉相位的圆周期问题，但是也同样拥有中值滤波的特性，即对图像边缘信息保存较好，但去噪能力相对偏低。

4.3.1.2 Lee 滤波

根据干涉相位为加性噪声模型的假设（Lee et al.，1998），如式 4-26 所示，

$$\varphi_z = \varphi_x + n \tag{4-26}$$

式中，φ_z 为观测的干涉相位；φ_x 为真实的干涉相位；n 为零均值的噪声值。根据这样的假设，Lee 等（1998）提出了基于局部统计特征的滤波方法：

$$\hat{\varphi}_x = \bar{\varphi}_z + \frac{\text{var}(\varphi_x)}{\text{var}(\varphi_z)}(\varphi_x - \bar{\varphi}_z) \tag{4-27}$$

式中，$\bar{\varphi}_z$ 和 $\text{var}(\varphi_z)$ 分别为在局部窗口内计算出的干涉相位均值和方差，var（φ_x）= var（φ_z）$-\sigma_v^2$，σ_v^2 为相位噪声的方差，可以根据相干系数计算得到。可以看出，当干涉相干性很高，即 σ_v^2 很小时，有 $\text{var}(\varphi_x) \approx \text{var}(\varphi_z)$，代入式（4-27）则有 $\hat{\varphi}_x \approx \varphi_z$，也就是说此时几乎不进行滤波，这样在高相干性情况下，Lee 滤波方法能更好地保持干涉条纹的细节；当干涉相干性较低，即 σ_v^2 较大时，$\text{var}(\varphi_x) \approx 0$，此时 $\hat{\varphi}_x \approx \bar{\varphi}_z$，相当于进行均值滤波，即在低相干情况下，Lee 滤波方法具有较好的去噪能力。因此，Lee 滤波方法是一种自适应的滤波器，它的滤波强弱取决于局部干涉值质量的好坏。

此外，在地形起伏较大的区域，干涉条纹频率较高，常规的矩形窗口可能会超出一个周期的条纹，从而在滤波时破坏条纹的连续性。针对这样的情况，Lee

滤波方法采用了如图 4-5 所示的 16 个不同的方向窗口，从中选择与条纹方向接近的窗口按式（4-27）进行相位滤波。

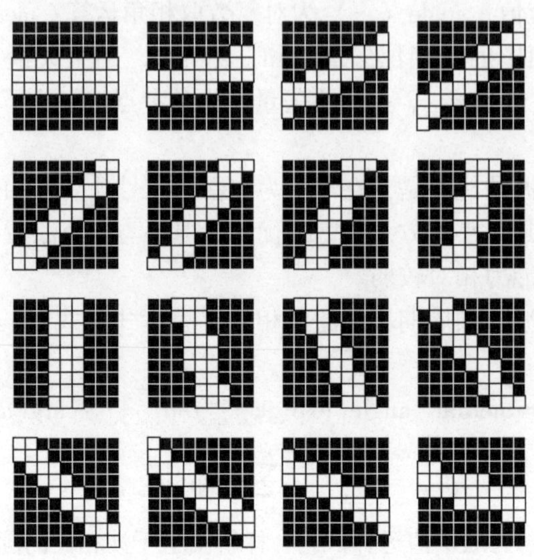

图 4-5　16 个方向的滤波模板示意

以上是在实数域对干涉相位进行滤波，Lee 滤波方法也可在复数域进行相位滤波，令 $\widehat{S}_x$ 为 $\exp(\mathrm{j}\varphi_x)$ 的估计值，$S_z=\exp(\mathrm{j}\varphi_z)$，$\widehat{S}_z$ 为滤波窗口内 S_z 的幅度归一化均值，滤波器如式（4-28）所示：

$$\widehat{S}_x=\bar{S}_z+\frac{\mathrm{var}(\varphi_x)}{\mathrm{var}(\varphi_z)}(S_z-\bar{S}_z) \tag{4-28}$$

这种情况下，通过计算不同窗口内 S_z 的均值幅度，选择幅度值最大的窗口作为滤波窗口，不需要先进行相位解缠。但在计算加权系数 $\frac{\mathrm{var}(\varphi_x)}{\mathrm{var}(\varphi_z)}$ 时，仍需要做局部相位解缠。

4.3.1.3　多视滤波

为了减少噪声的影响，在复数干涉图中用影像相邻点叠加的方法近似实现多视处理，该方法用图 4-6 所示的流程简洁地加以表示。

图 4-6 中，$\varphi(x,\ y)+n(x,\ y)$ 为相应于干涉图像元 $(x,\ y)$ 处的含噪声干涉相位值，$\varphi(x,\ y)$ 为滤波后的干涉相位。如图 4-6 所示，由于多视滤波可以将干涉图的跳变性相位滤波问题转换为两路连续变化的正弦分量和余弦分量的均值滤波处理，因此其滤波效果较好。多视滤波效果与滤波窗口大小和图像的相干性大小有关。

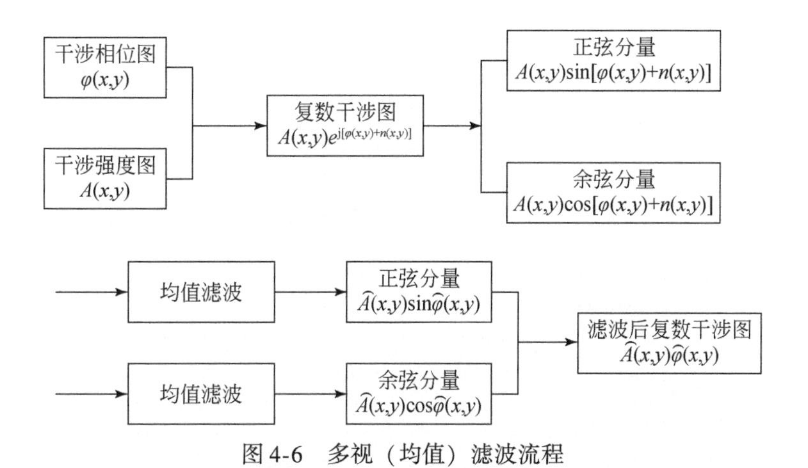

图 4-6　多视（均值）滤波流程

由于多视处理会造成影像空间分辨率降低，当分辨率低于一定门限时，相邻像素的相位差超过 π，不能进行后续的相位解缠，因此在进行多视平均降噪时，平均视数必须小于一定的极限值，即极限视数。根据 InSAR 测高的空间几何关系可以推导出距离向和方位向的极限平均视数，分别为

$$
\begin{aligned}
n_{\mathrm{r}} &= \frac{1}{\dfrac{4B\rho_{\mathrm{r}}}{\lambda r}\left[\dfrac{\cos\alpha}{\sin(\theta+\alpha)} - \sin\theta\right]} \\
n_{\mathrm{a}} &= \frac{1}{\dfrac{4B}{\lambda r y_0}\left(\rho_{\mathrm{a}}^2\tan^2\alpha + 2\rho_{\mathrm{a}}\tan\alpha\cdot H\right)}
\end{aligned}
\tag{4-29}
$$

式中，n_{r} 和 n_{a} 分别为距离向和方位向的极限平均视数；ρ_{r} 和 ρ_{a} 分别为距离向和方位向的分辨率；α 为地面坡度角。

4.3.1.4　矢量滤波

为了避免复数干涉图的强度信息（即干涉对影像强度信息）对滤波精度和效果的影响，可以把干涉图中的干涉相位进行等权处理，即采用矢量滤波方法对干涉图进行滤波。同样，矢量滤波也可以分为矢量均值滤波和矢量中值滤波两种方法，以矢量均值滤波为例介绍矢量滤波流程（图 4-7）。

其计算过程为：

（1）将干涉图的干涉相位映射为矢量空间中的单位矢量；

（2）把矢量空间的干涉图分解为正弦分量 $\sin[\varphi(x,\ y)+n(x,\ y)]$ 和余弦分量 $\cos[\varphi(x,\ y)+n(x,\ y)]$；

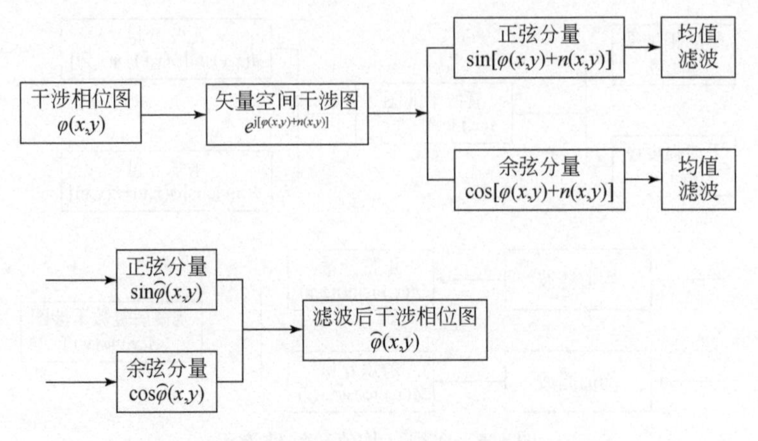

图 4-7　矢量均值滤波流程（靳国旺等，2006）

（3）分别对正弦分量和余弦分量进行均值滤波处理；

（4）由滤波后的正弦分量 $\sin\varphi(x,\ y)$ 和余弦分量 $\cos\varphi(x,\ y)$ 计算滤波后的干涉图，令 $a(x,\ y)=\cos\varphi(x,\ y)$；$b(x,\ y)=\sin\varphi(x,\ y)$，$\widehat{\varphi}(x,\ y)$ 的计算公式为

$$
\widehat{\varphi}(x,y)=\begin{cases}\dfrac{\pi}{2} & a(x,y)=0,b(x,y)>0\\ \dfrac{3\pi}{2} & a(x,y)=0,b(x,y)<0\\ \mathrm{atan}\left(\dfrac{b}{a}\right) & a(x,y)>0,b(x,y)\geqslant 0\\ 2\pi+\mathrm{atan}\left(\dfrac{b}{a}\right) & a(x,y)>0,b(x,y)<0\\ \pi+\mathrm{atan}\left(\dfrac{b}{a}\right) & a(x,y)<0\end{cases}\tag{4-30}
$$

多视滤波和矢量滤波是效果较好的空间域滤波方法，它们对稀疏条纹干涉图能够取得较好的滤波效果，但是对于密集条纹难以得到较好的滤波效果。

4.3.2　频率域滤波

4.3.2.1　自适应滤波（Goldstein 滤波）

对于 InSAR 干涉图而言，其条纹具有一定的空间频率，条纹频率的大小取决于地形起伏、基线参数等因素，因而条纹的频率成分并不一定集中在频谱中的某

特定范围内，在对干涉图进行滤波时很难确定采用低通滤波器、高通滤波器还是带通（阻）滤波器。

为了对干涉图进行有效的滤波处理，1998 年，Goldstein 和 Werner 提出了自适应 α 滤波方法。该方法利用傅里叶变换把干涉图从空间域转换到频率域，进行功率谱平滑。根据噪声在频谱空间属于宽带信号，信号属于窄带信号，通过对频率域实施平滑实现了在信号区域去噪，而噪声区域不改变噪声特性的自适应。

该滤波方法首先把干涉图分成相互重叠的小块（重叠率不小于 75%），然后对每个小块干涉图进行傅里叶变换，得到其频谱 $Z(u, v)$，再采用经平滑处理的幅值 $S[Z(u, v)]$ 对各小块干涉图进行处理，处理后的频谱 $H(u, v)$ 为

$$H(u,v) = S[\ |Z(u,v)|\ ]^{\alpha} \cdot Z(u,v) \tag{4-31}$$

采用自适应 α 滤波方法，滤波效果和精度取决于 α 值的大小，其中滤波参数 α 取 0 ~ 1。滤波参数 α 取为 0 时，相当于没有滤波；取为 1 时，为强滤波。根据经验，滤波参数一般取为 0.5。Baran 等对自适应 α 滤波进行改进，采用 $1-\bar{\lambda}$ 代替 α：

$$H(u,v) = S[\ |Z(u,v)|\ ]^{1-\bar{\lambda}} \cdot Z(u,v) \tag{4-32}$$

式中，$\bar{\lambda}$ 为小块干涉图中的平均相干值。该方法能够根据干涉图各部分的绝对相干值自适应地进行滤波。对于高相干区域，滤波程度较弱；对于低相干区域，滤波程度较强。

4.3.2.2 频谱加权滤波

在干涉图频率域中，幅值谱的最大值对应着干涉条纹的最主要频率成分，因此在频率域内对干涉图进行滤波处理时，应根据干涉图的频谱特性选择相应的滤波器。干涉图主要条纹的频谱幅值一般较大，次要条纹的频谱幅值相应较小，随机噪声的频谱幅值则服从均匀分布。为了突出频谱中的主要频率成分，抑制噪声，可采用频谱加权滤波方法和主频率成分提取滤波方法。

图 4-8 为频谱加权滤波方法的具体实施流程图。设原始干涉图中的干涉相位值为 $\varphi(x, y) + n(x, y)$；映射到矢量空间中的单位矢量为 $e^{j[\varphi(x, y)+n(x, y)]}$；其中，$(x, y)$ 表示干涉图中指定像元的位置；$n(x, y)$ 表示干涉图中像元 (x, y) 的相位噪声；$\varphi(x, y)$ 表示真实干涉相位的主值；频谱加权滤波方法可以分为以下几个处理步骤：

（1）将干涉图的干涉相位值 (x, y) 映射为矢量空间中的单位矢量：$e^{j\varphi(x, y)} = \cos\varphi(x, y) + j\sin\varphi(x, y)$；

（2）将矢量空间中的干涉图 $e^{j[\varphi(x, y)]}$ 进行二维 FFT，得到干涉图频谱；

(3) 选择加权函数，对干涉图的频谱进行加权处理；

(4) 把加权处理后的干涉图频谱进行快速傅里叶逆变换（Inverse Fast Fourier Transform，IFFT)，变换到空间域，得到矢量空间中的相应复数 $a(x, y)+jb(x, y)$；

(5) 根据式 (4-30)，计算滤波后干涉图的相位值，从而得到干涉图的滤波结果 $\widehat{\varphi}(x, y)$。

对频谱进行加权处理时，可以采用幂函数、正弦函数和指数函数等。

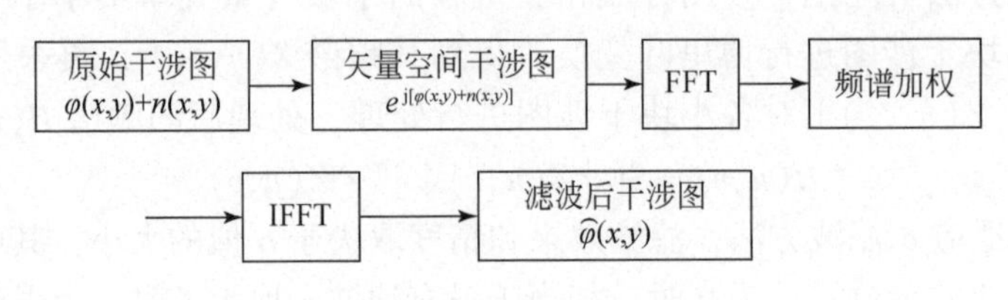

图 4-8　频谱加权滤波流程（靳国旺等，2006）

4.3.2.3　小波滤波

小波变换（Wavelet Transform）是 20 世纪 80 年代在傅里叶变换的基础上发展起来的一门新兴学科，是近年来应用数学和工程学科中一个飞速发展的新领域，是多学科关注的热点。小波分析与小波变换具有其深刻的理论意义和广泛的应用范围。小波分析是信号在时间尺度上的显微分析方法。它最重要的特点就是多分辨率分析方法，表现为在时域和频域上都有很好的表征局部信号特征的能力。它适合用于探测信号中瞬变反常的信号，因此被誉为“数学显微镜”。小波变换在图像处理、模式识别、地震勘探等多学科、多领域中已经取得了非常丰硕的成果。国内外已有学者将其引入干涉相位的滤波中（López- Martínez and Fàbregas，2003；李晨和朱岱寅，2009)，主要步骤如下。

(1) 提取含噪声干涉图的实部、虚部矩阵，并分别进行小波分解，以获得某一尺度下（水平方向、竖直方向、对角线方向）的不同频带；

(2) 根据信号和噪声在小波域中的不同特征，构造相应的规则，对包含噪声的小波系数进行剔除或者收缩处理，或者对包含信号成分的小波系数进行增强处理；

(3) 对处理后的小波系数进行小波逆变换，分别获得滤波后的实部和虚部，得到“真实”干涉图的最优估计。

4.3.3 滤波质量评价指标

InSAR 图像相位滤波已取得了丰硕的研究成果，基本上能够满足滤除噪声的要求，即在减少相位噪声的同时又不破坏图像的空间分辨率及边缘等细节信息。但事实上，测试表明这些滤波方法总是在去除相位噪声和保持有用信息之间折中，不能够产生完全满意的效果；不同的滤波方法在同一幅干涉图像上获得的滤波结果差异很大，不同的传感技术在不同的场景类型的干涉图像，相对性能也不同。在对图像进行滤波处理后，势必要涉及图像滤波质量的评价。下面介绍几种常用的滤波评价方法。

1）均方根

均方根，即均方根误差（RMS）。在统计学中，均方根是用于衡量估计值准确程度的指标之一。$\varphi_{i,j}$ 表示滤波前干涉图中像元 $(i,\ j)$ 处的相位值，$\widehat{\varphi}_{i,j}$ 表示滤波后干涉图中像元 $(i,\ j)$ 处的相位值，$(M,\ N)$ 表示干涉图的大小，RMS 表示滤波前后相位的均方根。则

$$\mathrm{RMS} = \pm \sqrt{\frac{\sum_{i=0}^{M-1} \sum_{j=0}^{N-1} (\Delta\varphi_{i,j})^2}{MN}} \tag{4-33}$$

其中，$\Delta\varphi_{i,j} = \widehat{\varphi}_{i,j} - \varphi_{i,j}$，并且需要对 $\Delta\varphi_{i,j}$ 做修正处理：

$$\Delta\varphi_{i,j} = \begin{cases} \Delta\varphi_{i,j} + 2\pi & \Delta\varphi_{i,j} < -\pi \\ \Delta\varphi_{i,j} & -\pi < \Delta\varphi_{i,j} < \pi \\ \Delta\varphi_{i,j} - 2\pi & \Delta\varphi_{i,j} \geqslant \pi \end{cases} \tag{4-34}$$

对于采用不同滤波方法得到的滤波结果，计算出的 RMS 值越小，表明滤波的相位保持特性越好、滤波精度越高。本书应用 RMS 作为质量指标之一，原因在于它能够客观地反映滤波后图像整体的好坏程度，从而避免了局部的、片面的实验结果所带来的误导性分析。

2）相位标准偏差

相位标准偏差（PSD）由 Goldstein 和 Werner 于 1998 年提出，其可以作为干涉图质量的评价指标，$\varphi_{i,j}$ 为每个像元对应的相位值，$\overline{\varphi}_{i,j}$ 为窗口内所有像元相位的均值：

$$\sigma_{\varphi} = \left[\frac{\sum_{i=0}^{M-1} \sum_{j=0}^{N-1} (\varphi_{i,j} - \overline{\varphi}_{i,j})^2}{MN - 1} \right]^{\frac{1}{2}} \tag{4-35}$$

3）残差点指标

Goldstein 和 Werner（1998）将干涉相位图中噪声引起的相位不连续定义为残差点，并利用残差点的数目来衡量相位图质量。其原理是对四个相邻点各个方向计算缠绕相位的梯度，如图 4-9 所示。

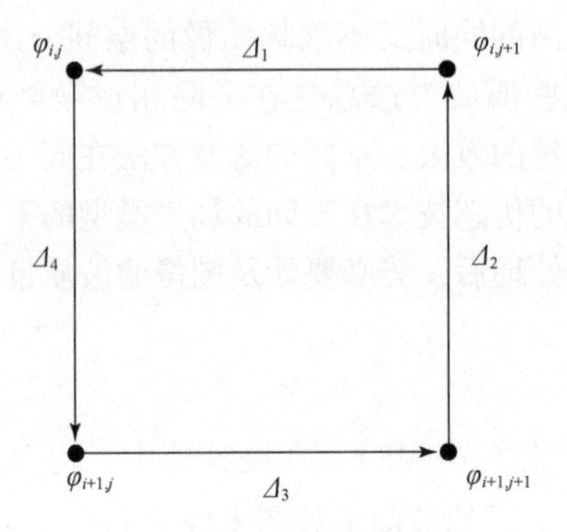

图 4-9　残差点计算示意图

$$\Delta_1 = w(\varphi_{i,j+1} - \varphi_{i,j})$$
$$\Delta_2 = w(\varphi_{i+1,j+1} - \varphi_{i,j+1})$$
$$\Delta_3 = w(\varphi_{i+1,j} - \varphi_{i+1,j+1})$$
$$\Delta_4 = w(\varphi_{i,j} - \varphi_{i+1,j})$$
$$c = \sum_{i=1}^{4} \Delta_i = \begin{cases} 0 & \text{非残差点} \\ \pm 1 & \text{残差点} \end{cases} \tag{4-36}$$

如果差绕相位梯度为 0，不存在残差点；否则将左上角的像元称为残差点。若 c 为+1 称为正残差点，反之为负残差点。

4.4 相位解缠

4.4.1 相位解缠问题的由来

给定同一地区的两景 SAR 影像，经过配准之后，对应像元进行共轭相乘得到相位差，并形成干涉图，但是从干涉图中得到的相位差实际上是主值，即在 $(-\pi, \pi]$ 呈周期性变化，为了还原其真实的相位差，必须在主值的基础上加或减整数倍的相位周期 2π，把被卷叠的相位展开，才能顺利地反演出地面目标的高程和形变，这类似 GPS 中的整周数模糊度确定问题，在 InSAR 中称为相位解缠，是 InSAR 数据处理中的重点，也是难点。

下面假设已经配准过，假设目标点 A 的同名复数对分别为

$$u_1 = |u_1| \cdot e^{-j\varphi_1}$$
$$u_2 = |u_2| \cdot e^{-j\varphi_2} \tag{4-37}$$

将 u_1 和 u_2 共轭相乘：

$$u_{conj} = u_1 \cdot (u_2)^* = |u_1| \cdot |u_2| e^{-j(\varphi_1-\varphi_2)} \tag{4-38}$$

通过上面的同名复数共轭相乘便可以得到新的复数型数据 u_{conj}。它的相位信息可以根据下面的三角函数公式来计算：

$$\varphi = \arctan\frac{\mathrm{Im}(u_{conj})}{\mathrm{Re}(u_{conj})} \tag{4-39}$$

由于 arctan 的定义，可以得知，φ 一定是在 $(-\pi, \pi]$。同时，用另外一种表示方式来表达它，即是说它被“缠绕”了。

$$\varphi = w(\varphi_1 - \varphi_2) \tag{4-40}$$

式中，w 使得 φ 在 $(-\pi, \pi]$，通常称 w 为缠绕算子。

从上面的表述可以看出，通过配准后计算得到的干涉相位不是真正的干涉相位，其相邻点的相位差也不是真实相邻点的相位差，因此要通过被缠绕相位差来获取真正的缠绕相位差，从而实现解缠，这便是解缠问题的由来。

4.4.2 相位解缠的误差源

InSAR 技术在形成干涉图的过程中，由于受很多因素的干扰，干涉图中会出现误差，即表现为沿各路径积分会产生不一样的结果，或者在失相干严重的地方造成局部无法解缠，导致解缠失败；如何处理这些误差和找到合适的积分路径都是相位解缠的难点。主要影响因素如下：

（1）由于雷达是通过斜距投影方式成像的，其容易引起图像的几何畸变，如顶底位移、透视收缩等。在完全没有回波信号的区域还会出现阴影的情况，这些区域的相位信息并不能反映出真实的相位，这些都给解缠过程带来困扰；

（2）由于地表的高低起伏状况不同，在地势比较平缓的地区干涉条纹比较稀疏，而在地势起伏大的区域如山高坡陡处干涉条纹就很密集，过于密集的干涉条纹容易出现不连续点及相邻干涉相位梯度大于 2π 的现象；

（3）干涉相位信号具有比较低的信噪比；

（4）某些地方未达到采样的要求，或因其他原因导致的亚采样，都会造成干涉图的误差。

由于以上原因，干涉相位出现不连续或紊乱的现象，表现在干涉图上就是条

纹模糊不清，给相位解缠带来极大的困难；再者不同的解缠方法自身也会给解缠结果带来误差，因此选择采用何种相位解缠方法也成为一个问题。

4.4.3 一维相位解缠

相位解缠的过程就是通过从相位主值或相位差值获得信息，从而得到真实相位值，最早研究的是一维相位解缠问题，采用方法是积分法，即对缠绕数据相邻点之间的缠绕相位值进行积分。

相位解缠需要满足 Nyquist 采样定理，采样频率必须大于信号最高频率的两倍，即缠绕的干涉相位中相邻像素点之间的相位差值不可能超过半个周期（一个 π）。下面给出理想情况下的一维相位解缠的数学模型。

定义缠绕函数 $w(x)$ 为

$$w[\varphi(i)] = \varphi(i) + 2k_i\pi \quad i = 1,2,\cdots,N \tag{4-41}$$

式中，$\varphi(i)$ 为真实相位；k 为待求的整周数；w 为缠绕算子，前面已经介绍过，它使

$$-\pi < w[\varphi(i)] \leqslant \pi \tag{4-42}$$

若定义

$$\Delta\varphi(i) = \varphi(i) - \varphi(i-1) \quad i = 1,2,\cdots,N \tag{4-43}$$

则由（4-41）可计算相邻相位的主值差，即

$$\Delta w[\varphi(i)] = \Delta\varphi(i) + 2\pi\Delta k_i \quad i = 1,2,\cdots,N \tag{4-44}$$

若对式（4-44）再次进行缠绕得

$$w\{\Delta w[\varphi(i)]\} = \Delta\varphi(i) + 2\pi(\Delta k_i + k') \quad i = 1,2,\cdots,N \tag{4-45}$$

由于 $-\pi < \Delta\varphi(i) < \pi$，且由缠绕运算的性质得：$-\pi < w\{\Delta w[\varphi(i)]\} \leqslant \pi$，则 $2\pi(\Delta k_i + k')$ 必须等于 0 才能满足这两个条件，故

$$w\{\Delta w[\varphi(i)]\} = \Delta\varphi(i) \tag{4-46}$$

由式（4-46）可得，在满足 Nyquist 采样定理的情况下，通过对缠绕相位 φ 的差分值做积分运算，即可得到真实的相位值：

$$\varphi(i) = \varphi(1) + \sum_{i=1}^{N} w\{\Delta w[\varphi(i)]\} \tag{4-47}$$

综上所述，一维相位解缠的步骤如下（Itoh，1982）：

（1）从数据序列左边第二个开始，求得相位差；

（2）如果相位差大于 +π，则从第二个数据开始，减去 2π；

（3）如果相位差小于 −π，则从第二个数据开始，加上 2π；

（4）接着判断第三个数据和第二个数据的相位差，如果相位差绝对值 > π，执行前两步，反之保留该值。直到所有数据完成。

图 4-10 为一维相位解缠的示意图。

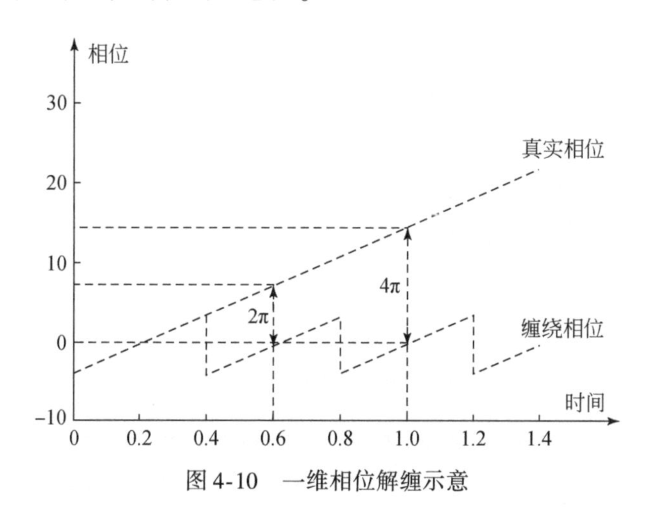

图 4-10　一维相位解缠示意

4.4.4　二维相位解缠方法

相位解缠技术最早可以追溯到 20 世纪 60 年代，其主要用于研究一维相位解缠问题，即通过对相邻点之间的相位差值进行积分实现解缠。到 70 年代，随着自适应光学和补偿式成像技术的发展，相位解缠技术扩展到二维领域。二维解缠技术需要兼顾精确性和一致性两个方面。如果矩阵中某两个点解缠后的相位差与这两个点相连接的路径无关，则表明解缠结果保持了一致性。而精确性指的是解缠结果要能够非常精确地反映出原始的相位信息，以保证解缠结果的准确性。

自相位解缠问题提出至今，国内外学者提出大量的相位解缠算法（Goldstein et al.，1988；Flynn，1996；Costantini，1997；Ghiglia and Pritt，1998；Xu and Cumming，1999；Yu et al.，2019；Dai et al.，2020），归纳起来，大致可分为以下三类：

（1）第一类是基于路径追踪的算法，非常典型的有 Goldstein 枝切法、质量图法、掩膜法等；

（2）第二类是基于最小范数的算法，如最小二乘法；

（3）第三类是基于网络理论的网络费用流。

4.4.4.1　Goldstein 枝切法相位解缠

在一幅 $M \times N$ 的干涉相位图中，由解缠相位 $\varphi_{i,\,j}$ 可以计算出不同方向的缠绕相位梯度：

$$
\begin{cases}
\Delta_{i,j}^{x} = \omega(\varphi_{i+1,j} - \varphi_{i,j}) \\
\Delta_{i,j}^{x} = 0 \\
\Delta_{i,j}^{y} = \omega(\varphi_{i,j+1} - \varphi_{i,j}) \\
\Delta_{i,j}^{y} = 0
\end{cases}
\tag{4-48}
$$

式中，$\omega(\cdot)$ 为相位缠绕算子；$\Delta_{i,j}^{x}$ 和 $\Delta_{i,j}^{y}$ 分别为在点 (i, j) 处缠绕相位沿行和列方向的梯度值，将其写成梯度矢量的形式 $\nabla\varphi_{i,j} = (\Delta_{i,j}^{x}, \Delta_{i,j}^{y})^{\mathrm{T}}$。

在满足 Nyquist 采样定理的条件下，解缠相位通过对缠绕相位梯度进行积分获取：

$$
I = \int_{C} \nabla\varphi(r) \cdot \mathrm{d}r + \varphi(r_0)
\tag{4-49}
$$

式中，r_0 为相位解缠的起始位置；C 为定义域内任意一条连接 r_0 和 r 的路径；$\nabla\varphi(r) = \nabla\phi(r) + n_{\nabla}(r)$，这里 $\nabla\phi(r)$ 为解缠相位的梯度，$\nabla\varphi(r)$ 为缠绕相位的梯度，可以作为 $\nabla\phi(r)$ 的估计值，$n_{\nabla}(r)$ 为误差项，在积分过程中可以忽略。此时，相位解缠的结果只与起始点有关，而与所选择的积分路径 C 无关，即 $\nabla\varphi(r)$ 是一无旋分量：

$$
\nabla \times \nabla\varphi(r) = 0
\tag{4-50}
$$

由 Green 定理可以导出等价的另一与积分路径无关的条件为

$$
\oint \nabla\varphi(r) \cdot \mathrm{d}r = 0
\tag{4-51}
$$

式（4-51）表示 $\nabla\varphi(r)$ 在定义域内的所有环路积分均为零。

由于 SAR 影像几何畸变及低相干等因素的影响，在真实的干涉条纹图中会出现真实的相位梯度绝对值超过 π 的情况，这时其估计值 $\nabla\varphi(r)$ 就会引入 $\pm 2\pi$ 整数倍的误差项 $n_{\nabla}(r)$。因此，式（4-50）不再成立，而变为

$$
\nabla \times \nabla\varphi(r) = \nabla \times n_{\nabla}(r) = \pm 2n\pi \neq 0
\tag{4-52}
$$

也就是说，由 $n_{\nabla}(r)$ 描述的有旋分量导致了与积分路径有关的相位解缠结果。

为了描述有旋分量对相位解缠的影响，引入了残差点的概念。如图 4-9 和式（4-36）所示。式（4-52）事实上是定义域上包含残差点的环路积分，且其值可由该环路所包含的残差点决定，由此推广出二维相位解缠的残差定理：

$$
\oint \nabla\varphi(r) \cdot \mathrm{d}r = 2\pi \times \text{闭合回路的残差点电荷之和}
\tag{4-53}
$$

由此可见，在二维相位解缠中，残差点的存在是相位梯度积分和路径积分相关的充要条件。当闭合积分路径包围的正负残差点数目相等时，相位解缠结果才与路径的选择无关。而当不平衡的残差点被相反极性的残差点通过枝切线连接平

衡后，积分路径只要不穿过枝切线，就可以确保任意环路积分均为零。路径跟踪算法中的枝切法就是基于以上思想提出来的，其中最具代表性的方法为 Goldstein 枝切法（Goldstein et al.，1998），其流程图如图 4-11 所示，具体算法如下。

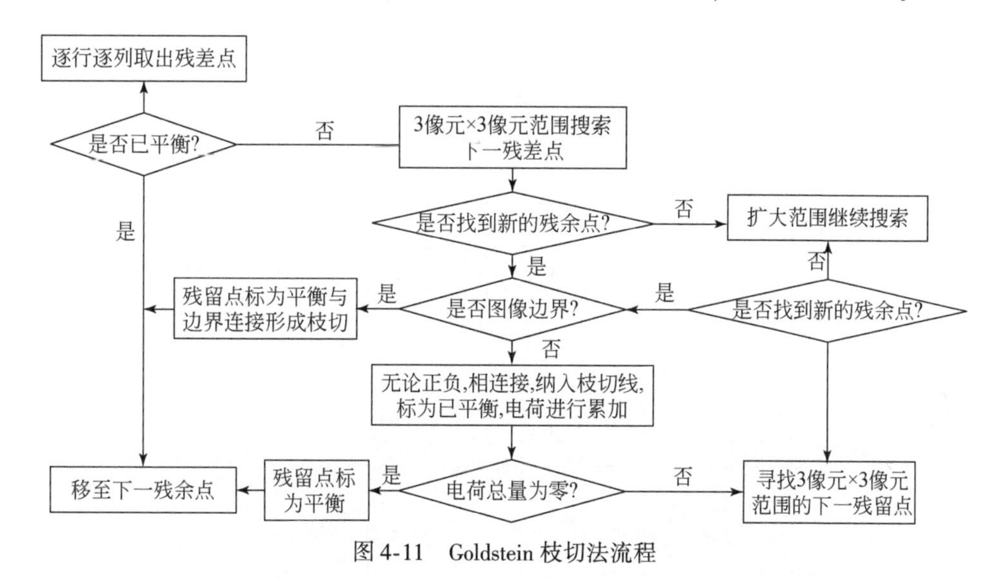

图 4-11　Goldstein 枝切法流程

（1）在整幅图像中对残差点进行由上到下，从左到右的搜索，当搜索到第一个残差点后，以该残差点为中心，建立一个 3 像元×3 像元的搜索框，在该区域内逐点搜寻，判断是否存在其他残差点。

（2）如果在该框内搜索到其他残差点，则将该残差点与中心点连接。如果两个残差点异号，即极性相反，则认为枝切线上的正负“电荷”相互抵消，达到平衡的状态，所以本次连接已经结束，继续搜寻新的残差点，建立新的枝切线；

（3）如果两个残差点同号，即极性相同，则说明该枝切线上的“电荷”尚未达到平衡，此时，需要将搜索框的中心转移到第二个残差点，继续进行搜索。

（4）在继续搜寻并连接到枝切线的过程中，如果搜寻到的残差点已经被连接到其他的枝切线上，其也仍需要连接到该枝切线上，只是在该枝切线上无须加入该残差点的电荷；如果搜寻到的残差点还没有被连接，只是孤立地存在，则需要连接该残差点到枝切线上，并且需要在枝切线上加入该残差点的电荷，直至电荷平衡。

（5）如果在 3 像元×3 像元的搜索框范围内已经完成了所有点的搜索，但是枝切线没有达到电荷平衡，则需要以该枝切线的起始点为中心，逐渐扩大搜索范围，继续上述的连接过程。

（6）如果在扩大搜索范围的过程中，搜索框已经扩大到图像的边界，则直接将中心点与图像的边界相连，并认为达到电荷平衡。图 4-12 为枝切线连接示意图。

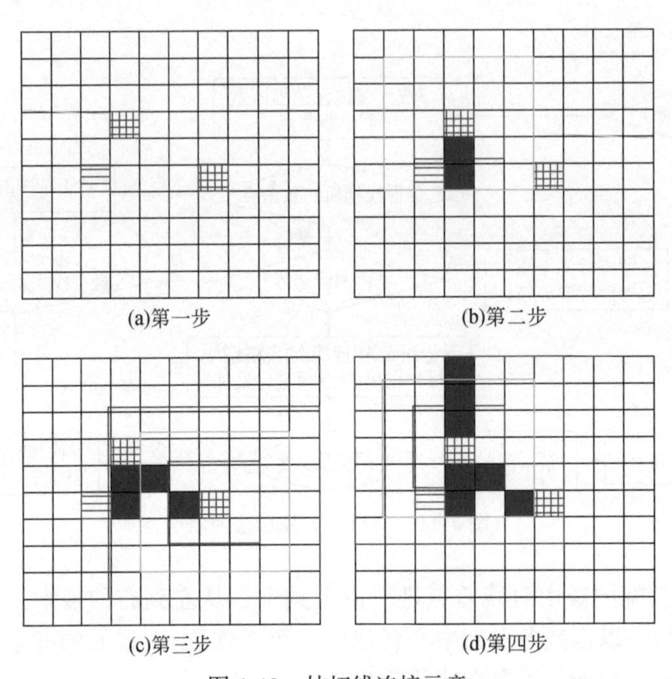

图 4-12　枝切线连接示意

（7）当所有残差点都通过连接枝切线达到电荷平衡后，选择一个起始点，并给定一个初始值，从这个点开始，绕过枝切线进行梯度积分，即可以得到最终的解缠相位。

枝切法最大的优点是：在实际计算中速度比较快；在噪声比较低、残差点比较少的情况下，精确度非常高。但是当残差点较多且分布较密集时，会造成过多的枝切线，导致部分地区无法解缠，但枝切法的速度和精度优势，使之成为一种常用的相位解缠算法。

4.4.4.2　最小二乘法相位解缠

最小范数法相位解缠算法的基本思想：主要是通过一个全局的解缠相位解来拟合已经观测到的缠绕相位，也就是说，用一定的约束条件即数学模型制约解缠结果，使得到的解缠结果在某种程度上最接近原始相位。这是一种全局算法，那么由此获取的解缠结果也是全局的。

最小二乘法属于最小范数法，当最小范数法中的 $p=2$ 的时候就是最小二乘法。最小二乘法的相位解缠算法是通过把解缠前的相位数据导数和解缠后的相位数据导数的差最小化，从而得到其解缠相位的值（Ghiglia and Pritt，1998）。假设有某一像元点 (i, j)，其缠绕相位为 $\varphi(i, j)$，要得到平滑的真实相位 Φ (i, j)，就是该点领域解缠相位的梯度和缠绕相位的梯度之差最小，可用数学式表达为

$$
\begin{aligned}
J = \Bigg\{ & \sum_{i=1}^{M-1} \sum_{j=1}^{N} [\varphi(i+1,j) - \varphi(i,j) - \Delta_x(i,j)]^2 \\
& + \sum_{i=1}^{M-1} \sum_{j=1}^{N} [\varphi(i,j+1) - \varphi(i,j) - \Delta_y(i,j)]^2 \Bigg\}^{1/2}
\end{aligned}
\tag{4-54}
$$

式中，$\Delta_x(i, j)$ 和 $\Delta_y(i, j)$ 分别为行方向和列方向的缠绕差分算子；M 和 N 分别为图像的行数和列数。

$$
\begin{cases}
\Delta_x(i,j) = \varphi(i+1,j) - \varphi(i,j) + 2k_{i,j}\pi \\
\Delta_y(i,j) = \varphi(i,j+1) - \varphi(i,j) + 2k_{i,j}\pi
\end{cases}
\tag{4-55}
$$

又因为要使得式（4-54）最小等价于其平方和最小，故将其平方后对 φ (i, j) 求偏导数，可得

$$
J\delta J = \delta_1 + \delta_2 \tag{4-56}
$$

其中，

$$
\begin{cases}
\delta_1 = \sum_{i=1}^{M-1} \sum_{j=1}^{N} [\varphi(i+1,j) - \varphi(i,j) - \Delta_x(i,j)] \cdot [\delta\varphi(i+1,j) - \delta\varphi(i,j)] \\
\delta_2 = \sum_{i=1}^{M} \sum_{j=1}^{N-1} [\varphi(i,j+1) - \varphi(i,j) - \Delta_y(i,j)] \cdot [\delta\varphi(i,j+1) - \delta\varphi(i,j)]
\end{cases}
\tag{4-57}
$$

令

$$
\begin{aligned}
a_{i,j} &= \begin{cases} \varphi(i+1,j) - \varphi(i,j) - \Delta_x(i,j) & 1 \leqslant i \leqslant M-1; 1 \leqslant j \leqslant N \\ 0 & i = 1, M; 1 \leqslant j \leqslant N \end{cases} \\
b_{i,j} &= \begin{cases} \varphi(i,j+1) - \varphi(i,j) - \Delta_x(i,j) & 1 \leqslant i \leqslant M; 1 \leqslant j \leqslant N-1 \\ 0 & i \leqslant i \leqslant M; j = 1, N \end{cases}
\end{aligned}
\tag{4-58}
$$

把式（4-58）代入式（4-57），得

$$
\begin{aligned}
\delta_1 &= \sum_{i=1}^{M-1} \sum_{j=1}^{N} a_{i,j} [\delta\varphi(i+1,j) - \delta\varphi(i,j)] \\
&= \sum_{i=1}^{M-1} \sum_{j=1}^{N} a_{i,j}\delta\varphi(i+1,j) - \sum_{i=1}^{M-1} \sum_{j=1}^{N} a_{i,j}\delta\varphi(i,j) \\
&= \sum_{i=2}^{M} \sum_{j=1}^{N} a_{i-1,j}\delta\varphi(i+1,j) - \sum_{i=1}^{M-1} \sum_{j=1}^{N} a_{i,j}\delta\varphi(i,j) \\
&= \sum_{i=1}^{M} \sum_{j=1}^{N} a_{i-1,j}\delta\varphi(i,j) - \sum_{i=1}^{N} a_{i,j}\delta\varphi(i,j) - \sum_{i=1}^{M-1} \sum_{j=1}^{N} a_{i,j}\delta\varphi(i,j) - \sum_{i=1}^{N} a_{M,j}\delta\varphi(i,j)
\end{aligned}
$$

$$= \sum_{i=1}^{M}\sum_{j=1}^{N} a_{i-1,j}\delta\varphi(i,j) - \sum_{i=1}^{M}\sum_{j=1}^{N} a_{i,j}\delta\varphi(i,j) \quad (a_{i,j}=0, a_{M,j})$$

$$= -\sum_{i=1}^{M}\sum_{j=1}^{N}(a_{i,j} - a_{i-1,j})\delta\varphi(i,j) \tag{4-59}$$

同理可以得到

$$\delta_2 = -\sum_{i=1}^{M}\sum_{j=1}^{N}(b_{i,j} - b_{i-1,j})\delta\varphi(i,j) \tag{4-60}$$

再把式（4-59）和式（4-60）都代入式（4-56）便可以得到

$$J\delta J = \sum_{i=1}^{M}\sum_{j=1}^{N}(a_{i,j} - a_{i-1,j} + b_{i,j} - b_{i-1,j})\delta\varphi(i,j) \tag{4-61}$$

在求极值问题中，要使得式（4-54）最小，必然有 $\delta J=0$，又由于 $\delta\varphi(i,\ j)$ 可为任意值，那么必须满足下面的条件：

$$a_{i,j} - a_{i-1,j} + b_{i,j} - b_{i-1,j} = 0 \tag{4-62}$$

再将式（4-58）代入式（4-62），得到

$$[\varphi(i+1,j) - 2\varphi(i,j) + \varphi(i-1,j)] + [\varphi(i,j+1) - 2\varphi(i,j) + \varphi(i,j-1)] = \rho(i,j) \tag{4-63}$$

式（4-63）中，

$$\rho(i,j) = \Delta_x(i,j) - \Delta_x(i-1,j) - \Delta_y(i,j) - \Delta_y(i,j-1) \tag{4-64}$$

其边界条件为

$$\begin{cases} \Delta^x_{-1,j} = 0 \\ \Delta^x_{M-1,j} = 0 \end{cases} \quad 0 \leqslant j \leqslant N-1$$
$$\begin{cases} \Delta^y_{-1,j} = 0 \\ \Delta^y_{M-1,j} = 0 \end{cases} \quad 0 \leqslant j \leqslant N-1 \tag{4-65}$$

式（4-64）就是离散形式的具有纽曼边界的泊松方程，那么相位解缠问题就简化成求离散泊松方程的解了。

将式（4-63）整理得

$$\varphi(i,j) = \frac{1}{4}[\varphi(i+1,j) + \varphi(i-1,j) + \varphi(i,j+1) + \varphi(i,j-1) - \rho(i,j)] \tag{4-66}$$

通过递推计算就可以求得图像中各个像素点的相位解缠结果，即可用前一次的递推结果作为近似值进行下一次递推计算，最基本的迭代法有：Jacobi 迭代、Gauss-Seidel 迭代和 SOR 迭代等，其迭代公式分别为

（1）Jacobi 迭代：

$$\begin{aligned}\varphi^{k+1}(i,j) = (1-\omega)\varphi^{k}(i,j) + \omega[\varphi^{k}(i+1,j) + \varphi^{k}(i-1,j) \\ + \varphi^{k}(i,j+1) + \varphi^{k}(i,j-1) - \rho(i,j)]\end{aligned} \tag{4-67}$$

式中，$0 \leqslant \omega \leqslant 1$；$k$ 为迭代次数。

（2）Gauss-Seidel 迭代：

$$\varphi^{k+1}(i,j) = \frac{1}{4}[\varphi^{k}(i+1,j) + \varphi^{k}(i-1,j) + \varphi^{k+1}(i,j+1) + \varphi^{k+1}(i,j-1) - \rho(i,j)] \tag{4-68}$$

式中，k 为迭代次数。

（3）SOR 迭代：

$$\varphi^{k+1}(i,j) = (1-\omega)\varphi(i,j) + \frac{\omega}{4}[\varphi^{k}(i+1,j) + \varphi^{k}(i-1,j) + \varphi^{k+1}(i,j+1) + \varphi^{k+1}(i,j-1) - \rho(i,j)] \tag{4-69}$$

式中，$0 \leqslant \omega \leqslant 1$；$k$ 为迭代次数。

由于 InSAR 影像数据量大，用以上的基本迭代方法的运算效率并不是很理想，为了加快收敛速度，提高运算效率，经常使用的还有 FFT 法（Takajo and Takahashi，1988；Pritt and Shipman，1994）、DCT（Ghiglia and Romero，1994），以及多重网格法（Ghiglia and Pritt，1998）等。

4.4.4.3 网络费用流相位解缠

网络费用流是近些年新兴的一种算法，并且已经成为解决相位解缠问题的有效途径。该算法的优点就是将相位解缠问题转移到网络规划领域中的最小费用流问题上（Costantini，1997；Chen and Zebker，2000）。

对于大小为 $M \times N$ 的缠绕相位信息，分别对缠绕相位及解缠相位的离散偏导数进行如下定义：

$$\begin{aligned} \Delta_1\varphi_{i,j} &= \varphi_{i+1,j} - \varphi_{i,j}(i,j) \in S_1 \\ \Delta_2\varphi_{i,j} &= \varphi_{i,j+1} - \varphi_{i,j}(i,j) \in S_1 \\ \Delta_1\psi_{i,j} &= \psi_{i+1,j} - \psi_{i,j}(i,j) \in S_1 \\ \Delta_2\psi_{i,j} &= \psi_{i,j+1} - \psi_{i,j}(i,j) \in S_1 \end{aligned} \tag{4-70}$$

其中，

$$\begin{aligned} S_1 &= \{(i,j) \mid 0 \leqslant i \leqslant N-2, 0 \leqslant j \leqslant M-1\} \\ S_2 &= \{(i,j) \mid 0 \leqslant i \leqslant N-1, 0 \leqslant j \leqslant M-2\} \end{aligned} \tag{4-71}$$

在相位解缠的过程中，缠绕相位的离散偏导数与解缠相位的离散偏导数之间有如下关系：

$$\begin{aligned} \Delta_1\psi_{i,j} &= \Delta_1\varphi_{i,j} + 2\pi n_1(i,j)(i,j) \in S_1 \\ \Delta_2\psi_{i,j} &= \Delta_2\varphi_{i,j} + 2\pi n_2(i,j)(i,j) \in S_2 \end{aligned} \tag{4-72}$$

在理想的情况下，缠绕相位的离散偏导数等于真实相位的离散偏导数，n_1 和 n_2 为零。但是由于噪声的存在，相位数据在局部区域并不连续，造成 n_1 和 n_2 并不一直为零。如果能够求出 n_1 和 n_2，并将其代入式（4-71）和式（4-72）中，那么问题就可以得到解决。所以该种算法的思想就是将相位解缠问题转化为最小化缠绕相位与真实相位之间的离散偏导数问题。由式（4-71）和式（4-72）可以得到：

$$
\begin{aligned}
n_1(i,j) &= \frac{1}{2\pi}(\Delta_1\psi_{i,j} - \Delta_1\varphi_{i,j})(i,j) \in S_1 \\
n_2(i,j) &= \frac{1}{2\pi}(\Delta_2\psi_{i,j} - \Delta_2\varphi_{i,j})(i,j) \in S_2
\end{aligned}
\tag{4-73}
$$

如果可以求得 $n_1(i,\ j)$ 和 $n_2(i,\ j)$ 的值，就可以通过缠绕相位信息的离散偏导数得到真实相位信息的离散偏导数，进而积分实现相位解缠。由以上分析可知，需要使 $n_1(i,\ j)$ 与 $n_2(i,\ j)$ 的绝对值之和最小，即需要使

$$
\sum_{i=0}^{N-2}\sum_{j=0}^{M-1} c_1(i,j)\,|n_1(i,j)| + \sum_{i=0}^{N-1}\sum_{j=0}^{M-2} c_2(i,j)\,|n_2(i,j)| \tag{4-74}
$$

达到最小。其中的 $c_1(i,\ j)$ 及 $c_2(i,\ j)$ 都是加权系数。这里需要说明，真实相位数据并不存在不连续点，所以真实相位数据构成的是无旋场，即沿着任何路径进行积分都会得到相同的结果。所以真实相位的离散偏导数满足式（4-75）：

$$
\begin{aligned}
&\Delta_1\varphi_{i,j+1} - \Delta_1\varphi_{i,j} = \Delta_2\varphi_{i,j+1} - \Delta_2\varphi_{i,j}(i,j) \in S_0 \\
&S_0 = \{(i,j)\,|\,0 \leqslant i \leqslant N-2, 0 \leqslant j \leqslant M-2\}
\end{aligned}
\tag{4-75}
$$

将 n 的值代入式（4-75）即可得到式（4-76）的边界条件：

$$
\begin{aligned}
&n_1(i,j+1) - n_1(i,j) - n_2(i+1,j) + n_2(i,j) \\
&= -\frac{1}{2\pi}[\psi_1(i,j+1) - \psi_1(i,j) - \psi_2(i+1,j) + \psi_2(i,j)]
\end{aligned}
\tag{4-76}
$$

由前面的分析可知，上述问题为非线性最小化问题。但是为了提高运算效率，可以将非线性最小化问题转化为线性最小化问题。令

$$
\begin{aligned}
&\begin{cases}
x_1^+(i,j) = |\max[0, n_1(i,j)]| \\
x_1^-(i,j) = |\min[0, n_1(i,j)]|
\end{cases} \\
&\begin{cases}
x_2^+(i,j) = |\max[0, n_2(i,j)]| \\
x_2^-(i,j) = |\min[0, n_2(i,j)]|
\end{cases}
\end{aligned}
\tag{4-77}
$$

将式（4-77）代入并进行整理，即需要求出 $x_1^+(i,\ j)$、$x_1^-(i,\ j)$、$x_2^+(i,\ j)$ 和 $x_2^-(i,\ j)$，使得

$$
\sum_{i=0}^{N-2}\sum_{j=0}^{M-1} c_1(i,j)[x_1^+(i,j) + x_1^-(i,j)] + \sum_{i=0}^{N-1}\sum_{j=0}^{M-2} c_2(i,j)[x_2^+(i,j) + x_2^-(i,j)] \tag{4-78}
$$

达到最小，并且需要满足如下的约束条件：

$$
\begin{aligned}
& x_1^+(i,j+1) - x_1^-(i,j+1) - x_1^+(i,j) + x_1^-(i,j) \\
& - x_2^+(i+1,j) + x_2^+(i+1,j) - x_2^+(i,j) + x_2^-(i,j) \\
= & -\frac{1}{2\pi}[\varphi_1(i,j+1) - \varphi_1(i,j) - \varphi_2(i+1,j) - \varphi_2(i,j)]
\end{aligned}
\tag{4-79}
$$

式中，$x_1^+(i,j)$、$x_1^-(i,j)$、$x_2^+(i,j)$ 和 $x_2^-(i,j)$ 都为大于等于 0 的整数，线性最小化问题已经在网络规划中利用最小费用流算法得到了很好的解决。

图 4-13 所示为最小费用流算法示意图。图 4-13 中节点的数值可能为 0、1、-1，表示该节点是否是残差点，并且需要确认是正残差点还是负残差点，作为最小费用流模型中的度。$x_1^+(i,j)$、$x_1^-(i,j)$、$x_2^+(i,j)$ 和 $x_2^-(i,j)$ 分别表示流入或者流出节点 (i,j) 的流量值，其数值都是大于等于零的整数。将加权函数 $c_1(i,j)$ 和 $c_2(i,j)$ 分别定义为 $x_1(i,j)$ 和 $x_2(i,j)$ 上的单位费用值。此外，图 4-13 中接地处表示的是图像的边缘。

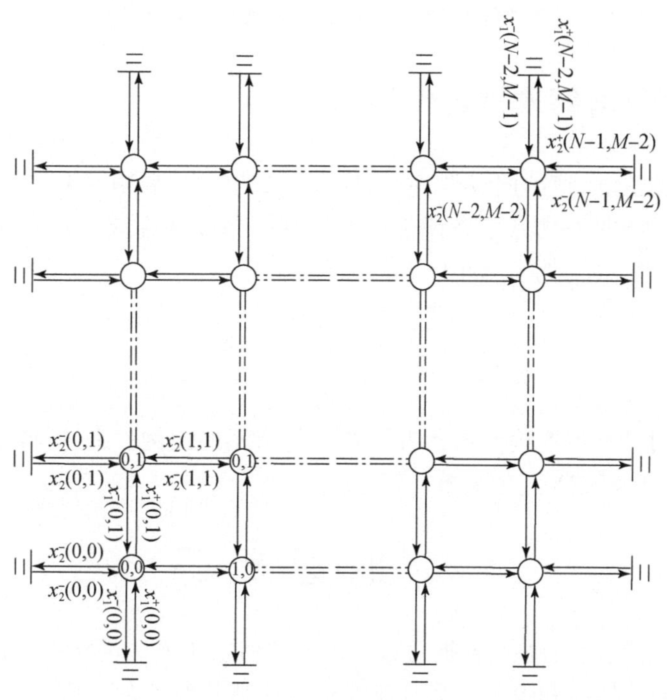

图 4-13　最小费用流算法示意

最小费用流算法的步骤为：首先，通过图像中的相干系数确定流的单位费用 $c_1(i,j)$ 和 $c_2(i,j)$；其次，根据缠绕相位信息识别出图像中的残差值，并且记录其具体位置，作为最小费用流模型中的度；最后，根据上述求得的信息，通过网络规划中已有的最小费用流算法计算出最小费用流中的流值 $x_1^+(i, j)$ 、$x_1^-(i, j)$ 、$x_2^+(i, j)$ 和 $x_2^-(i, j)$ 。则

$$
\begin{cases} n_1(i,j) = -x_1^-(i,j) - x_1^-(i,j) > 0 \\ n_1(i,j) = -x_1^+(i,j) - x_1^+(i,j) > 0 \end{cases}
\quad
\begin{cases} n_2(i,j) = -x_2^-(i,j) - x_2^-(i,j) > 0 \\ n_2(i,j) = -x_2^+(i,j) - x_2^+(i,j) > 0 \end{cases}
\tag{4-80}
$$

根据式（4-80）的推导，可以得到 $n_1(i, j)$ 和 $n_2(i, j)$ 的值，根据 $n_1(i, j)$ 和 $n_2(i, j)$ 便可以计算出真实相位的离散偏导数，最后根据真实相位的离散偏导数，对整个图像进行逐点积分解缠，完成由缠绕相位到真实相位的还原过程。

同枝切法相比而言，网络费用流算法从不同的角度出发，利用现有的最小费用流算法很好地解决了相位解缠问题，实现了问题的转移，该算法在计算时间和解缠精度上达到了一个很好的平衡，使二者兼顾。

4.4.5 相位解缠质量评价指标

（1）对相位解缠后的干涉图重新进行 2π 缠绕，然后用解缠前干涉图与解缠重新缠绕的干涉图的均方根来评价相位解缠的精度和性能，在式（4-81）中，$\varphi_{i,j}$ 为原始相位，$\varphi_{i,j}$ 为解缠相位，w 为缠绕算子。

$$
\sigma_\varphi = \sqrt{\frac{\sum_{i=0}^{M-1}\sum_{j=0}^{N-1}\left[\varphi_{i,j} - w(\varphi_{i,j})\right]^2}{M \times N}} \tag{4-81}
$$

（2）通过计算不连续点像元占干涉图总像元的比例，来进行定量评价，不连续点的数目比例越小，解缠效果越好。

4.5 地理标码

将雷达坐标系下的原始数据通过一定的几何校正方法消除由轨道、传感器、地球模型引起的扭曲和畸变，然后变换到某种制图参考系（地图投影）中，以便于人们对获取的地理信息进行理解和判读，这一过程被称为 SAR 影像的地理编码（Schreier and Bamler，1993；Hanssen，2001；廖明生和王腾，2014）。

SAR 影像的地理编码是建立影像的方位向、距离向坐标系统，即行列 (l, p) 坐标到零多普勒时间坐标系统 (t, τ) ，再到以地球为原点的三维笛卡儿

坐标系（X，Y，Z）的过程。可利用卫星星历表和星载 SAR 回波数据的距离–多普勒参数建立上述关系（Curlander，1982），具体过程如下。

（1）距离方程。星载 SAR 到地面目标的斜距 R 为

$$R = |R_S - R_T| = \frac{c\tau}{2} \tag{4-82}$$

式中，R_S 为卫星的位置矢量；R_T 为目标的位置矢量；c 为光速；τ 为 SAR 所接收的目标回波相对于发射脉冲的时间延迟，即信号往返时间。

（2）多普勒频率方程。星载 SAR 观察到的目标回波多普勒频率 f_D 为

$$f_D = -\frac{\lambda}{2}\frac{(v_S - v_T)(R_S - R_T)}{|R_S - R_T|} = -\frac{\lambda}{2R}Rv \tag{4-83}$$

式中，$v = v_S - v_T$ 为 SAR 传感器与目标间的相对速度矢量；λ 为波长。如果令 f_D 为常数，则可在地球表面得到等多普勒线，它是一簇双曲线。由于地球自转的原因，这些曲线相对于星下点呈不对称分布。

（3）地球模型方程。通常用扁椭球体方程来描述地球，即

$$\frac{x^2 + y^2}{R_c^2} + \frac{z^2}{R_p} = 1 \tag{4-84}$$

式中，R_c 为平均赤道半径，$R_c = 6378.139\text{km}$；R_p 为极半径，$R_p = (1 - 1/f)R_c$；f 为地球的扁率，$f = 198.255$。

综上可知，地面上的等距离线与等多普勒线的交点确定了对应像素的 $|R|$ 和 f_D 值的地面目标位置。根据卫星轨道数据得到信号发射时刻卫星平台的位置，就能计算出该地面目标的绝对位置。

第5章　干涉相位相干性分析

InSAR数据处理主要围绕干涉相位的处理与分析来提取地表高程和形变信息，进行干涉测量的前提是要保证SAR影像间具有一定的相干性。在进行两次或多次观测时，传感器的位置与姿态、地表物理和几何属性发生变化，都会直接影响干涉相位质量，相干值影像可以直接反映干涉相位的质量，本章总结相干性的基本原理及估计方法，并重点论述相干性的影响因素。

5.1　相干性及相干分解分析

在InSAR技术中，相干性描述了两景SAR影像之间的相似程度，是判断干涉图质量的指标（Werner et al.，1996）。本节将介绍相干性的基本原理和估计方法，该相干性的估计方法是基于空间平均的思想，根据分布式目标的假设提出的；并根据干涉相位误差原理来进行相干性分解，判断各组成部分的影响，提取几何相干性和时间相干性。

5.1.1　相干性分析

对于一系列雷达回波，如果它们的相位和振幅之间具有一定的相似性，在雷达的干涉影像中，这种相似性就表现为斑纹特征，或者说是干涉条纹。相干性就是衡量这种雷达回波之间的相似程度的指标，而相干系数是相干性的测度。对于两个雷达回波信号S_1和S_2，它们之间的相干系数γ为

$$\gamma = \frac{|E[M \cdot S^*]|}{\sqrt{E[|M|^2]E[|S|^2]}} \tag{5-1}$$

式中，$*$为复数的共轭运算。相干系数γ的取值介于0~1。当$\gamma=1$时，认为M和S信号完全相干；当$\gamma=0$时，认为M和S失相干，此时就无法通过干涉处理来获取干涉条纹。

在SAR影像中获取的是某一时刻的回波信号值，即对于影像的一个像元，其值是单一不连续的。因此，无法用式（5-1）进行相干系数计算。考虑到在较小的范围内，回波信号反射来自具有相同或近乎相同后向散射特性的物体，因此

这些回波信号的相位值也应该是光滑连续的。所以，可以对较小影像范围内 N 个像元值进行综合相干分析，以 SAR 影像的空间平均来近似地估计中心像元的相干值。此时，这种基于空间关系的相干系数的估计值 $\hat{\gamma}$ 就可以表示为

$$\hat{\gamma} = \frac{\left| \sum_{i=1}^{m} \sum_{j=1}^{n} M(i,j) S^{*}(i,j) \right|}{\sqrt{\sum_{i=1}^{m} \sum_{j=1}^{n} |M(i,j)|^{2} \sum_{i=1}^{m} \sum_{j=1}^{n} |S(i,j)|^{2}}} \tag{5-2}$$

这种相干系数估计的方法常用来衡量地表物体的散射特性的变化程度。例如，水体通常表现出很低的相干性；分布式目标（如农田、裸地等）一天的时间间隔下表现出中等的相干性，而在一个月后几乎完全失相干；岩石和城区的人工建筑等几乎在若干年的时间间隔下还能保持较高的相干性（Werner et al.，1996）。因此，相干性在基于 SAR 影像的某些应用（如地物分类、变化检测）中都起到十分重要的作用（Werner et al.，1996；江利明，2006）。

但是，这种基于空间平均的相干系数估计同时存在着高估和低估现象（Zebker and Chen，2005）。产生高估现象的主要原因是：进行相干估计的样本数量通常难以满足统计意义上足够多的要求（Touzi et al.，1999），特别在低相干区域（如水域），容易出现高估现象。因此，在进行相干系数计算前，要选择合适的样本容量。

而对于低估现象：如果在样本的采样区域内，存在剧烈的地形变化，受影像分辨率的限制，相邻像元的相位相似性降低，造成相干系数估计中估值降低。因此，在实际计算中，应当考虑地形对相干性的影响，可以使用外部 DEM 对相干系数计算进行改正。

5.1.2 相干分解

采用式（5-2）可以得到目标的相干值，该值不仅与目标的物理属性有关，而且与 SAR 获取时的几何关系、散射特征、热噪声有关，将 Zebker 和 Villasenor 建立的失相干模型加以简化得到：

$$\gamma_{\text{observe}} = \gamma_{\text{geometric}} \gamma_{\text{temporal}} \gamma_{\text{another}} \tag{5-3}$$

式中，γ_{observe} 为计算得到的相干系数；$\gamma_{\text{geometric}}$ 为几何相干系数；γ_{temporal} 为时间相干系数；γ_{another} 为其他因素相干系数。

1）几何相干性

在干涉测量中，卫星发射雷达信号的带宽是已知的，但受多普勒效应的影响，其回波信号会发生多普勒频移。而几何相干性就可以通过它们的频谱偏移与带宽之间的比值估计出来。在方位向，频谱偏移可以由它们之间的多普勒频率差

Δf_a 求得。在距离向，频谱偏移可以由式（5-4）求得

$$\Delta f_r = -f_0 \frac{B_\perp}{r_0 \tan(\theta - \alpha)} \tag{5-4}$$

式中，f_0 为雷达信号的中心频率；$B_\perp$ 为垂直基线；r_0 为雷达到目标的斜距距离；θ 为雷达视角；α 为地形坡度。

下面给出距离向频谱偏移 Δf_r 的详细推导过程。首先提出波数的概念：波在传播方向上单位长度内的个数，即单位长度除以波长 λ，或波的频率 f 与光速 c 之比。在这里，将单位长度定为 2π，波数 k 就定义为

$$k = \frac{2\pi}{\lambda} = \frac{2\pi f}{c} \tag{5-5}$$

从波的相位角度，式（5-5）可理解为：相位随距离的变化率（rad/m）。在进行雷达测量时，同时发射和接收电磁波，在单位长度上，波数应乘 2，即 $2k$。再考虑到雷达视角 θ、地形坡度 α 的影响，就能得到地面距离向波数 k_r：

$$k_r = \frac{4\pi}{\lambda}\sin(\theta - \alpha) = \frac{4\pi f_r}{c}\sin(\theta - \alpha) \tag{5-6}$$

如果卫星两次成像的观测视角发生细微变化 $\Delta\theta$，波数 k_r 也会随之改变，此时波数偏移值 Δk_r 为

$$\Delta k_r = \frac{4\pi f_r}{c}\cos(\theta - \alpha)\Delta\theta \tag{5-7}$$

因此，一个视角差 $\Delta\theta$ 会产生一段成像频谱的偏移。但如果干涉 SAR 成像的带宽相对较小，则式（5-7）中的 f_r 可以用中心频率 f_0 代替。此时，式（5-7）变为

$$\Delta k_r = \frac{4\pi f_0}{c}\cos(\theta - \alpha)\Delta\theta \tag{5-8}$$

实际上，干涉 SAR 发射的电磁波并不是单一频率的，而是以频率 f_0 为中心的连续光谱带。通过改变观测视角，可以得到不同的地面反射光谱带。为了比较地面反射光谱的偏移，可以将地面距离向波数表示为等效频率 f_r：

$$f_r = \frac{c k_r}{4\pi\sin(\theta - \alpha)} \tag{5-9}$$

同样地，对 f_r 进行微分，得到随 $\Delta\theta$ 的改变而发生的偏移 Δf_r：

$$\Delta f_r = -\frac{c k_r}{4\pi} \cdot \frac{\cos(\theta - \alpha)}{\sin^2(\theta - \alpha)} \cdot \Delta\theta = -\frac{f_0}{\tan(\theta - \alpha)} \cdot \Delta\theta \tag{5-10}$$

式（5-10）中，f_0、θ 均为已知的变量，接下来将进行 $\Delta\theta$、α 的求解。

结合图 5-1 分析，r_0 为雷达到目标的斜距距离，$B_\perp$ 为垂直基线。由于 $r_0 \gg B_\perp$，可以近似计算得到 $\Delta\theta$ 为

$$\Delta\theta \approx \frac{B_{\perp}}{r_0} \tag{5-11}$$

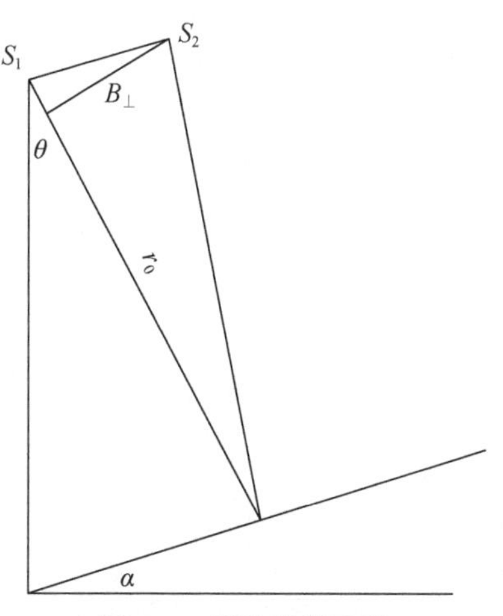

图 5-1　干涉基线示意

如图 5-2 所示，为了计算方便，假设地表的坡度是恒定的，坡角固定为 α，P_1、P_2 为干涉图上相邻两点对应的地面点，则 P_1、P_2 点的距离 $|P_1P_2|$ 为

$$|P_1P_2| = \frac{\Delta r}{\sin(\theta - \alpha)} \tag{5-12}$$

表示 Δr 两次观测的斜距差。从 DEM 数据中，可以得到 P_1、P_2 点之间的高差 Δh，坡角 α 就可以表示为

$$\sin\alpha = \frac{\Delta h}{|P_1P_2|} \tag{5-13}$$

结合式（5-12）和式（5-13），就能得到坡角 α：

$$\alpha = \arctan\left(\frac{\sin\theta}{\Delta r/\Delta h + \cos\theta}\right) \tag{5-14}$$

到了这里，关于 Δf_r 的所有计算参数都已经确定，综合上述公式，Δf_r 的最终计算结果为

$$\begin{aligned}\Delta f_r &= -f_0 \frac{B_{\perp}}{r_0 \tan(\theta - \alpha)} \\ &= -f_0 \frac{B_{\perp}}{r_0 \tan\left[\theta - \arctan\left(\frac{\sin\theta}{\Delta r/\Delta h + \cos\theta}\right)\right]}\end{aligned} \tag{5-15}$$

观察式（5-15）可以看出，观测视角的改变，会使雷达回波信号代表的光谱波段发生改变。需要注意的是，这并不说明雷达带宽会发生改变，这仅仅代

表了地面反射的光谱成分发生偏移。总体来说，在两次雷达成像的过程中，代表相同成分的雷达信号会由于视角改变而发生偏移，进而造成两景 SAR 影像的相干性降低。

在得到 Δf_{r} 和 Δf_{a} 后，就可以通过距离向和方位向频谱重叠部分与带宽（B_{r}、B_{a}）之比计算出几何相干系数 $\gamma_{\mathrm{geometric}}$：

$$\gamma_{\mathrm{geometric}}=\frac{B_{\mathrm{a}}-|\Delta f_{\mathrm{a}}|}{B_{\mathrm{a}}}\frac{B_{\mathrm{r}}-|\Delta f_{\mathrm{r}}|}{B_{\mathrm{r}}} \tag{5-16}$$

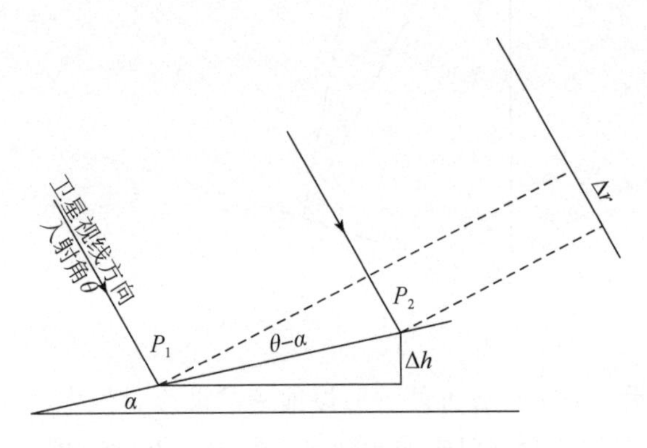

图 5-2　斜距差与坡度关系

2）时间相干性

由于散射体的后向散射系数会因地面目标运动、天气等因素随时间变化，如季节变化导致的植被变化、水域变化、人工翻耕和大气状态变化等，散射体在分辨单元内发生变化时会在干涉图像对之间引入一个随机相位，因此会产生时间失相干。理论上，可以建立时间相干性和时间间隔的函数关系模型，对时间相干性进行计算。但是，地面物体状态、大气条件等因素都会随着时间间隔的变化而发生变化。由于定量估计这些因素的复杂性，很难建立准确的函数关系模型来求解时间相干性。若假设散射体运动的概率密度函数服从高斯分布，则时间相干系数可以近似表示为（Zebker and Villasenor，1992）：

$$\gamma_{\mathrm{temporal}}=\exp\left[-\frac{1}{2}\left(\frac{4\pi}{\lambda}\right)^{2}\left(\sigma_{y}^{2}\sin^{2}\theta+\sigma_{x}^{2}\cos^{2}\theta\right)\right] \tag{5-17}$$

式中，σ_{y} 和 σ_{x} 分别为交轨向和垂直向的散射体运动均方根，复数图像对的相干性将随散射体运动均方根增大而减小，相干性随着波长的减小而降低，如图 5-3 所示。

3）其他相干性

出于简化计算模型的目的，在相干性分解模型中把体散射、热噪声、多普勒

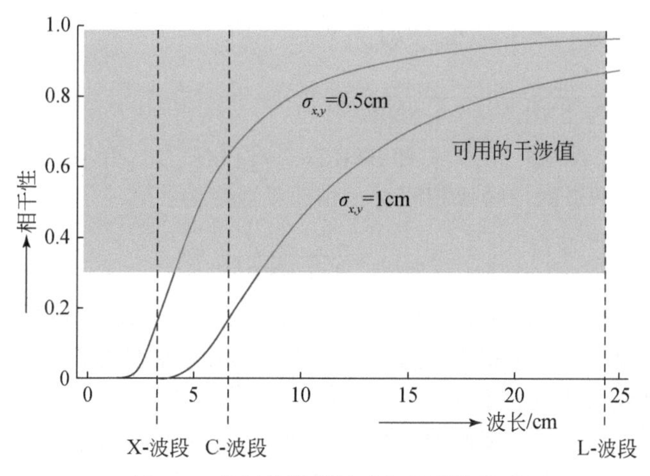

图 5-3　散射体随机运动与相干性关系

质心和数据处理引起的失相干合在一起。虽然，这些成分对相干性影响的贡献较小，但它们可以作为进一步的研究方向，来完善相干性分解模型。

（1）体散射失相干。

体散射反映了一个分辨单元内，由不同性质的物体，发生一次或多次（多路径效应）散射后所产生的总有效散射。体散射失相干与雷达波的穿透性密切相关，雷达波的穿透性又与雷达波长和地表物质特性有关。这种失相干现象与目标散射层厚度相关，采用式（5-18）近似计算：

$$\gamma_{\text{vol}} = \text{sinc}(\Delta z / \Delta z_0)$$

$$\Delta z_0 = \frac{\lambda R_s \sin\theta}{2B_\perp} \tag{5-18}$$

式中，γ_{vol} 为体散射相干值；Δz 为散射层厚度（植被、林冠、冰层和沙层厚度等）；Δz_0 为最大散射层厚度。体散射相干值与干涉基线和波长相关，体散射相干值随干涉基线增加而减小，随波长增加而增加。

（2）热噪声失相干。

将干涉 SAR 两个通道叠加了热噪声的负信号分别表示为 $s_{n1} = s_1 + n_1$ 和 $s_{n2} = s_2 + n_2$，n_1 和 n_2 为两个通道的热噪声，假设 n_1 和 n_2 之间互不相关，且信号与噪声之间也互不相关，则 s_{n1} 和 s_{n2} 之间的相干系数可表示为

$$\begin{aligned}\gamma_{\text{thermal}} &= \frac{|E(s_{n1}s_{n2}^*)|}{\sqrt{E(s_{n1}s_{n1}^*)E(s_{n2}s_{n2}^*)}} \\ &= \frac{|E(s_1 s_{n2}^* + s_2^* n_1 + s n_{n2}^* + n_1 n_2^*)|}{\sqrt{E(s_1 s_1^* + s_1^* n_1 + s_1 n_1^* + n_1 n_1^*)E(s_2 s_2^* + s_2^* n_2 + s_2 n_2^* + n_2 n_2^*)}}\end{aligned}$$

$$
= \frac{|s_1 s_2^*|}{\sqrt{[|s_1|^2 + E(|n_1|^2)][|s_2|^2 + E(|n_2|^2)]}}
$$

$$
= \frac{1}{\sqrt{(1 + \mathrm{SNR}_1^{-1})(1 + \mathrm{SNR}_2^{-1})}} \tag{5-19}
$$

式中，$\mathrm{SNR}_1 = |s_1|^2/E(|n_1|^2)$ 和 $\mathrm{SNR}_2 = |s_2|^2/E(|n_2|^2)$ 分别为两个通道的信噪比。当两个通道的信噪比相同时，相干系数变为

$$
\gamma_{\mathrm{thermal}} = \frac{1}{1 + \mathrm{SNR}^{-1}} \tag{5-20}
$$

一方面，现在获取的雷达的信噪比足够高，热噪声对相干性的影响较低。另一方面，考虑到热噪声呈高斯正态分布，可以采用滤波方法降低热噪声的影响。

（3）多普勒质心失相干。

与几何失相干类似，多普勒质心失相干 $\gamma_{\mathrm{Doppler}}$ 是干涉图像对在方位向的多普勒中心频率不一致引起的，不考虑频谱的方向图加权，$\gamma_{\mathrm{Doppler}}$ 将随着多普勒质心频率差的增大而线性减小：

$$
\gamma_{\mathrm{Doppler}} = \begin{cases} 1 - |\Delta f_{\mathrm{dc}}|/B_{\mathrm{a}}, & |\Delta f_{\mathrm{dc}}| \leqslant B_{\mathrm{a}} \\ 0, & |\Delta f_{\mathrm{dc}}| > B_{\mathrm{a}} \end{cases} \tag{5-21}
$$

式中，$|\Delta f_{\mathrm{dc}}|$ 为多普勒质心频率差；B_{a} 为方位向带宽。

（4）数据处理失相干。

在干涉处理时，各个步骤的处理误差也会导致失相干。干涉处理对图像配准的精度要求很高，因此这里仅介绍配准误差引起的失相干。距离向和方位向配准误差引起的失相干如式（5-22）所示：

$$
\begin{aligned}
\gamma_{\mathrm{coreg,r}} &= \begin{cases} \mathrm{sinc}(\mu_{\mathrm{r}}), & 0 \leqslant \mu_{\mathrm{r}} \leqslant 1 \\ 0, & \mu_{\mathrm{r}} > 1 \end{cases} \\
\gamma_{\mathrm{coreg,a}} &= \begin{cases} \mathrm{sinc}(\mu_{\mathrm{a}}), & 0 \leqslant \mu_{\mathrm{a}} \leqslant 1 \\ 0, & \mu_{\mathrm{a}} > 1 \end{cases}
\end{aligned} \tag{5-22}
$$

式中，μ_{r} 和 μ_{a} 分别为距离向和方位向配准误差。

5.2 大气效应及其相位特性

5.2.1 大气延迟信号分析

雷达信号在卫星与地面之间传播时要穿过大气层，穿过大气层时会发生折射现象并导致相位传播延迟，进而影响地表形变信息的测量结果。单轨道

InSAR 模式下干涉对影像两次观测过程中大气相位传播延迟相似，那么经过干涉处理，大气对 InSAR 测量结果的影响就可以相互抵消。但是大多数情况并非如此，大气中包含的成分很多，在重复轨道模式下，由于图像获取时间段内大气状态的变化，大气对生成的干涉相位造成非常大的影响，从而产生大气延迟相位。大气延迟作为限制 InSAR 技术测量精度最主要的误差源之一，越来越受到国内外研究者的关注。下面首先从大气的组成出发对重复轨道模式下的大气信号延迟现象进行分析，然后从误差传播的角度对大气效应相位在高程和形变测量中带来的误差进行分析。

1）大气的组成与结构

大气是指包围在地球表面并随地球旋转的空气层，其由多种混合组成的气体和悬浮在其中的水分和杂质组成。由于重力作用，大气从地面到高空逐渐稀薄，其质量主要集中在下部，50% 集中在 5km 以下，75% 集中在 10km 以下，98% 集中在 30km 以下。其中，水汽是低层大气中的重要成分，含量不多，只占大气总容积的 4%，但却是大气中含量变化最大的气体。

在 InSAR 技术及其他空间大地测量学中，大气分为对流层和电离层（游新兆等，2003），如图 5-4 所示。对流层从地表面起算至约 18km，集中了 80% 以上的大气质量和 90% 以上的水汽质量，因此可将对流层大气对电磁波的影响当作对流层中水汽分布的影响（Li，2005）。

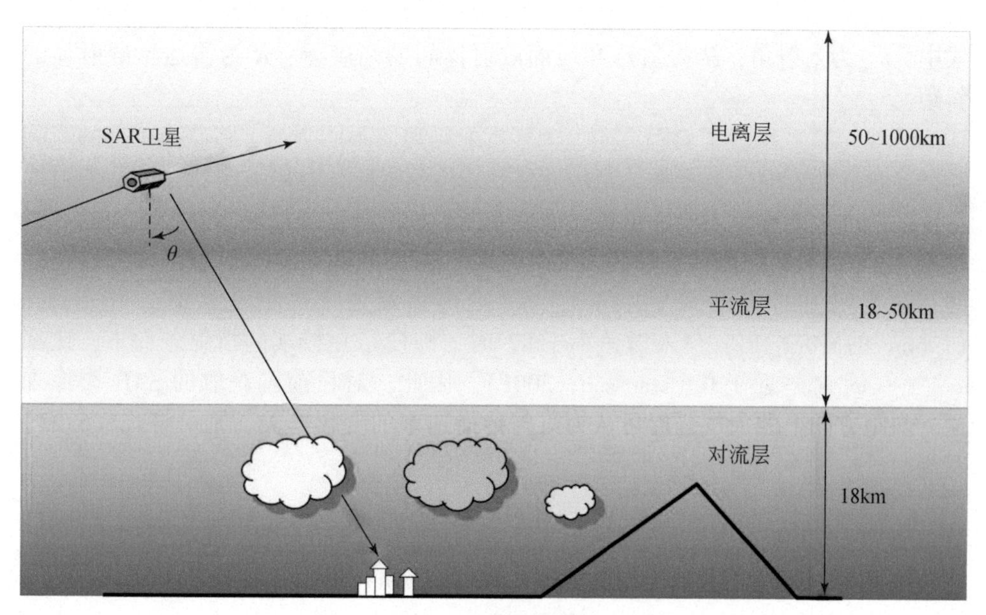

图 5-4　大气结构示意

电离层位于地面 50km 以上，直到大气层顶端（约 1000km）。由于太阳辐射的作用，电离层中的大气分子处于部分电离或完全电离的状态，从而具有密度较高的带电粒子。电离强度可由大气中的电子密度表示，而电子密度取决于太阳辐射的强度和大气的密度。大气温度随高度分布变化且存在极值，而大气电离强度也表现为不均匀分布且存在极值。电离层折射是电磁波经过电离层时受离子作用产生的附加辐射波。由于电离层电子密度较高，电磁波在该层发生弥散性折射，折射指数是电磁波波长的函数，对 InSAR 数据而言，波长越长的数据，受电离层的影响越大（Gray et al.，2000；Mattar and Gray，2002；Xu et al.，2004）。

2）干涉相位中的大气延迟效应

电磁波从太空穿越大气层对地面成像时，由于大气分层结构和性质不同，其必然会受到大气折射的影响。通常可以将大气折射的影响分为路径延迟和路径弯曲两类（游新兆等，2003）。

对于一个地面分辨单元（x，y，z），t 时刻对应的大气折射指数为 n（x，y，z，t），对应的电磁波传播速度可表示为 $v=c/n$。大气折射指数 n 在真空中的值为 1。正常大气条件下的大气折射指数与在真空中差别不大，为了方便理论分析和实际计算，通常定义大气折射率差，并用 $N=(n-1)\times10^6$ 表示。那么，对于某一地面分辨单元 k，t_i 时刻斜距方向上的大气延迟可以表示为

$$\varphi_k^{t_i}=\underbrace{10^{-6}\int_0^H\frac{N}{\cos\theta_{\text{inc}}}\mathrm{d}h}_{\varphi_{k,\text{velocity}}}+\underbrace{\left(\int_0^H\frac{1}{\cos\theta_{\text{inc}}(h)}\mathrm{d}h-R\right)}_{\varphi_{k,\text{bending}}}\tag{5-23}$$

式中，θ_{inc}为入射角；H 为雷达和地面散射体间的高度差；R 为雷达至散射体的斜距。

式（5-23）反映了斜距方向上大气折射延迟的不同类型，将路径延迟的影响和路径弯曲的影响分离开来。当传播路径发生延迟时，电磁波与弯曲的几何射线在传播上产生差异，主要是由传播速度变慢引起的延迟。沿真实斜距方向的入射角 θ_{inc}为一常数，而当传播路径发生弯曲时，弯曲的曲线路径与理论的直线路径间存在几何上的差异，入射角 $\theta_{\text{inc}}(h)$ 沿传播路径不断变化。Bean 和 Dutton（1966）的研究指出，当入射角小于 87°时，即使是在极端的折射条件下，比率 $\varphi_{k,\text{bending}}/\varphi_k$ 都趋近于 0（Hanssen，2001）。因此，对目前可获取的 SAR 影像来说，斜距方向上的大气延迟可认为只与传播速率的变化有关，则可将式（5-23）写为

$$\varphi_k^{t_i}=10^{-6}\int_0^H\frac{N}{\cos\theta_{\text{inc}}}\mathrm{d}h\tag{5-24}$$

则 t_i 时刻的每千米单程相位延迟（单位为 mm）可以近似地表达为

$$\varphi_k^{t_i}=\frac{N}{\cos\theta_{\text{inc}}}\tag{5-25}$$

大气折射率差的表达方式很多，对于微波系统，通常采用式（5-26）表示（Hanssen，2001）：

$$N = \underbrace{k_1 \frac{P}{T}}_{N_{\text{hyd}}} + \underbrace{k_2 \frac{e}{T} + k_3 \frac{e}{T^2}}_{N_{\text{wet}}} - \underbrace{4.03 \times 10^7 \frac{n_e}{f^2}}_{N_{\text{iono}}} + \underbrace{1.4W}_{N_{\text{liq}}} \tag{5-26}$$

式中，P 为总大气压（可在地面测得，hPa）；T 为气温（K）；e 为干空气的水汽压（hPa）；n_e 为每立方米大气内的电子密度（个/m^3）；f 为雷达信号频率；W 为每立方米大气中所含液态水的比重（g/m^3）；k_1、k_2 和 k_3 为通用气体常数，根据不同的气象资料，可以有不同取值。

式（5-26）中的四项分别称作静力学折射指数分量 N_{hyp}、湿折射指数分量 N_{wet}、电离层折射指数分量 N_{iono} 和液态水折射指数分量 N_{liq}。因此，式（5-24）可以分解为

$$\varphi_k^{t_1} = \frac{1}{10^6 \cos\theta_{\text{inc}}} \left(\int_0^H N_{\text{hyd}} dh + \int_0^H N_{\text{wet}} dh + \int_0^H N_{\text{iono}} dh + \int_0^H N_{\text{liq}} dh \right) \tag{5-27}$$

对单景 SAR 影像而言，电离层延迟的影响远远大于其他因素。对于中低纬度地区，两景 SAR 影像获取时，电离层的状态相似，差分干涉后可以相互消除大部分延迟相位，残余的电离层影响可忽略。对于 L 波段 SAR 数据，特别是高纬度地区电离层的影响十分严重，相关研究受到越来越多的重视（Gray et al.，2000；Mattar and Gray，2002；Xu et al.，2004），并且不断有新的理论和方法提出来以消除电离层的影响（Meyer et al.，2006；Raucoules and de Michele，2010；Chen and Zebker，2000）。

对其他因素而言，Hanssen 等（1999）的相关研究显示（以 C 波段为例），天顶方向上，静力学延迟的影响为 2.3m 左右，在考虑了一些物理常数误差及地面大气压的测量误差后，对其估计精度小于 1mm（Niell et al.，2001）。相比于流体静力学延迟，湿延迟比较小，赤道和极地之间的变化范围为 0 ~ 30cm，中纬度一年中的变化范围是几厘米到二十厘米不等。湿延迟占总延迟量的 10% 左右，但由于水汽无论在时间上还是空间上都是多变的，因此很难通过地面气象观测值来确定，同时它也成为制约大气折射修正精度提高的主要因素。

静力学延迟在水平方向上的变化很小，在干涉图中一般表现为缓慢变化的线性相位趋势。由于静力学延迟依赖于表面压力，而单位面积上大气柱体内的空气含量是随着高程的增加而减少的，因此重复轨道 InSAR 中的静力学延迟差和地形相关。另外，湿延迟和液态水延迟与大气中水含量的变化有关，而水汽在时间和空间上的变化都很大，呈随机变化状态，所以在对两景 SAR 影像进行干涉而形成相位差时，不能够通过差分干涉最小化其影响。通常，水汽在干涉图中的影响尺度在 100m 以内（几个像元）。以往研究表明，这一类大气效应相位对干涉相

位的影响最大，也最复杂（Li，2005）。

5.2.2 大气信号的分布特性

雷达信号在经过对流层和电离层时引起的时间延迟表现为载波相位的变化。干涉图中大气延迟附加相位主要是由大气的垂直分层和紊流混合过程引起的。垂直分层在高程变化大的地区较明显，与地形强相关，可表示为高程差的函数（Massonnet and Feigl，1998）；紊流混合是由大气中的紊流过程引起的，对平地和山区获取的 SAR 影像都有影响。目前还没有一种确定的方法可以用来改正大气误差。

1）垂直分层对干涉相位的影响

大气的垂直分层仅考虑了折射指数沿垂直方向的变化。假设把大气划分为无数个薄层，每一层的折射率为常数，则在平坦地区即使两景 SAR 影像间不同的折射剖面，也将不存在水平延迟差，这是因为 SAR 干涉图对于整景影像范围内的相位偏差是不敏感的。然而，对于山丘地区，两景影像之间垂直折射剖面之间的差别将影响拥有不同高程的任意两个分辨单元之间的相位差，如图 5-5 所示。s 为卫星的位置，p 和 q 为地面不同高度上的两点，雷达在两个不同的时刻 t_1 和 t_2 对其扫描，$N^{t_1}(z)$ 和 $N^{t_2}(z)$ 为 t_1 和 t_2 时刻折射率随高度的分布。假设是零基线，相同的入射角 θ_{inc}，且折射率 N 在水平方向上没有变化，则两点上的相位可表示为

$$\varphi_p^{t_i} = \frac{4\pi}{\lambda\cos\theta_{\text{inc}}}(z_{ps} + \delta_{ps}^{t_i}) \tag{5-28}$$

$$\varphi_q^{t_i} = \frac{4\pi}{\lambda\cos\theta_{\text{inc}}}(z_{ps} + z_{qp} + \delta_{ps}^{t_i} + \delta_{qp}^{t_i}) \tag{5-29}$$

式中，z_{ps} 为 p 和 s 之间的垂直距离；$\delta_{ps}^{t_i}$ 为 t_i 时刻 p 和 s 之间由垂直分层引起的传播延迟；其他变量以此类推。则 p、q 两点上的干涉相位分别为

$$\varphi_p = \varphi_p^{t_1} - \varphi_p^{t_2} = \frac{4\pi}{\lambda\cos\theta_{\text{inc}}}(\delta_{ps}^{t_1} - \delta_{ps}^{t_2}) \tag{5-30}$$

$$\varphi_q = \varphi_q^{t_1} - \varphi_q^{t_2} = \frac{4\pi}{\lambda\cos\theta_{\text{inc}}}(\delta_{ps}^{t_1} + \delta_{qp}^{t_1} - \delta_{ps}^{t_2} - \delta_{qp}^{t_2}) \tag{5-31}$$

用式（5-30）减去式（5-31），可以得到垂直分层延迟相位为

$$\varphi_{pq} = \varphi_p - \varphi_q = \frac{4\pi}{\lambda\cos\theta_{\text{inc}}}(\delta_{qp}^{t_1} - \delta_{qp}^{t_2}) \tag{5-32}$$

由于假设的 p、q 分别位于不同高程面上，则有 $\delta_{qp}^{t_1} \neq \delta_{qp}^{t_2}$，即地形有起伏的地

区（如山区）必然受到大气垂直分层的影响，且整个综合影响和高程差成比例。

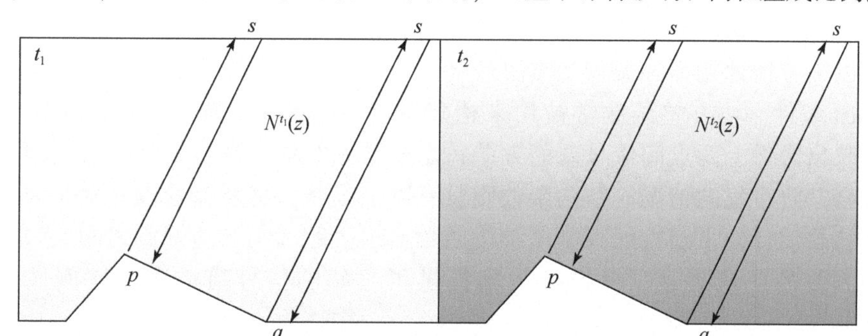

图 5-5　不同时刻大气垂直折射剖面示意

2）紊流混合对干涉相位的影响

紊流混合是不同对流层过程产生的结果，如地球表面的太阳能加热（引起对流）、不同层上风速和风向的差异、摩擦阻力和大范围的气候系统。紊流过程是从大范围到小范围的一个能量级联递减过程，一直持续到能量消散。能量级联递减发生的范围称为惯性次阶。Kolmogorov 紊流理论假设，运动的能量储藏在惯性次阶中。紊乱的旋风作为大气成分（如水汽）的载体，使水汽分布不断发生变化，从而影响了折射率的分布。尽管对于无线电频率来说，对流层折射率主要取决于温度、压力和水汽，但考虑到只有水平方向上折射率的变化影响干涉图中观测到的延迟量，所以引起 SAR 影像中大气信号变化的主要因素是水汽。因为紊流混合引起的大气延迟影响范围很广，而且是非线性过程，所以有必要找到最简单和最稳健的量度来描述延迟信号的变化。

功率谱可以用来识别数据的比例属性和区别不同的比例特征，这种傅里叶域的表达能够很好地对滤波操作和快速处理算法进行描述。一个缺点是：傅里叶方法要求数据在一个规则格网上采样。只要在信号中没有产生高于 Nyquist 截止频率的频率，格网的频谱就等价于基本的连续信号频谱。因此，格网频谱的带宽需要小于 Nyquist 频率。对于 SAR 影像来说，这个条件通常是满足的。对于三维空间中各向同性的紊流过程，由 Kolmogorov 紊流理论可知，折射指数 N 的空间变化服从一种特定的幂律规则（Tatarski，1961）。

雷达干涉图中的大气信号在数学上可以用几个相互关联的量来描述，如功率谱、协方差函数、结构函数和分形维数。功率谱主要反映的是信号在频域中的各种特征，这种傅里叶域的表达能够很好地描述滤波操作和快速处理算法，但要求采样数据分布于一个规则格网上。只要在信号中的最高频部分不高于 Nyquist 截止频率，格网的频谱就等价于基础连续信号频谱的线性叠加。而通常 SAR 影像的频谱带宽小于 Nyquist 截止频率，所以，可以用功率谱对其进行描述。协方差函数从理论上讲是等价于功率谱的，它们的不同在于用协方差函数可以很方便地用于不规则数据的评价，并且也不要求信号的带宽满足以上 Nyquist 条件。协方差函数常被用来构建方差-协方差函数，其缺点是没有直接反映出影像上两点间信号差的方差，需要预先对均值进行估计，且仅限于信号符合二阶平稳的情况。结构函数则没有以上限制，这意味着没有对带宽、均值的初始估计及平稳性的限制。结构函数给出了距离为 p 的两点之间大气延迟差的方差的定量表达。分形维数则提供了很好的信号粗糙度和比例性质的量度。

5.2.3 大气延迟对重复轨道 InSAR 测量的影响

对于重复轨道 InSAR 模式来说，每一次成像所受的大气延迟影响都不同，而相位变化主要受对流层的影响。因此，在 InSAR 大气影响的研究中，大气延迟改正往往探讨的是对流层延迟的改正，而且一般是针对对流层中的云雾和水汽影响进行改正的。下面就大气延迟对重复轨道 InSAR 测量的影响进行进一步的讨论。

由于雷达信号在大气中的传播延迟，重复轨道 InSAR 系统中的相位存在相移表达如下：

$$\varphi_1 = \frac{4\pi}{\lambda}(R_1 + \Delta R_1), \varphi_2 = \frac{4\pi}{\lambda}(R_2 + \Delta R_2) \tag{5-33}$$

式中，ΔR_1 和 ΔR_2 分别为两次获取雷达信号中大气折射延迟部分。

从而干涉相位变为

$$\varphi = \varphi_1 - \varphi_2 = \frac{4\pi}{\lambda}(R_1 - R_2) + \frac{4\pi}{\lambda}(\Delta R_1 - \Delta R_2) \tag{5-34}$$

式中，$\frac{4\pi}{\lambda}(R_1 - R_2)$ 为地形和形变引起的干涉相位；$\frac{4\pi}{\lambda}(\Delta R_1 - \Delta R_2)$ 为大气折射延迟引起的附加干涉相位。

如果在两次卫星过境时刻大气条件相同或相似，大气延迟的附加路径差相互抵消，则干涉相位不受大气变化的影响。或者，如果研究区域内的所有像元上有 $\Delta R_1 - \Delta R_2 =$ 常数，即两次大气条件之间的差异在空间上没有变化，则大气效应不会影响干涉分析的结果。然而，实际情况是大气湿度不停地在空间和时间范围内发生变化，即使重访周期为一天的 SAR 数据，其所受的大气影响都不一样。同时，由于局部的对流层扰动，研究区域的所有像元上的大气延迟量不可能保持为某个常数值。在实际应用中，只要不是同时观测，就不可能保证大气条件完全相同。通过式（5-34）可以看出，大气效应引起的相位误差容易被误解译成高程或形变信息。因此，必须对其加以严格区分。

下面就大气相位误差对高程测量和形变测量的影响进行分析。

对二轨法重复轨道 InSAR 测量来说，大气延迟引起的高程和形变相位误差分别为

$$\sigma_h = \frac{\lambda}{4\pi B_\perp} R\sin\theta\sigma_\varphi \tag{5-35}$$

$$\sigma_{\Delta r,\text{two}} = \frac{\lambda}{4\pi}\sigma_\varphi \tag{5-36}$$

式中，σ_φ 为干涉图中的相位误差；σ_h 为相应的高程误差相位；$\sigma_{\Delta r,\text{two}}$ 为二轨法重复轨道 InSAR 形变误差相位。

对三轨法和四轨法差分干涉测量而言，为了简化，假设每幅干涉图具有相同的相位误差 σ_φ，则对三轨法和四轨法重复轨道 InSAR 来说，$\boldsymbol{\varphi} = [\varphi_d \varphi_t]^{\mathrm{T}}$ 的协方差矩阵分别为

$$\mathbf{Cov}_{\varphi,\text{three}} = \begin{bmatrix} \sigma_\varphi^2 & \frac{1}{2}\sigma_\varphi^2 \\ \frac{1}{2}\sigma_\varphi^2 & \sigma_\varphi^2 \end{bmatrix} \tag{5-37}$$

$$\mathbf{Cov}_{\varphi,\text{four}} = \begin{bmatrix} \sigma_\varphi^2 & 0 \\ 0 & \sigma_\varphi^2 \end{bmatrix} \tag{5-38}$$

根据误差传播定律，大气效应引起的附加相位对三轨法和四轨法重复轨道 InSAR 的形变测量的影响分别为

$$\sigma_{\Delta r,\text{three}} = \frac{\lambda}{4\pi}\sqrt{1 - \frac{B_\perp^d}{B_\perp^t} + \left(\frac{B_\perp^d}{B_\perp^t}\right)^2}\,\sigma_\varphi \tag{5-39}$$

$$\sigma_{\Delta r,\text{four}} = \frac{\lambda}{4\pi}\sqrt{1 + \left(\frac{B_\perp^d}{B_\perp^t}\right)^2}\,\sigma_\varphi \tag{5-40}$$

为了克服大气对 InSAR 和 D-InSAR 技术带来的不利影响，许多学者提出了大气改正方法，主要如下：

（1）在时间序列数据上，针对大气对微波信号延迟的时空分布特点，对多个干涉图构成的数据集进行滤波，估算大气效应相位并去除（Massonnet and Vadon，1995）。

（2）利用 SAR 以外的数据进行校准，如 GPS 数据、气象观测资料或其他星载传感器获取的大气信息（宋小刚，2008；Li，2005；Li，2004）。

这两类方法都在一定程度上改正了大气对干涉相位的影响。通过对 InSAR 大

气改正的国内外研究现状及发展趋势的分析可以看出，由于大气的影响在时间和空间上高度变化，没有一种通用的方法可以消除这种影响。目前提出来的一些方法都有各自的优缺点，只能根据不同研究区域的地势特点、数据条件及大气分布规律来选择合适的方法以尽可能消除这种影响。

第 6 章　InSAR 干涉基线

由 InSAR 干涉相位模型可知，干涉基线是一个非常重要的变量，与参考面和高程相位直接相关，其精度直接影响 InSAR 技术提取高程和地表形变的精度。本章重点分析干涉基线的计算方法和基线误差的估计方法。

6.1　基线的概念及不同表达形式

InSAR 中有两种形式的基线：时间基线和空间基线。时间基线为两景 SAR 图像成像的时间间隔。地面上的物体变化、大气变化及气候变化等因素都会引起时间相干损失。空间基线通常定义为两部天线或者同一部天线不同时间的空间距离，本书讨论的基线主要是空间基线。

基线参数包括长度和倾角两个因素。对于双天线系统的干涉测量模式，基线长度及倾角都是固定的，且在运动过程中保持不变，如图 6-1 所示。对于单天线系统的干涉测量模式，如图 6-2 所示，基线取决于两部天线所在平台的空间位

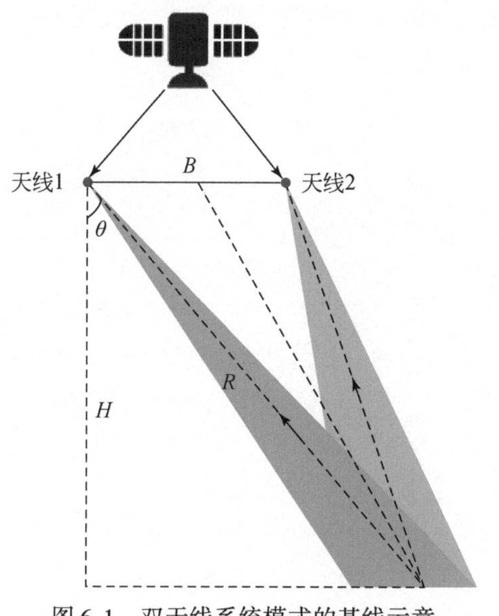

图 6-1　双天线系统模式的基线示意

置，且由于平台在运动过程中的位置会发生改变，因此在精确计算某一点处基线参数的同时，应估计出基线在平台运动过程中的变化关系。

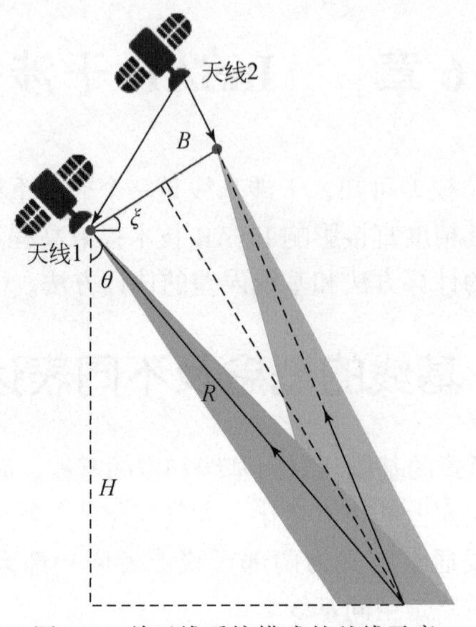

图 6-2　单天线系统模式的基线示意

基线根据投影坐标系统和投影方向的不同，可以表示成三种不同的形式（Hanssen，2001），如图 6-3 所示。S_1、S_2 分别为两部卫星天线的位置，箭头指向为平台的运动方向，r_1 和 r_2 分别为两部卫星天线到地面目标点的距离。具体如下。

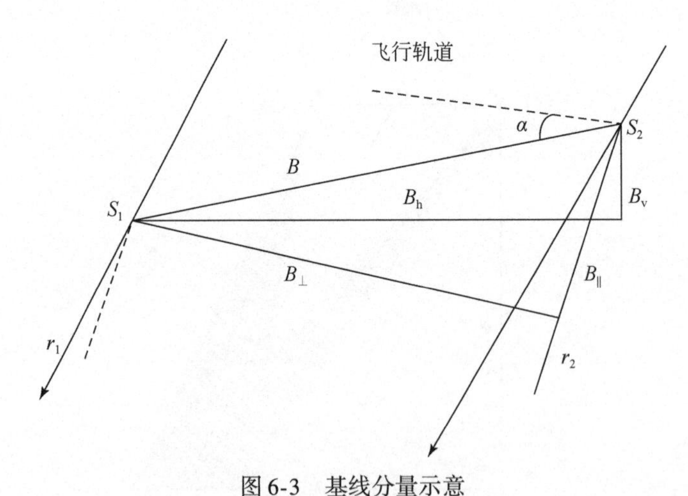

图 6-3　基线分量示意

（1）$B_{\parallel}$ 和 $B_{\perp}$。以雷达视线方向为基准向，将基线分解为平行于视线方向的分量［称为平行基线（$B_{\parallel}$）］和垂直于视线方向的分量［称为垂直基线（$B_{\perp}$）］。由 InSAR 函数模型可知 $B_{\perp}$ 取值直接影响获取高程的精度；平行基线等效于参考面相位。$B_{\perp}$ 越长，相同地面高度变化引起的干涉条纹越密，即系统对高度变化的反应能力越灵敏。因此，长的 $B_{\perp}$ 可以增加对地形的敏感度，有利于提高高程精度，但过长的 $B_{\perp}$ 会降低两幅图像的相干性。

（2）B_h 和 B_v。以水平面为基准向，将基线分解为水平基线 B_h 和垂直基线 B_v。

（3）B 和 α。将基线以长度 B 和方位角 α 表示。

三种基线表达形式之间的转换关系如表 6-1 所示。

表 6-1　基线三种表达形式转换关系

基线表达形式	$[B_h, B_v]$	$[B, \alpha]$	$[B_{\perp}, B_{\parallel}]$
$[B_h, B_v]$	—	$B_h=B\cos\alpha$ $B_v=B\sin\alpha$	$B_h=B_{\perp}\cos\theta+B_{\parallel}\sin\theta$ $B_v=B_{\perp}\sin\theta+B_{\parallel}\cos\theta$
$[B, \alpha]$	$\alpha=\arctan\left(\frac{B_v}{B_h}\right)$ $B=\sqrt{B_h^2+B_v^2}$	—	$B=\sqrt{B_{\perp}^2+B_{\parallel}^2}$
$[B_{\perp}, B_{\parallel}]$	$B_{\parallel}=B_h\sin\theta-B_v\cos\theta$ $B_{\perp}=B_h\cos\theta+B_v\sin\theta$	$B_{\parallel}=B\sin(\theta-\alpha)$ $B_{\perp}=B\cos(\theta-\alpha)$	—

6.2　极限基线和最优基线

基线是 InSAR 数据处理中非常重要的一个量，不同基线参数的选择直接影响后续数据处理的难度和精度，特别是对于二轨差分干涉测量而言，需要选择合适基线长度的干涉像对，避免基线过长产生空间失相干现象。因此，提出了极限基线和最优基线。

6.2.1　极限基线

SAR 系统的距离向信号带宽有限，当两次/两个通道接收回波的频谱偏移量超过系统距离向带宽 B_r 时，两次/两个通道接收的信号失相干，无法获取有效的干涉相位，此时的基线就称为极限基线 $B_{\perp,cr}$（Zebker et al.，1992；Small，1998）。

$$B_{\perp,\mathrm{cr}}=\frac{B_{\mathrm{r}}R\tan(\theta-\vartheta)}{f_0}=\frac{\lambda R\tan(\theta-\vartheta)}{2\rho_{\mathrm{r}}} \tag{6-1}$$

式中，$\rho_{\mathrm{r}}=\frac{C}{2B_{\mathrm{r}}}$为距离向分辨率，$C$ 为光速；λ 为波长；R 为斜距，($\theta-\vartheta$) 为局部入射角。以 ESA 的 ERS 为例，$\rho_{\mathrm{r}}=9.46\mathrm{m}$，$\lambda=0.056\mathrm{m}$，$R=850\ 000\mathrm{m}$，$\theta-\vartheta=23°$，计算出 $B_{\perp,\mathrm{cr}}=1068\mathrm{m}$。

由式（6-1）可知，极限基线与 SAR 系统波长、带宽、入射角和作用距离相关。系统带宽越宽、波长越长，极限基线就越大，因此大带宽和长波长的系统有利于保持相位的高相干性。

6.2.2 最优基线

星载 InSAR 中，空间基线的影响具有两面性。一方面，基线越长，对相位高度的变化越敏感，由相位差和基线本身长度的不确定性引起的高度测量误差越小；另一方面，基线越长，两次获取的信号之间的相干性越低，反过来影响后续的测高精度。因此，存在着使星载 InSAR 处在工作状态最佳、测高误差最小的基线，将其称为最优基线。最优基线 B_{opt}的计算公式为（Rodriguez et al., 1992）：

$$B_{\mathrm{opt}}=\left\{1-\gamma_{\mathrm{opt}}\left(1+\frac{1}{\mathrm{SNR}}\right)\right\}\frac{\lambda R\tan\theta}{2\rho_{\mathrm{r}}} \tag{6-2}$$

式中，γ_{opt}为最优相干值；SRN 为系统信噪比；θ 为入射角。

6.3 InSAR 基线计算方法

基线估计方法可以分为三类，分别是：基于轨道信息的基线估计方法、基于干涉图信息的基线估计方法和基于地面控制点信息的基线估计方法。

6.3.1 基于轨道信息的基线估计方法

在每景 SAR 影像数据中，参数文件提供了包含该景影像范围内的至少五个点的卫星位置矢量（图 6-4）和速度矢量、第一点的时间及两点之间的时间间隔。可以用式（6-3）拟合一条时间与位置矢量的三次曲线。

$$\begin{cases}\boldsymbol{X}_A=a_0+a_1t+a_2t^2+a_3t^3\\ \boldsymbol{Y}_A=b_0+b_1t+b_2t^2+b_3t^3\\ \boldsymbol{Z}_A=c_0+c_1t+c_2t^2+c_3t^3\end{cases} \tag{6-3}$$

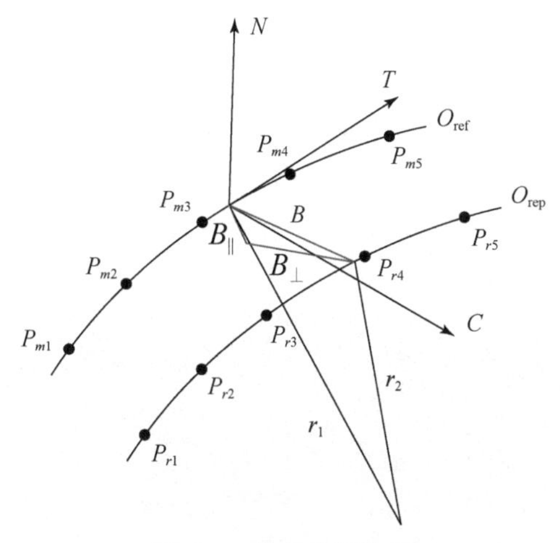

图 6-4　轨道几何关系

通过最小二乘方法求出式（6-3）中的未知参数，得到轨道曲线模型。同样的方法也能拟合出时间和速度矢量的关系模型。这样，任意一给定的时间 t 都会对应一个卫星位置矢量和一个卫星速度矢量。

SAR 影像数据还提供了每景影像成像的第一行、中间行和最后一行的成像时间。以参考影像上的一个位置作为坐标原点，建立 TCN 坐标系（Small et al., 1993）。选取参考影像的轨道的中间时刻对应的位置，在副影像的轨道上选取一点，使其满足两点的连线在 T 方向的分量为零，或者两点的连线最短。前者称为切分量为零方法，后者称为最短距离法。该两点的连线就是基线，将基线投影到 T、C、N 三个方向上，得到基线的三个分量。由于在较短的时间内基线的变化近似为线性，在中间时刻对应的点的位置前后各选取两个点来计算基线，进而计算基线在三个方向的变化率。由此，可以用基线值和基线变化率在 T、C、N 三个方向的分量共六个分量表示两景影像的基线情况。

该方法适用于卫星轨道数据比较精确、地面起伏较大、去除参考面相位后的干涉图中几乎不存在明显条纹，以及干涉图相干性较差、区域受大气传播延迟效应严重的情况。其基线的精度受轨道精度和计算方法的影响。

选取河北省黄骅市地区的高分三号影像数据，数据信息如表 6-2 所示，其强度图如图 6-5 所示。该地区以城区为主，地形平坦。后续的两种基线估计方法也采用这两景数据。

表 6-2　影像数据信息

轨道	距离向 分辨率/m	方位向 分辨率/m	入射角/(°)	波段	方位朝向 角度/(°)	时间（年/月/日）
降轨	2.25	3.12	38.63	C 波段	−169.81	2017/02/17
降轨	2.25	3.12	38.61	C 波段	−169.81	2017/03/18

图 6-5　研究区 SAR 影像

两景影像经过预处理后得到干涉图。用影像的参数文件中提供的轨道状态矢量信息、成像时刻等数据，计算得到基线值和基线变化率，见表 6-3。

表 6-3　基于轨道信息的基线值和基线变化率

基线分量	T 方向	C 方向	N 方向
基线值/m	0	97.57	−312.72
基线变化率/(m/s)	0	−0.0447	0.0133

用表 6-3 中的基线值和基线变化率，计算得到每一个像素点在 T、C、N 方向的基线分量，通过几何关系，转换成垂直基线 $B_{\perp}$，利用式（3-15）计算出参考面相位，并将其从原始干涉图中减去，得到去除参考面相位的干涉图。再根据该地区的 DEM 信息（DEM 使用 SRTM 90m 分辨率产品）做二轨差分，得到差分干涉图，如图 6-6 所示。可以看出图 6-6 中在方位向有非常密集的残余相位条纹，这表明，在本实验中，基于轨道信息的基线估计方法计算得到的基线误差较大。

6.3.2 基于干涉图信息的基线估计方法

即使在平坦的地区，干涉图中也会有条纹的存在，这是由地面点到两颗卫星的距离差不同引起的，且条纹的密集程度和垂直基线的长度有关。最早的干涉 SAR 研究中并不能获得高精度的轨道矢量数据，因而可基于平坦地区的干涉图来估计垂直基线。垂直基线的计算公式为

$$B_{\perp}=\frac{\lambda}{4\pi}\frac{R\tan\theta\cdot\Delta\varphi}{\Delta R} \tag{6-4}$$

式中，$\Delta\varphi$ 为相位的变化；R 为斜距；ΔR 为斜距的变化。

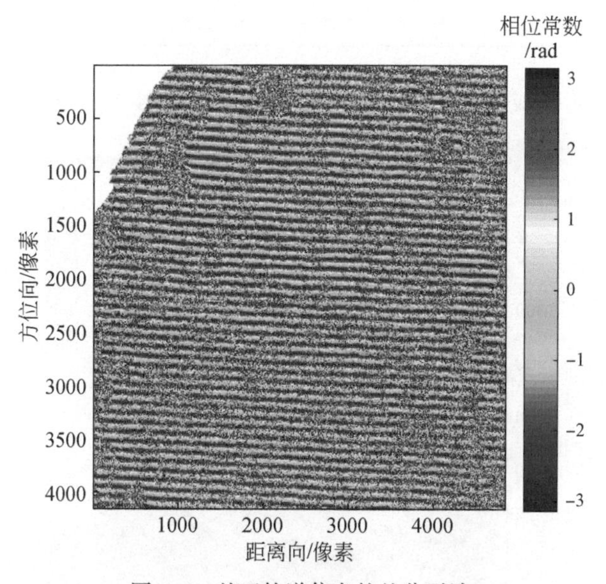

图 6-6　基于轨道信息的差分干涉

通过 FFT 方法，将干涉图从空间域转换到频率域，计算得到条纹频率，进而得到垂直基线，再根据几何关系得到基线值和基线变化率在 T、C、N 三个方向的共六个分量。

该方法适用于轨道信息不太精确、研究区有较大区域平坦、相干性好、无形变的情况。其基线的精度主要受地形的影响。

该方法的操作步骤如下：

（1）根据原始干涉图的条纹情况和 DEM 显示的地形起伏情况选择用于估计基线的区域。

（2）以影像距离向和方位向的中心为中心，选取距离向和方位向 512 像元×

512 像元的区域。

（3）对选择的区域做二维 FFT，得到频谱值。找出频谱峰值及其对应的距离向和方位向的位置。根据影像的强度信息，插值得到频谱峰值对应的具体位置。

（4）利用上述位置，计算得到垂直基线 $B_{\perp}$ 和平行基线变化率 $\dot{B}_{\parallel}$。根据几何关系，得到基线值和基线变化率在 T、C、N 三个方向的分量，如表 6-4 所示。

表 6-4　基于干涉图信息的基线值和基线变化率

基线分量	T 方向	C 方向	N 方向
基线值/m	0	210.38	−141.50
基线变化率/(m/s)	0	0.1228	0.1826

用表 6-4 中的基线值和基线变化率，得到差分干涉图，如图 6-7 所示。

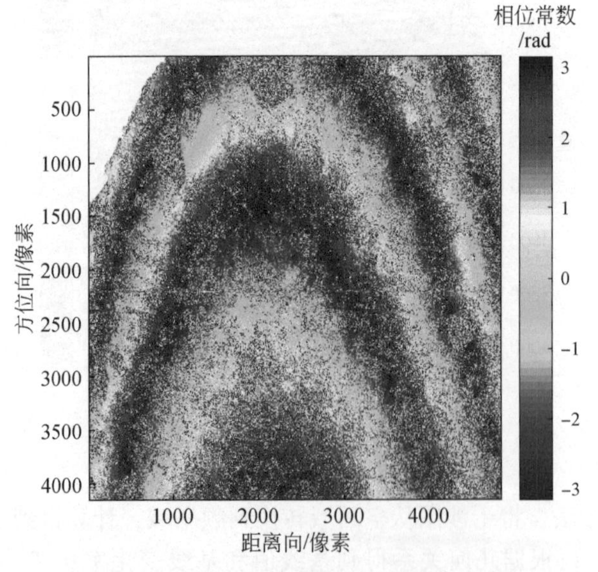

图 6-7　基于干涉图信息校正的差分干涉

从图 6-7 中可以看出，差分干涉图中残留明显的条纹，即使有明显的形变信息也会被掩盖住。但是，条纹的密度已明显低于基于轨道信息的基线估计方法得到的差分干涉图上的条纹密度，这是由于研究区地形平坦，干涉图中基本呈现平行条纹。

除了单独使用上述两种方法之外，还可以采用基于轨道信息和基于干涉图信息相结合的方法进行基线估计，这也是常用的去除基线误差的一种方法。首先利用轨道信息得到初始基线值和基线变化率，去除参考面相位，得到含有基线误差残余相位的干涉图，在此干涉图的基础上再利用基于干涉图信息的方法，用 FFT 去除残余相位，得到的基线结果如表 6-5 所示。

表 6-5 基于轨道信息和干涉图信息的基线值和基线变化率

基线分量	T 方向	C 方向	N 方向
基线值/m	0	97.11	−312.41
基线变化率/(m/s)	0	0.3623	0.0133

根据表 6-5 中的基线值和基线变化率，得到差分干涉图，如图 6-8 所示。

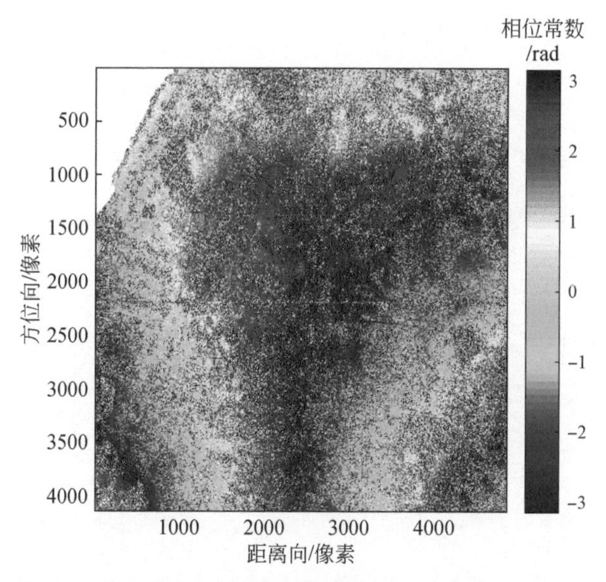

图 6-8 基于轨道信息和干涉图信息联合校正的差分干涉

可以看出，相比于基于上述两种方法单独处理的差分干涉图，两种方法结合的效果稍好一些，残余相位条纹较少。

6.3.3 基于地面控制点信息的基线估计方法

基于地面控制点信息的基线估计方法是最常用的方法，通常用于基线精化过程中，需要初始轨道信息提供基线值和基线变化率的初始值。其原理是利用迭代非线性最小二乘拟合方法对基线值和相位常数进行平差。模型认为，基线可分为 C 方向的线性变化的分量 B_c 和 N 方向的线性变化的分量 B_n。

$$B_c = B_c + \alpha t_i$$

$$B_n = B_n + \beta t_i \tag{6-5}$$

式中，B_c 和 B_n 分别为影像中心对应的基线分量；α 和 β 分别为由轨道的不平行导致的基线在 N 和 C 方向的变化率；t_i 为时间。

由此，对于每个点，基线矢量和斜距矢量在 TCN 坐标系下可以表达成：

$$\boldsymbol{B}_i = (B_c + \alpha t_i)\boldsymbol{c} + (B_n + \beta t_i)\boldsymbol{n} \tag{6-6}$$

$$\boldsymbol{r}_i = r_{c,i}\boldsymbol{c} + r_{n,i}\boldsymbol{n} \tag{6-7}$$

式中，$r_{c,i}$和 $r_{n,i}$为 i 点处的斜距在 C 和 N 方向的分量；$\boldsymbol{c}$ 和 $\boldsymbol{n}$ 为 C 和 N 方向的单位向量。

相位解缠过程给干涉图相位 φ_i 增加了未知常数 φ_c。斜距差 δ_i 和相应的干涉相位可表示为

$$\delta_i = |r_{2,i}| - |r_{1,i}| = -\frac{\lambda}{4\pi}(\varphi_i + \varphi_c) \tag{6-8}$$

$$\varphi_i = -\frac{\lambda}{4\pi}\left(\sqrt{|r_{1,i}|^2 + |\boldsymbol{B}_i|^2 - (2r_{1,i}\boldsymbol{B}_i)} - |r_{1,i}|\right) - \varphi_c \tag{6-9}$$

由于 $|\boldsymbol{B}| \leqslant |r_1|$，将式（6-9）线性近似，得到：

$$\varphi_i = -\frac{\lambda}{4\pi} \cdot \frac{r_{1,i}\boldsymbol{B}_i}{|r_{1,i}|} - \varphi_c \tag{6-10}$$

把式（6-6）和式（6-7）代入式（6-10），得到

$$\varphi_i = \left[\frac{4\pi}{\lambda}\boldsymbol{r}_{c,i} \ \frac{4\pi}{\lambda}\boldsymbol{r}_{c,i}t_i \ \frac{4\pi}{\lambda}\boldsymbol{r}_{n,i} \ \frac{4\pi}{\lambda}\boldsymbol{r}_{n,i}t_i \ -1\right]\begin{bmatrix} B_c \\ \alpha \\ B_n \\ \beta \\ \varphi_c \end{bmatrix} \tag{6-11}$$

单位向量 $\boldsymbol{r}_{c,i}$和 $\boldsymbol{r}_{n,i}$均由几何关系得到，其表达式中包含基线分量，式(6-11)为非线性方程组。通过已知的均匀分布的至少五个地面控制点可求得式中的五个未知参数。为提高精度，可以通过选取更多的地面控制点，以根据轨道信息计算得到的基线参数（B_{c0}，α_0，B_{n0}，β_0）为初始值，使用迭代 LM（Levenberg-Marquadt）算法（Levenberg et al.，1944；Marquardt et al.，1963）求解。

该方法适用于轨道不够精确、地形有起伏，以及已知比较精确的 DEM 数据的情况。其基线估计的精度较高，精度主要受地面控制点质量影响。

地面控制点可以选取地面已知的控制点，也可以在干涉图上选取控制点，其要求是控制质量高，需满足：控制点相干性高、控制点所在区域周围小范围内地面起伏不大、分布均匀等条件。本实例为了计算方便，在距离向和方位向均匀选取了 32×32 个地面控制点，满足上述要求。将差分干涉图解缠后，获得控制点处的相位信息。式（6-7）中的单位向量 $\boldsymbol{r}_{c,i}$和 $\boldsymbol{r}_{n,i}$需由基线值得到，首先利用由轨

道信息计算出来的初始基线值和基线变化率得到 B_{c0} 和 B_{n0}，由式（6-11）计算出新的基线值和基线变化率，通过迭代，得到最终的基线值和基线变化率，结果列于表 6-6 中。

表 6-6　基于地面控制点的基线值和基线变化率

	T 方向	*C* 方向	*N* 方向
基线值/m	0	96.45	-312.19
基线变化率/(m/s)	0	0.1490	0.1521
相位常数/rad	-0.00160		

由表 6-6 得到的基线值计算得到差分干涉图，如图 6-9 所示，从中可以看出，除了左下角还有相位趋势以外，其余区域相位比较均一。这表明，此方法可以去除大部分基线误差的残余相位，但是还可能存在一些相位信息。

对于真实数据实例，对比三种方法可以发现，基于地面控制点信息的基线估计方法效果最好，基本不存在轨道误差残余相位。对比表 6-3、表 6-4 和表 6-5 可以发现，表 6-4 中的基线分量的大小和另外两个表的值相差很大，经核实，此数据无误，虽然基线分量相差较大，但是垂直基线值相差很小，这是基于干涉图信息的基线估计方法仅考虑干涉图中的条纹信息导致的。

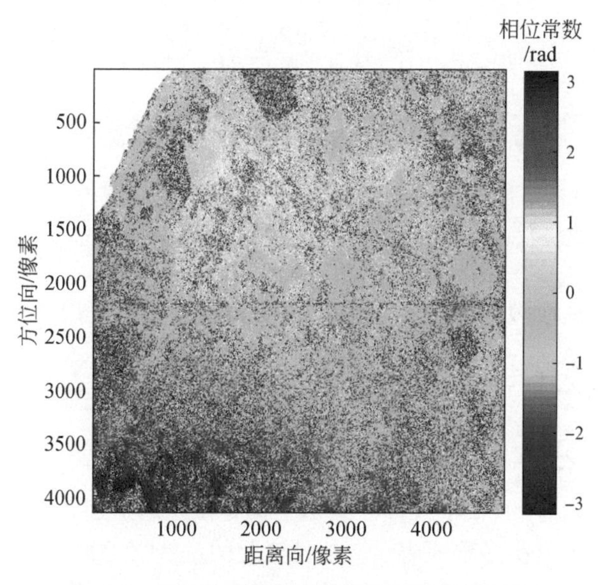

图 6-9　基于地面控制点信息校正的差分干涉

6.4 InSAR 基线误差

6.4.1 基线误差估计的数学模型

参考面相位由传感器和地物之间的距离计算得来，传感器和地物之间的距离差会使轨道误差传递到干涉图中。$\delta R_{M,\mathrm{ref}}$和$\delta R_{S,\mathrm{ref}}$的偏差形成相位偏差$\delta\varphi_{\mathrm{ref}}$，经过转化后等于轨道误差信号$\delta\varphi_{\mathrm{orb}}$。忽略其他的相位对残余相位$\varphi_{\mathrm{res}}$的影响，则有如下观测方程：

$$E\{\varphi\}=\delta\varphi_{\mathrm{orb}}=-\delta\varphi_{\mathrm{ref}}=\frac{4\pi}{\lambda}(\delta R_{M,\mathrm{ref}}-\delta R_{S,\mathrm{ref}})+\varphi_0 \tag{6-12}$$

式中，φ_0为相对相位偏移常数。采用轨道位置x_M和x_S的水平方向（h）、沿轨道方向（a）和垂直方向（v）分量偏差的叠加来表达$\delta R_{M,\mathrm{ref}}$和$\delta R_{S,\mathrm{ref}}$的距离偏差。于是有

$$\begin{aligned}E\{\varphi\}&=\frac{4\pi}{\lambda}(\delta R_{M,\mathrm{ref}}-\delta R_{S,\mathrm{ref}})+\varphi_0\\&=\frac{4\pi}{\lambda}\left(\frac{\partial R_{M,\mathrm{ref}}}{\partial x_{h,M}}\partial x_{h,M}+\frac{\partial R_{M,\mathrm{ref}}}{\partial x_{a,M}}\partial x_{a,M}+\frac{\partial R_{M,\mathrm{ref}}}{\partial x_{v,M}}\partial x_{v,M}\right.\\&\quad\left.-\frac{\partial R_{S,\mathrm{ref}}}{\partial x_{h,S}}\partial x_{h,S}+\frac{\partial R_{S,\mathrm{ref}}}{\partial x_{a,S}}\partial x_{a,S}+\frac{\partial R_{S,\mathrm{ref}}}{\partial x_{v,S}}\partial x_{v,S}\right)+\varphi_0\\&=\frac{4\pi}{\lambda}[(r_{M,\mathrm{ref}},\mathrm{e}_h)\partial x_{h,M}+(r_{M,\mathrm{ref}},\mathrm{e}_a)\partial x_{a,M}+(r_{M,\mathrm{ref}},\mathrm{e}_v)\partial x_{v,M}\\&\quad-(r_{S,\mathrm{ref}},\mathrm{e}_h)\partial x_{h,S}+(r_{M,\mathrm{ref}},\mathrm{e}_h)\partial x_{a,S}+(r_{S,\mathrm{ref}},\mathrm{e}_h)\partial x_{v,S}]+\varphi_0\\&=-a_{h,M}\delta_{h,M}-a_{a,M}\delta_{a,M}-a_{v,M}\delta_{v,M}\\&\quad+a_{h,S}\delta_{h,S}-a_{a,S}\delta_{a,S}-a_{v,S}\delta_{v,S}+\varphi_0\end{aligned} \tag{6-13}$$

考虑到实际获取数据的零多普勒特征，轨道误差值可以用d次多项式来表示。

$$\begin{aligned}E\{\varphi\}=&-\sum_{i=0}^{d}(a_{h,M}t^i)\cdot\delta x_{h,M}-\sum_{i=0}^{d}(a_{v,M}t^i)\cdot\delta x_{v,M}+\sum_{i=0}^{d}(a_{h,S}t^i)\cdot\delta x_{h,S}\\&+\sum_{i=0}^{d}(a_{v,S}t^i)\cdot\delta x_{v,S}+\varphi_0\end{aligned} \tag{6-14}$$

通常观测方程有[4(d+1)+1]个参数。但是由于轨道通常是很平滑的曲线，测定误差可以用一个低次多项式表示。线性变化的基线误差被认为是多数情况下最合适的近似。

由于参考影像轨道和副影像轨道在r_M和r_S的角度差很小，式(6-14)的系数几乎是相同的。这可能导致在单个轨道误差联合解算时，干涉对影像轨道都出现病

态问题,该问题只能通过干涉图网来解决。只考虑一个干涉图,可以得到一个相对误差成分的稳健估值。在这种情况下必须确定这种不精确是由参考轨道、副轨道还是两者共同引起的。在后续的关系中,认为轨道误差在干涉对轨道中的传递是相等的。

$$
\begin{aligned}
E\{\varphi\} &= \frac{a_{h,M}+a_{h,S}}{2}(\delta B_h + t\delta \dot{B}_h) + \frac{a_{v,M}+a_{v,S}}{2}(\delta B_v + t\delta \dot{B}_v) \\
&= a_h(\delta B_h + t\delta \dot{B}_h) + a_v(\delta B_v + t\delta \dot{B}_v) + \varphi_0
\end{aligned} \tag{6-15}
$$

考虑到对于 n_φ 个像元的残余干涉相位 $\boldsymbol{\varphi}^{\mathrm{T}} = (\cdots \varphi_i \cdots)$ 有规律地排布在整个干涉图的格网范围内，基线误差参数 $\boldsymbol{b}^{\mathrm{T}} = (\delta B_h \ \delta\dot{B}_h \ \delta B_v \ \delta\dot{B}_v)$ 可以通过下面的函数模型来估算：

$$
E\{\varphi\} = \begin{pmatrix} \vdots & \vdots & \vdots & \vdots \\ a_{h,i} & a_{h,i}t_i & a_{v,i} & a_{v,i}t_i \\ \vdots & \vdots & \vdots & \vdots \end{pmatrix} \begin{pmatrix} \delta B_h \\ \delta \dot{B}_h \\ \delta B_v \\ \delta \dot{B}_v \end{pmatrix} + \begin{pmatrix} \varphi_0 \\ \varphi_0 \\ \varphi_0 \\ \varphi_0 \end{pmatrix} = A_b b + \mathbf{l}\varphi_0 \tag{6-16}
$$

式中，$\mathbf{l}^{\mathrm{T}} = (1 \quad 1 \quad \cdots \quad 1)$。随机模型通常由协方差矩阵定义。

$$
D\{\varphi\} = \sigma_0^2 Q_\varphi \tag{6-17}
$$

由于 φ_0 为常数，因而可以从式（6-16）消除掉，得到：

$$
E\{\varphi\} = \overline{A}_b \mathrm{b} \tag{6-18}
$$

其中，

$$
\overline{A}_b = (\boldsymbol{I} - 1\ (1^{\mathrm{T}} Q_\varphi^{-1} 1)^{-1} \mathbf{l}^{\mathrm{T}} Q_\varphi^{-1}) A_b \tag{6-19}
$$

式中，$\boldsymbol{I}$ 为单位阵。$\hat{b}$ 的最小二乘估计值的相对估计质量可以由协方差矩阵［式（6-20）］给出：

$$
D\{\hat{\mathrm{b}}\} = \sigma_0^2\ (\overline{A}_b^{\mathrm{T}} Q_\varphi^{-1} \overline{A}_b)^{-1} = \begin{pmatrix} \sigma_{B_h}^2 & \sigma_{B_h \dot{B}_h} & \sigma_{B_h B_v} & \sigma_{B_h \dot{B}_v} \\ \sigma_{\dot{B}_h B_h} & \sigma_{\dot{B}_h}^2 & \sigma_{\dot{B}_h B_v} & \sigma_{\dot{B}_h \dot{B}_v} \\ \sigma_{B_v B_h} & \sigma_{B_v \dot{B}_h} & \sigma_{B_v}^2 & \sigma_{B_v \dot{B}_v} \\ \sigma_{\dot{B}_v B_h} & \sigma_{\dot{B}_v \dot{B}_h} & \sigma_{B_v \dot{B}_v} & \sigma_{\dot{B}_v}^2 \end{pmatrix} \tag{6-20}
$$

即使基本分量 $\delta B_\parallel$ 和 $\delta B_\perp$ 在理论上是可以估计的，但是这种估计太弱，不能认为是可靠的。$B_\parallel$ 相对大的误差在相位中只产生一个很小的误差。相反地，微弱的大气信号碰巧也能达到这样的相位模式，可能导致不现实的米级的 $\delta B_\parallel$ 估计值。类似地考虑 $\delta \dot{B}_\perp$。因此，更可行的做法是限制这两个分量为零。可以通过限制参数空间从 b 的四个参数到两个参数 $\boldsymbol{b}_\theta^{\mathrm{T}} = (\delta \dot{B}_\parallel \ \ \delta \dot{B}_\perp)$，产生：

$$E\{\varphi\}=\overline{A}_b\boldsymbol{T}^{\mathrm{T}}\boldsymbol{b}_\theta \tag{6-21}$$

其中，

$$\boldsymbol{T}=\begin{pmatrix}0 & \sin(\theta_0) & 0 & -\cos(\theta_0)\\ \cos(\theta_0) & 0 & \sin(\theta_0) & 0\end{pmatrix} \tag{6-22}$$

平均视角 θ_0 用于将基线分解到平行和垂直分量过程中，可以定义为

$$\theta_0=\frac{\overline{\theta}_0+\overline{\theta}_1}{2} \tag{6-23}$$

$\overline{\theta}_0$ 和 $\overline{\theta}_1$ 的差值取决于相位观测值的空间分布，通常很小，比如数量级在0.1°。

最小二乘平差得到：

$$\hat{b}_\theta=(\boldsymbol{T}\overline{\boldsymbol{A}}_b^{\mathrm{T}}Q_\varphi^{-1}\overline{\boldsymbol{A}}_b\boldsymbol{T}^{\mathrm{T}})^{-1}\boldsymbol{T}\overline{\boldsymbol{A}}_b^{\mathrm{T}}Q_\varphi^{-1}\varphi \tag{6-24}$$

$$D\{\hat{b}_\theta\}=\sigma_0^2Q_\theta=\sigma_0^2(\boldsymbol{T}\overline{\boldsymbol{A}}_b^{\mathrm{T}}Q_\varphi^{-1}\overline{\boldsymbol{A}}_b\boldsymbol{T}^{\mathrm{T}})^{-1} \tag{6-25}$$

方差因子：

$$\hat{\sigma}_\sigma^2=\frac{\boldsymbol{v}_\varphi^{\mathrm{T}}Q_\varphi^{-1}v_\varphi}{n_\varphi-u} \tag{6-26}$$

未知数（$\delta\dot{B}_\parallel$，$\delta B_\perp$，φ_0）的个数 $u=3$，v_φ 为预测的改正值：

$$v_\varphi=\overline{\boldsymbol{A}}_b\boldsymbol{T}^{\mathrm{T}}\hat{b}_\theta-\varphi \tag{6-27}$$

6.4.2 基线误差定量分析

对于单个干涉图，轨道误差表现为干涉对影像轨道的相对误差，因而可以忽略轨道的绝对误差，从参考面相位的定义也可以看出，参考面相位近似表示成

$$\varphi_{\mathrm{ref}}=-\frac{4\pi}{\lambda}(R_{M,\mathrm{ref}}-R_{S,\mathrm{ref}})\approx-\frac{4\pi}{\lambda}B_\parallel \tag{6-28}$$

为了评估干涉图对基线误差的敏感度，可以认为残余相位 φ 是基线误差 δB 的函数，被叠加到干涉基线中。将方位向时间 t 和斜距 R 在影像中心（t_0，R_0）处按泰勒级数展开得到：

$$\begin{aligned}\delta\varphi(t,R)&=-\delta\varphi_{\mathrm{ref}}(t,R)\\&=\frac{4\pi}{\lambda}\Big\{\delta B_\parallel(t_0,R_0)+\dot{B}_\parallel(t_0,R_0)\,\mathrm{d}t+\delta B_\perp(t_0,R_0)\frac{\partial\theta}{\partial R}(R_0)\,\mathrm{d}R\\&\quad+\frac{1}{2}\delta\ddot{B}_\parallel(t_0,R_0)\,\mathrm{d}t^2+\delta\dot{B}_\perp(t_0,R_0)\frac{\partial\theta}{\partial R}(R_0)\,\mathrm{d}t\mathrm{d}R\end{aligned}$$

$$+\frac{1}{2}\left[\delta B_{\perp}(t_0,R_0)\frac{\partial^2\theta}{\partial R^2}(R_0)-\delta B_{\parallel}(t_0,R_0)\left(\frac{\partial\theta}{\partial R}(R_0)^2\right)\right]\mathrm{d}R^2+\cdots\right\}$$

(6-29)

根据式（6-29），轨道误差 $\delta\boldsymbol{B}=(\delta B_{\parallel},\ \delta B_{\perp})$ 和它们对时间的导数的影响可以估算出来。定量的特征描述通过单个基线参数的误差得到，这里的参数在一幅图像上可产生最大相位差为 2π 的相位。参数（$\delta B_{\parallel}$，$\delta B_{\perp}$，$\delta\dot{B}_{\parallel}$，$\delta\dot{B}_{\perp}$）可以通过各自最显著的泰勒系数的独立估计来确定，产生：

$$\delta B_{\parallel,2\pi}=-\frac{4\lambda}{(\Delta\theta)^2} \tag{6-30}$$

$$\delta B_{\perp,2\pi}=\frac{\lambda}{2\Delta\theta} \tag{6-31}$$

$$\delta\dot{B}_{\parallel,2\pi}=\frac{\lambda}{2\Delta t} \tag{6-32}$$

$$\delta\dot{B}_{\perp,2\pi}=\frac{\lambda}{\Delta t\Delta\theta} \tag{6-33}$$

以 ERS 卫星为例，假设 $\lambda=5.7\text{cm}$，平均入射角 20°，轨道误差导致的干涉相位如图 6-10 所示。

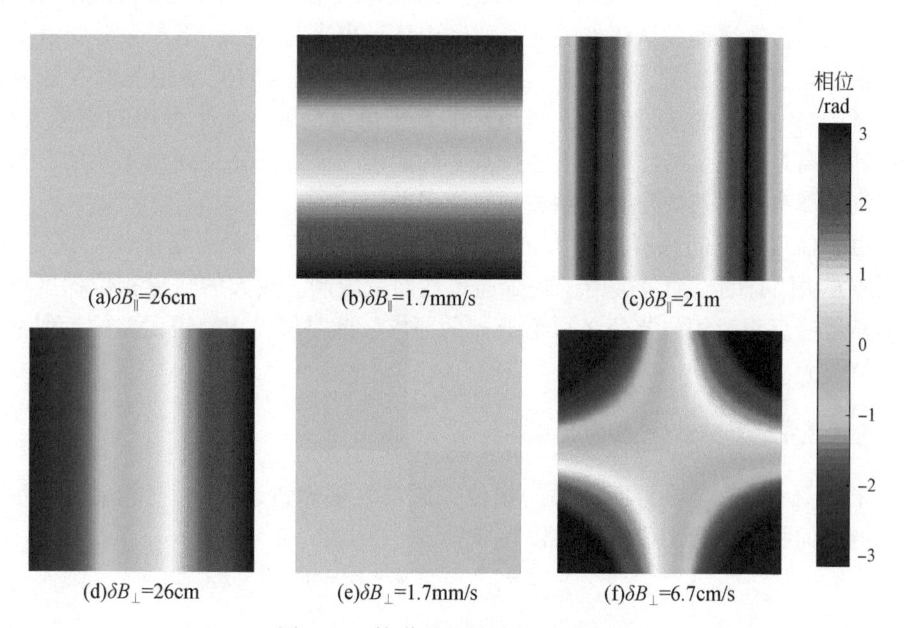

图 6-10　轨道误差导致的干涉相位

引起一个 2π 变化的干涉条纹对应的基线误差 $\delta\dot{B}_{\parallel}$ 和 $\delta B_{\perp}$ 采用图 6-10（b）

和（d）表示；$\delta B_{\parallel}$ 和 $\delta \dot{B}_{\perp}$ 为图 6-10（a）和（e），用来与（b）和（d）做对照；图 6-10（c）和（f）为 $\delta B_{\parallel}$ 和 $\delta \dot{B}_{\perp}$ 产生最大一个周期的条纹对应的误差值。

6.4.3 基线误差的影响

本节针对当前 InSAR 技术中轨道的不精确对形变监测的重要影响进行了研究和讨论。轨道误差信号通常不能从形变信号中分离出来，因此可能被误解译成形变。

当只考虑一个干涉对并且轨道误差导致几乎线性的斜坡时，分离出一个信号成分是不可能的，可以做以下三个假设：

（1）形变信号比轨道误差的量级要大得多。因此，轨道影响的作用可以忽略，最终的轨道误差信号被误解译为形变。

（2）形变信号没有全局线性趋势。最终的趋势归因于轨道误差，因此从干涉图中去除。这样也消除了与大规模形变影响相关的信号成分，但是对于大的轨道误差，这可能是两者取其轻。

（3）形变信号受空间限制，感兴趣区外的轨道信号代表了整景的轨道信号。在该情况下，轨道误差从假设的非形变区中估计出来并去除，不去除形变信号。

在时间序列方法中，轨道影响可以通过假设它们是时间不相关的方法来减弱。对于同一地区的多景影像，轨道影响几乎可以消除，如果可用的影像太少，则这种分离是不完全的。如果不进行基本的假设，该方法就是完全无效的。目前几乎没有算法可以解决与时间相关的轨道误差。

由于稀疏的空间采样，较大的轨道误差可能使空间解缠复杂化，这是 PS-InSAR 方法固有的，而且会由于缺少连贯性而受限制。较大的轨道相位梯度可能会明显地违反相对相位差分必须小于 π 的要求，此时可以用轨道误差的近似估计来支持解缠。

6.4.3.1 对残余相位的影响

干涉图中含有与参考面相关的相位，通常由精确轨道去除。图 6-11 表示了干涉的几何关系。参考面相位可以写成：

$$\varphi_{\text{ref}} = -\frac{4\pi}{\lambda}B\sin(\theta_0-\alpha)+\frac{4\pi B^2}{\lambda 2\rho} \tag{6-34}$$

式中，λ 为波长；θ_0 为入射角；ρ 为卫星到地面某分辨单元的斜距。

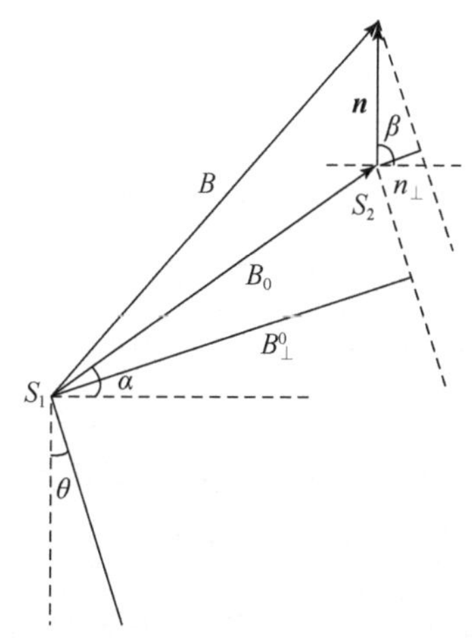

图 6-11　基线估计值、基线误差和基线矢量真值关系

图 6-11 表示了基线估计值、基线误差和基线矢量真值之间的关系，其中 n 和 β 分别表示基线误差长度和角度，B 和 α 分别表示基线长度和角度。基线误差向量 $\boldsymbol{n}$ 表示为

$$\boldsymbol{n}=(n_{\parallel},n_{\perp})=(n_{\mathrm{h}},n_{\mathrm{v}}) \tag{6-35}$$

且满足：

$$\begin{bmatrix} n_{\parallel} \\ n_{\perp} \end{bmatrix}=\begin{bmatrix} \cos\theta & \sin\theta \\ \sin\theta & -\cos\theta \end{bmatrix}\begin{bmatrix} n_{\mathrm{h}} \\ n_{\mathrm{v}} \end{bmatrix} \tag{6-36}$$

用 n 和 β 分别替换 B 和 α，得到残余相位表达式：

$$\varphi_{\mathrm{res}}=-\frac{4\pi}{\lambda}n\sin(\theta-\beta) \tag{6-37}$$

对 β 求导，得到：

$$\frac{\mathrm{d}\varphi_{\mathrm{res}}}{\mathrm{d}\beta}=\frac{4\pi}{\lambda}n\cos(\theta-\beta) \tag{6-38}$$

式（6-38）表明，在当 $\beta=\theta$ 时，有最大残余相位。由于不能确定基线误差的方向，所以最好考虑最大误差。将式（6-35）、式（6-36）代入式（6-37），得到：

$$\varphi_{\mathrm{res}}=-\frac{4\pi}{\lambda}n_{\parallel}+\frac{4\pi n^2}{\lambda\ 2\rho}=-\frac{4\pi}{\lambda}(\sin\theta n_{\mathrm{h}}-\cos\theta n_{\mathrm{v}}) \tag{6-39}$$

残余相位的方差可以写成：

$$D_{\varphi\varphi}=\begin{bmatrix} -\frac{4\pi}{\lambda}\sin\theta & \frac{4\pi}{\lambda}\cos\theta \end{bmatrix}\begin{bmatrix} \sigma_{n_{\mathrm{h}}}^2 & 0 \\ 0 & \sigma_{n_{\mathrm{v}}}^2 \end{bmatrix}\begin{bmatrix} -\frac{4\pi}{\lambda}\sin\theta \\ \frac{4\pi}{\lambda}\cos\theta \end{bmatrix}$$

$$=\frac{16\pi^2}{\lambda^2}\left(\sin^2\theta\sigma_{n_h}^2+\cos^2\theta\sigma_{n_v}^2\right) \tag{6-40}$$

由此可得，标准差：

$$\sigma_{\varphi\varphi}=\frac{4\pi}{\lambda}\sqrt{\sin^2\theta\sigma_{n_h}^2+\cos^2\theta\sigma_{n_v}^2} \tag{6-41}$$

假设参考轨道和副轨道误差独立且相等，则有

$$\begin{aligned}\sigma_{n_v}&=\sqrt{\sigma_{\text{norm. m}}^2+\sigma_{\text{norm. s}}^2}=\sqrt{2}\,\sigma_{\text{norm}}\\ \sigma_{n_h}&=\sqrt{\sigma_{\text{cross. m}}^2+\sigma_{\text{cross. s}}^2}=\sqrt{2}\,\sigma_{\text{cross}}\end{aligned} \tag{6-42}$$

式中，σ_{norm}和σ_{cross}分别为轨道在法向和交轨向的不确定度。把式（6-42）代入式（6-41）中，残余参考相位的均方根可写为

$$\sigma_{\varphi\varphi}=\frac{4\sqrt{2}\,\pi}{\lambda}\sqrt{\sin^2\theta\sigma_{\text{norm}}^2+\cos^2\theta\sigma_{\text{cross}}^2} \tag{6-43}$$

将参考面相位的均方根表达为法向均方根和交轨向均方根的函数。当轨道残余条纹已知的时候，上述方程可以用来确定轨道的近似精度。同样地，已知轨道精度，也能确定由轨道不确定性引起的条纹数（Zhang et al., 2007）。

假设法向轨道的均方根值为 5cm，交轨向轨道的均方根值为 10cm，入射角为 21°，波长 $\lambda=5.66$cm，则导致的残余相位误差如图 6-12 所示（缠绕到（$-\pi$, π]），最大误差达到 29.8rad。

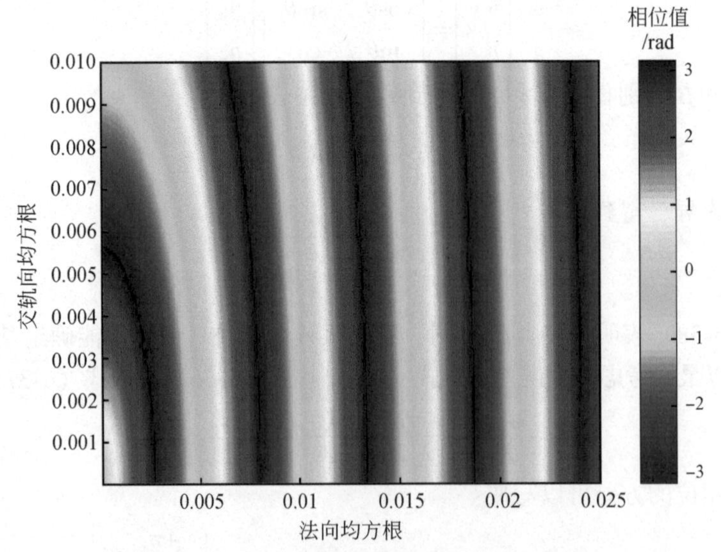

图 6-12　轨道误差导致的残余相位误差分布

6.4.3.2 对高程的影响

去除参考面相位的干涉相位和高度的关系可以表达成

$$H=-\frac{\lambda}{4\pi}\frac{\rho\sin\pi}{B_{\perp 0}}\varphi \tag{6-44}$$

对 $B_{\perp 0}$ 求导，得到（Hanssen，2001）：

$$\mathrm{d}H=\frac{\lambda\ \rho\sin\theta n_{\perp}}{4\pi(B_{\perp 0})^2}\varphi=-H\frac{n_{\perp}}{B_{\perp 0}} \tag{6-45}$$

式中，$B_{\perp 0}$ 为估计的基线的垂直分量；$n_{\perp}$ 为基线误差的垂直分量；φ 为去除参考面相位后的干涉相位；H 为某个分辨单元的高程。

因此，得到高程的方差和标准差为

$$D_{\mathrm{d}H\mathrm{d}H}=\frac{H^2}{B_{\perp 0}^2}[\cos\theta \quad \sin\theta]\begin{bmatrix}\sigma_{n_{\mathrm{h}}}^2 & 0\\ 0 & \sigma_{n_{\mathrm{v}}}^2\end{bmatrix}\begin{bmatrix}\cos\theta\\ \sin\theta\end{bmatrix} \tag{6-46}$$

$$\sigma_{\mathrm{d}H\mathrm{d}H}=\frac{H}{B_{\perp 0}}\sqrt{\cos^2\theta\sigma_{\mathrm{h}}^2+\sin^2\theta\sigma_{\mathrm{v}}^2} \tag{6-47}$$

$$\sigma_{\mathrm{d}H\mathrm{d}H}=\frac{\sqrt{2}H}{B_{\perp 0}}\sqrt{\cos^2\theta\sigma_{\mathrm{cross}}^2+\sin^2\theta\sigma_{\mathrm{norm}}^2} \tag{6-48}$$

将高程的标准差表达为轨道不确定度的函数。当交轨向均方根和法向均方根已知时，可以确定轨道误差对高程的影响（Zhang et al.，2007）。

假设垂直基线为 200m，高程为 1000m，基线误差导致的高程误差如图 6-13 所示（缠绕到 [0，0.1m]），最大误差高达 0.67m。

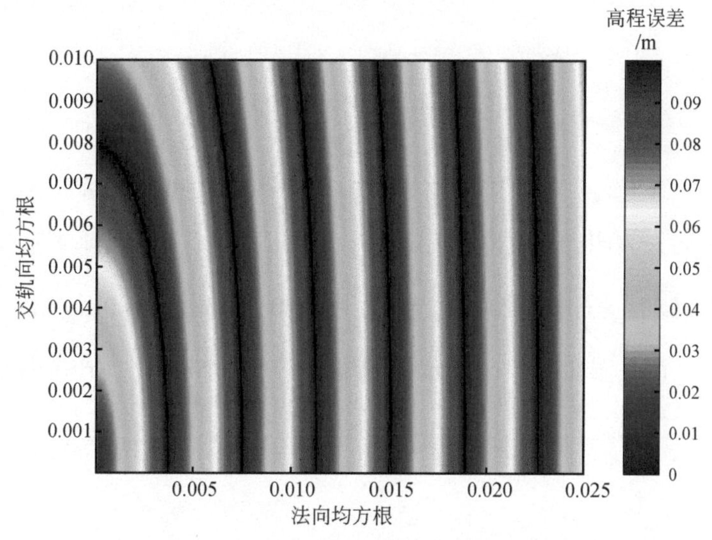

图 6-13 轨道误差导致的高程误差分布

6.4.3.3 对形变图的影响

对于三轨的 D-InSAR，干涉图中包含地形和地表形变信息，干涉图相位可以表达成：

$$\varphi=-\frac{4\pi}{\lambda}\frac{B_{\perp 0}}{\rho\sin\theta}H+\frac{4\pi}{\lambda}\Delta\rho_d \tag{6-49}$$

经过转化后，可以得到：

$$H=\frac{\rho\sin\theta}{B_{\perp 0}}\left(\Delta\rho_d-\frac{\lambda}{4\pi}\varphi'\right) \tag{6-50}$$

对 $B_{\perp 0}$ 和 $\Delta\rho_d$ 求差分，得到：

$$\mathrm{d}H=-\frac{\rho\sin\theta n_{\perp}}{(B_{\perp 0})}\left(\Delta\rho_d-\frac{\lambda}{4\pi}\varphi'\right)+\frac{\rho\sin\theta}{B_{\perp 0}}\mathrm{d}\Delta\rho_d=-\frac{n_{\perp}}{B_{\perp 0}}H+\frac{\rho\sin\theta}{B_{\perp 0}}\mathrm{d}\Delta\rho_d \tag{6-51}$$

结合式（6-35），$\mathrm{d}\Delta\rho_d$ 可以表达成两个基线误差分量的垂直分量的函数。

$$\mathrm{d}\Delta\rho_d=\frac{H}{\rho\sin\theta_0}\left(n'_{\perp}-\frac{B'_{\perp 0}}{B_{\perp 0}}n_{\perp}\right) \tag{6-52}$$

两个基线误差写成水平和垂直分量形式，得到：

$$\mathrm{d}\Delta\rho_d=\frac{H}{\rho\sin\theta_0}\left(n'_{\perp}-\frac{B'_{\perp 0}}{B_{\perp 0}}n_{\perp}\right)\left[n'_{\mathrm{h}}\cos\theta_0+n'_{\mathrm{v}}\sin\theta_0-\frac{B'_{\perp 0}}{B_{\perp 0}}(n_{\mathrm{h}}\cos\theta_0+n_{\mathrm{v}}\sin\theta_0)\right] \tag{6-53}$$

形变值的协方差为

$$D_{\Delta\rho_d\Delta\rho_d}=\left(\frac{H}{\rho\sin\theta_0}\right)^2\left[\sigma^2_{n'_{\mathrm{h}}}\cos^2\theta_0+\sigma^2_{n'_{\mathrm{v}}}\sin^2\theta_0-\left(\frac{B'_{\perp 0}}{B_{\perp 0}}\right)^2(\sigma^2_{n_{\mathrm{h}}}\cos^2\theta_0+\sigma^2_{n_{\mathrm{v}}}\sin^2\theta_0)\right] \tag{6-54}$$

根据式（6-42），得到：

$$D_{\Delta\rho_d\Delta\rho_d}=\frac{\sqrt{2}H\sqrt{1+\left(\frac{B'_{\perp 0}}{B_{\perp 0}}\right)^2}}{\rho\sin\theta_0}\sqrt{\cos^2\theta_0\sigma^2_{\mathrm{cross}}+\sin^2\theta_0\sigma^2_{\mathrm{norm}}} \tag{6-55}$$

式（6-55）表明，由轨道不确定度产生的形变误差会随着垂直基线的比值的增大而变大（Zhang et al.，2007）。假设$\frac{B'_{\perp 0}}{B_{\perp 0}}=10$，高程为 1000m，斜距为 850km，则对应的形变误差图如图 6-14 所示（缠绕到［0，0.5mm］），产生的最大形变误差为 4.4mm。

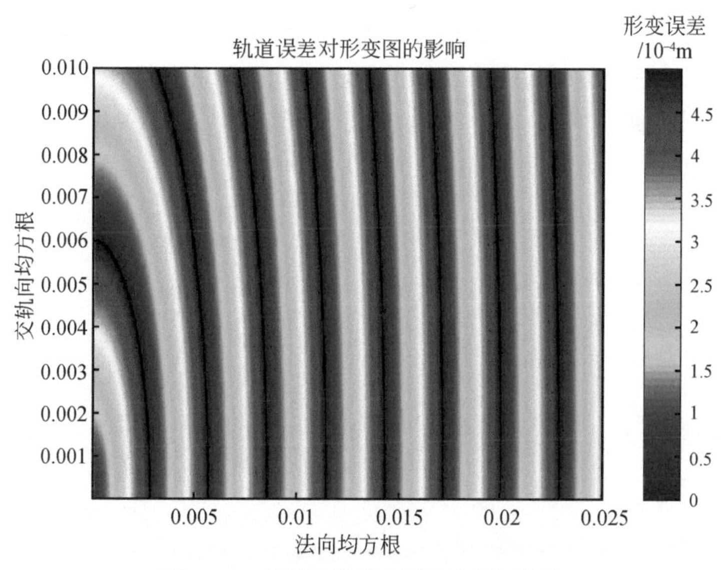

图 6-14　轨道误差导致的形变误差分布

6.4.4　常见的基线误差去除方法

6.4.4.1　残余相位拟合法

残余相位拟合法最基本的模型是一阶近似线性平面模型（Hanssen，2001），这里的残余相位假设成参考影像的距离向和方位向坐标的函数是包含两个独立的变量和三个未知参数的一阶多项式函数。除了简单的模型，还有二次和高次函数模型（Bähr，2012；Sudhaus and Jónsson，2011；杨红磊等，2012；Liu et al.，2016）或者小波多分辨率分析（Shirzaei et al.，2015），它们都可以用来对残余相位建模。该方法易于实现，但是容易产生微小偏差，因为残余相位信号中总是包含基线误差和高程误差的耦合项，尤其在高山地区。

6.4.4.2　调整轨道法

调整轨道法是对轨道误差建模，而不是对残余相位干涉图建模，它是根据基线误差模型调整 SAR 卫星的轨道到正确的位置上（Kohlhase，2003），其优点是可以从本质上消除基线误差和高程误差导致的耦合项。根据获得的模型参数，可计算出干涉图的参考面相位和地形相位，最终得到真实的相位干涉图。Pepe 等

（2011）提出利用非线性方程估计基线本身，用迭代算法估计垂直基线和平行基线变化率。Bähr（2012）提出基线误差参数化模型，用最小二乘法和格网搜索估计法解算。Liu 等（2016）提出了基线误差估计的非线性模型，该模型不需要格网搜索和迭代求解。

第 7 章 D-InSAR 技术原理

D-InSAR 技术是传统 InSAR 技术的扩展，该技术利用多期 SAR 单视复数影像或联合 DEM 来测量地表微小形变。根据采用的 SAR 单视复数影像的数量，差分干涉测量可以分为：二轨法、三轨法和四轨法。

7.1 二轨法差分干涉测量

二轨法差分干涉测量技术是常用的 D-InSAR 技术（图 7-1）（Hanssen，2001；Stevens et al.，2001；王超等，2002b；Ding et al.，2004；王桂杰等，2010），该技

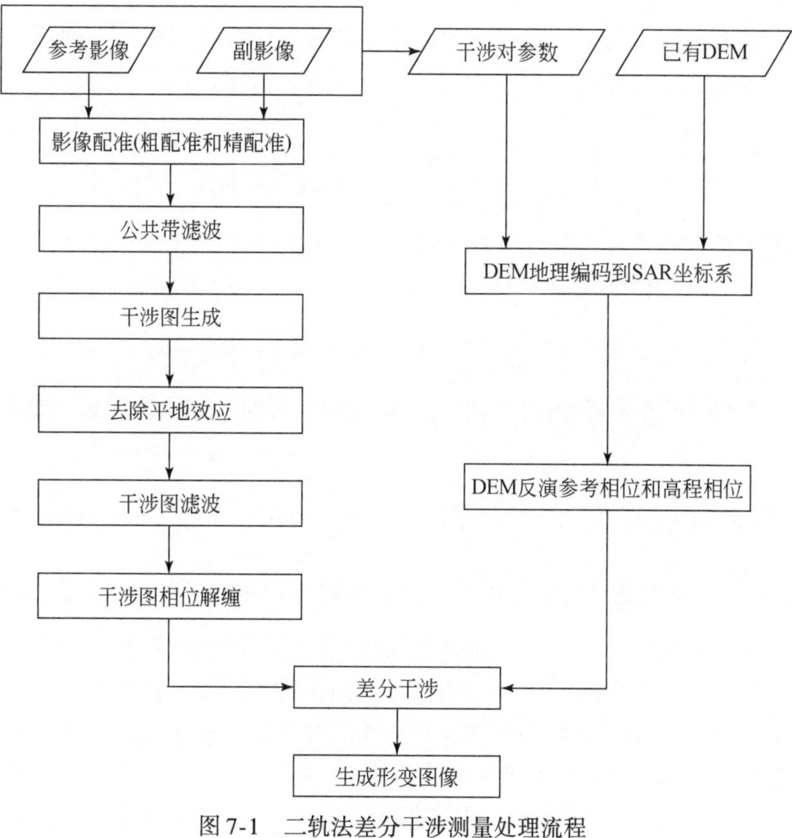

图 7-1 二轨法差分干涉测量处理流程

术需要形变前和形变后的两期单视复数影像。由干涉相位模型可知，对于单个干涉图，无法直接求解形变量。但是如果已知两次成像期间 SAR 传感器位置参数、工作区已有的高程信息，那么就可以计算出相位模型中的参考面相位和高程相位；噪声相位可以通过滤波的方法去除；采用二维相位解缠方法可以获取整周数；如果忽略大气延迟相位或者采用大气延迟相位模型来模拟大气延迟相位部分，那么最后剩下的部分即为形变部分。

由以上的分析可知，二轨法差分干涉测量技术适用于工作区已有地表高程信息的情况，同时要求两期数据间保持高相干性且受大气延迟影响较弱，以近似的方式剔除与形变无关的相位部分，因此获取的形变监测精度有限，一般为厘米级。二轨法差分干涉测量处理流程如图 7-1 所示。

7.2 三轨法差分干涉测量

相较于二轨法差分干涉测量技术而言，三轨法差分干涉测量技术不需要外部 DEM 的辅助，而是需要形变前两景影像和形变后一景影像，形变前的其中一景影像作为参考影像，与另一个形变前影像干涉得到包含参考相位和地形相位的干涉像对，去除平地效应后的相位如式（7-1）所示（Zebker et al.，1994；Hanssen，2001）：

$$E\{\varphi_k^{\mathrm{I}}\}=-k\frac{B_{\perp,k}^{\mathrm{I}}}{R_k^{\mathrm{I}}\sin\theta_k^{\mathrm{I}}}H^k+kR_k^{\mathrm{atm1}}-kR_k^{\mathrm{atm2}} \tag{7-1}$$

与形变后影像干涉得到包含参考面相位、地形相位和形变相位的干涉像对，去平地效应后的相位如式（7-2）所示：

$$E\{\varphi_k^{w\,\mathrm{II}}\}=-k\frac{B_{\perp,k}^{\mathrm{II}}}{R_k^{\mathrm{II}}\sin\theta_k^{\mathrm{II}}}H^k+kD_k^{\mathrm{II}}+kR_k^{\mathrm{atm1}}-kR_k^{\mathrm{atm3}}-w_k^{\mathrm{II}}2\pi \tag{7-2}$$

将以上两个干涉像对相位进行联合，可得形变像对的相位表达式，如式（7-3）所示：

$$E\{\varphi_k^{w\,\mathrm{II}}\}=\frac{B_{\perp,k}^{\mathrm{II}}}{B_{\perp,k}^{\mathrm{I}}}E\{\varphi_k^{\mathrm{I}}\}+\left(1-\frac{B_{\perp,k}^{\mathrm{II}}}{B_{\perp,k}^{\mathrm{I}}}\right)kS_k^{t_1}+\frac{B_{\perp,k}^{\mathrm{II}}}{B_{\perp,k}^{\mathrm{I}}}kR_k^{\mathrm{atm2}}-kR_k^{\mathrm{atm3}}+kD_k^{\mathrm{II}}-w_k^{\mathrm{II}}2\pi \tag{7-3}$$

式中，$k=\dfrac{4\pi}{\lambda}$，借助滤波和相位解缠方法，可以获取地表形变相位 D_k^{II}。由于三轨法差分干涉测量需要借助 InSAR 技术获得地形相位，因此其对 SAR 影像的质量要求比较高，三轨法差分干涉测量依据以下两个准则选择干涉像对。

（1）用于估计地形相位的干涉像对：相隔时间短（最大化相干性）和相对大的干涉基线（增加干涉相位对地形的敏感性），即 $B_{\perp}^{\mathrm{topo}}\geqslant B_{\perp}^{\mathrm{defo}}$ 和 $B_{\perp}^{\mathrm{topo}}<\sim 0.7B_{\perp}^{\mathrm{crit}}$。

（2）含有形变的干涉像对：为了最优化差分干涉的敏感性，选择基线比较短的影像对。

三轨法差分干涉测量处理流程如图 7-2 所示。

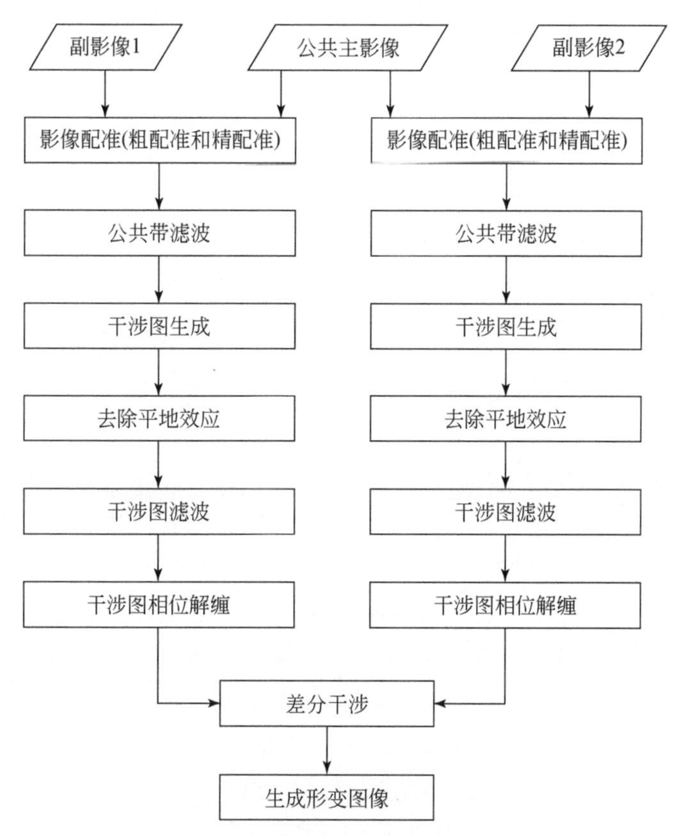

图 7-2　三轨法差分干涉测量处理流程

7.3　四轨法差分干涉测量

与三轨法差分干涉测量技术类似，四轨法差分干涉测量技术需要形变前的三景 SAR 影像和形变后的一景 SAR 影像，形变前的三景 SAR 影像中两景干涉得到包含参考相位和地形相位的干涉像对，形变前的另一景 SAR 影像和形变后的 SAR 影像干涉得到包含参考面相位、地形相位和形变相位的干涉像对，由于没有公共影像，因此需要对两个干涉像对配准，配准后将地形相位按比例关系映射到包含形变相位的干涉图中，并去除其地形相位，从而得到地表形变的相位值（Hanssen，2001）。四轨法差分干涉测量处理流程如图 7-3 所示。

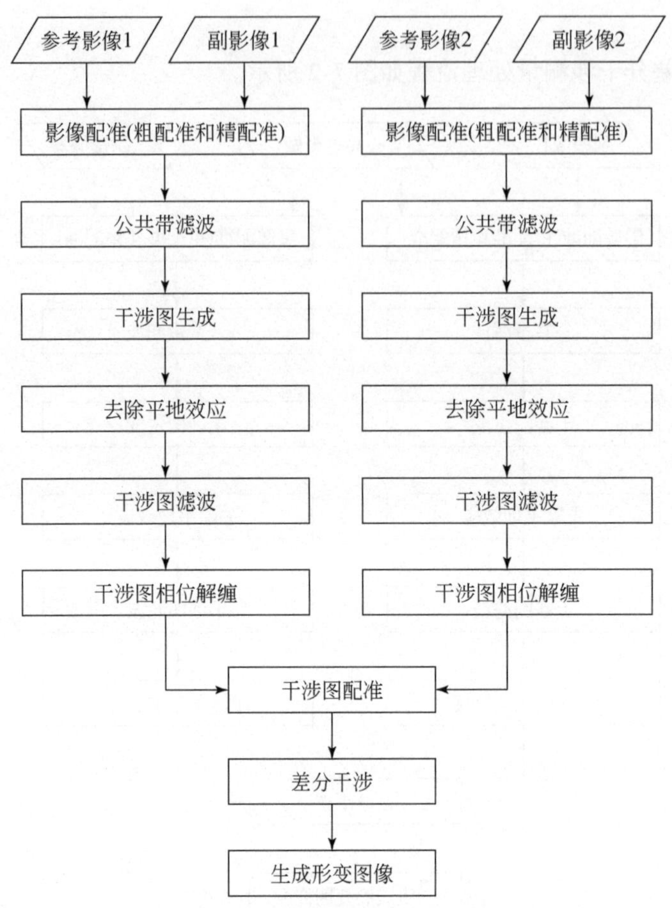

图 7-3　四轨法差分干涉测量处理流程

7.4　D-InSAR 案例分析

本案例采用 2010 年玉树地震时期的 ALOS PALSAR 数据来验证 D-InSAR 在确定地震同震形变场大小及其空间分布方面的有效性和潜力。ALOS PALSAR 数据参数如表 7-1 所示，高程数据采用 SRTM DEM 数据，空间分辨率为 90m。

表 7-1　数据参数汇总

数据类型	轨道号	框号	获取时间（年．月．日）	垂直基线/m	平行基线/m
ALOS PALSAR	487	650	2010. 01. 15	663 ~ 713	482 ~ 539
ALOS PALSAR	487	650	2010. 04. 17		

采用二轨法差分干涉测量技术进行处理，得到的差分干涉图如图 7-4 所示，从图 7-4 中可以看到存在两处形变量大的区域，震中附近干涉条纹变化非常剧烈，由于大的地表形变，干涉相位出现明显的失相干现象。图 7-4 中黑色椭圆圈定的部分不是真实形变值，是大气延迟相位成分。同震形变图如图 7-5 所示，从图 7-5 中可以清楚判定地震后地表形变场的空间分布，同震形变场大约 75km 长，55km 宽。由形变图的分布特点可以看出玉树地震同震形变场以北西向发震断层甘孜–玉树断裂带为中轴分布（图 7-5）。从形变值的分布格局可以看出，断层的北盘沿着卫星视线向朝着卫星运动，北西向运动最大量 0.441m，断层的南盘背对雷达卫星方向运动，南东向运动最大量为–0.485m。断层运动呈现明显的左旋特点，和 Li 等（2011）的结论一致。

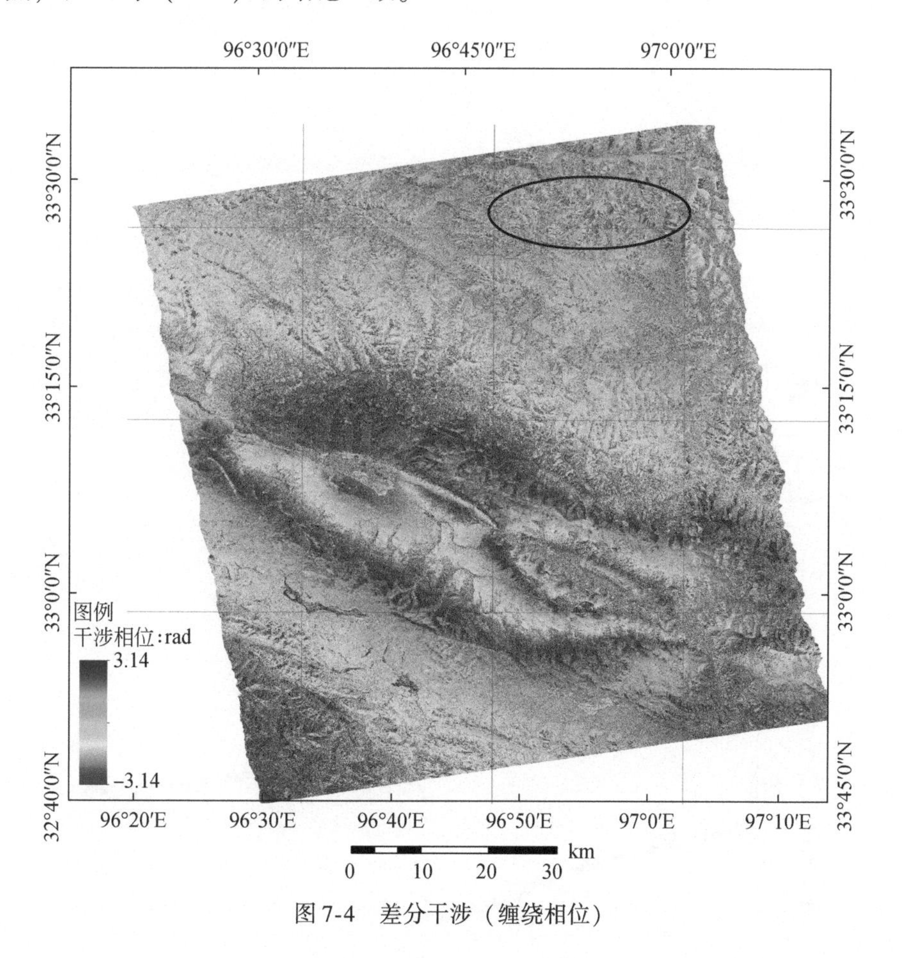

图 7-4　差分干涉（缠绕相位）

依据图 7-5，可以分析地震断裂带两侧的滑动情况，图 7-6 ~ 图 7-8 为同震形变场不同位置的形变剖面图，可知剖面中存在明显的地震断层滑动错位现象，A

线最大滑动量为 256mm，B 线最大滑动量为 324mm，C 线最大滑动量为 851mm。同时，依照形变图像（图 7-5），可以方便地勾画出断裂带，图 7-5 中以红粗线对其进行标注。

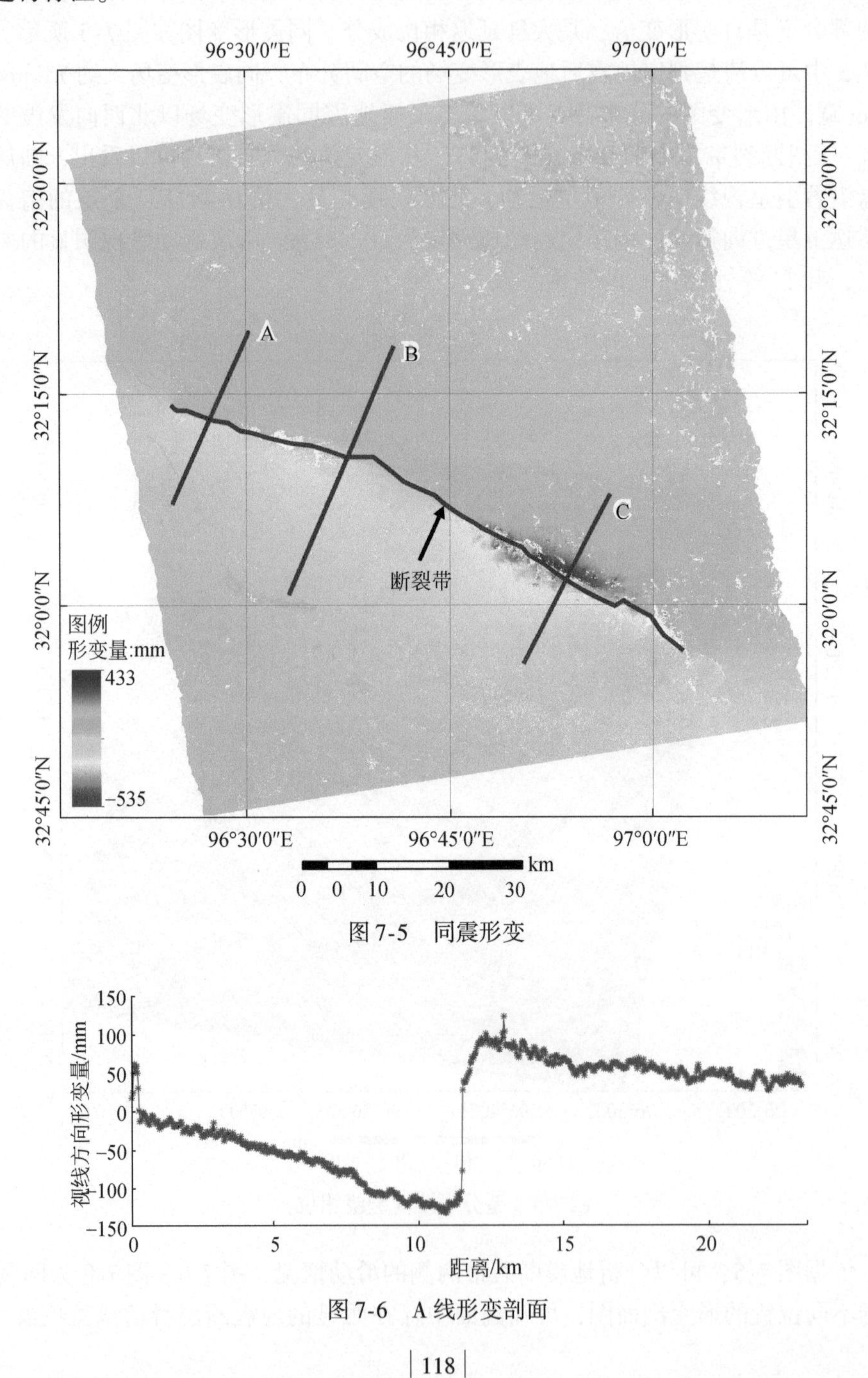

图 7-5　同震形变

图 7-6　A 线形变剖面

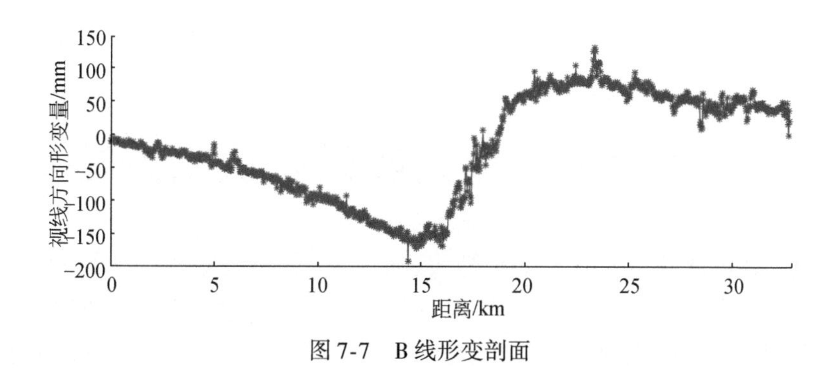

图 7-7　B 线形变剖面

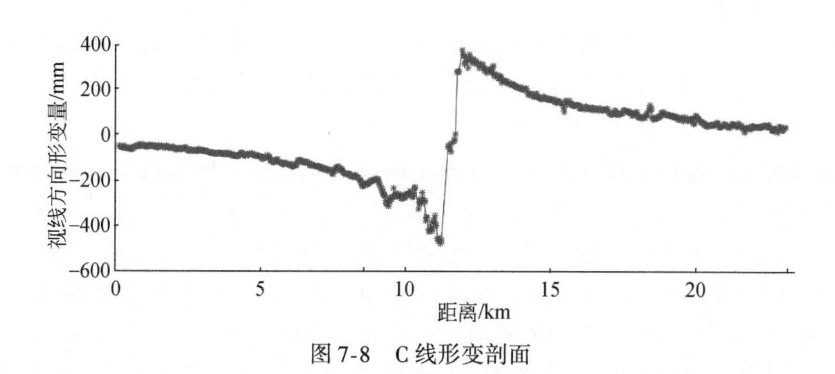

图 7-8　C 线形变剖面

第 8 章　永久散射体识别方法

与基于栅格图分析的 D-InSAR 技术不同，PS-InSAR 技术是对不受时空基线影响的相位稳定的点目标进行分析，由于事先未知描述相位稳定性的信息，因此如何从时间序列 SAR 影像中识别出有效的永久散射体是 PS-InSAR 中最为重要的步骤，也是目前研究的热点。

SAR 影像每个分辨单元内的回波只取决于单元内的地物类型和粗糙程度。对于单极化类型，回波信号是分辨单元内所有离散散射体回波的相干之和。如果分辨单元只有一个散射体，如图 8-1 中的绿色散射体，回波信号不随时间变化，在这样的情况下，可以直接从差分干涉图中估计地表形变，但是现实中这样的点很少存在，一般为人工设置的角反射器。如果分辨单元内单个散射体的回波信号能量相当，如图 8-1 中红色散射体，干涉图的相位随机分布于（$-\pi$，π]，基于这样的散射体很难从干涉图中估计地表形变值，而 SAR 影像中这样的散射体占 90%。另外一种如图 8-1 中蓝色散射体，其在分辨单元内有一个散射体回波能量占主导，受其他散射体的干扰很少，在时间序列内不受时间和空间基线的影响，可以从差分干涉相位中求得地表形变值，这样的点称为永久散射体。

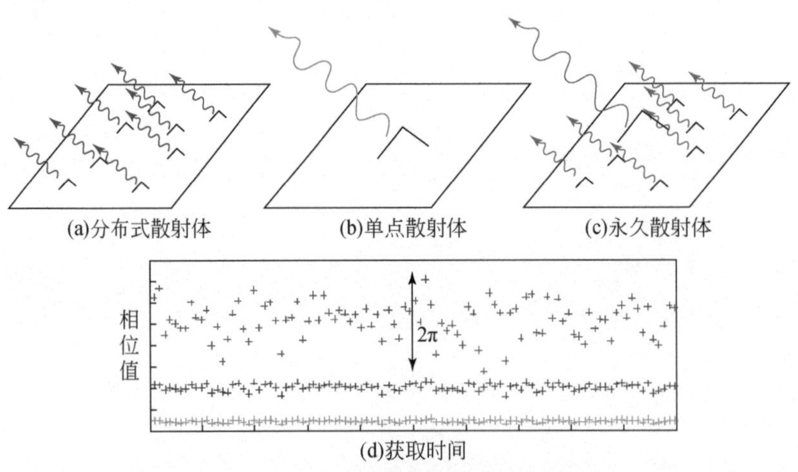

图 8-1　SAR 影像分辨单元散射机制模型

红色为分布式散射体，绿色为单点散射体，蓝色为永久散射体

Ferretti 等（2001，2002）先后提出了相干系数阈值法、振幅离差指数阈值法和相位离差阈值法三种识别永久散射体的方法。Adam 等（2004）提出了采用信杂比（Signal-to-Clutter Ratio，SCR）的方法。陈强（2006）提出了相干系数与振幅离差双阈值方法探测永久散射体。Hooper 等（2004）提出了 StaMPS 方法，采用极大似然法选择永久散射体。Ferretti 等（2011）提出了 SqueeSAR 方法。这些方法都是基于大数据量，从统计的思想选择永久散射体，不适合小数据集的数据处理，因此限制了时间序列雷达干涉测量的应用。本章首先回顾了上述方法的原理；然后重点从理论和实验两方面讨论了这些方法的优劣性；最后依据子视互相干性，提出了从单景 SAR 影像探测永久散射体的方法，并通过实例验证了该方法的可靠性。

8.1 时间序列 SAR 强度影像的辐射校正

由于 SAR 成像过程中受到传感器灵敏度、天线增益、地形起伏、入射角变化、大气延迟和地表介电常数变化等因素的影响，不同时间获得的影像振幅值大小不一，如图 8-2 所示，可以看到未定标 SAR 影像的振幅值变化较大。另外，不同的地面站采用不同成像算法得到的同一时刻的 SAR 振幅值也不一样。因此，采用时间序列 SAR 影像进行地学应用变得非常困难。图 8-3 和图 8-4 为定标前后采用振幅离差方法选择的永久散射点分布图，由于未定标的时间序列 SAR 振幅值变化大，这样得到的振幅离差也大，因此和定标后数据相比，采用相同的准则选择的永久散射体很少。为了使 SAR 影像能准确、定量地反映地面目标对雷达波的回波情况和进行多时相分析，必须先对 SAR 影像进行辐射定标（戴昌达等，2004）。

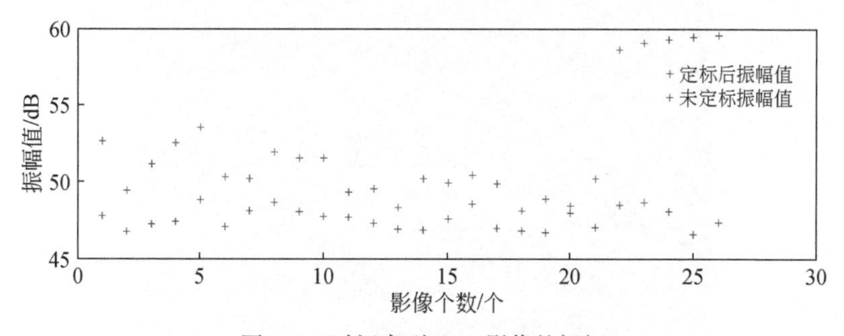

图 8-2　时间序列 SAR 影像的振幅

把时间序列内的所有影像振幅值归化到同一标尺的过程称为辐射校正。传统的辐射校正依据 SAR 成像方法和 SAR 辐射定标理论模型，通过地面物体的后向散射系数，把 SAR 振幅值转化为平均后向散射系数，完成辐射定标。InSAR 数据处理中的辐射定标不需要计算后向散射系数，主要是针对时间序列中的 SAR 振幅值进行处理。InSAR 数据处理中常用的定标方法包括采用校正因子的辐射定标和相对辐射定标两种方式。

图 8-3　未定标采用振幅离差方法选择的永久散射点分布

图 8-4　定标后采用振幅离差方法择的永久散射点分布

8.1.1 采用校正因子的辐射定标

目前，商用的 SAR 卫星（ERS-1/2、ENVISAT、ALOS PALSAR、RADARSAT-1/2、TerraSAR-X 和 COSMO SkyMed 等）影像的头文件均给出了辐射定标常数，依据式（8-1）可以将时间序列 SAR 振幅影像归化到同一标尺。

$$AC = 10 \times \lg\left(\frac{I}{K} + 1\right) \tag{8-1}$$

式中，I 为原始 SAR 影像像元的振幅值；K 为定标常数；AC 为定标后的像元振幅值。

8.1.2 相对辐射定标

如果没有 SAR 影像的辐射定标常数，就需要从时间序列 SAR 影像中求取一个比例因子，将所有 SAR 影像的振幅值归化到同一尺度，这个过程称为相对辐射定标。

相对辐射定标的具体过程如下：

（1）计算每景 SAR 影像的振幅均值：I_{ave_t}：

$$I_{\text{ave}_t} = \frac{\sum_{j=1}^{n}\sum_{i=1}^{m} A_{i,j}}{m \times n}, t = 1, 2, \cdots, T \tag{8-2}$$

式中，A 为 SAR 影像的原始振幅值；m 和 n 为方位向和距离向的像元数；T 为时间序列 SAR 影像数。

（2）计算时间序列振幅均值 T_{ave}：

$$T_{\text{ave}} = \frac{\sum_{t=1}^{T} I_{\text{ave}_t}}{T}, t = 1, 2, \cdots, T \tag{8-3}$$

（3）计算每景 SAR 影像的相对辐射定标因子 K_t：

$$K_t = \frac{T_{\text{ave}}}{I_{\text{ave}_t}}, t = 1, 2, \cdots, T \tag{8-4}$$

（4）采用相对辐射定标因子对每景 SAR 影像进行校正，得到校正后的振幅值 AI_t：

$$\text{AI}_t = A_t \times K_t \tag{8-5}$$

采用以上程序就可以把时间序列 SAR 影像的振幅值归化到同一尺度，以便后续的永久散射体识别。

8.2 时间序列相干系数阈值法

永久散射点应该是雷达散射特性稳定的目标，对应着在时间序列中，后向散射特征保持高的稳定性，即在各个干涉像对都具有较高的相干性，基于这样的思想，可以依据时间序列相干系数阈值选择永久散射点。

设时间序列内有 N 景 SAR 影像，配准重采样后形成 $N-1$ 个干涉像对，同时还可以求得 $N-1$ 幅相干值图像，每个像元的相干系数 γ 可以采用式（8-6）计算（Zebker and Villasenor，1992）：

$$\gamma = \frac{\left| \sum_{i=1}^{m} \sum_{j=1}^{n} M(i,j) \cdot S^{*}(i,j) \right|}{\sqrt{\sum_{i=1}^{m} \sum_{j=1}^{n} \left| M(i,j) \right|^{2} \cdot \sum_{i=1}^{m} \sum_{j=1}^{n} \left| S(i,j) \right|^{2}}} \tag{8-6}$$

式中，M、S 分别为参考、副 SAR 影像的局部像元值；$*$ 为共轭相乘。这样可以得到 γ_1，γ_2，…，γ_{N-1} 共 $N-1$ 个相干系数时间序列。逐像元计算时间序列相干系数平均值，同时设置阈值确定永久散射点，即

$$\bar{\gamma} = \sum_{k=1}^{N-1} \gamma_k \geqslant \gamma_{\mathrm{T}} \tag{8-7}$$

式中，γ_{T} 为阈值。

如式（8-7）所示，相干系数是采用局部窗口信息计算得到的，任一像元的相干值计算都受窗口内像元的振幅和相位值的影响。窗口大小对相干值的计算有直接的影响。窗口过大，孤立的永久散射点受周围低相干目标的影响而无法被检测出来，相反，真实永久散射点附近的非永久散射点被错误地确定为永久散射点。同时，阈值大小随着相干系数估计窗口的大小而变化，高阈值丢掉真实的永久散射点，低阈值引入非永久散射点，给后续的分析带来困难，因此必须平衡相干系数估计窗口和阈值设置之间的关系。

本书采用郑州市 2004 年 3 月 ~2010 年 10 月的 26 景 ENVISAT 影像数据进行案例分析。本案例相干系数估计窗口为 5×5，图 8-5 为时间序列相干系数和振幅的二维直方图，可知本案例中相干系数偏低，主要集中于［0.2，0.6］，分析认为有以下两方面原因：

（1）SAR 影像时间间隔不均匀。26 景影像时间跨度大，而且主要集中于 2008 年、2009 年和 2010 年，这期间地表变化大，影响了影像间的相干性；

（2）郑州市地处中国中部，四季分明，农作物一年两熟，农田区变化大，影响了 SAR 影像间的相干性，从图 8-6 可以看出，永久散射点主要分布在城区和离散居民点，农田区域只有零散的永久散射点。

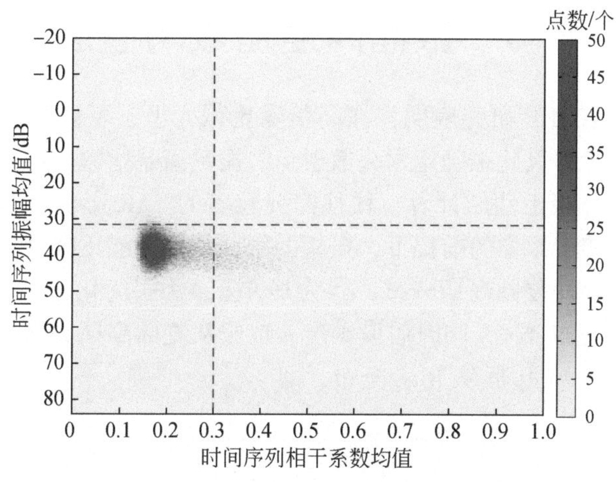

图 8-5 时间序列相干系数和振幅的二维直方图

另外，从图 8-6 看出，确定的永久散射体都是块状存在影像中，而不是一个个的点，这是相干系数阈值法确定永久散射体的不足之处，计算相干值时采用滑动窗口估计，相当于进行了一次滤波计算，这使得永久散射体附近的点也得到高的相干性，因此存在误判。为了减小误判，本案例在相干阈值基础上添加了振幅值的约束，即首先采用相干阈值 0.3 初始确定永久散射点，然后采用 0.8 倍的振幅均值作为约束，去掉假的永久散射点，如雷达阴影区域。另外，从图 8-5 可以看出，给定相干阈值后，并不能保证每个永久散射点在 SAR 影像中都是亮点，因此需要对振幅做约束。

图 8-6 永久散射体分布

8.3 振幅离差指数阈值法

Ferretti 等（2001）研究表明，在高信噪比像元上，可以采用振幅离差来衡量相位噪声水平，并以此来确定永久散射点。振幅离差指数阈值法是利用像元的振幅稳定性来代替相干性的计算，往往需要较多的 SAR 影像（≥25 景）。一般来讲，只有在足够多影像的前提下，振幅的统计特征才能正确估计。假设相干目标点的反射率 g 服从复圆高斯分布，δ_n^2 为其方差，为了简化起见，假设 g 的幅角为 0°（如 g 是个正实数），同时假设噪声 n 也服从复圆高斯分布，实部和虚部的方差均为 δ_n^2，则振幅 A_k 服从 Rice 分布，即

$$f_A(a)=\frac{a}{\delta_n^2}I_0\left(\frac{ag}{\delta_n^2}\right)e^{-(a^2+g^2)/2\delta_n^2},a>0 \tag{8-8}$$

式中，a 为振幅；I_0 为修正的 Bessle 函数。在不同信噪比 g/δ_n 情况下，Rice 分布会有所不同。当像元的信噪比较低时，Rice 分布的概率密度函数趋于 Rayleigh 分布，仅仅依赖噪声方差 δ_n^2；而 $g/g_n(>4)$ 较高时，$f_A(a)$ 趋近于高斯分布。并且当 $\delta_n \leqslant |g|$ 时，存在以下关系：

$$\delta_A \approx \delta_{nR}=\delta_{nI} \tag{8-9}$$

相位标准差 δ_v 与振幅离差 D_A 存在以下关系：

$$\delta_v \approx \frac{\delta_{nI}}{g} \approx \frac{\delta_A}{m_A}=D_A \tag{8-10}$$

式中，m_A 和 δ_A 分别为振幅的均值和标准差。可知，在高信噪比的前提下，像元的相位噪声水平的高低可以采用振幅离差来等价衡量。

图 8-7 为采用模拟实验得到相位标准差和振幅离差之间的关系图，当振幅离

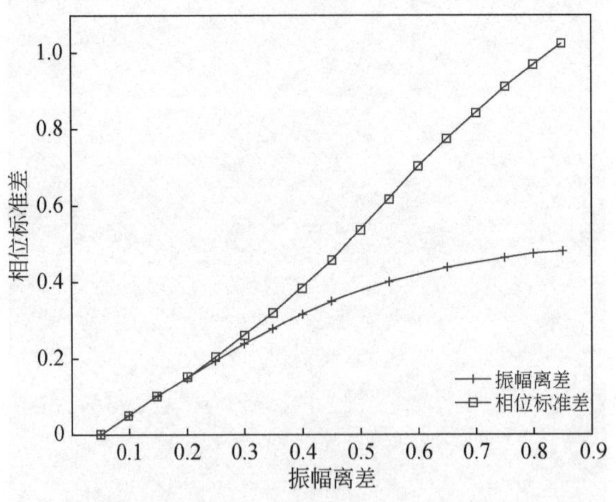

图 8-7　相位标准差和振幅离差之间的关系

差小于0.2时，相位标准差和振幅离差近似相等，这时可以采用振幅离差来确定永久散射点，避免直接求取相位标准差。

计算N景影像中每个像元的振幅离差，然后设置阈值，将大于给定阈值的点确定为永久散射点，该方法简单快捷，但是有以下几处不足。

(1) 需要足够多的SAR影像。只有足够多（>25景）的SAR影像才能保证获得正确的像元振幅的统计信息。

(2) 需要对SAR影像做辐射定标。在计算振幅离差之前需要对时间序列SAR影像进行辐射定标，保证不同成像时刻影像振幅具有可比性。

(3) 式（8-10）的前提是基于高信噪比的像元，因此要先确定高信噪比像元，然后计算振幅离差。

(4) 实际应用当中，有些点平均振幅值很低，但是仍能表现稳定的统计特性，如水体。但是这些点的相干性很低，仅靠振幅离差作为选择永久散射体的标准会引入假的永久散射点，因此还需在上述准则上，添加一个振幅值的约束（白俊，2005）：

$$m_A \geqslant T_A \tag{8-11}$$

式中，T_A为振幅阈值。将上述准则结合起来，可以大大降低引入假永久散射体的概率。

图8-8为郑州市采用振幅离差得到的永久散射体分布情况。

图8-8　基于振幅离差指数阈值法的永久散射体分布

振幅离差阈值为0.6，振幅阈值为0.5

从图8-9看出，振幅离差主要集中在［0.75，1.5］，由图8-8可知，这个区间的点都不适合做永久散射点，本案例中振幅离差阈值为0.6，结合图8-9可知，对应的时间序列相干系数均值都高于0.3，说明采用振幅离差选择的点在时间序列保持高的相干性。由图8-10可知，依据设定的振幅离差阈值，选定的点里面包含了时间序列振幅均值比较低的点，这些点在SAR影像中比较暗，有悖于永久散射体的定义，因此要对振幅加约束。

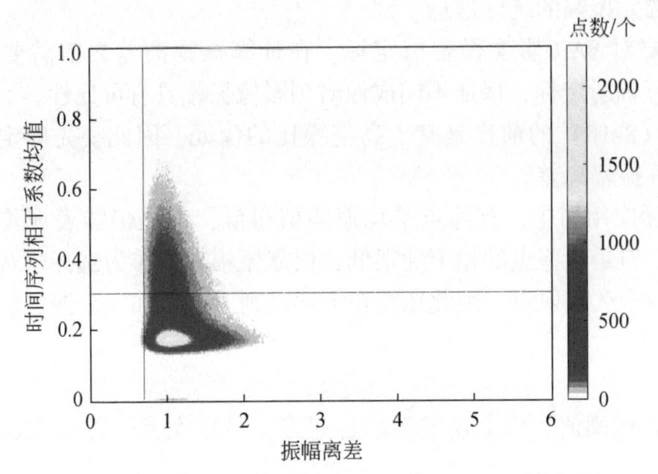

图8-9　振幅离差和时间序列相干系数均值的二维直方图

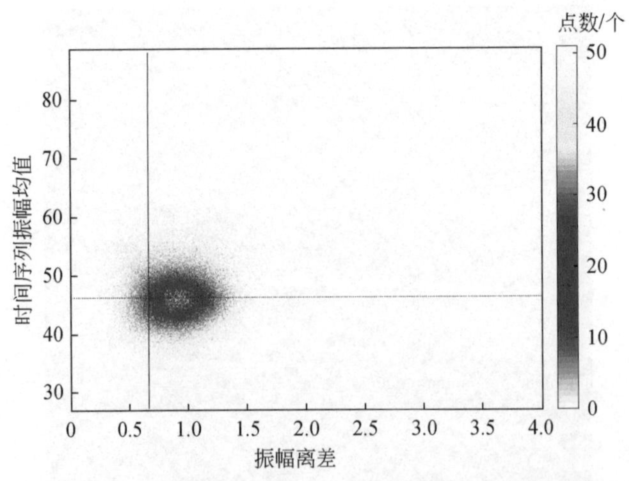

图8-10　振幅离差和时间序列振幅均值的二维直方图

在实际应用中，很难挑选已知的高信噪比的点，同时由于数据时间采样间隔不等，得到的振幅阈值普遍偏大，很难设置振幅离差阈值，一般都是选择较大的阈值，然后在后续的分析中逐步剔除假的永久散射点。

8.4 StaMPS 永久散射点选择方法

8.3 节分析了 Ferretti 等（2002）提出的振幅离差指数阈值法，已有研究证明这个方法在高信噪比（>10）的前提下可以有效地确定永久散射点，然而对于低信噪比散射体，振幅离差和相位标准偏差不再等价，该方法将不再有效。

Hooper 等（2004）提出了基于相位噪声水平的永久散射体选择方法，原理如下：

$$\varphi_{\mathrm{int},x,i}=\varphi_{\mathrm{def},x,i}+\varphi_{\Delta h,x,i}+\varphi_{\mathrm{atm},x,i}+\varphi_{\mathrm{orb},x,i}+\varphi_{\mathrm{noi},x,i} \tag{8-12}$$

式中，φ_{int}为去除平地效应和地面高程相位的差分干涉图；$\varphi_{\mathrm{int},x,i}$为第 i 幅干涉图中的第 x 个像元的差分相位；$\varphi_{\mathrm{def},x,i}$为地面沿着雷达视线方向上的位移量；$\varphi_{\Delta h,x,i}$为高程误差引起的地形残差相位；$\varphi_{\mathrm{atm},x,i}$为干涉像对的大气延迟量之差；$\varphi_{\mathrm{orb},x,i}$为轨道误差引起的残差相位；$\varphi_{\mathrm{noi},x,i}$为由系统热噪声、配准误差和地面散射机制变化引起的噪声相位。式（8-12）中，$\varphi_{\mathrm{def},x,i}$、$\varphi_{\mathrm{atm},x,i}$和 $\varphi_{\mathrm{orb},x,i}$在空间一定范围内具有相关的特点，而 $\varphi_{\Delta h,x,i}$和 $\varphi_{\mathrm{noi},x,i}$在空间不相干，根据这样的特点，在像元 x 周围，给定一个距离 L，对范围内的所有像元求均值：

$$\overline{\varphi}_{\mathrm{int},x,i}=\overline{\varphi}_{\mathrm{def},x,i}+\overline{\varphi}_{\mathrm{atm},x,i}+\overline{\varphi}_{\mathrm{orb},x,i}+\overline{\varphi}_{n,x,i} \tag{8-13}$$

式中，上横线表示对给定范围的相位均值；$\overline{\varphi}_{n,x,i}$为 $\varphi_{\Delta h,x,i}$和 $\varphi_{\mathrm{noi},x,i}$的均值。假定这两部分很小，式（8-12）减去式（8-13）得到：

$$\varphi_{\mathrm{int},x,i}-\overline{\varphi}_{\mathrm{int},x,i}=\varphi_{\Delta h,i,x,i}+\varphi_{\mathrm{noi},x,i}-\overline{\varphi}'_{n,x,i} \tag{8-14}$$

式中，$\overline{\varphi}'_{n,x,i}$为相位噪声和原始 $\varphi_{\mathrm{def},x,i}$、$\varphi_{\mathrm{atm},m,i}$和 $\varphi_{\mathrm{orb},x,i}$与它们均值之差的综合值。

其中，高程残差和垂直基线有以下关系：

$$\varphi_{\Delta h,x,i}=B_{\perp,x,i}K_{\Delta h,x} \tag{8-15}$$

式中，$K_{\Delta h,x}$为比例常数，把式（8-15）代入式（8-14）可得

$$\varphi_{\mathrm{int},x,i}-\overline{\varphi}_{\mathrm{int},x,i}=B_{\perp,x,i}K_{\Delta h,x}+\varphi_{\mathrm{noi},x,i}-\overline{\varphi}'_{n,x,i} \tag{8-16}$$

由式（8-16）可知，高程改正部分只和基线相关，呈线性关系，因此可以应用最小二乘法基于所有可用的干涉图估计出 x 像元的 $K_{\Delta h}$。

从式（8-16）中提取高程改正部分后，可以依据式（8-16）求得每点的时间相干性：

$$\gamma_x=\frac{1}{N}\left|\sum_{i=1}^{N}\exp\{\mathrm{j}(\varphi_{\mathrm{int},x,i}-\overline{\varphi}_{\mathrm{int},x,i}-\varphi_{\Delta h,x,i})\}\right| \tag{8-17}$$

式中，N 为可用的干涉图数量；$\hat{\varphi}_{\Delta h,x,i}$为高程改正量；j 为$\sqrt{-1}$。假定 $\overline{\varphi}'_{n,x,i}$很小，$\gamma_x$ 可以用来评价像元的相位噪声水平，常当作选择永久散射点的准则。

由于此方法针对像元相位信息，因此首先要确定永久散射点的候选点的位

置，即依据振幅离差标准，采用一个大的阈值（0.75）选择候选点；然后对每个点在一定空间范围计算均值，估计 $K_{\Delta h}$ 和计算 γ_x。依据 γ_x 设定阈值，删除掉 γ_x 值较小的点，然后把每个点的高程改正量加入初始高程值，得到改正后的高程值，重新计算差分干涉相位，然后迭代计算 $K_{\Delta h}$ 和 γ_x，一直到 γ_x 值趋于稳定。得到 γ_x 后就可以依据 γ_x 确定永久散射点。

本书采用分类的思想确定永久散射点，过程如下：

（1）确定真实永久散射点的 γ_x；

（2）估计永久散射点的 γ_x 的概率密度。根据混合模型的思想，可以把所有相位分成永久散射点和非永久散射点两类，均服从高斯分布，对应的高斯混合模型（杨红磊等，2010）：

$$p(\gamma_x)=\alpha p_{\mathrm{PS}}(\gamma_x)+(1-\alpha)p_{\mathrm{R}}(\gamma_x) \tag{8-18}$$

式中，$p(\gamma_x)$ 为 γ_x 的概率密度；$p_{\mathrm{PS}}(\gamma_x)$ 和 $p_{\mathrm{R}}(\gamma_x)$ 分别为永久散射点和非永久散射点的概率密度；α 为权系数，满足 $0\leqslant\alpha\leqslant1$。采用 EM 算法可以求得 $p_{\mathrm{PS}}(\gamma_x)$、$p_{\mathrm{R}}(\gamma_x)$ 和 α，这样就可以得到属于永久散射点的 γ_x 的概率密度函数。

（3）依据 γ_x 的概率密度，采用最大似然分类可以确定永久散射点。

振幅离差要求永久散射点在整个时间序列都是一个亮点，因此忽略了一些在某景 SAR 影像中为亮点，在其他影像中为暗点，但是相位稳定的点。而本书提出方法很好地解决了这个问题。

采用郑州市的 26 景 SAR 影像验证基于相位噪声水平的永久散射体选择方法。首先依据振幅离差（0.75）选择永久散射体候选点，迭代计算，最后确定 119 883 个点的 γ_x，求得的概率密度如图 8-11 所示，最后依据概率密度，确定了最终的永久散射点（图 8-12）。和图 8-8 相比，确定的永久散射点点数多，和前

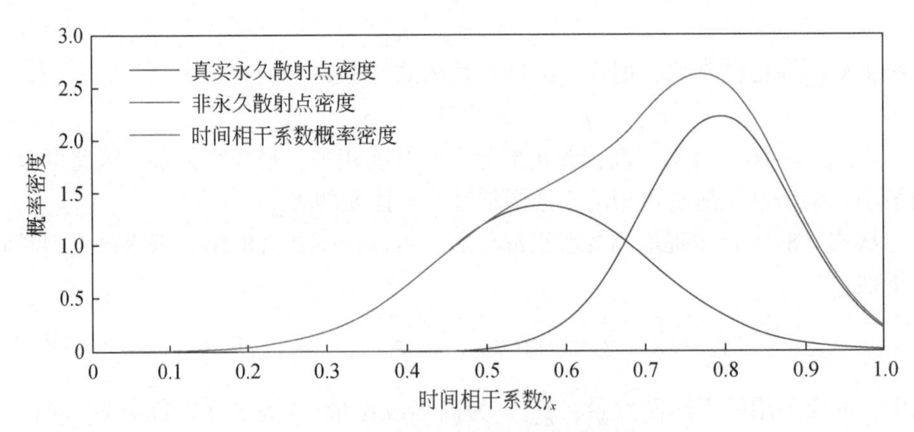

图 8-11　时间相干系数的概率密度

面分析的一致，本书提出方法把一些幅度变化大、相位稳定的点留下了，和振幅离差结果相比，基于相位噪声水平的永久离散体选择方法不关注影像像元振幅值，因此不需要数据定标。

图 8-12　StaMPS 方法选择的永久散射点分布

8.5　基于子视光谱属性的相干目标点探测方法

前面章节讨论了基于时间序列振幅和相位信息的永久散射体选择方法，这些方法的前提是存在尽可能多的 SAR 影像（>25 景），这限制了 PS-InSAR 技术的应用。与分布式散射体（如农田、森林等）相比，人造目标（如建筑物、船舶等）可视为由一个或者多个“主散射体”构成的反射体，具有强振幅值，不受斑点噪声的影响，在单视复数影像中具有确定的相位值，在频率域中显现一种独特的光谱特征，因此可以依据这样的属性来识别相干目标点。Arnaud（1999）采用方位向光谱相干性从 SAR 影像中成功识别了轮船，随后距离和方位二维光谱相干性广泛地应用于目标探测（Henry，1999；Ouchi and Wang，2005）。本节详细分析了基于子视光谱属性的相干目标点探测方法。

在方位向或者距离向降低处理器带宽，从而将方位向或者距离向的频谱分割为若干部分，频谱间的线性调频关系就相当于在方位向或者距离向进行了子波束分割，由于每一子波束的波束视向不同，故相应的数据被称为“子视”（Cumming and Wong，2007）。大多数雷达系统中的固有方位分辨率高于距离分辨率，因此一般都在方位向取子视。图 8-13 示意了时域和频率域的典型子视关系。图 8-13 使用三子视，每一子视在两个域的视边界都表明视间不存在重叠，从

图 8-13的视域可见，子视中心时刻和视域子视宽度随斜距变化，在图 8-13 的频率中，子视带宽恒定，且子视中心频率与波束中心平行，近似为距离的线性函数，由于每一子视的中心频率与斜视角直接相关，故每一子视的数据可视为来自不同的斜视角。

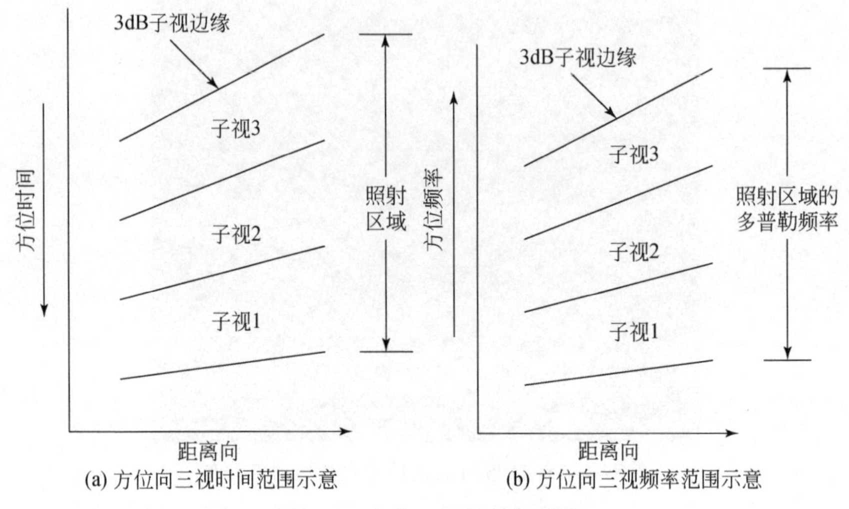

图 8-13　方位三视的时频范围

基于光谱相干性确定相干散射体即永久散射体的方法主要有两种，第一种是基于两子视光谱相干方法，第二种是基于多个子视光谱间熵方法。

8.5.1　子视相干方法

由于分布式散射体内各独立散射体回波的随机性，当任意子视影像的频谱不重叠时，子视影像上的斑点噪声像元之间是失相干的。因此，可以采用子视光谱间的相干系数确定相干散射体。归一化相干系数计算如式（8-19）所示（Souyris et al，2003）：

$$\gamma=\frac{(\langle X_1X_2^*\rangle)}{\sqrt{\langle X_1X_1^*\rangle\langle X_2X_2^*\rangle}}\quad 0\leqslant\gamma\leqslant1 \tag{8-19}$$

式中，X_1 和 X_2 为子视影像；* 为共轭复数；〈〉为总体均值。

具体流程如下：

（1）把原始影像进行 FFT 变化，得到影像的频谱图，采用非加权的 Hamming 函数把整个频谱图划分为两个子视频谱（采用 Hamming 窗口是为了减少系统脉冲旁瓣的影响）。然后把子视频谱调制到相同的中心频率，这样可以在时间域求相干系数避免产生线性相位。

（2）采用 Hamming 加权函数处理每个子视的频谱，加权函数的长度为原始带宽的一半，这样减少了旁瓣的影响，对于存在多个强散射体的城市区域非常有效。

（3）对加权后的子视频谱进行傅里叶逆变换，得到两个子视的单视复数影像，然后依据式（8-19）求取两子视间的相干值，设定相干阈值并确定相干散射体。

8.5.2 子视熵方法

子视熵方法采用熵描述子视影像间的相干性，与相干系数不同，熵可以估计超多两个子视影像间的相干性。对于给定的一组子视影像，如果子视影像的局部功率谱相同，那么熵仅仅是子视影像相干系数的函数。因此，当相干系数值最大，即各个子视影像类似时，熵值为 0；相反熵值最大为 1，即子视影像间差异很大，子视熵的计算流程类似相干系数的计算流程，唯一不同的是，其使用的数据多于两景，熵的计算如下（Schneider and Fernandes，2002）：

$$H = -\sum_{i=1}^{N} p_i \lg_N p_i \tag{8-20}$$

式中，$p_i = \dfrac{\lambda_i}{\sum_{i=1}^{N}\lambda_i}$，$\lambda_i$ 为矩阵 $\boldsymbol{S}$ 的特征值，$\boldsymbol{S}=\begin{bmatrix} \langle X_1X_1^*\rangle & \langle X_1X_2^*\rangle & \cdots & \langle X_1X_N^*\rangle \\ \langle X_2X_1^*\rangle & \langle X_2X_2^*\rangle & \cdots & \langle X_2X_N^*\rangle \\ \vdots & \vdots & & \vdots \\ \langle X_NX_1^*\rangle & \langle X_NX_2^*\rangle & \cdots & \langle X_NX_N^*\rangle \end{bmatrix}$，$X_i$ 为子视影像；N 为子视影像个数。

采用天津市奥林匹克公园的 4 景 TerraSAR-X 影像，影像大小为 1500 像元×1500 像元，数据参数如表 8-1 所示：波长为 X 波段（31mm），带宽为 100MHz，距离向和方位向的分辨率分别为 1.36m 和 1.90m。右视成像。图 8-14 为采用 2009 年 4 月 29 日、2009 年 5 月 10 日的振幅影像和两影像间相干系数合成的 RGB 影像。影像的中心区域为奥林匹克公园和附近的居民楼，右上方为植被覆盖的农田区域，地铁一号线从中穿过。从图 8-14 可以看出，和卫星飞行方向平行的单个建筑物与建筑物群显现出高相干性和振幅值。

表 8-1 TerraSAR-X 数据参数

数据类型	获取时间	成像方式	轨道号	极化方式
TerraSAR-X	2009-4-29	Strip	10 397	HH

续表

数据类型	获取时间	成像方式	轨道号	极化方式
TerraSAR-X	2009-5-10	Strip	10 564	HH
TerraSAR-X	2009-5-21	Strip	10 731	HH
TerraSAR-X	2009-7-15	Strip	11 566	HH

图 8-14　试验区域 TerraSAR-X 合成 RGB 影像

R：相干值影像；G：2009 年 4 月 29 日振幅影像；B：2009 年 5 月 10 日振幅影像

表 8-2 是分别采用子视相关方法和子视熵方法确定的相干目标点点数，滑动窗口大小为 5×5，子视相关方法选择相干阈值为 0.5，子视熵方法选择熵阈值为 0.3。熵估计时，子视视数为 3，视与视之间保持 50% 的重叠区域。从表 8-2 可知，子视熵方法选择的相干目标点点数略高于子视相关方法，由于子视熵方法采用 3 视，增加了可用的数据量，因此其相干目标点数量高于子视相关方法。四景影像中，同样的阈值得到的点数也不相同，这是因为影像获取时间不一致，地表地物的散射特征也不一致，而且存在移动散射体。公共点数约 80%，说明两种方法具有一致性。

同时，分析了子视相干值和 SAR 影像振幅值与干涉相干值的关系。采用 2009 年 4 月 29 日和 2009 年 5 月 10 日的 SLC 数据，组成干涉像对，干涉基线为 17m。

表 8-2 不同方法识别的相干目标点点数 （单位：个）

方法	影像 1	影像 2	影像 3	影像 4
子视相关方法	7699	7580	7680	7237
子视熵方法	7721	7602	7711	7385
公共点数	6531	6327	6449	6245

图 8-15 和 8-16 展示了子视相干值和 SAR 影像基本属性之间的二维直方图。图 8-15 描述了干涉像对参考影像振幅值和子视相干值的关系，蓝线为确定相干点设置的子视相干阈值。从图 8-15 可以看出，子视相干值高的点对应的振幅值也高，即在影像中对应着亮点。图 8-16 描述了干涉相干值和子视相干值之间的关系，蓝线为确定相干点设置的子视相干阈值，子视相干值高的点对应的干涉相干值也高。综上分析可知，采用子视相干值选定的相干点不但具有高振幅值，而且在时间序列中保持稳定，符合永久散射体的定义，说明采用子视相干值选择永久散射体是合理的。

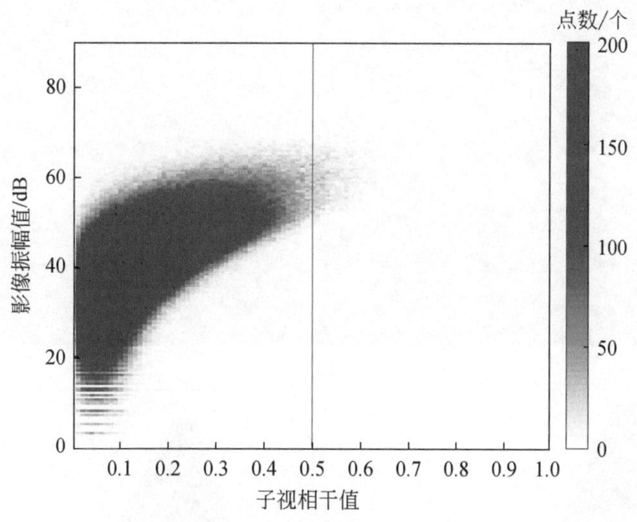

图 8-15 子视相干值与 SAR 影像振幅值二维直方图

图 8-17 分析了子视相干值和估计相干值窗口大小的关系，由表 8-3 可知，子视相干值随着窗口的增大逐渐减小，相干目标候选点点数逐渐减少（不同的窗口大小，相同阈值设置），小的窗口虽然能够获得高的子视相干值，但是由于计算

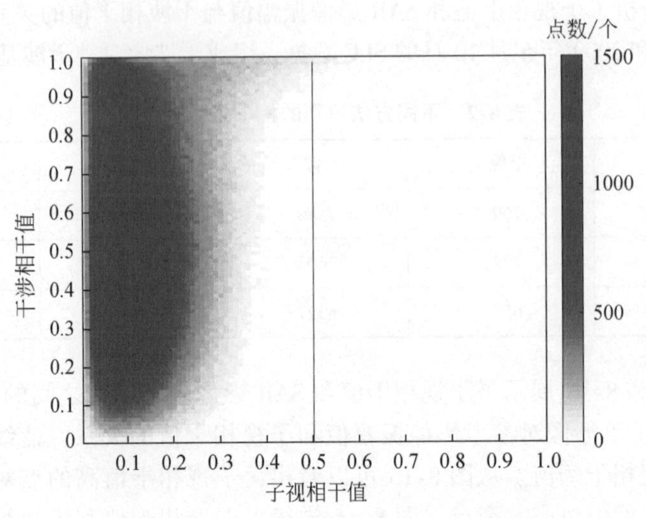

图 8-16 子视相干值与干涉相干值二维直方图

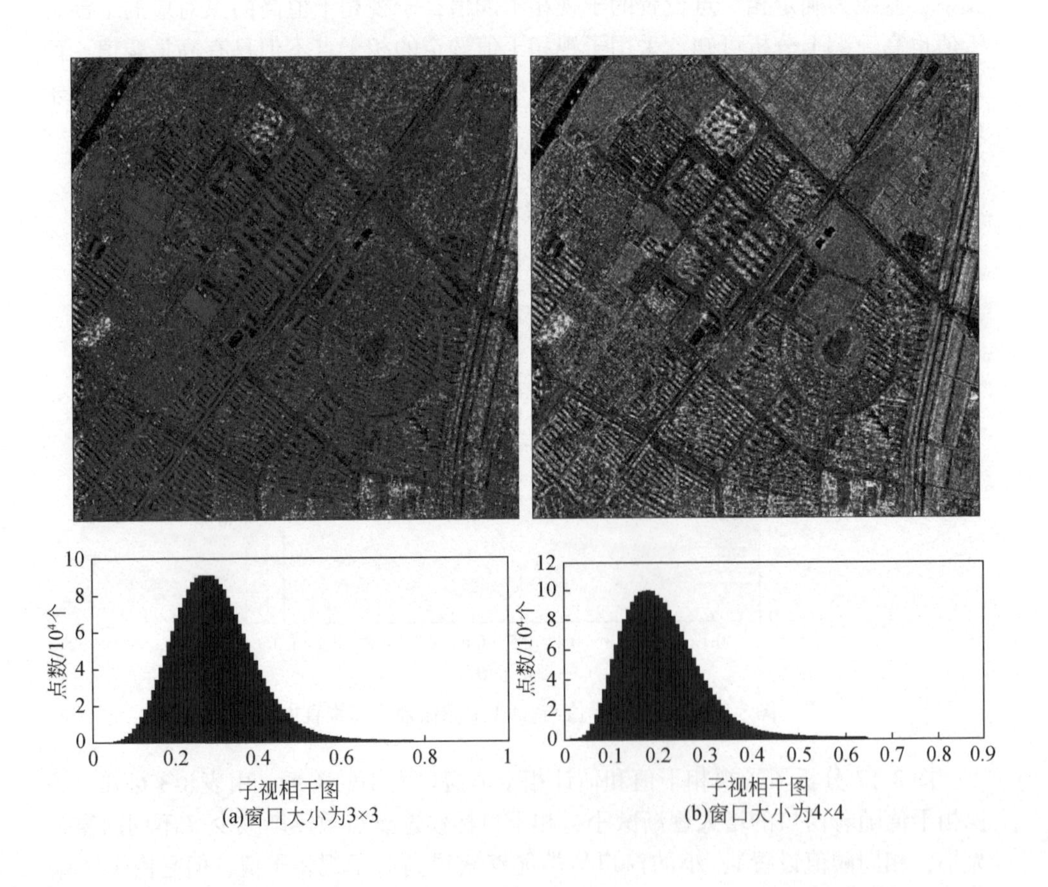

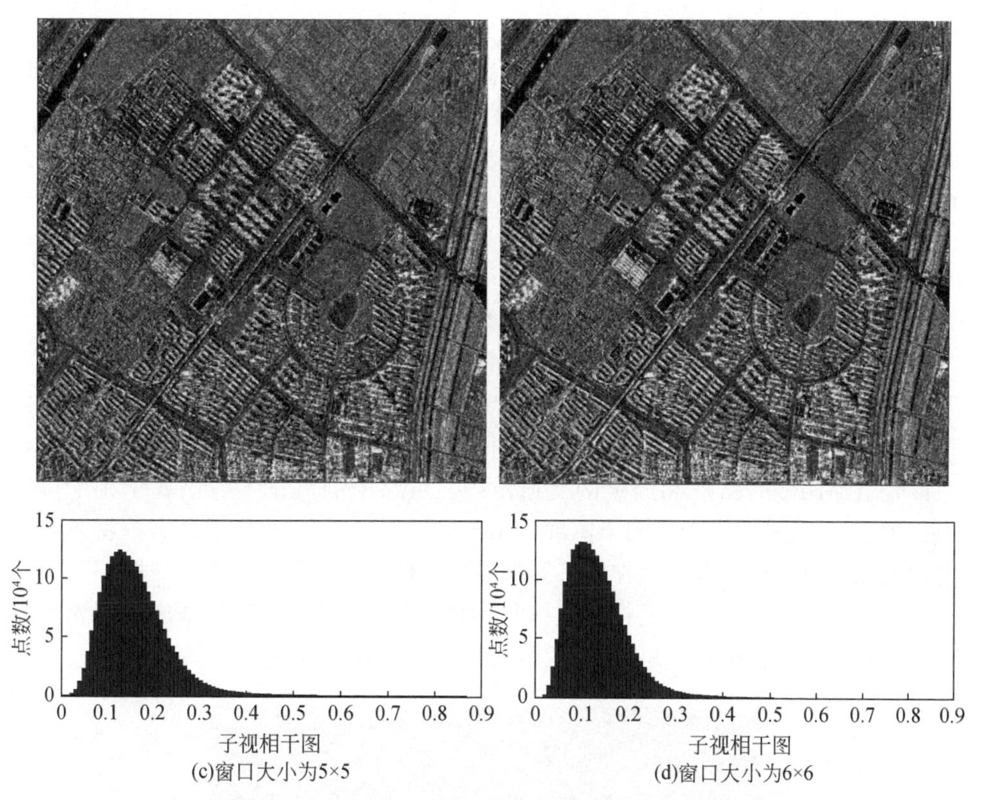

(c)窗口大小为5×5　　(d)窗口大小为6×6

图 8-17　根据不同窗口大小估计的子视相干值确定的相干目标点及其相干值直方图

相干值用的像元有限，特别是受斑点噪声的影响，得到的相干值不能正确反映子视相干性，虽然可以据此确定很多相干目标点，但是其中也包含了假的相干目标点，直接影响后续的分析。窗口大小对于人工建筑的影响不明显，相干值保持稳定；但是对于高植被覆盖区域非常显著，相干值波动大。因此，此方法非常适合用于确定永久散射体。

表 8-3　不同窗口大小得到的子视相干属性

窗口大小	3×3	4×4	5×5	6×6
相干目标候选点/个	70 352	16 116	7 512	4 316
子视相干值均值	0. 299 2	0. 209 3	0. 163 9	0. 133 8

8. 5. 3　时序相干目标点探测方法

上述的两种方法在单景 SAR 影像中都可以有效地确定相干目标点，这个目标包含了汽车、轮船等移动点目标，它们也具有强的光谱属性，但是时间序列SAR影像处理需要在整个时间序列内保持稳定的相干目标点，因此要剔除移动相干目标点。相干目标点不仅在单个SAR影像中具有强的光谱相干性，在整个时间序列中光谱属性也是稳定的。根据这样的思想，本书提出采用光谱离差 D_c 衡量时间序列点的光谱稳定性：

$$D_c = \frac{\delta_c}{m_c} \tag{8-21}$$

式中，δ_c 为时间序列内光谱相干值标准差；m_c 为时间序列内光谱相干值均值。

图8-18和图8-19对比了采用单子视相干值和融合子视相干值与子视光谱离差方法确定的相干目标点分布图。为了更清楚地分析移动目标对时间序列相干目标点选择的影响，截取了龙洲道一段进行分析，基于原理分析，道路相干目标点只能是道路两侧的路灯和固定的交通设施，道路中的汽车不应该属于相干目标点，图8-18只采用了子视相干值确定相干目标点，图8-18中绿色方框就是圈定的假的相干目标点，其虽然在单景影像中属于相干目标点，但是在时间序列中不属于永久散射体，因此需要排除这些目标体的影响。图8-19为添加子视光谱离差后确定的相干目标点，可以看出移动目标的影响已被排除。

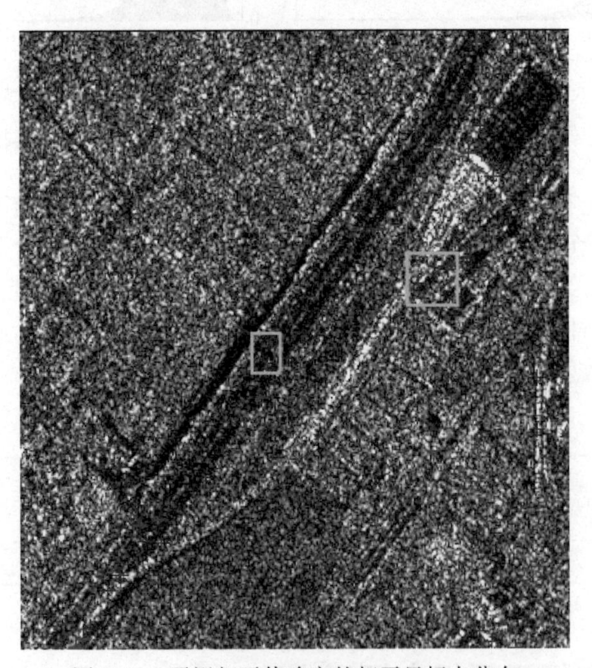

图8-18　子视相干值确定的相干目标点分布

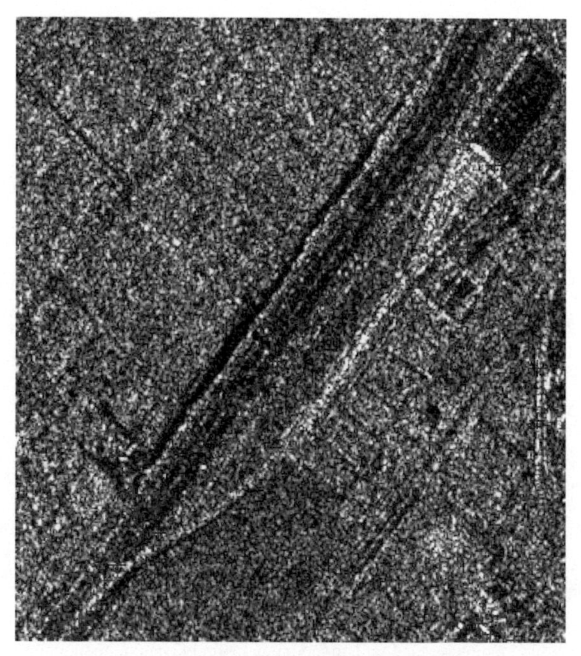

图 8-19　子视相干值结合子视光谱离差确定的相干目标点分布

8.6　本章小结

本章谈论了永久散射体识别方法，重点从原理和实验两方面进行了分析，得出以下结论。

（1）时间序列相干系数阈值法受相干系数窗口影响大，窗口过大会把永久散射体附近的点引入，因此在分布图中以块状形式显示；同时，相干系数阈值法要求各个干涉像对保持高相干性，因此其适用于短基线集方法，不适用于单参考影像方法。

（2）振幅离差指数阈值法对于定标后的大数据集（>25 景）非常有效，但是此方法的理论前提是数据必须具有高信噪比，对于质量差的数据，此方法不是很实用。

（3）StaMPS 方法依据相位噪声水平识别永久散射体，此方法有严格的理论模型，但是对相位模型要求高，采用迭代的方式识别永久散射点，过程复杂，这限制了此方法的应用。

（4）前面三种方法都是基于统计模型，因此对数据量要求大，不适用于小数据集，本章提出了采用子视相关方法识别单景影像相干目标点，在时间序列范围内，加入光谱离差方法去除移动散射体的影响，并分析不同相干窗口对子视互相干的影响，扩展了时间序列 InSAR 的应用范围。

第9章 时间序列 InSAR 分析方法

D-InSAR 是一种非常实用的地表形变监测技术，但是不同时期地表物体的散射属性和雷达传感器时间的不同，降低了干涉像对的相干性，同时观测值数量的限制制约了这项技术的应用。由二轨法差分干涉模型可知，每个像元对应的差分干涉相位可采用式（9-1）表示：

$$\varphi(x)=-\frac{4\pi B_{\perp}\Delta h(x)}{\lambda \quad R\sin\theta_0}-\frac{4\pi}{\lambda}d(x)-\frac{4\pi}{\lambda}\varphi_{\mathrm{atm}}(x)-\frac{4\pi}{\lambda}\varphi_n(x) \tag{9-1}$$

其中高程残差 $\Delta h(x)$ 和形变相位 $d(x)$ 可模型化，如果能够构建一个模型使其与观测值差最小，那采用最小二乘法就能求出高程改正量和时间序列形变量。

$$J=|\varphi(\Delta h,d)-\varphi|^p \tag{9-2}$$

基于这样的思想，2001 年 Ferretti 等提出了 PS-InSAR 技术，采用多时相 SAR 影像，通过对离散稀疏的永久散射点进行分析，获得可靠的相位信息，进而反演精确的地表形变和高程信息。近些年涌现的相关技术有：相干目标探测技术（Vander Kooij，2003）、干涉点目标分析（Wegmuller et al.，2006；Werner et al.，2003）、稳定点网络分析（Arnaud et al.，2004）、SBAS 技术（Berardino et al.，2002）和角反射器干涉测量技术（Xia，2004）。这些技术都是针对 PS-InSAR 做了修正。从采用的参考影像来考虑，这些技术可以分为基于单参考影像的时间序列 InSAR 技术和基于多参考影像的时间序列 InSAR 技术。基于单参考影像的时间序列 InSAR 技术，从时间序列影像中选择一景影像作为参考影像，与其他影像形成干涉像对，其对数据量要求大，一般大于 25 景。在多参考影像的时间序列 InSAR 技术中，任意两景影像组合形成干涉像对，通过设置基线阈值，选择短基线干涉像对求解地表形变量，适合小数据处理。

本章主要介绍 Stacking 技术、最小二乘法、PS-InSAR 技术和 SBAS 技术等时间序列 InSAR 技术。

9.1 Stacking 技术

Stacking 技术也称相位叠加技术，假设地形相位误差和大气延迟相位误差等误差具有随机性的特点，联合多期解缠后的差分干涉相位图建立形变速率和干涉相位间的线性函数模型，从而监测时间段的线性形变速率。

Stacking 技术最早由 Sandwell 和 Price 于 1998 年提出，并应用于 Landers 地震地区的震后变形分析，利用该技术可以削弱 InSAR 技术中存在的随机轨道误差、大气延迟相位误差及地形误差等的影响。Stacking 技术的数学模型可以简单地表述为（Strozzi et al., 2000）：

$$v = -\frac{\lambda}{4\pi}\frac{\sum_{i=1}^{M}\varphi_i}{\sum_{i=1}^{M}t_i} \tag{9-3}$$

式中，v 为线性形变速率；λ 为波长；φ_i 为第 i 个解缠后的差分干涉相位图；t_i 为第 i 个差分干涉相位时间间隔。相应的误差传播公式为

$$\Delta_{v_{\mathrm{disp}}} = \frac{\lambda \cdot \sqrt{M} \cdot E}{4\pi \cdot \sum_{i=1}^{M} t_i} \tag{9-4}$$

式中，E 为假定的单幅干涉图相位误差；M 为干涉图数量。

Strozzi 等（2000）利用 InSAR 数据研究墨西哥城市的地面沉降时，发现 Stacking 技术能有效降低 DEM 残差相位、大气延迟相位及轨道误差的影响，同时研究了不同时间间隔的数据集对形变速率精度的影响，指出时间越长，数据越多，可监测结果精度越高，而要达到 1mm/a 监测精度，则至少需要 20 年的观测数据集。

该方法假设地形相位误差和大气延迟相位误差等具有随机性的特点，但是实际上这样的条件很难满足，因此误差影响无法完全消除；同时数学模型中只假定了线性模型，因此该方法不适合用于非线性形变监测。

9.2 最小二乘法

Usai（2001，2003）提出采用最小二乘法求解时间序列形变值，这是一种基于多参考影像的 D-InSAR 技术，采用短时空基线原则选择参与计算的干涉像对保证了影像间的相干性。假设差分干涉相位中只包含地表形变值和随机噪声成分，那么差分干涉相位可表示为

$$\varphi(x) = \frac{4\pi}{\lambda} \cdot v(x) \cdot T_i + \varphi_n \tag{9-5}$$

式中，$v(x)$ 为位置 x 的形变速率；T_i 为干涉像对的时间间隔。在时间（t_0，…，t_N）内获得 N 景 SAR 影像，依据短时空基线原则，生成 M 个干涉像对，其中$\frac{N}{2} \leqslant M \leqslant \frac{N(N-1)}{2}$，从干涉像对中去除平地效应和地形相位后，得到 M 个差分干涉

像对，像元 x 的差分干涉相位如式（9-6）所示：

$$\Delta\varphi_i(x)\approx\varphi(t_B,x)-\varphi(t_A,x)=\frac{4\pi}{\lambda}[\mathrm{d}(t_B,x)-\mathrm{d}(t_A,x)] \tag{9-6}$$

式中，$[\mathrm{d}(t_B,\ x)-\mathrm{d}(t_A,\ x)]$ 为干涉像对 t_B-t_A 时间内雷达视线方向的形变量；$[\varphi(t_B,\ x)-\varphi(t_A,\ x)]$ 为形变量对应的形变相位；λ 为雷达信号波长，采用矩阵表示 M 个差分干涉像对，如式（9-7）所示：

$$\boldsymbol{A\Phi}=\Delta\boldsymbol{\Phi} \tag{9-7}$$

系数矩阵 $\boldsymbol{A}$ 中，每一行对应着一个干涉像对，对于干涉像对 $I_k=I_{d_i}-I_{d_j}$，第 k 行中除了第 i 和 j 列，其他元素都为0。$\boldsymbol{\Phi}$ 为待求的形变相位，$\Delta\boldsymbol{\Phi}$ 为 M 个差分干涉相位值。如果 $M\geqslant N$，采用最小二乘求解式可得

$$\begin{aligned}\boldsymbol{\Phi}&=(\boldsymbol{A}^{\mathrm{T}}\boldsymbol{A})^{-1}\boldsymbol{A}^{\mathrm{T}}\Delta\boldsymbol{\Phi}\\ Q_{\Phi}&=(\boldsymbol{A}^{\mathrm{T}}\boldsymbol{A})^{-1}\end{aligned} \tag{9-8}$$

最后采用式（9-9）评定求得模型和真实数据之间的差异：

$$T_{N-M}=\frac{\hat{\boldsymbol{e}}^{\mathrm{T}}Q_{\Phi}{}^{-1}\hat{\boldsymbol{e}}}{(N-M)\delta^2} \tag{9-9}$$

式中，$\hat{\boldsymbol{e}}$ 为最小二乘残差向量；δ 为残差向量的标准偏差。

由式（9-6）可知，最小二乘法采用的差分干涉相位模型是一种理想情况，仅顾及了形变相位，把 DEM 误差、轨道误差和大气延迟相位误差都归为随机噪声误差，因此得到的结果精度有限。

9.3 PS-InSAR 技术

PS-InSAR 技术最早由意大利的 Ferretti 等（2001，2002）提出，是针对永久散射体（PS）来进行分析的技术，其基本原理即在 N 景 SAR 影像中选择一景时空相干性最好的影像为参考影像，其他为副影像，形成 $N-1$ 幅差分干涉图，然后选择时间序列上保持高相位质量的点并建立函数模型，对模型进行分析求解以获得地表形变值。

9.3.1 PS-InSAR 基本原理

本节将从以下几个方面对 PS-InSAR 的原理进行介绍，即 PS 点识别、PS 相位模型分析、PS 基线连接和网络建立、PS 差分相位建模与差分估计和 PS 网络最小二乘法平差。

1）PS 点识别

PS 点指的是在时间序列上保持雷达散射特性稳定的点，属于强散射体，所

以受时间失相干的影响较小，相位观测量比较准确（保持着较高的信噪比）。在 PS-InSAR 技术中，仅对 PS 点进行建模，从而得到精确的地面形变量。

在最初的 PS 算法中，Ferretti 等（2001，2002）使用目标点的振幅离差信息来选择 PS 点，振幅离差的计算公式为

$$D_A = \frac{\sigma_A}{m_A} \tag{9-10}$$

式中，σ_A 为目标点幅度时间序列的标准差；m_A 为目标点幅度时间序列的均值。在传统的振幅离差选择过程中，先设定振幅离差阈值 $D_{\text{Threshold}}$，然后将那些满足条件 $D_A < D_{\text{Threshold}}$ 的像元点选为 PS 点。

2）PS 相位模型分析

在得到同一地区的多景时间序列 SAR 影像后，选择时空相干性最高的一景影像为参考影像，其他影像为副影像，参考影像与副影像进行差分干涉，得到 M 幅初始干涉图。其中，差分干涉图上的相位由以下从成分构成。即

$$\varphi = \varphi_{\text{top}} + \varphi_{\text{def}} + \varphi_{\text{atm}} + \varphi_{\text{noi}} \tag{9-11}$$

式中，φ 为由干涉像对生成的干涉相位；φ_{top} 为地形相位；φ_{def} 为两次成像期间 LOS 方向的地表形变相位；φ_{atm} 为两次雷达成像时大气状态不一致引起的大气延迟相位；φ_{noi} 为随机噪声相位。

为提取地表形变，需要剔除与形变无关的相位，其中地形相位 φ_{top} 与干涉基线相关，可以采用干涉基线和已有的 DEM 予以部分去除。

由于采用的 DEM 的分辨率和精度与干涉相位不一致，差分干涉后的相位中存在与高程有关的残余相位、沿雷达 LOS 方向的线性形变和非线性形变、大气延迟相位和噪声相位等。

在第 i 幅差分干涉图上任意像元（x，y）的相位值可用如下模型表示：

$$\Phi_i(x,y;T_i) = \frac{4\pi}{\lambda \cdot R \cdot \sin\theta} \cdot B_i^{\perp} \cdot \varepsilon(x,y) + \frac{4\pi}{\lambda} \cdot T_i \cdot v(x,y) + \varphi_i^{\text{res}}(x,y;T_i) \tag{9-12}$$

式中，$B_i^{\perp}$ 和 T_i 分别为干涉像对 i 的空间垂直基线和时间基线；λ、R 和 θ 分别为波长（对 RES，为 5.6cm）、传感器到目标距离和雷达入射角；$\varepsilon(x, y)$、$v(x, y)$ 和 $\varphi_i^{\text{res}}(x, y; T_i)$ 分别为高程误差、LOS 方向的线性形变速率和残留相位；$\Phi_i(x, y; T_i)$ 为位于主值区间（$-\pi$, π］的缠绕相位。残留相位 $\varphi_i^{\text{res}}(x, y; T_i)$ 可以分解为非线性形变相位（φ_i^{nl}）、大气相位（φ_i^{a}）和失相干（φ_i^{n}），即

$$\varphi_i^{\text{res}}(x,y;T_i) = \varphi_i^{\text{nl}}(x,y;T_i) + \varphi_i^{\text{a}}(x,y;T_i) + \varphi_i^{\text{n}}(x,y;T_i) \tag{9-13}$$

3）PS 基线连接与网络建立

由于不同时刻获取的 SAR 影像受到的大气影响不同，差分干涉图的相位也受到大气的影响，严重影响了形变反演。因此，大气校正也成为 InSAR 中的一个

重点及难点问题。有研究表明，大气延迟在空间尺度上表现为数百米级的空间自相关，尽管不同时刻 SAR 影像的大气状态不一致，但在同一影像区域内，相邻目标间的大气状态表现出较高的相似性。也就是说地面点相距越近，大气相关性就越高，在水平距离 1km 范围内，可以认为大气相位近似相等。此外，由于星载 InSAR 的时间基线相对较长，如 Sentinel 数据的重访周期为 12 天，其大气在时间上的相关性较弱，可把大气特点总结为时间上弱相关、空间上强相关。因此，根据大气在空间上高度相关的特点，可以对空间上邻近的 PS 点干涉相位二次差分，以削弱大气的影响。然后对邻近 PS 点差分相位进行建模以求取目标的形变。

与传统大地测量中的三角网和水准网类似，对 SAR 影像中满足距离限制条件的所有 PS 点对均进行“观测”，即对每个满足距离条件的 PS 目标均建立相位差模型，如水准测量中两水准点之间的高差。综合所有的 PS 点和观测基线就构成一个 PS 网络。

图 9-1 给出了 N 个差分干涉相位图及基于 PS 点构建的不规则三角网络（Triangular Irregular Network，TIN）的示意图。其中，所有干涉图的同一坐标像元对应于同一地面分辨单元。

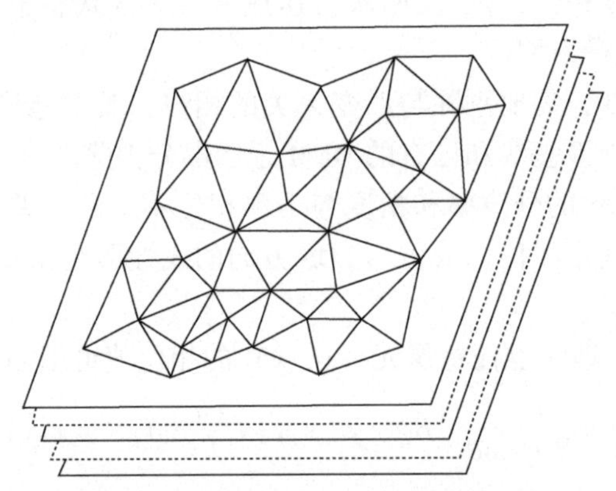

图 9-1　N 个差分干涉相位图及基于 PS 点构建的 TIN 图

较之传统的 TIN 网，还有一种较为常见的网型，即相邻 PS 点的自由网（Freely Connected Network，FCN），FCN 网通过设定一个距离阈值，对小于这个阈值的所有点进行连接，其距离阈值为

$$S(x_l,y_l;x_p,y_p)=\sqrt{[f_r\cdot(x_p-x_l)]^2+[f_a\cdot(y_p-y_l)]^2}\leqslant S_0 \tag{9-14}$$

式中，x 和 y 分别为像元的像空间坐标；f_r 和 f_a 分别为距离向和方位向比例因子（将像空间距离转换成地面几何距离）；S_0 为距离阈值，如 1km。S_0 主要根据空间域内的大气变化梯度确定。大气延迟相位在空间范围内变化越快，S_0 取值越小。

图 9-2 为两种构网方式的对比，图 9-2（a）显示了 FCN 法生成的 PS 网络，

图 9-2（b）显示了 Delaunay 构网方式生成的 TIN 网。从理论上讲 FCN 网比 TIN 网更为稳固，因为其具有更多的多余观测，但是随之而来的是巨大的数据量，在实际运用时，可根据具体的情况来选择构网方式。

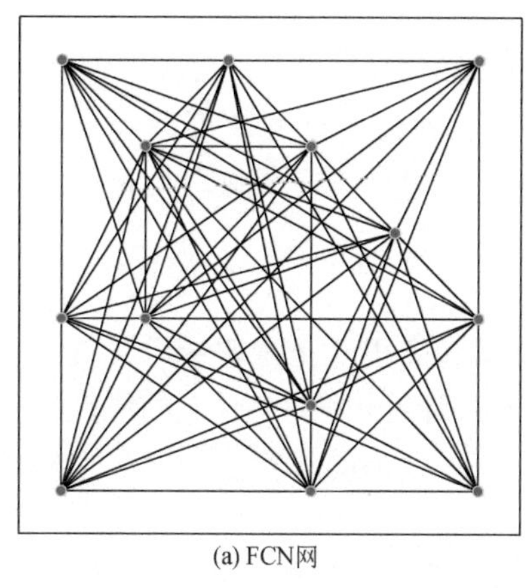

(a) FCN网

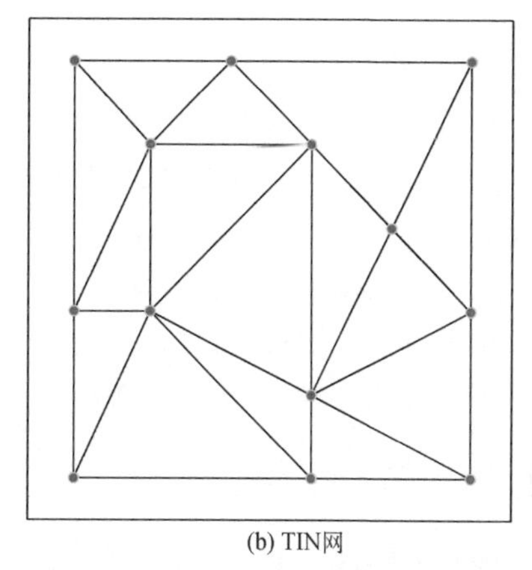

(b) TIN网

图 9-2　两种不同构网方式的对比

4）PS 差分相位建模与差分估计

在构建完 PS 网络后，对每条基线上的 PS 点干涉相位做差，根据式（9-12），做差后第 i 幅差分干涉图上 l 和 p 点的差分相位可表示为

$$\Delta\Phi_i(x_l,y_l;x_p,y_p;T_i)=\frac{4\pi}{\lambda\cdot\bar{R}\cdot\sin\theta}\cdot\bar{B}_i^{\perp}\cdot\Delta\varepsilon(x_l,y_l;x_p,y_p)+\frac{4\pi}{\lambda}\cdot T_i\cdot\Delta v(x_l,y_l;x_p,y_p)+\Delta\varphi_i^{\mathrm{res}}(x_l,y_l;x_p,y_p;T_i) \tag{9-15}$$

式中，$\bar{B}_i^{\perp}$、$\bar{R}$ 和 $\bar{\theta}$ 分别为两 PS 点对应参数的平均值；$\Delta\varepsilon$ 和 Δv 分别为两 PS 点间的高程误差增量和形变速率增量；$\Delta\varphi_i^{\mathrm{res}}(x_l,\ y_l;\ x_p,\ y_p;\ T_i)$ 为两 PS 点间的残留相位增量。需要注意的是，$\Delta\varphi_i^{\mathrm{res}}$ 由两点间的大气延迟相位、非线性形变相位和随机噪声相位构成，一般可认为 $|\Delta\varphi_i^{\mathrm{res}}|<\pi$，这主要可从以下三个方面予以解释。首先，由前面的分析可知，大气在空间上具有高度相干性。因此，相邻 PS 点做差被认为可消除大气的影响。其次，形变相位也具有很高的空间相干性，两相邻 PS 点的非线性形变量差异也可认为是微小量。最后，PS 点相位质量较高，受误差的影响较小。综合三点考虑，可认为 $|\Delta\varphi_i^{\mathrm{res}}|<\pi$。

从 Ferretti 等（2001）的理论研究表明，在 $|\Delta\varphi_i^{\mathrm{res}}|<\pi$ 条件下，可以从 M 幅干涉图的缠绕相位中估计得到 $\Delta\varepsilon$ 和 Δv，即下列目标函数最大化就可获得 $\Delta\varepsilon$ 和 Δv 的解，称之为解空间搜索法。

$$\gamma=\left|\frac{1}{M}\sum_{i=1}^{m}(\cos\Delta\omega_i-\mathrm{j}\sin\Delta\omega_i)\right|=\mathrm{maximum} \tag{9-16}$$

式中，γ 为基线的模型相干系数（Model Coherence，MC）；$j=\sqrt{-1}$；$\Delta\omega_i$ 为观测值与拟合值之差，即

$$\Delta\omega_i=\Delta\varphi_i-\frac{4\pi}{\lambda\cdot\overline{R}\cdot\sin\overline{\theta}}\cdot\overline{B}_i^{\perp}\cdot\Delta\varepsilon-\frac{4\pi}{\lambda}\cdot T_i\cdot\Delta v \tag{9-17}$$

实际计算中，在二维解空间中，以定长的采样间隔计算 $\Delta\varepsilon$ 和 Δv，使 γ 最大的那组解就是两点之间的高程改正量和形变速度增量。该方法可以避免相位解缠，且可用 γ 来表示求解弧段的质量，γ 达到最大值 1，表明弧段质量最高；当数据完全失相干时，γ 值为 0。

5）PS 网络最小二乘法平差

在通过解空间搜索的方式获得形变速度增量和高程改正量增量后，首先删除 PS 网络中质量较差的弧段，然后利用网络平差法计算出各个 PS 点的线性形变速率和高程残差，最后对残差之差进行积分即可获得残差的真实值，同时也完成了每个点的相位解缠。

图 9-3 展现了 PS 网络上基线间两点的差分关系。v 和 ε 分别为 PS 的线性形变速率和高程改正量，则 PS_i 与 PS_j 的差分关系如下：

$$\begin{aligned}\Delta v&=v_j-v_i\\ \Delta\varepsilon&=\varepsilon_j-\varepsilon_i\end{aligned} \tag{9-18}$$

式中，Δv 和 $\Delta\varepsilon$ 为两 PS 的线性形变速率差和高程改正量差，在采用解空间搜索的方法得到其估计值后，可分别对沉降速率网和高程改正网做平差处理，其误差方程式为

$$\begin{aligned}&\text{沉降速率网：}\quad \omega_v=\hat{v}_j-\hat{v}_i-\Delta v\\ &\text{高程改正网：}\quad \omega_\varepsilon=\hat{\varepsilon}_j-\hat{\varepsilon}_i-\Delta\varepsilon\end{aligned} \tag{9-19}$$

式中，ω_v 和 ω_ε 为形变速率差的残差和高程改正量差的残差。

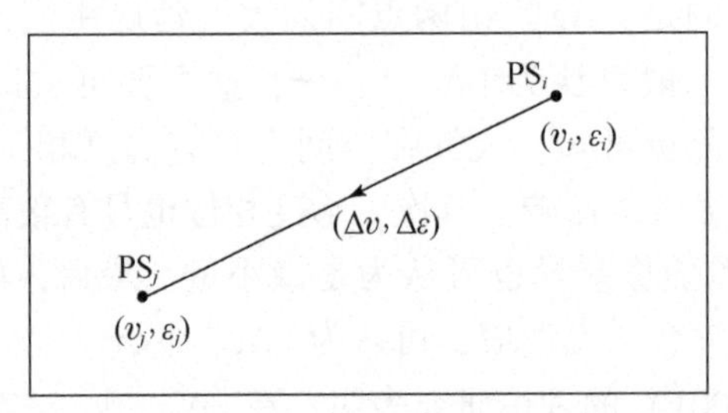

图 9-3　PS 点间的线性形变差分与高程改正量差分示意

在构建的 PS 网中，每一条基线均可以列出上述两个误差方程，任一基线的线性形变速率增量观测方程为

$$\hat{v}_p - \hat{v}_l = \Delta v_{pl} + r_{pl} \quad p \neq l; \forall p, l = 1, 2, \cdots, T \tag{9-20}$$

式（9-20）表示了任意两个 PS 点（p 和 l）的未知线性形变速率与线性形变速率增量 Δv_{pl} 和残差 r_{pl} 的关系，T 为 PS 点的个数。假设网络中有 Q 条基线，则观测方程可用矩阵形式表示为

$$\underset{Q\times T}{\boldsymbol{B}} \cdot \underset{T\times 1}{\boldsymbol{X}} = \underset{Q\times 1}{\boldsymbol{L}} + \underset{Q\times 1}{\boldsymbol{R}} \tag{9-21}$$

式中，$\boldsymbol{B}$ 为 1 和 -1 组成的稀疏系数矩阵；$\boldsymbol{L}$ 和 $\boldsymbol{R}$ 分别为观测值（形变速率差）和残差向量；$\boldsymbol{X}$ 为所有 PS 点的待估线性形变速率向量：

$$\boldsymbol{X} = [\hat{v}_1, \hat{v}_2, \hat{v}_3, \cdots, \hat{v}_T]^{\mathrm{T}} \tag{9-22}$$

观测值的权矩阵可用弧段的质量给定：

$$\underset{Q\times Q}{\boldsymbol{P}} = \begin{bmatrix} \gamma_1^2 & 0 & 0 & 0 \\ 0 & \gamma_2^2 & 0 & 0 \\ \vdots & \vdots & \vdots & \vdots \\ 0 & 0 & 0 & \gamma_Q^2 \end{bmatrix} \tag{9-23}$$

$\boldsymbol{P}$ 的对角线元素是已求得的每条基线的 γ 值的平方。

因此，未知量 $\boldsymbol{X}$ 的最小二乘解为

$$\boldsymbol{X} = (\boldsymbol{B}^{\mathrm{T}}\boldsymbol{P}\boldsymbol{B})^{-1}\boldsymbol{B}^{\mathrm{T}}\boldsymbol{P}\boldsymbol{L} \tag{9-24}$$

需要注意的是，在求解的时候，需要给定一个参考点，通常在无形变区域，将起始点的速率和高程改正量设置为 0。对速率网络和高程差网络的值进行求解。通过上述平差处理，即可得到每个 PS 点的时间序列线性沉降速率 v 和高程改正量 ε。采用同样的网平差方式对残余相位之差求解，即可得到残余相位，在残余相位中通过时空域滤波的方式可分离出非线性形变相位与大气延迟相位，整合线性和非线性形变相位即可得到最终的时间序列形变相位。

9.3.2 PS-InSAR 案例分析

以郑州市为例进行分析，数据源为 ENVISAT ASAR 影像数据，数据时间分布在 2007 年 9 月 ~2010 年 10 月，共 20 景，分辨率为 7.8m×4m，极化方式为 VV。数据处理流程如下。

1）选取参考影像

采用总体相干性指标确定参考影像，如式（9-25）：

$$\begin{aligned}\rho_{\text{total}}^i &= \rho_{\text{temporal}}^i \cdot \rho_{\text{spatial}}^i \cdot \rho_{\text{doppler}}^i \cdot \rho_{\text{thermal}}^i \\ &\approx \left(1 - f\left(\frac{T^i}{T^C}\right)\right)^{\alpha} \left(1 - f\left(\frac{B_\perp^i}{B_\perp^C}\right)\right)^{\beta} \left(1 - f\left(\frac{F_{DC}^i}{F_{DC}^C}\right)\right)^{\chi} \rho_{\text{thermal}}\end{aligned} \tag{9-25}$$

式中，$\alpha+\beta+\chi=1$，本书采用 4 种权系数组合［1/3 1/3 1/3］、［1/2 1/4 1/4］、［1/4 1/2 1/4］和［1/4 1/4 1/2］进行验证，计算得到每个影像为参考影像时的综合相干系数值，如表 9-1 所示。

表 9-1　不同权系数综合相干系数值

影像编号	权系数组合			
	［1/3 1/3 1/3］	［1/2 1/4 1/4］	［1/4 1/2 1/4］	［1/4 1/4 1/2］
1	0.846	0.808	0.843	0.890
2	0.767	0.765	0.716	0.826
3	0.887	0.859	0.882	0.923
4	0.880	0.861	0.865	0.918
5	0.901	0.880	0.890	0.934
6	0.907	0.887	0.897	0.938
7	0.872	0.868	0.840	0.911
8	0.921	0.910	0.905	0.949
9	0.924	0.913	0.909	0.952
10	0.843	0.852	0.795	0.887
11	0.923	0.9126	0.907	0.950
12	0.911	0.902	0.890	0.942
13	0.853	0.856	0.811	0.896
14	0.891	0.883	0.867	0.925
15	0.879	0.873	0.852	0.917
16	0.885	0.874	0.867	0.917
17	0.888	0.870	0.876	0.921
18	0.885	0.860	0.880	0.918
19	0.830	0.814	0.805	0.874
20	0.820	0.798	0.802	0.866

从表 9-1 可知，四种权系数得到的总体相干系数值中，第 9 景影像为参考影像时值最大，第 11 景影像为参考影像时值次之，因此选定 2009 年 2 月的影像为参考影像。同时，把表 9-1 中结果绘成综合相干系数曲线图，目的是考察不同权系数时相干系数的变化情况，如图 9-4 所示。虽然权系数不同，但是得到的曲线图具有一致的趋势，因此可以得到时间、空间和多普勒基线在计算总体相干系数

时具有同等重要的作用。

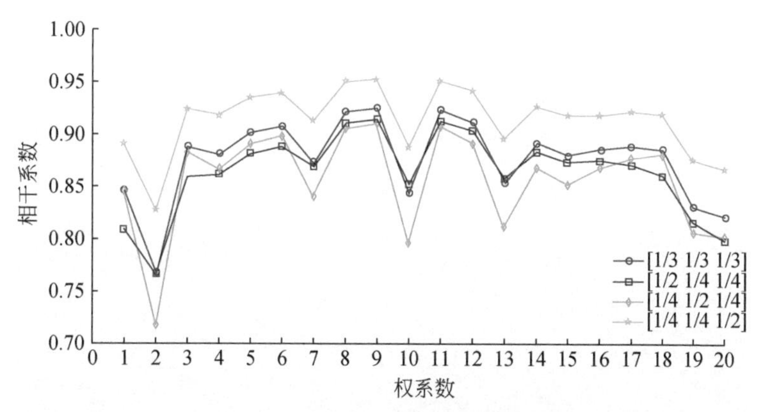

图 9-4 不同权系数的综合相干曲线

图 9-5 为 2009 年 2 月 14 日的影像为参考影像时的基线分布图，由图 9-5 可知，最大垂直基线长 456m，最短垂直基线长 31m，平均垂直基线长 191m，基线总体都比较短，适合采用 InSAR 技术监测形变，由于郑州市属于北温带大陆性季风气候，四季分明，地表变化比较大，因此不适合采用传统的 D-InSAR 技术监测地表形变。确定参考影像后，就可以将其和其他影像进行配准，并把其他影像采样到参考影像的几何结构，为后续的数据处理做准备。

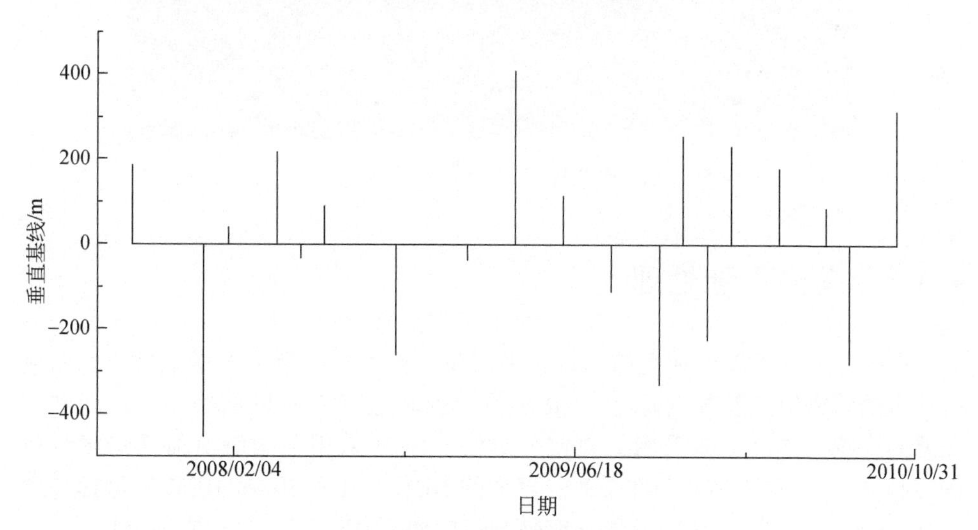

图 9-5 基线分布

2009 年 2 月 14 日的影像为参考影像

2）识别 PS 点

本案例采用振幅离差指数阈值法选择 PS 点，振幅离差阈值设为 0.6，振幅阈值设为 0.5，共有 127 171 个点，分布如图 9-6 所示，从图 9-6 可以看出，初始选择的永久散射点主要分布在郑州市区，郊区的居民地也分布密集的永久散射点，农田区域也零星地分布着永久散射点，调查得知，这些永久散射点主要是农田中的灌溉设施。

图 9-6　永久散射点分布

9.3.3　差分干涉处理

在进行差分干涉处理之前，首先采用荷兰代尔夫特理工大学地球空间研究所提供的精密轨道数据对原始 SAR 影像中的轨道状态向量做修正，减弱轨道误差的影响。差分干涉采用二轨差分方法，DEM 采用美国航空航天局喷气推进实验室（JPL/NASA）SRTM 3″分辨率的 DEM，由于 SRTM DEM 的坐标系统为 WGS-84，故要对 DEM 做地理编码，转换到 ENVISAT ASAR 成像坐标系。

将 20 个干涉像对进行干涉处理后，与 SRTM DEM 模拟的地形相位做差分处理，去除参考椭球面相位和地形相位，得到初始的差分干涉图，如图 9-7 所示。初始差分干涉图由于受到时间和空间失相干的影响，相位梯度变化比较大，干涉图中很难呈现清晰的干涉条纹。由图 9-7 可以看出，质量高的干涉相位主要集中于城市区域。本案例中，时间基线为 1 年，差分干涉图失相干严重，空间基线超过 450m，干涉图质量较差，很难从中识别形变区。

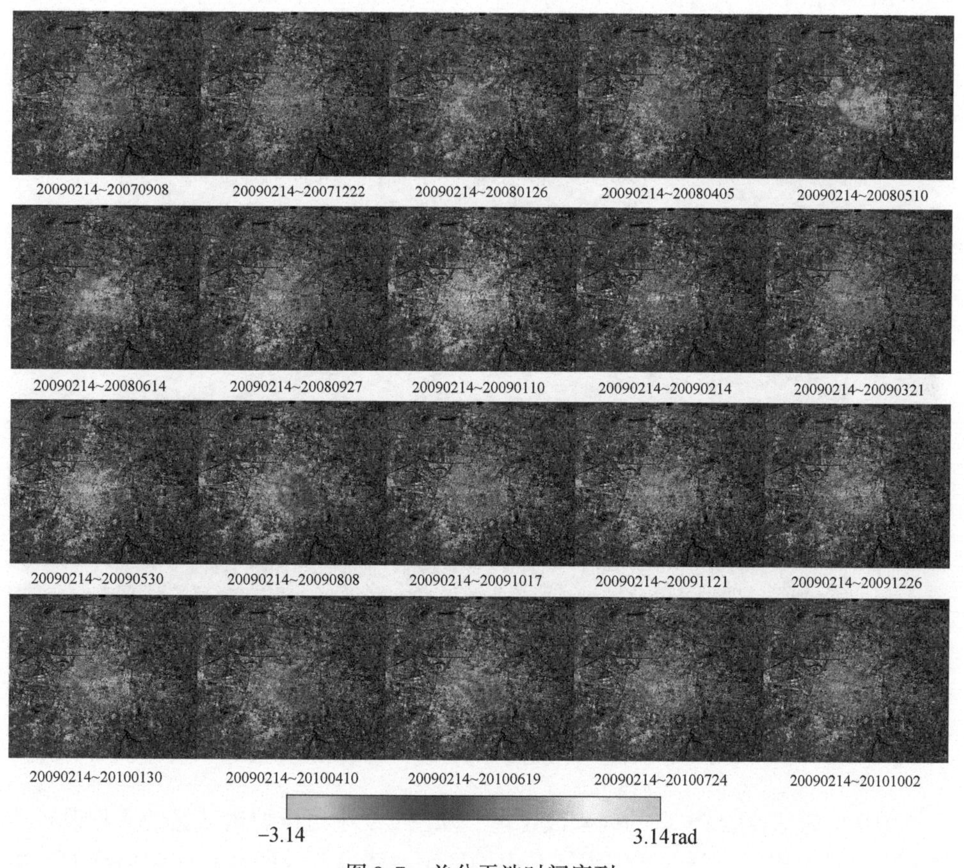

图 9-7　差分干涉时间序列

9.3.4　估计形变时间序列

识别出 PS 点后，建立 Delauney 三角网，如图 9-8 所示，然后采用整体相位相干系数求出高程改正值和初始形变速率，同时可以求得差分干涉相位值的解缠相位值。求得改正后的基线值，剔除差分干涉相位中的基线残余相位。采用改正后的基线值和高程值求得差分干涉值后，再次求解剩余的高程改正值和形变速率，和前面求得的值结合得到最终的高程改正值和线性形变速率。从差分干涉图中去除高程改正值和形变相位可以得到包含大气延迟相位、非线性形变相位和随机噪声相位的残差相位，采用空间域和时间域滤波方法，分离了大气延迟相位和非线性形变相位，空间域滤波窗口设为 80 个像元，时间域滤波采用时间窗口±100天，最后得到包含线性形变和非线性形变的最终形变量。依照最后求得随机噪声相位的相干值（阈值：0.7）剔除一些质量差的点，最后剩下 89 206 个 PS 点，点密度约为 20 个/km^2。

图 9-8　PS 点构成的 Delauney 三角网

图 9-9 为估计的 PS 点的高程改正值，从图 9-9 中可以看出城区的高程改正值较大，而且不均匀，分析原因得知是由城区市政建设造成的地表变化引起的。由表 9-2 可知，87.8% 的高程改正值介于±10m，这也验证了 SRTM DEM 高程像对精度为 10m 的结论（Smith and Sandwell，2003），证实了 PS 点获取高精度高程值的可靠性。

图 9-10 为计算的线性形变速率图，从图 9-10 可以看出，中心城区呈现轻微的上升趋势，最大上升速率 14.97mm/a，周边郊区存在明显的下沉现象，主要存在六个漏斗区，最大下沉速率-54.05mm/a（下沉速率以参考影像 2009 年 2 月 14 日为准）。平均形变速率为-4.78mm/a，整个区域以下沉为主。结合光学影像发现，形变区主要集中于灌溉区和开发区。同时，计算了每个 PS 点的时间序列相干值，如图 9-11 和图 9-12 所示，相干值均值为 0.93，证实了识别的 PS 点和形变结果的可靠性。从残余相位中采用空间域和时间域滤波得到了大气延迟相位和

非线性形变值，图 9-13 为参考影像的大气延迟相位图，图 9-13 中存在一团明显的大气延迟相位，以红色椭圆标注，最大量为 11. 3mm，因此不去除大气延迟相位的影响，获得毫米级的形变精度是不可能的。PS-InSAR 技术假设形变模型为线性形变，但是实际工程中，这样的情况很少存在，图 9-14 红色点为求得模型相位，蓝色点为加入非线性形变的形变量，比较可知要获得毫米级形变，非线性形变是不能忽视的。

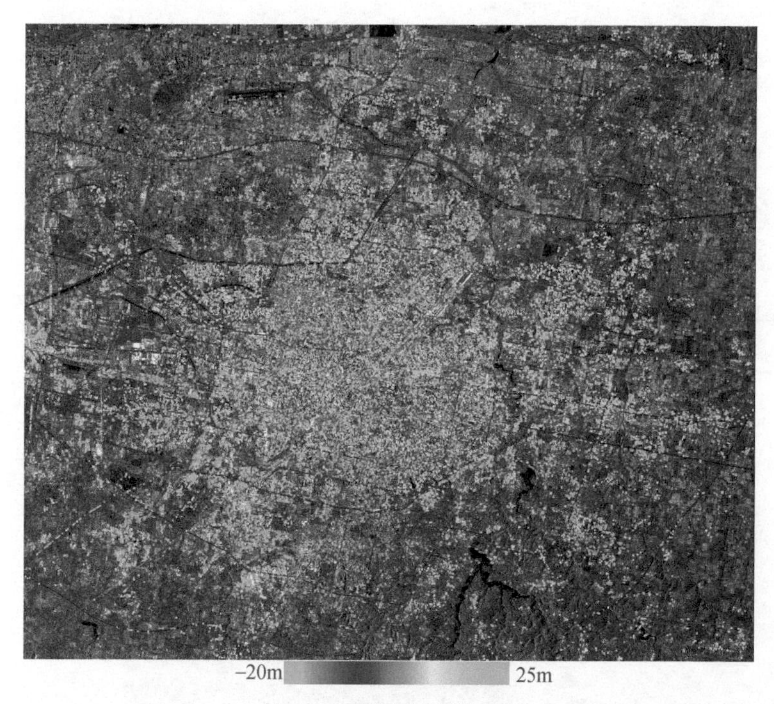

图 9-9　高程改正值图像

表 9-2　高程改正值信息

高程改正值绝对值/m	$\|\Delta h\| \leqslant 5$	$5 < \|\Delta h\| \leqslant 10$	$10 < \|\Delta h\| \leqslant 20$	$\|\Delta h\| \geqslant 20$
数量	51 586	26 797	9 882	941
比例/%	57. 8	30	11. 1	1. 1
均值/m	4. 97			

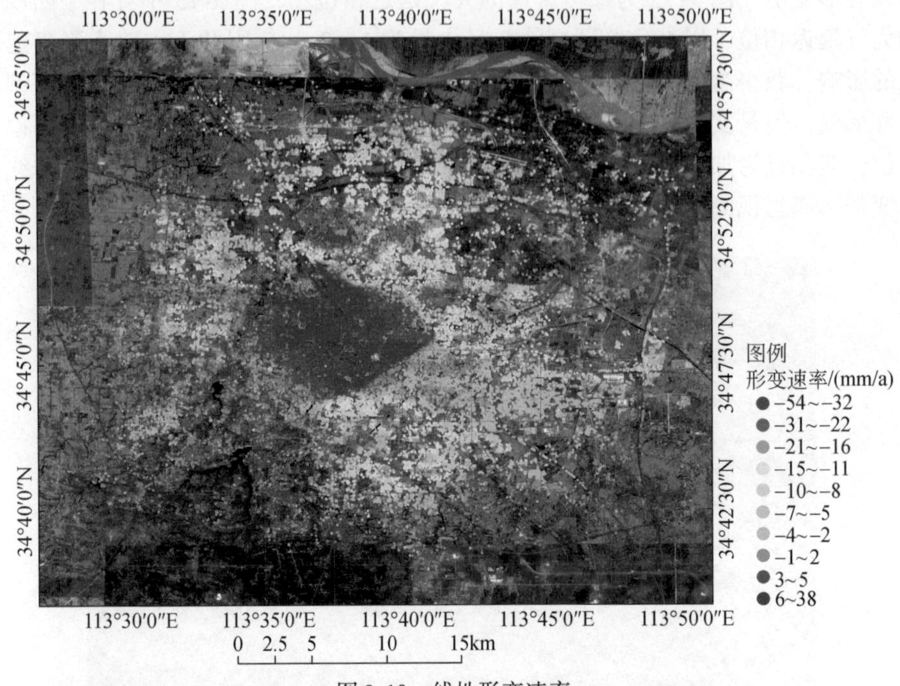

图 9-10　线性形变速率

图 9-11　PS 点的时间序列相干值

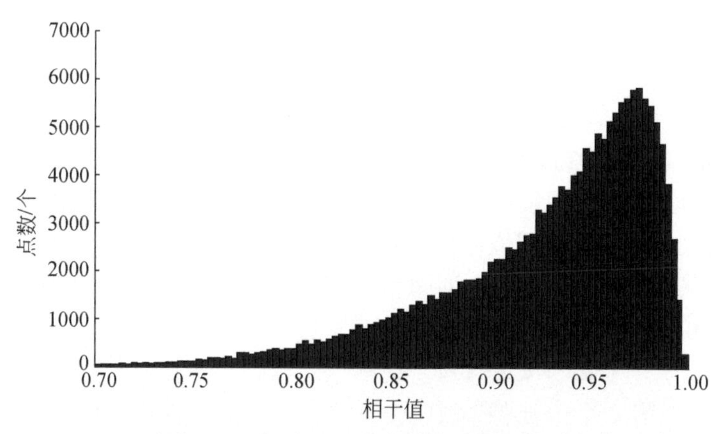

图 9-12　PS 点的时间序列相干值直方图

图 9-13　参考影像的大气延迟相位

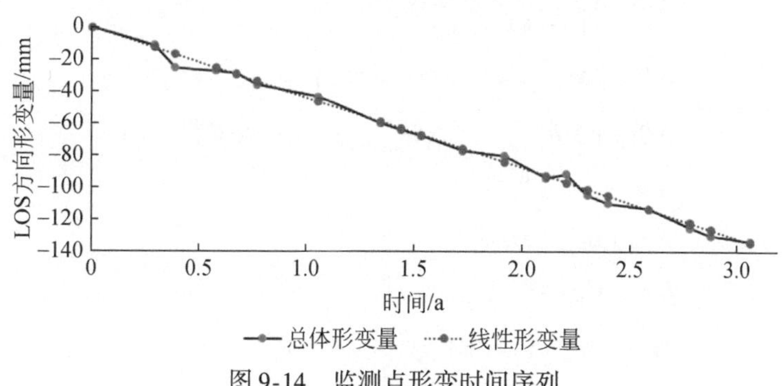

图 9-14　监测点形变时间序列

9.4 SBAS 技术

Berardino 等（2002）提出的 SBAS 技术用于获得时间序列形变值，该技术主要应用于低分辨率、大尺度的形变。为保证每个干涉像对具有高相干性，通过设定一定的时间、空间基线阈值，将已有的 SAR 影像数据集划分为若干个小集合，使得各个子集内时空基线较小。对每个干涉像对进行二轨差分干涉处理，获取正确的解缠相位，如式（9-26）所示。

$$\Phi_{x,y}^{k}=\varphi_{\mathrm{top},x,y}^{k}+\varphi_{\mathrm{def},x,y}^{k}+\varphi_{\mathrm{orb},x,y}^{k}+\varphi_{\mathrm{atm},x,y}^{k}+\varphi_{\mathrm{noi},x,y}^{k} \tag{9-26}$$

式中，$\varphi_{\mathrm{def},x,y}^{k}$为第 k 个干涉像对中点（x，y）对应的形变相位，该部分与 PS-InSAR 形变模型不同，采用分段线性形变之和表示干涉对影像获取时间内的形变量，如式（9-27）所示。

$$\varphi_{\mathrm{def},x,y}^{k}=-\frac{4\pi}{\lambda}\Delta r_{x,y}^{k}=-\frac{4\pi}{\lambda}\sum_{j=S_{k+1}}^{M_k}(t_j-t_{j-1})v_j=\beta_k V \tag{9-27}$$

式中，$\varphi_{\mathrm{top},x,y}^{k}$为第 k 个干涉像对中点（x，y）对应的高程残差相位，该部分与干涉基线相关，可建立与干涉基线相关的模型，如式（9-28）所示。

$$\varphi_{\mathrm{top},x,y}^{k}=-\frac{4\pi}{\lambda}\frac{B_{\perp,x,y}^{k}}{r_{x,y}^{k}\sin\theta_{x,y}^{k}}\Delta h_{x,y}=\alpha_{x,y}^{k}\Delta h_{x,y} \tag{9-28}$$

如果设定（x'，y'）为参考点，那么每个高相干点和参考点的差分相位表示为

$$\Delta\Phi_{x,y,x',y'}^{k}=\alpha_{x,y}^{k}\Delta h_{x,y,x',y'}+\beta_k V+w_{x,y,x',y'}^{k} \tag{9-29}$$

式中，$w_{x,y,x',y'}^{k}$为残差相位，包含基线误差、大气延迟误差和噪声等，如式（9-30）所示。

$$w_{x,y,x',y'}^{k}=\varphi_{\mathrm{orb},x,y,x',y'}^{k}+\varphi_{\mathrm{atm},x,y,x',y'}^{k}+\varphi_{\mathrm{noi},x,y,x',y'}^{k} \tag{9-30}$$

SBAS 函数模型的一般形式可采用式（9-31）表示：

$$\begin{aligned}
&\Delta\boldsymbol{\Phi}=\boldsymbol{A}\begin{bmatrix}\Delta h_{x,y,x',y'}\\ \Delta V\end{bmatrix}+\boldsymbol{W}\\
&\Delta\boldsymbol{V}=[\Delta v_1\quad \Delta v_2\quad \cdots\quad \Delta v_{N-1}]\\
&\Delta\boldsymbol{\Phi}=[\Delta\Phi_{x,y,x',y'}^{1}\quad \Delta\Phi_{x,y,x',y'}^{2}\quad \cdots\quad \Delta\Phi_{x,y,x',y'}^{M}]\\
&\boldsymbol{A}=[\alpha\quad \beta]\\
&\boldsymbol{\alpha}=[\alpha_{x,y}^{1}\quad \alpha_{x,y}^{2}\quad \cdots\quad \alpha_{x,y}^{M}]^{\mathrm{T}}\\
&\boldsymbol{\beta}=[\beta_1\quad \beta_2\quad \cdots\quad \beta_M]\\
&\boldsymbol{W}=[w_{x,y,x',y'}^{1}\quad w_{x,y,x',y'}^{2}\quad \cdots\quad w_{x,y,x',y'}^{M}]
\end{aligned} \tag{9-31}$$

假设所有的干涉像对都属于同一个小基线集内，可以直接采用最小二乘法求解，但是实际中，基于一个参考影像的小基线集内数据有限，为了增加形变量的时间采样，必须联合不同的参考影像的小基线集，但是对于不同参考影像的小基线集，很明显 $\boldsymbol{A}$ 秩亏，$\boldsymbol{A}^{\mathrm{T}}\boldsymbol{A}$ 矩阵奇异。假设 $\boldsymbol{L}$ 个小基线集，则 $\boldsymbol{A}$ 的秩为 $N-L+1$，此时方程组有无穷个解（$N \leqslant M$）。

采用 SVD 分解方法（Strang，1988；Golub et al.，1996）可以很容易求解式（9-31），SVD 分解可以求出式（9-31）最小范数意义上的最小二乘解。对 $\boldsymbol{A}$ 进行 SVD 分解得到式（9-32）：

$$\boldsymbol{A}=\boldsymbol{U}\boldsymbol{S}\boldsymbol{V}^{\mathrm{T}} \tag{9-32}$$

式中，$\boldsymbol{S}$ 为 $M\times M$ 的对角矩阵，对角线元素为 $\boldsymbol{A}\boldsymbol{A}^{\mathrm{T}}$ 的特征值；$\boldsymbol{U}$ 为 $M\times M$ 的正交矩阵，$\boldsymbol{U}$ 的列为 $\boldsymbol{A}\boldsymbol{A}^{\mathrm{T}}$ 的正交特征向量；$\boldsymbol{V}$ 为 $N\times N$ 矩阵，$\boldsymbol{V}$ 的列为 $\boldsymbol{A}^{\mathrm{T}}\boldsymbol{A}$ 的正交特征向量。通常 $M>N$，有 $M-N$ 个特征值为 0，同时由于 $\boldsymbol{A}$ 秩亏，还有另外 $L-1$ 个 0 特征值。总体来讲，$\boldsymbol{S}$ 的结构如下式：

$$\boldsymbol{S}=\mathrm{diag}(\sigma_1,\cdots,\sigma_{N-L+1},0,\cdots,0) \tag{9-33}$$

式中，σ_i 为奇异值，$i=N-L+1$。

采用 SVD 分解可以得到式（9-31）最小范数意义上的最小二乘解：

$$\hat{\varphi}=\boldsymbol{A}^{+}\delta\varphi,\text{其中 }\boldsymbol{A}^{+}=\boldsymbol{V}\boldsymbol{S}^{+}\boldsymbol{U}^{\mathrm{T}} \tag{9-34}$$

式中，$\boldsymbol{S}^{+}=\mathrm{disg}$（$1/\sigma_1$，$\cdots$，$1/\sigma_{N-L+1}$，0，$\cdots$，0），最后可得

$$\hat{\varphi}=\sum_{i=1}^{N-L+1}\frac{\delta\varphi^{\mathrm{T}}\boldsymbol{u}_i}{\sigma_i}\boldsymbol{v}_i \tag{9-35}$$

式中，$\boldsymbol{u}_i$ 和 $\boldsymbol{v}_i$ 分别为 $\boldsymbol{U}$ 和 $\boldsymbol{V}$ 的列向量。

采用式（9-31）求得的相位在时间维上表现为不连续，呈现上下跳跃，是一个没有物理意义的解。为了得到一个具有物理意义的解，修改了式（9-31），采用相邻时间的平均相位速度代替式（9-31）中的未知数，新的未知数如式（9-36）所示：

$$\boldsymbol{v}^{\mathrm{T}}=\left[v_1=\frac{\varphi_2}{t_2-t_1},\cdots,v_{N-1}=\frac{\varphi_N-\varphi_{N-1}}{t_N-t_{N-1}}\right] \tag{9-36}$$

代入式（9-31），可得

$$\sum(t_{k-1}-t_k)v_k=\Delta\varphi_j \quad j=1,\cdots,M \tag{9-37}$$

矩阵形式为

$$\boldsymbol{B}\boldsymbol{v}=\delta\phi \tag{9-38}$$

式中，$\boldsymbol{B}$ 为一个 $M\times N$ 矩阵，对第 j 行，位于干涉对影像获取时间之间的列，$B(i,\ j)=t_k-t_{k-1}$；其他情况，$B(i,\ j)=0$。对 $\boldsymbol{B}$ 进行 SVD 分解可以得到形变速率最小范数意义的最小二乘解，接着可以求得模型形变相位。真实相位和模型相

位求差得到残差相位，对残差相位在空间和时间进行滤波可以获得大气延迟相位和非线性形变值。SBAS 技术在数据处理时进行了多视处理，因此得到的结果分辨率较低（约 100m×100m），因此标准的 SBAS 技术主要应用于低分辨率、大尺度的形变。数据处理流程如图 9-15 所示。

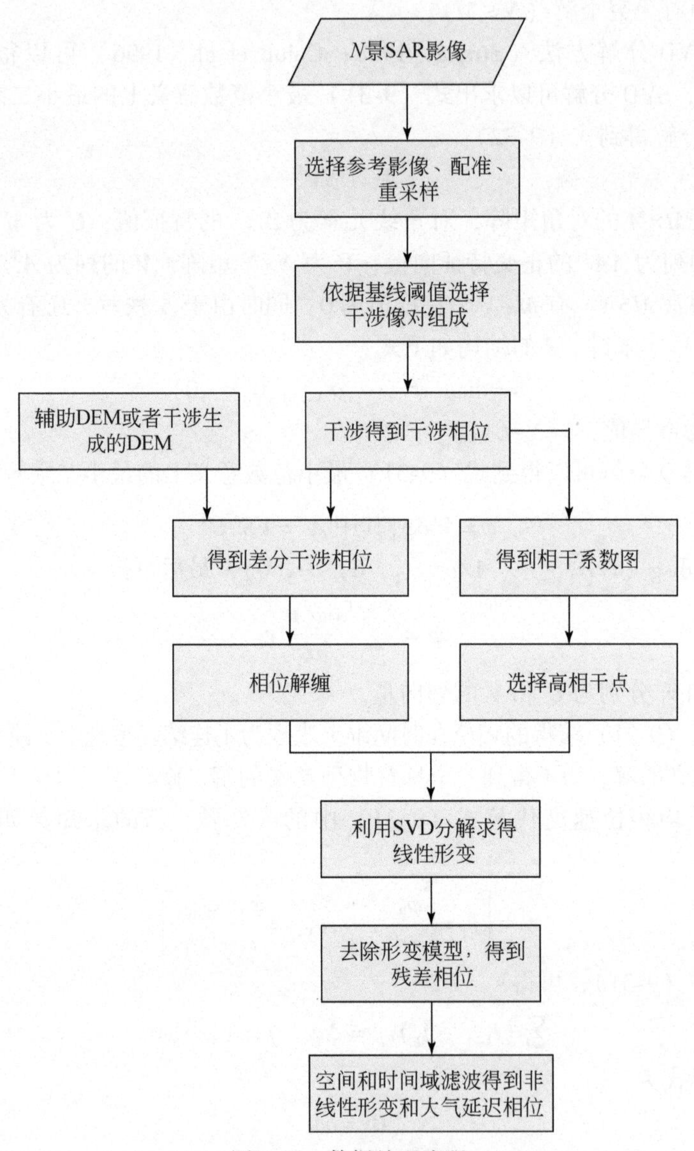

图 9-15　数据处理流程

第10章　高分辨率时间序列InSAR技术

近些年发展的时间序列InSAR技术有：PS-InSAR技术（Ferretti et al., 2002），相干目标探测技术（Vander Kooij, 2003）、干涉点目标分析（Wegmuller, 2007; Werner et al., 2003）、稳定点网络分析（Arnaud et al., 2003）、SBAS技术（Berardino et al., 2002）和角反射器干涉测量技术等。这些技术通过对时间序列中具有稳定、可靠相位的点进行分析，采用迭代的方法计算高精度的形变值和高程改正量，并且已经成功应用于地表形变、地震形变、冰川移动、火山运动、山地滑坡和大型构建物形变监测中。随着高分辨率SAR传感器的发展，如TerraSAR-X、COSMO-SkyMed和RADARSAT-2等，数据质量、重访周期和分辨率都有明显提高，分辨率达到1m，为精细化形变监测提供了数据保障。但是受限于数据量大的问题，采用普通PC机，甚至图像服务器也无法实现对数据的快速处理，阻碍了InSAR技术向工程化推广。因此，需要对目前InSAR数据处理技术做出改进，寻找一种高分辨率数据快速处理方法。

时间序列InSAR技术的难点在于准确分离高程改正量和大气延迟量，由于先验的大气改正模型和准确的地表高程值未知，需要通过回归分析从时间序列差分干涉相位中多次迭代提取，如果已知大气改正量和准确高程值，就可以减少迭代次数，提高数据处理效率。因此，本章提出了一种新的高分辨率时间序列InSAR技术处理策略，提出了基于点密度的PS点抽稀方法，该方法能够实现对高点密度区域抽稀，同时保留低点密度区域的PS点。接着通过对抽稀的PS点进行分析，获得初始形变量、高程改正量和大气延迟相位，把这些值经过插值后作为PS点集的初始值，对整个PS点数据集做处理，获得最终的形变量和高程改正量。PS点抽稀方法可以实现对高分辨率InSAR数据的快速处理，实际案例验证了该方法的可靠性。

10.1　PS点抽稀方法

对于高分辨SAR影像，PS点主要分布在城市区域、人工构建物（铁路、大坝和桥梁等）和裸露岩石。在植被区域，PS点分布稀疏，PS点位分布极其不均匀。本书提出通过数据抽稀方法，降低PS点密集区域的PS点数量，同时保留低密度区的 PS 点数量，达到降低数据量的目的，为快速获得大气延迟相位和高程改正量提供一种策略。

目前采用多视技术提高高分辨率 InSAR 数据的处理效率，多视处理通过降低 SAR 影像的空间分辨率降低数据量，进而提高处理效率，但是获得的是中等分辨率的监测结果，无法实现对地物（大型线状工程）的精细监测，失去了高分辨 InSAR 形变监测的意义。因此，需要探索一种既能实现高效率，又能保持 SAR 影像空间分辨率不变的数据处理技术。

10.1.1 等间距点抽稀方法

该抽稀方法原理如下：从起点开始，按照设定的步长，判断此点的领域关系。

（1）如果此点为孤立点，则保留此点，如图 10-1 红色框所示；

（2）依照点领域关系，按照设定的抽稀步长去除多余点。

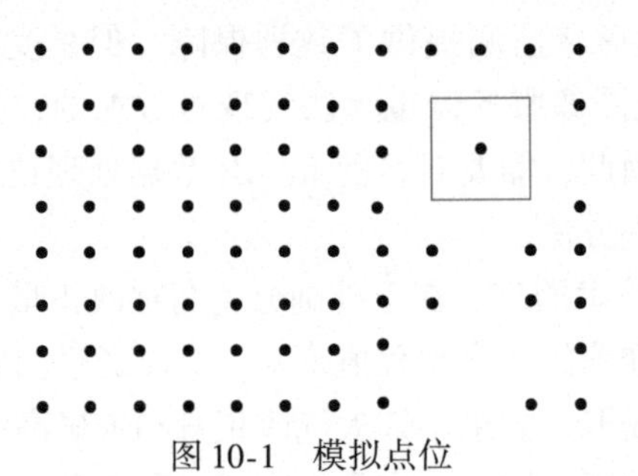

图 10-1 模拟点位

此方法能够有效减小 PS 点的密度（图 10-2），降低数据量，但是对于 PS 点稀疏的区域，抽稀后点位更少，甚至无点存在，使得连接的 arc 过长，影响最终的监测结果。

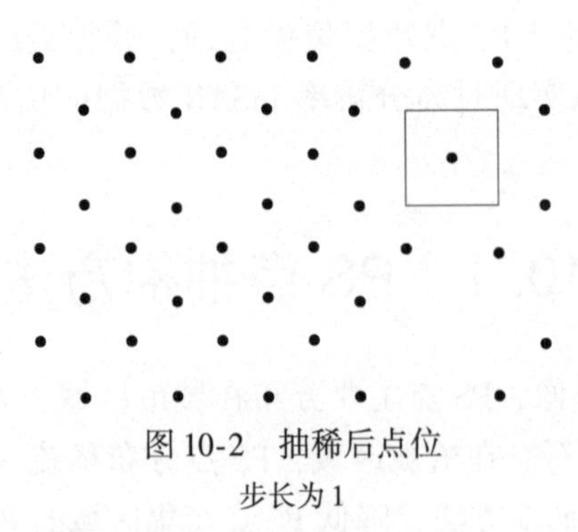

图 10-2 抽稀后点位

步长为 1

10.1.2 基于点密度的抽稀方法

针对等间距 PS 点抽稀方法存在的问题，提出了基于点密度的抽稀方法，该方法在一定范围内计算点密度，依据点密度对 PS 点进行抽稀。具体步骤如下：

（1）如图 10-3 和图 10-4 所示，以点（i，i）为中心，设置计算半径 r，半径内其他点位坐标为（ii，jj），（$-r \leqslant ii \leqslant r$，$-r \leqslant jj \leqslant r$）。其中，半径内黑点为 PS 点，标示为 1；灰色点为非 PS 点，标示为 0，计算该点的点密度 m，计算公式如式（10-1）所示。

$$m = \sum_{s \in r} (ii, jj) = 1, s = \sqrt{(i - ii)^2 + (j - jj)^2} \tag{10-1}$$

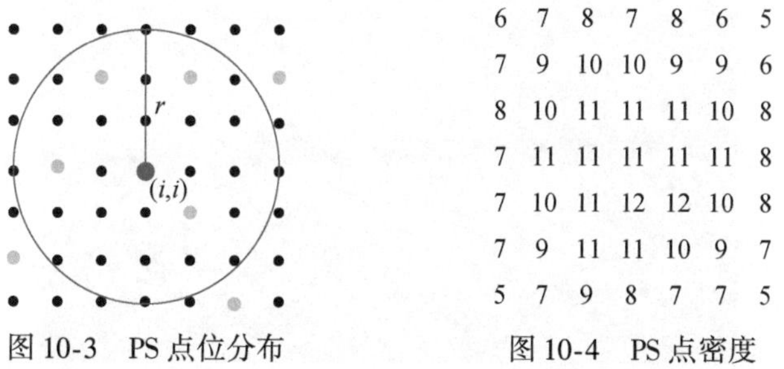

图 10-3　PS 点位分布　　图 10-4　PS 点密度

（2）依据点密度，设置抽稀准则。设置点密度阈值，大于阈值的点，采用小步长抽稀；小于阈值的点，采用大步长抽稀。

基于点密度的抽稀方法能够自适应地实现对 PS 点的抽稀，不仅可以实现高密度点位抽稀，而且可以保留低密度区域的 PS 点密度，因此是一种有效的 PS 点抽稀方法。

10.1.3 改进的点密度抽稀方法

采用相干系数阈值法、振幅离差指数阈值法和相位离差阈值法等方法识别的 PS 点虽然具有较高的质量，但是由于地面环境的复杂性，受限于数据量，这些点中总存在不可靠的伪 PS 点。假设在数据抽稀过程中，去除了真 PS 点，保留了伪 PS 点，将影响后续的数据处理。下面以河南省郑州市一块区域的 TerraSAR-X 影像为例进行分析。

SAR 影像时间范围为 2012 年 9 月 22 日 ~2013 年 9 月 9 日，共 17 景，影像大小为 2205 像元×1860 像元，距离向分辨率为 0.91m，方位向分辨率为 1.96m。该区域地物类型以人工建筑为主，存在少量绿地。采用振幅离差指数阈值法识别初始 PS 点，阈值设为 0.6，共确定 67 737 个 PS 点，PS 点密度为 5507 个/km^2。PS 点分布如图 10-5 所示，点密度统计半径为 30m，获得的 PS 点密度分布如图 10-6所示。可知 PS 点主要分布在人工建筑区域，而且人工建筑密集区域的 PS 点密度较大，最大密度值可达 500 个/km^2。PS 点构建的 TIN 网如图 10-7 所示，共构建 135 252 个三角形，数量较大，严重制约了计算效率。图 10-8 为 PS 点对应的时间序列相干值的直方图，可知 PS 点具有较高的干涉相干值，说明识别的

图 10-5　PS 点分布

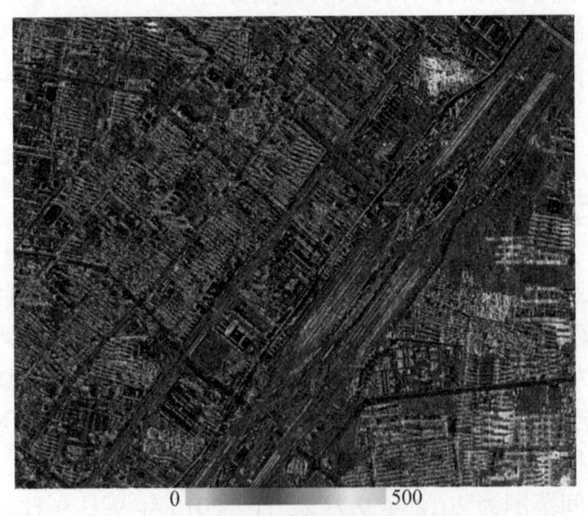

图 10-6　PS 密度分布

PS 点具有可靠的干涉相位值。由于目前选择 PS 点的方法都基于统计理论，PS 点质量的好坏依赖于数据量和设定的阈值，数据量越大选择的 PS 点精度越高，同时 PS 点的质量受地面环境和大气的影响较大，因此初始识别的 PS 点中存在一些不可靠的点。在本案例中仍有 10% 左右的 PS 点相干值低于 0.5，这些点质量较低，如果选择其进行后续分析，将会给最终结果带来影响。因此，如果直接依据初始选择的 PS 点进行抽稀，虽然可以降低处理数据量，提高计算效率，但是抽稀后的 PS 点中存在较多的伪 PS 点，构建不可靠的 TIN 网，这样会直接影响最终的计算精度。因此，在对 PS 点抽稀过程中，需要构建约束指标来保证抽稀后数据质量。本书提出采用时间序列相干值和时间序列相位标准差两个指标来保证抽稀后数据质量。

图 10-7　PS 点构建的 TIN 网

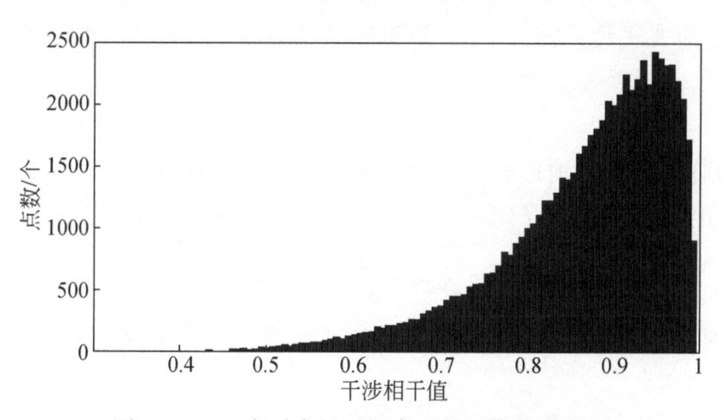

图 10-8　PS 点对应的时间序列相干值的直方图

10.1.3.1　时间序列相干值

设时间序列内有 N 景 SAR 影像，配准重采样后形成 $N-1$ 个干涉像对，可以求得 $N-1$ 幅相干值图像，每个像元的相干系数 γ 可以采用式（10-2）计算（Zebker and Villasenor，1992）

$$\gamma = \frac{\left|\sum_{i=1}^{m}\sum_{j=1}^{n} M(i,j) \cdot S^{*}(i,j)\right|}{\sqrt{\sum_{i=1}^{m}\sum_{j=1}^{n} |M(i,j)|^{2} \cdot \sum_{i=1}^{m}\sum_{j=1}^{n} |S(i,j)|^{2}}} \tag{10-2}$$

式中，M 和 S 分别为主 SAR 影像和从 SAR 影像的局部像元值；* 为共轭相乘。这样可以得到相干值时间序列 γ_1，γ_2，…，γ_{N-1}。采用式（10-3）逐像元计算时间序列相干系数平均值和标准差，相干系数平均值可以评价 PS 点质量的好坏，相干系数标准差可以评价 PS 点在时间序列中的稳定性

$$\begin{aligned} \bar{\gamma} &= \sum_{k=1}^{N-1} \gamma_k \\ \delta_{\gamma} &= \left[\frac{1}{N-1}\sum_{k=1}^{N-1} (\gamma_k - \bar{\lambda})^2\right]^{\frac{1}{2}} \end{aligned} \tag{10-3}$$

10.1.3.2　时间序列相位标准差

对参考影像上的 PS 点和其他影像上对应的点进行干涉，得到每个 PS 点的干涉相位，然后去除平地效应和地表高程相位，得到差分干涉相位，第 k 幅干涉图中某点的差分干涉相位采用式（10-4）表示（Colesanti et al.，2003）

$$\varphi^{k} = \varphi_{\text{top}}^{k} + \varphi_{\text{def}}^{k} + \varphi_{\text{atm}}^{k} + \varphi_{\text{noi}}^{k} \tag{10-4}$$

式中，φ_{top}^{k} 为残余高程引起的地形相位；φ_{def}^{k} 为地物在雷达视线方向移动引起的形变相位；φ_{atm}^{k} 为大气延迟相位；φ_{noi}^{k} 为随机噪声相位。实际上，地形相位是垂直基线的线性函数，可以表示为

$$\varphi_{x,\text{top}}^{k} = \beta_{x}^{k} \cdot \Delta h_{x} \tag{10-5}$$

式中，β_{x}^{k} 为高程转换为地形相位的转换因子；Δh_{x} 为高程误差。假定形变为线性形变，因此也可以采用式（10-6）表示形变相位，如式（10-6）所示

$$\varphi_{x,\text{def}}^{k} = -\frac{4\pi}{\lambda} T^{k} \cdot v(x) \tag{10-6}$$

式中，λ 为雷达信号波长；T^{k} 为相对于参考影像的时间间隔；$v(x)$ 为 x 点的平均形变速度。

差分干涉后的相位值缠绕在（$-\pi$，π]，是个非线性问题，不能直接求解

(Teunissen et al., 1995, 1999, 2003; Kampes, 2006), 需要采用解空间搜索法求解, 求解过程中, 用到一个重要的参数——整体相位相干系数 (ensemble phase coherence), 如式 (10-7) 所示

$$\bar{e}_x = \frac{1}{N-1}\sum_{k=1}^{N-1} e_x^k \tag{10-7}$$

式中, e_x^k 为第 k 幅干涉图中 x 点模型相位和真实相位的差值, 如式 (10-8) 所示 (Hopper, 2006)

$$e_x^k = \varphi_x^k - \left[\beta_x^k \cdot \Delta h_x + \frac{4\pi}{\lambda} T^k \cdot v(x)\right] \tag{10-8}$$

求得的 e_x^k 可以用来衡量时间序列干涉相位和模型的吻合程度, 其值越小, 吻合度越高。为了更准确地在时间序列中描述 x 点的质量, 求取 e_x^k 的标准差作为衡量 PS 点质量的指标, 如式 (10-9) 所示

$$\delta_{e_x} = \left[\frac{1}{N-1}\sum_{k=1}^{N-1} (e_x^k - \bar{e}_x)^2\right]^{\frac{1}{2}} \tag{10-9}$$

10.1.3.3 抽稀方法

采用基于点密度的抽稀方法进行 PS 点抽稀时, 引入 10.2.3.1 节和 10.2.3.2 节的约束条件, 对 PS 点抽稀的时候兼顾每个点的质量, 可以保证抽稀后数据的质量, 便于后续的数据解算。改进的点密度抽稀方法步骤如下。

(1) 首先采用式 (10-1) 计算点密度值, 获得每个 PS 点在一定区域内的点密度;

(2) 计算 10.2.3.1 节和 10.2.3.2 节提到的约束条件;

(3) 统计在一定半径内 PS 点领域内的时间序列相干值均值和相位标准差, 抽稀时, 估计每个点的质量, 剔除低质量点, 保留高质量点。设置动态抽稀步长, 对点密度和点质量高的区域, 采用小步长, 反之, 采用较大步长。

10.1.4 案例分析

实验数据采用第 10.1.3 节提到的郑州市的 TerraSAR-X 数据, 分别采用基于点密度的抽稀方法和改进的点密度抽稀方法进行分析, 并对比二者的结果。点密度阈值设为 50, 低于 50 的点保留不做抽稀, 高于 50 的点依照时间序列相干值均值和相位标准差抽稀。本案例分别分析基于时间序列相干值均值、时间序列相位标准差和两种方法交集的 PS 点, PS 点位分布如图 10-9 ~ 图 10-11 所示, PS 点统计信息如表 10-1所示。综合分析可知, 提出的两种约束方法都能保证 PS 点的空间分布, 即能够自适应地抽稀密度高的位置的 PS 点, 保留低密度区域的 PS 点, 实现对数据抽

稀的同时保证抽稀后的数据质量，由表 10-1 可知，采用两种方法抽稀后的 PS 点数大致相等，相差 31 个，但是点位分布具有较大的差异，图 10-12为两种方法差异点分布图，差异点共 17 391 个。由于时间序列相干值均值侧重于描述 PS 点的相干性，对于时间序列相干性的稳定不作考虑，因此识别的点位中存在均值较大但在时间序列中稳定性较差的点；相反，时间序列相位标准差侧重于考虑 PS 点的时间序列稳定性。因此，两种方法识别的点存在较多差异。但是为了识别更高质量的点，即既具有高相干值，又在时间序列中具有稳定性的点，可以采用两种方法识别点的交集作为最终的 PS 点。由表 10-1 可知，两种方法交集的点具有高的时间序列相干值和低的相位标准差，符合 PS 点的特征，同时构建的三角网边长较短。

图 10-9　基于时间序列相干值均值的 PS 点分布

图 10-10　基于时间序列相位标准差的 PS 点分布

图 10-11　两种方法交集的 PS 点分布

表 10-1　基于不同抽稀方法的 PS 点信息

PS 点类型	PS 点数/个	PS 相干值均值	PS 相位标准差均值	构建三角形数/个
初始 PS 点	67 737	0.86	0.58	135 252
基于时间序列相干值均值抽稀的 PS 点	39 621	0.89	0.56	78 302
基于时间序列相位标准差抽稀的 PS 点	39 590	0.87	0.47	78 106
两种方法交集的 PS 点	30 910	0.88	0.50	61 304

图 10-12　两种方法差异的 PS 点分布

10.2 改进的高分辨率时间序列 InSAR 技术

目前的时间序列 InSAR 技术中，SBAS 技术采用多参考影像方法，增加了 SAR 数据的时间采样，因此可用于高形变速度和非线性形变区域监测，但是由于对数据多了多视处理，最终的结果是低分辨率的形变序列，失去了高分辨率形变监测的意义，适用于低分辨率、大尺度上的形变监测，不适用于工程形变监测，如桥梁结构、建筑物局部形变等。在大数据集前提下，PS-InSAR、干涉目标点分析技术和稳定点网络分析技术等能够获得高精度的形变监测结果，但是这些技术侧重于对中等分辨率数据和小区域的高分辨率数据进行分析，对于大区域精细形变监测，受数据量大的影响，其目前的数据处理策略效率低下，而且对电脑硬件要求高，这阻碍了高分辨率时间序列 InSAR 技术向工程应用方向的发展。

时间序列 InSAR 技术处理中，数据处理的难点是时空域相位解缠，如果获得正确的解缠相位，采用最小二乘法很容易获得形变量。阻碍处理效率的主要是在时空域解缠过程中需要多次迭代获取正确的参数，如果已知参数的初始值，如初始形变速率和大气延迟相位，那么不仅可以减少相位解缠的难度，而且可以降低迭代次数，提高处理效率。同时也可以降低参数求解错误的概率。基于这样的情况，本章提出了一种改进的高分辨率时间序列 InSAR 技术，该技术由以下 5 部分构成，具体如下。

（1）选择初始 PS 点，这部分包括参考影像选择、影像配准和重采样、识别 PS 点三部分；

（2）对 PS 点抽稀，降低 PS 点集；

（3）采用 PS-InSAR、干涉目标点分析技术、SBAS 技术和稳定点网络分析技术等时间序列 InSAR 技术，对抽稀的 PS 点进行分析，获得抽稀 PS 点的形变速率、高程改正量和大气延迟相位；

（4）依据空间相干性，采用插值方法获得整个 PS 点集的形变速率和大气延迟相位；

（5）联合（4）获得插值结果，重新对所有 PS 点做差分，采用时间序列 InSAR 技术获得整个 PS 点集的结果。

本书以干涉目标点分析技术为例进行分析，具体处理流程如下。

10.2.1 数据预处理

10.2.1.1 选择参考影像

从 N+1 景 SAR 影像中选择 1 景参考影像的原则是：最大化所有干涉像对间

的相干性。Zebker 和 Villasenor（1992）指出，干涉像对间的相干值取决于像对间的时间基线（T）、空间垂直基线（$B_{\perp}$）、多普勒中心基线（F_{DC}）和热噪声四部分，是四部分的乘积形式。因此，从多时相 SAR 影像中选择参考影像必须综合考虑这四部分的分布情况，从中选择使得整体最优的一个影像作为参考影像。本书采用式（10-10）描述干涉像对总体相干性：

$$\begin{aligned}\rho^{i}_{\mathrm{total}} &= \rho^{i}_{\mathrm{temporal}}\rho^{i}_{\mathrm{spatial}}\rho^{i}_{\mathrm{doppler}}\rho^{i}_{\mathrm{thermal}} \\ &\approx \left[1-f\left(\frac{T^{i}}{T^{\mathrm{C}}}\right)\right]^{a}\left[1-f\left(\frac{B^{i}_{\perp}}{B^{\mathrm{C}}_{\perp}}\right)\right]^{\beta}\left[1-f\left(\frac{F^{i}_{\mathrm{DC}}}{F^{\mathrm{C}}_{\mathrm{DC}}}\right)\right]^{\chi}\rho_{\mathrm{thermal}}\end{aligned} \quad (10\text{-}10)$$

式中，$f(x)=\begin{cases}x, & 当\quad x\leqslant 1\\ 1, & 当\quad x>1\end{cases}$；$i$ 为第 i 个干涉像对；ρ 为相干性；上标 C 为极限参数值，即导致干涉图完全失相干的临界值。为 ERS 为例，$T^{\mathrm{C}}=5$ 年、$B^{\mathrm{C}}_{\perp}=1100\mathrm{m}$、$F^{\mathrm{C}}_{\mathrm{DC}}=1380\mathrm{Hz}$。实际应用中，假定 ρ_{thermal} 为常数，使得 $\sum_{i=1}^{N}\rho^{i}_{\mathrm{total}}$ 最大的影像即参考影像。本书识别参考影像的目的是方便后续的影像配准部分。

10.2.1.2 影像配准

多时相 SAR 影像配准中，一些干涉像对的时间、空间垂直和多普勒基线远远超过一般的 InSAR 配准的要求，基线越长，失相干影响越大（Touzi et al., 1999），基于传统的互相干的算法在这样的情况就不再有效，因此改进标准互相干算法是非常有必要的。基于这样的情况，采用以偏移值标准差为权重的加权最小二乘法（杨红磊，2012）计算偏移量多项式，提高了配准精度。

10.2.2 识别 PS 点

目前，识别 PS 点的方法主要有振幅离差指数阈值法、StaMPS 方法、时间序列相干系数阈值法和基于子视光谱属性的相干目标点探测方法。振幅离差指数阈值法和 StaMPS 方法都是基于统计模型识别 PS 点的方法，当数据量很大（>25 景）时，这样的方法非常有效，特别是在城市区域。一般来讲，分辨率越高，分辨单位内的散射体越少，这样被确定为 PS 点的机会越高。时间序列相干系数阈值法主要用于 SBAS 技术中，采用多视计算相干值，依据设定的相干系数阈值确定 PS 点。基于子视光谱属性的相干目标点探测方法（杨红磊，2012）采用子视相干方法识别单景影像相干目标点，在时间序列范围内，加入光谱离差方法去除移动散射体的影响，这样可以有效确定小数据集内的 PS 点，同时不损失分辨率。

10.2.3 PS 点抽稀

采用 10.3.2 节确定的 PS 点分布不均匀，在城市和人工建筑物区域等高相干值区域，点密度大；而在农田、森林等区域，点密度小。对于高分辨率 SAR 的情况，PS 点集数据量大，因此可以采用 10.2 节提出的基于密度的 PS 点抽稀方法对 PS 点集进行数据抽稀。合理设置抽稀密度阈值，避免抽稀后的 PS 点过于稀疏，组成的三角形边长过长，影响后续的计算。

10.2.4 抽稀后 PS 点分析

对抽稀后的 PS 点，提取相应的单视复数数据、DEM 数据，采用二轨差分方法，获得每个 PS 点 x 的一次差分时间序列干涉相位，如式（10-11）所示：

$$\varphi_x^k=\varphi_{x,\mathrm{top}}^k+\varphi_{x,\mathrm{def}}^k+\varphi_{x,\mathrm{atm}}^k+\varphi_{x,\mathrm{noi}}^k \tag{10-11}$$

式中，k 为干涉图序列号；$\varphi_{x,\mathrm{top}}^k$ 为残余高程引起的地形相位；$\varphi_{x,\mathrm{def}}^k$ 为地物在雷达视线方向移动引起的形变相位；$\varphi_{x,\mathrm{atm}}^k$ 为大气延迟相位；$\varphi_{x,\mathrm{noi}}^k$ 为随机噪声相位。

从 PS 点集中选择一个点作为计算参考点 y，此点具有稳定的高相干值，而且位于地表比较稳定的区域，x 和 y 点再次做差分，得到二次差分干涉相位：

$$\Phi_{x,y}^k=\varphi_{(x,y),\mathrm{top}}^k+\varphi_{(x,y),\mathrm{def}}^k+\varphi_{(x,y),\mathrm{atm}}^k+\varphi_{(x,y),\mathrm{noi}}^k \tag{10-12}$$

式中，$\varphi_{(x,y),\mathrm{top}}^k$ 为相对参考点高程差引起的地形相位；$\varphi_{(x,y),\mathrm{def}}^k$ 为相对参考点视线方向位移差对应的地形相位；$\varphi_{(x,y),\mathrm{atm}}^k$ 为相对参考点的大气延迟相位差，$\varphi_{(x,y),\mathrm{noi}}^k$ 为随机噪声相位。

由于相邻点之间的高程差是垂直基线的函数，相邻点之间的形变速率与时间间隔相关，因此式（10-12）也可以表示为

$$\Phi_{x,y}^k=\left[\beta^k\cdot\Delta h_{(x,y)}+\frac{4\pi}{\lambda}\cdot T^k\cdot\Delta v_{(x,y)}\right]+\varphi_{(x,y),\mathrm{atm}}^k+\varphi_{(x,y),\mathrm{noi}}^k \tag{10-13}$$

式中，β^k 为垂直基线；$\Delta h_{(x,y)}$ 为相对高程改正量；T^k 为时间间隔；$\Delta v_{(x,y)}$ 为相对形变速率。把大气延迟相位和失相干噪声相位视为随机噪声相位 e，且 $\boldsymbol{E}\{e\}=0$，则对应的观测方程可以表示为

$$\boldsymbol{E}\left\{\begin{bmatrix}\Phi_{(x,y)}^1\\\Phi_{(x,y)}^2\\\vdots\\\Phi_{(x,y)}^k\end{bmatrix}\right\}=\begin{bmatrix}-2\pi&&&\\&-2\pi&&\\&&\ddots&\\&&&-2\pi\end{bmatrix}\begin{bmatrix}\alpha^1\\\alpha^2\\\vdots\\\alpha^k\end{bmatrix}+\begin{bmatrix}\beta^1&T^1\\\beta^2&T^2\\\vdots&\vdots\\\beta^k&T^k\end{bmatrix}\begin{bmatrix}\Delta h_{(x,y)}\\\Delta v_{(x,y)}\end{bmatrix} \tag{10-14}$$

由式（10-14）可知，需要从 k 个观测量中求得 $k+2$ 个未知参数。这样采用

传统的最小二乘法无法求解。因此，需要采用解空间搜索法求解，求解过程中用到一个重要的参数——整体相位相干系数，如式（10-15）表示：

$$\hat{\gamma}_{x,y} = \frac{1}{N-1}\sum_{k=1}^{N-1}\exp(\mathrm{j}e_{x,y}^{k}) \tag{10-15}$$

式中，j 为虚数单位；$e_{x,y}^{k}$为第 k 幅干涉图中点 x 和点 y 之间模型相位和真实相位的差值，如式（10-16）表示（Hopper，2006）：

$$e_{x,y}^{k} = \Phi_{(x,y)}^{k} - \left(\beta^{k}\cdot\Delta h_{(x,y)} - \frac{4\pi}{\lambda}T^{k}\Delta v_{(x,y)}\right) \tag{10-16}$$

$\hat{\gamma}_{x,y}$中的“^”用来表示对未知相干值的一个估计值。实际计算中，在二维解空间中，以定长的采样间隔计算 $\hat{\gamma}_{x,y}$，使 $\hat{\gamma}_{x,y}$最大的那组解就是两点之间的高程改正量和形变速率增量。由于此时的差分干涉相位仍未解缠，要得到 $\Delta h_{x,y}$ 和 $\Delta v_{(x,y)}$的估计值，残差 $|e_{x,y}^{k}|$ 要足够小，一般来讲，为$<\pi$。Colesanti 等（2003）提出更确切的值 $\delta_e \leqslant 0.6$。求得相邻点的高程改正量和形变速率增量后，对其进行积分，可以得到每个 PS 点的绝对速度和高程差，同时完成了每个点的相位解缠，得到每个点的真实差分相位。

采用式（10-16）求出形变速率和高程改正量后，剩下的残差相位中包含了大气延迟相位和失相干噪声相位。由于大气延迟相位在空间具有强相干性，因此可以再用空间域滤波方法将其从残差相位中分离出来。但是空间域滤波方法效率低下，因此本书提出了大尺度大气延迟相位滤波方法分析大气延迟相位，具体见 10.3.5 节。最终可以获得每个 PS 点相对于参考点的形变速率、高程改正量和大气延迟相位。

10.2.5 大尺度大气延迟相位滤波

从差分干涉图中去除高程改正量和形变速率后，残差相位中剩余大气延迟相位、非线性形变和噪声。其中，大气延迟相位在空间域表现为低频信号，在时间域表现为高频信号。非线性形变在空间和时间域都表现为低频信号。噪声在空间和时间域表现为高频信号。因此，可以采用大窗口空间域滤波方法分离大气延迟相位。空间域滤波效率与滤波窗口成反比，窗口越大，效率越低，不适合对高分辨 InSAR 数据进行处理。因此，本书提出了一种新的大气延迟相位滤波方法，该方法由多视平均、空间滤波和空间插值技术组成。具体流程如下。

1）多视平均

假设对于 $M\times N$ 的矩阵 $\boldsymbol{D}$，对应的矩阵元素为 $d_{i,j}$，采用 $M\times N$ 的多视窗口得到多视后的结果：

$$\overline{d}=\frac{\sum_{i=1}^{M}\sum_{j=1}^{N}d_{i,j}}{MN} \tag{10-17}$$

可知，对数据进行多视平均虽然降低了空间分辨率，但是去除了噪声的影响。当多视窗口较大时，还可以克服非线性形变的影响。

2）空间滤波

由于非线性形变和大气延迟一样，在空间具有较强相干性，但是空间尺度较小，当采用视数较大的窗口多视处理后，非线性形变表现为噪声点，因此需要再次采用空间滤波方法进行去除。

3）空间插值

空间滤波后的大气延迟相位，分辨率和原始图像不一致，因此需要采用空间插值方法恢复到原始分辨率，可以采用的差值方法为反距离加权插值、样条函数插值和 Kriging 插值等。

10.2.6 Kriging 插值

根据 10.2.4 节求得的高程改正量、相对形变速率和大气延迟相位，采用 Kriging 插值方法求出抽稀前所有 PS 点的值。以大气延迟相位为例进行分析，具体步骤如下。

（1）计算离散点之间的距离 s_{ij} 和大气延迟相位方差 δ_{ij}^2：$s_{ij}=\sqrt{(x_i-x_j)^2+(y_i-y_j)^2}$；$\delta_{ij}^2=\frac{\sum_{i=1}^{N}(\varphi_{i,j}^{\text{atm}}-\overline{\varphi}^{\text{atm}})^2}{N}$，其中 i，$j=1$，2，…，N_{PS}，N_{PS} 为 PS 点总数，x_i 和 y_i 为 PS 点坐标；φ_i^{atm} 为 i 点的大气延迟相位；$\overline{\varphi}^{\text{atm}}$ 为半径 s 内 PS 点干涉相位均值。

（2）将数据分成距离组（用 $\{h'_m\}$ 表示），计算各距离组对应的变异函数的估计值 $\gamma^*(h)$：

$$\begin{gathered}\{h'_m\}=m\times\frac{(\max h_{ij}-\min h_{ij})}{N_H}\quad m=1,2,\cdots,N_H\\ \gamma*(h'_m)=\frac{1}{2N(h'_m)}\sum_{i=1}^{N(h'_m)}\delta_i^2\quad h\in\{h'_m\}\end{gathered} \tag{10-18}$$

式中，N_H 为距离组的个数。

$\{h'_m\}$ 的选择要注意两点：①保证变异函数中有意义的参数，至少要划分 3～4 组来计算变异函数 $\gamma^*(h'_m)$，即 $N_H\geqslant 4$；②保证每个距离组包括足够多的数据，使 $\gamma^*(h'_m)$ 值更可靠，即 $N(h'_m)$ 足够大。

（3）根据得到的 $\gamma^*(h'_m)$ 的点的分布形状，选择合适的变异函数进行拟合。

（4）结构模型的检验。有 2 种方法可以选择：①交叉检验方法，即把各个观测点上的观测值与选用的结构模型计算出的估计值进行比较，当其误差的均值趋于 0 且方差最小时，该结构模型最合适；②采用离差方差进行检验。

（5）求得变异函数估计值 $\gamma^*(h)$ 后，已知 Kriging 方程的系数矩阵 $\boldsymbol{K}$，可以得到未知点的估计值。

10.2.7 PS 点集分析

由 10.2.4 节和 10.2.6 节可以求得整个 PS 点集的高程改正量、形变速率和大气延迟相位的估计值。对已知的高程数据进行修正，获得更高精度的高程值。然后采用改正后的高程值，对所有的 PS 点再次进行差分干涉，在差分计算中，不仅仅消除了高程相位，而且加入了每个干涉图的大气延迟相位。虽然 SAR 成像不受大气的影响，但是微波在穿透大气层时，传播路径发生变化，这样得到的相位值中增加了大气延迟相位的影响，对于短波长影响较大。同时，大气延迟相位在时间序列中相干性较弱，如果其影响较大，会给相位解缠带来困难，甚至造成解缠失败。去除大气延迟的差分干涉图相位中，相位成分单一，形变值为主要成分，残余高程和大气延迟成分较少。

从差分干涉图中提出高程改正量和线性形变速率后，得到的残余相位为非线性形变、大气残余误差和噪声的综合体，要获得精确地形变量需要把非线性形变分离开，因此需要对残余相位做进一步的分析。由于大气在空间域表现为低频特征，而非线性形变表现为高频特征，因此可以采用时空域滤波的方法进行分离。对残余相位进行高频滤波，减弱大气残余相位的影响，剩下的残余相位可以表示为非线性形变和噪声。前面拟合的大气延迟相位加上高通滤波的大气相位即可得到总体大气延迟相位。

由上可以得到改正后的高程值和总体大气延迟相位，再次进行二轨差分得到的差分干涉相位只剩下形变相位。可以表示为

$$\boldsymbol{A} \cdot \boldsymbol{\Phi} = \delta\varphi \tag{10-19}$$

式中，$\boldsymbol{A}$ 为 $M \times N$ 矩阵。假设 $\delta\varphi_1 = \varphi_4 - \varphi_2$，$\delta\varphi_2 = \varphi_3 - \varphi_1$，$\delta\varphi_M = \varphi_N - \varphi_{N-2}$，则式（10-19）的矩阵形式如下：

$$\boldsymbol{A} = \begin{bmatrix} 0 & -1 & 0 & +1 & \cdots & 0 & 0 & 0 \\ -1 & 0 & +1 & 0 & \cdots & 0 & 0 & 0 \\ \vdots & \vdots & \vdots & \vdots & & \vdots & \vdots & \vdots \\ 0 & 0 & 0 & 0 & \cdots & -1 & 0 & +1 \end{bmatrix} \tag{10-20}$$

$\boldsymbol{A}$ 表示干涉图的组合形式。当采用单参考影像时，矩阵 $\boldsymbol{A}$ 的秩为 N，采用最小二乘法可以求解式（10-19）。

$$V=(\boldsymbol{A}^{\mathrm{T}}\boldsymbol{A})^{-1}\boldsymbol{A}^{\mathrm{T}}\delta\varphi \tag{10-21}$$

由于本书采用的多参考影像组合方式，方程秩亏，即 $\boldsymbol{A}^{\mathrm{T}}\boldsymbol{A}$ 为奇异矩阵，方程存在无数多个解。因此对 $\boldsymbol{A}$ 进行 SVD 分解，获得最小范数意义上的最小二乘解。对 $\boldsymbol{A}$ 进行 SVD 分解得到式（10-22）：

$$\boldsymbol{A}=\boldsymbol{U}\boldsymbol{S}\boldsymbol{V}^{\mathrm{T}} \tag{10-22}$$

式中，$\boldsymbol{S}$ 为 $M\times M$ 的对角矩阵，对角线元素为 $\boldsymbol{A}\boldsymbol{A}^{\mathrm{T}}$ 的特征值；$\boldsymbol{U}$ 为 $M\times M$ 的正交矩阵，$\boldsymbol{U}$ 的列为 $\boldsymbol{A}\boldsymbol{A}^{\mathrm{T}}$ 的正交特征向量；$\boldsymbol{V}$ 为 $N\times N$ 矩阵，$\boldsymbol{V}$ 的列为 $\boldsymbol{A}^{\mathrm{T}}\boldsymbol{A}$ 的正交特征向量。通常 $M>N$，有 $M-N$ 个特征值为 0，同时由于 $\boldsymbol{A}$ 秩亏，还有另外 $L-1$ 个 0 特征值。总体来讲，$\boldsymbol{S}$ 的结构如下式：

$$\boldsymbol{S}=\mathrm{diag}(\sigma_1,\sigma_2,\cdots,\sigma_{N-L+1},0,\cdots,0) \tag{10-23}$$

式中，σ_i 为奇异值，$i=1$，2，…，$N-L+1$。

采用 SVD 分解可以得到式（10-19）最小范数意义上的最小二乘解：

$$\hat{\varphi}=\boldsymbol{A}^{+}\delta\varphi,\text{其中 }\boldsymbol{A}^{+}=\boldsymbol{V}\boldsymbol{S}^{+}\boldsymbol{U}^{\mathrm{T}} \tag{10-24}$$

式中，$\boldsymbol{S}^{+}=\mathrm{diag}$（$1/\sigma_1$，…，$1/\sigma_{N-L+1}$，0，…，0），最后可得

$$\hat{\varphi}=\sum_{i=1}^{N-L+1}\frac{\delta\varphi^{\mathrm{T}}\boldsymbol{u}_i}{\sigma_i}\boldsymbol{v}_i \tag{10-25}$$

式中，$\boldsymbol{u}_i$ 和 $\boldsymbol{v}_i$ 分别为 U 和 V 的列向量。

采用式（10-21）求得相位在时间维上表现为不连续，呈现上下跳跃，是一个没有物理意义的解。为了得到一个具有物理意义的解，修改式（10-19），采用相邻时间的平均相位速度代替方程中的未知数，新的未知数如式（10-26）所示：

$$\boldsymbol{v}^{\mathrm{T}}=\left[v_1=\frac{\varphi_2}{t_1-t_2},\cdots,v_{N-1}=\frac{\varphi_N-\varphi_{N-1}}{t_N-t_{N-1}}\right] \tag{10-26}$$

代入式（10-19）。可得

$$\sum(t_{k-1}-t_k)v_k=\Delta\varphi_j\quad j=1,\cdots,M \tag{10-27}$$

矩阵形式为

$$\boldsymbol{B}\boldsymbol{v}=\delta\varphi \tag{10-28}$$

式中，$\boldsymbol{B}$ 为一个 $M\times N$ 矩阵，对第 j 行，位于干涉对影像获取时间之间的列，$B(i, j)=t_k-t_{k-1}$，其他情况，$B(i, j)=0$。对 $\boldsymbol{B}$ 进行 SVD 分解可以得到形变速率最小范数意义的最小二乘解，进而获得形变时间序列值。

10.3 案例分析

基于郑州市的 TerraSAR-X 数据、高程值（采用 SRTM-DEM），采用提到的

方法进行分析。详细分析了中间环节的结果，对比分析了抽稀后和未抽稀的计算效率，并采用地面水准监测结果验证了方法的可靠性。

采用2013 年1 月 11 日的数据作为参考影像进行配准，配准质量如表 10-2 所示，距离向和方位向标准差均小于0. 1 个像元，满足干涉要求。

表 10-2　配准质量表

标号	副影像	参考影像	距离向标准差/像元	方位向标准差/像元
1	20120831	20130111	0. 0490	0. 0397
2	20120923	20130111	0. 0459	0. 0405
3	20121015	20130111	0. 0308	0. 0336
4	20121106	20130111	0. 0343	0. 0316
5	20121128	20130111	0. 0311	0. 0255
6	20130111	20130111	0	0
7	20130122	20130111	0. 0252	0. 0286
8	20130202	20130111	0. 0373	0. 0219
9	20130318	20130111	0. 0224	0. 0281
10	20130409	20130111	0. 0336	0. 0297
11	20130523	20130111	0. 0573	0. 0360
12	20130603	20130111	0. 0319	0. 0328
13	20130625	20130111	0. 0238	0. 0388
14	20130717	20130111	0. 0433	0. 0371
15	20130728	20130111	0. 0432	0. 0387
16	20130819	20130111	0. 0414	0. 0376
17	20130909	20130111	0. 0318	0. 0218

干涉像对组合准则设为：时间基线阈值 77 天，垂直基线阈值 120m，形成 26 对短基线集组合，如图 10-13 所示。干涉像对网络中没有孤立的干涉像对，保证了结果的连通性。

采用振幅离差指数阈值法识别初始 PS 点，阈值设为 0. 6，共确定 9 081 850 个 PS 点，如图 10-14 所示，PS 点主要集中在郑州市城区，在郊区农田也有稀疏的分布。对 PS 点进行抽稀时，点密度阈值设为 50，低于 50 的点保留，不做抽稀；高于 50 的点，依照时间序列相位标准差进行抽稀，抽稀后的 PS 点个数为 521 716 个，占 PS 点总数的 5. 74%。抽稀后的 PS 点分布如图 10-15 所示。由图 10-15可知，抽稀明显降低了高密度区域的 PS 点数量，同时保留了 PS 点稀疏区域的点。

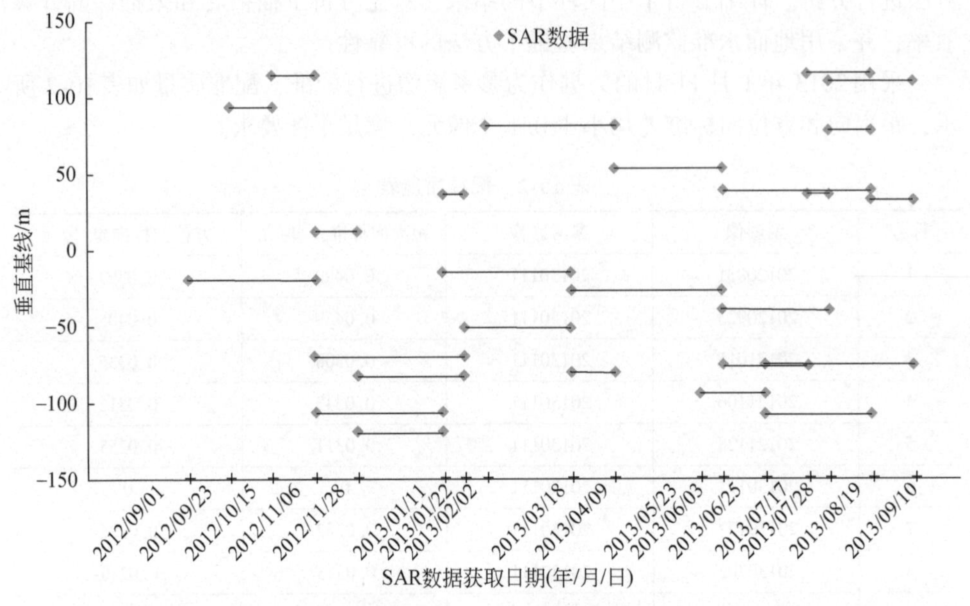

图 10-13　干涉基线组合图像

图 10-14　初始 PS 点集

图 10-15　抽稀后的 PS 点集

对提取的 PS 点提取对应的高程值，然后进行二轨差分干涉，得到的差分干涉图具有清晰的干涉条纹。但是，此时干涉相位是形变量、大气延迟相位、高程残差、基线残差和噪声的综合体，而且大气延迟相位在某些图中占主要成分，这样很难从干涉图中提取形变量，难以实现高精度的形变测量。以 2013 年 7 月 16 日和 2013 年 7 月 27 日的干涉图为例，如图 10-16 所示，虽然相隔 11 天，但是差分干涉图中仍存在明显和形变无关的相位。这给后续的时间序列分析带来困难，特别是对于短波长 SAR，其受大气延迟影响严重。

图 10-16　差分干涉（包含大气）

由于 SAR 卫星定轨精度有限，不能准确计算干涉基线，对应的差分干涉相位中存在基线误差。以 2012 年 11 月 5 日和 2013 年 1 月 10 日干涉为例，差分干涉如图 10-17 所示。干涉图中明显存在基线误差相位。如果已知地面稳定点的干涉相位，那么可以采用最小二乘法对基线进行改正。对抽稀后 PS 点的差分干涉相位进行初次时间序列分析，得到初始形变速率。本案例认为形变速率小于 0.005m/a 的点为稳定的点，采用这些点进行基线改正。然后采用改正后的基线重新进行差分干涉。得到的差分干涉如图 10-18 所示。

图 10-17　差分干涉（包含基线误差）

图 10-18　差分干涉（去除基线误差）

对差分干涉相位再次进行时间序列分析，用得到的高程改正量修正初始高程值，获得改正后的高程。对残差相位采用 10.2.5 节方法提取大气延迟相位(图 10-19)。然后采用 Kriging 插值方法对大气延迟相位插值，获得其他 PS 点的大气延迟相位（图 10-20），再次进行差分干涉得到的差分干涉图如图 10-21 所示。与图 10-16 比较可知，由于去除了大部分大气延迟，形变区域可以明显分辨出。

采用 10.3.8 节方法对初始 PS 点集进行时间序列分析，获得最终的形变值。图 10-22 为获得的最终形变速率，最大形变速率为0.121m/a，主要集中在郑州市北部和西部区域，其中北部区域最为严重，具有形变速率大和形变漏斗面积大的特点，而且漏斗显现出连通趋势。为了验证提出方法的可靠性，本书从计算效率和精度两方面进行分析。

图 10-19　大气延迟相位（抽稀后）

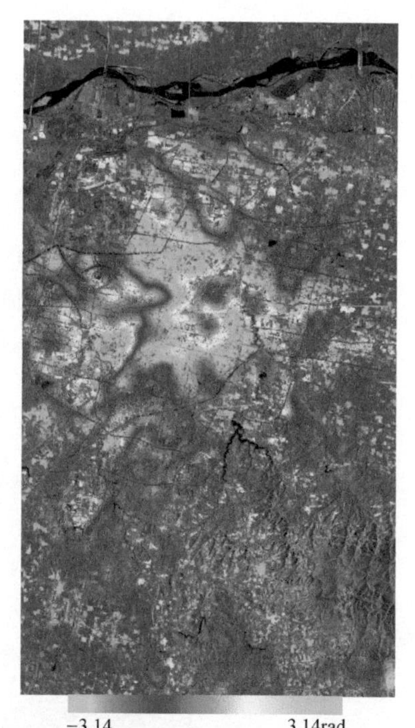

图 10-20　大气延迟相位（未抽稀）

图 10-21　差分干涉（去除大气）

图 10-22　形变速率

1）计算效率

本书对比分析了提出方法和未做 PS 抽稀的方法的计算效率。计算机采用 ThinkPad W530 图形工作站，处理器为 i7-3720QM 型号，4 核 8 线程，主频为 2.6GHz，内存 8.0G，操作系统为 fedora 13 64 位。统计分析了两种方法各环节的处理时间，时间主要集中在差分干涉处理、时间序列分析和时空域滤波，具体时间如表 10-3 所示。由表 10-3 可知，本书提出的方法的计算效率明显优于传统方法，计算效率提高将近一倍。

表 10-3　时间对比

处理环节		本书方法			传统方法		
		次数/次	单次时间/s	总体时间/s	次数/次	单次时间/s	总体时间/s
二轨差分	抽稀前	2	27.7	55.40	0	0	0
	抽稀后	2	505.7	1 011.40	4	505.7	2 022.8

续表

处理环节		本书方法			传统方法		
		次数/次	单次时间/s	总体时间/s	次数/次	单次时间/s	总体时间/s
时间序列分析	抽稀前	2	60.2	120.40	0	0	0
	抽稀后	2	1 099.4	2 198.80	4	1 099.4	4 397.6
滤波	抽稀前	1	78.5	78.5	0	0	0
	抽稀后	1	1 989.4	1 989.40	2	1 989.4	3 978.8
插值		1	308	308.00	0	0	0
合计时间/s		5 761.9			10 399.2		

2）精度评定

为了验证提出方法的求解精度，采用内符合精度评定和外符合精度评定两种方法验证，具体评定方法见第5章。

（1）内符合精度评定。

估计每一时刻最终残差的空间统计量，残差相位均值绝对值介于0.14~0.65rad。由于采用的函数模型为二次差分，即两景单视复数影像差分和未知点与参考点的差分，因此可以估计出最终形变误差介于0.28~1.3rad，采用的数据为TerraSAR-X，对应的波长为31.1mm，可知对应的视线方向的形变误差介于2.8~12.29mm。

（2）外符合精度评定。

为了验证InSAR监测成果，在监测区部署水准监测，采用InSAR、水准同步观测的方式，利用水准观测值对InSAR精度进行分析与评价。在SAR影像获取期间共进行了三次二等水准观测，第一次观测时间为2012年11月2日~2012年11月9日，第二次观测时间为2013年6月24日~2013年7月1日，第三次观测时间为2013年8月18日~2013年8月23日。精度评定如表10-4所示。

表10-4　精度评定

观测时期	平均误差/mm	中误差/mm
2012.11~2013.06	±3.8	±4.6
2012.11~2013.08	±3.7	±4.5
2013.06~2013.08	±1.5	±1.9
年平均	±3.5	±4.4

综合以上的分析，可知本书提出方法是可靠的，其能够在提高数据处理效率的同时实现毫米级的形变监测精度。

10.4 本章小结

针对高分辨率 InSAR 数据处理效率低的问题，本章提出了一种新的高分辨率 InSAR 数据处理策略。采用基于点密度的数据抽稀方法，对原始 PS 点集进行抽稀，依据抽稀的 PS 点获得大气延迟量和高程改正量，为整个 PS 点集提供初始值，缩短了 PS 点集回归迭代的时间。同时本章提出了一种大尺度大气延迟相位滤波方法并以郑州市 TerraSAR-X SAR 数据为例进行了验证，较传统的空间滤波方法，该方法可靠且简单快捷。

第 11 章　InSAR 形变监测精度评定

InSAR 是一种非常有效的形变监测技术，能够获得高精度的形变监测结果，但是 InSAR 数据处理过程烦琐，而且处理结果取决于操作人员的专业背景，不同知识背景的操作人员得到结果存在差异。目前多采用水准测量或者 GPS 等地面监测数据验证结果的可靠性，但是验证过程都没有考虑不同监测技术的基准问题，只是对相对形变进行评价分析。如何顾及监测基准、正确评价监测结果，一直是 InSAR 数据处理的难点和热点问题。本章从数据处理环节和不同监测技术对比出发，提出了内符合精度评定和外符合精度评定两种方法。

11.1　内符合精度评定

假设在 T_1 和 T_2 时刻获得两景 SAR 影像，对应的测距相位为 φ_{T_1} 和 φ_{T_2}，对应的干涉相位为

$$\Delta\Phi = \varphi_{T_2} - \varphi_{T_1} \tag{11-1}$$

假设两次观测独立不相关，不受大气延迟影响，定轨数据准确，差分过程中完全去除高程误差，设 SAR 测距误差为 δ，那么差分干涉后的相位误差为 $\sqrt{2}\delta$。但是这样的假设条件在实践中很难满足，因此很难对差分干涉结果做出精度评定。

时间序列 InSAR 技术在 D-InSAR 的基础上再次进行差分，即点（i'，j'）和参考点（i，j）进行差分，差分后相位如式（11-2）所示：

$$\Delta\Phi^k_{i,j,i',j'} = \Delta\Phi^k_{i,j} - \Delta\Phi^k_{i',j'} = (\varphi^k_{i,j} - \varphi^k_{i,j}) - (\varphi^k_{i',j'} - \varphi^k_{i',j'}) \tag{11-2}$$

在数据处理过程中可以求得高程残余相位和大气延迟相位。如果已知 SAR 测距误差为 δ，那么可以容易求得时间序列 InSAR 的监测精度为 2δ。但是在实践中，大气延迟相位无法用准确的数学模型假设，只能依据其在时间和空间域的相干性，采用滤波方法剔除，同时采用的形变模型监测不准确（余景波等，2013），这样得到的残差相位难免存在形变相位和大气延迟相位成分，不能够直接采用 2δ 来进行精度评定。实际应用中常采用残差标准差进行精度评定（Wegmuller et al., 2010）。以郑州市的 TerraSAR-X 数据为例，得到残差相位均值绝对值介于 0.14 ~ 0.65rad，对应的形变误差介于 0.28 ~ 1.3rad，相应的视线方向的形变误差介于

2. 8 ~ 12. 29mm。

11.2 外符合精度评定

外符合精度评定是借助水准测量、GPS 等地面监测数据对 InSAR 结果进行验证。水准测量、GPS 等地面监测方式以点的方式进行监测，能够提供精确的点位信息。而 InSAR 技术采用遥感方式监测，形变监测结果是整个像元内地物的综合反映。点位精度取决于像元分辨率。地面形变监测技术通过布设监测网来获取形变信息，监测周期较长，短则数天，长则数月。而 InSAR 监测周期较短。对比可知两种监测方式在空间和时间基准存在不一致，造成两种监测技术的结果存在系统偏差，因此不能以传统的方式进行精度评定。

InSAR 监测的结果包括形变速率和累计形变都是相对参考点的变化，InSAR 参考点往往和地面监测参考点位置不一致，二者的监测结果在趋势上是一致的，但是实际上存在一个系统偏差。如果不考虑二者之间的偏差，仍可以通过相对形变比较二者之间的差异，但是无法获得真实的形变信息。

综上分析可知，由于 InSAR 技术和地面监测技术在空间、时间和参考点存在不一致，二者监测结果存在一个系统偏差，致使无法获得真实的形变量。基于这样的情况，提出了一种系统偏差补偿及其精度验证方法，流程图如图 11-1 所示（葛大庆，2013；杨红磊，2014；汪宝存等，2015）。具体包括以下步骤。

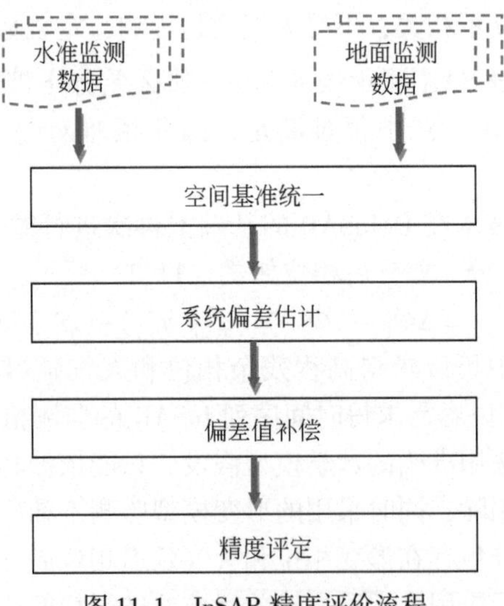

图 11-1　InSAR 精度评价流程

11.2.1 统一空间基准

统一空间基准即将 InSAR 监测结果和地面监测结果统一到相同坐标系统下。首先要把 InSAR 监测结果进行坐标系转换，然后统一到地面监测结果的坐标系，在坐标变化过程中，严格控制坐标系转化的精度，不能超出 1 个像元。

11.2.2 补偿系统偏差

在进行系统偏差补偿之前，要先确定与地面监测点对应的 InSAR 监测结果。InSAR 和地面监测技术为两种不同的监测方式。InSAR 监测结果反映地面分辨单元的形变，而地面监测为特定点位的形变值，二者位置不统一。因此，需要依据一定的准则提取地面监测点对应的 InSAR 监测结果。本章提出采用自然邻近点插值和 Kriging 插值两种方法提取。Kriging 插值已在第 10 章中论述，本章只介绍自然邻近点插值。

11.2.2.1 自然邻近点插值

自然邻近点插值法也是基于空间自相关性的，其被广泛应用于一些研究领域中（高洋和张健，2005）。其基本原理是先对所有样本点创建泰森多边形，当对未知点进行插值时，就会修改这些泰森多边形并对未知点生成一个新的泰森多边形。与待插值点泰森多边形相交的泰森多边形中的样本点被用来参与插值，它们对待插值点的影响权重和它们所处泰森多边形与待插值点新生成的泰森多边形相交的面积成正比，如图 11-2 所示。

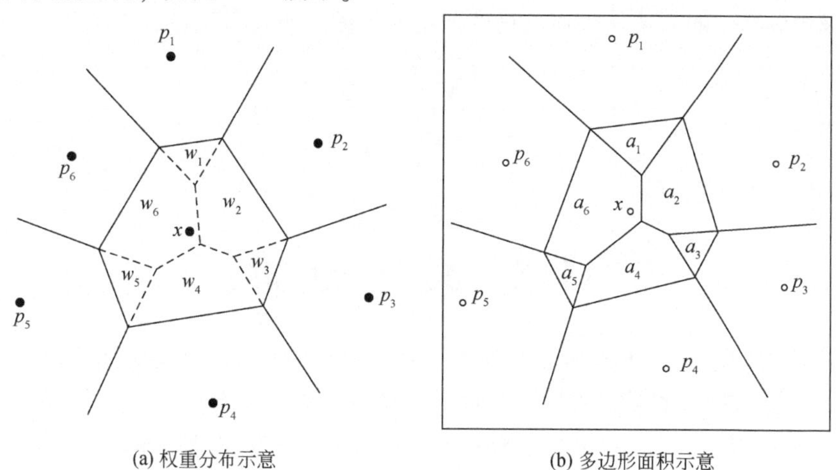

(a) 权重分布示意　　(b) 多边形面积示意

图 11-2　自然邻近点插值法示意

公式如下：

$$f(x)=\sum_{i=1}^{n}w_i(x)f_i \tag{11-3}$$

式中，$f(x)$ 为待插值点 x 处的插值结果；$w_i(x)$ 为参与插值的样本点 $i(i=1,\cdots,n)$ 关于插值点 x 的权重；f_i 为样本点 i 的值。

权重由式（11-4）决定：

$$w_i(x)=\frac{a_i\cap a(x)}{a(x)} \quad 0\leqslant w_i(x)\leqslant 1 \tag{11-4}$$

式中，a_i 为参与插值的样本点所处泰森多边形的面积；$a(x)$ 为待插值点 x 所处泰森多边形的面积；$a_i\cap a(x)$ 为两者相交的面积。

11.2.2.2　解算系统偏差

提取 k 对监测点进行系统偏差求解，$X=(x_i, x_2, \cdots, x_k)$ 为 InSAR 监测结果，$Y=(y_1, y_2, \cdots, y_k)$ 为对应的地面监测结果。采用式（11-5）构建二者之间的函数模型：

$$Y=X\beta+\Delta \tag{11-5}$$

式中，$\beta=(\beta_1\quad\beta_2)$。在最小二乘估计准则下，求得 $\hat{\beta}$ 的最优解（朱建军等，2013）算出参数然 β 后，对所有 InSAR 监测点进行系统偏差补偿，得到和地面监测结果一致的形变监测。

11.2.3　精度评定

采用标准差的无偏估计作为精度评定的指标，如式（11-6）：

$$\delta=\sqrt{\frac{\sum_{i=1}^{N}(y_i-\hat{y})^2}{N-1}} \tag{11-6}$$

式中，N 为点位个数。

11.3　案例分析

以第 10 章获得的 InSAR 监测结果为例。地面验证采用水准测量结果。水准测量时间与 InSAR 数据采集同步，即于 2012 年 11 月 2 日、2013 年 6 月 24 日、2013 年 8 月 18 日进行观测，分别采用自然邻近点插值和 Kriging 插值方法对比分析。

1）自然邻近点插值结果

综合水准测量数据，得到 2012 年 11 月 2 日 ~2013 年 8 月 18 日共 60 个累计形变量。选择距水准点位置 100m 以内的邻近点，采用自然邻近点插值获得对应时间的 InSAR 结果。图 11-3 为同名点对应的沉降量和差值量。除了个别点差异较大外，其他点差异值基本为一个常量。最小二乘计算的线性系数为 $\beta_1=1.101$，常数项为 $\beta_2=4.575$，绝大部分点满足求得线性方程，但是存在一些残差较大的点，这些点可能是插值结果不正确，也可能是在形变计算过程中发生错误引起的。采用 1 倍残差中误差为阈值，剔除异常点，不参与后续的计算和分析。采用剩下点重新计算线性系数，其中线性系数为 $\beta_1=1.007$，常数项为 $\beta_2=2.564$。把常数项 β_2 作为两种监测技术之间的系统偏差。将 InSAR 监测数据都加上 β_2 得到改正后的结果，如图 11-4 所示。这样两种监测技术的结果就可以进行比较，最终的标准差 $\delta=\pm5.63$mm。

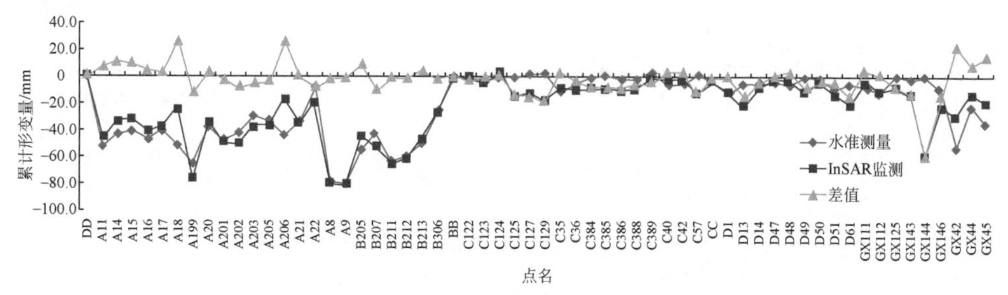

图 11-3 水准测量和 InSAR 监测比较（偏差补偿前）

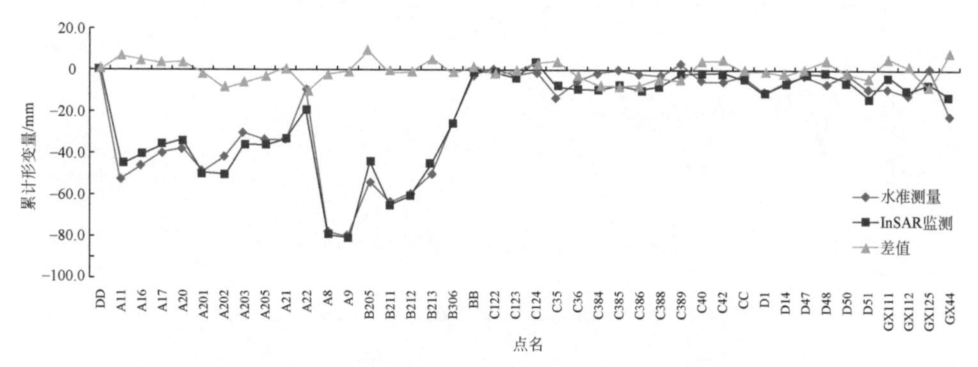

图 11-4 水准测量和 InSAR 监测比较（偏差补偿后）

2）Kriging 插值结果

采用 Kriging 插值法对提取的 InSAR 监测结果进行插值，并提取水准监测点对应的 InSAR 结果，对应的折线图如图 11-5 所示，采用最小二乘拟合的结果为：

线性系数为 $\beta_1=1.128$，常数项为 $\beta_2=4.05$。采用 1 倍残差中误差为阈值，剔除异常点重新计算线性系数，其中线性系数为 $\beta_1=1.098$，常数项为 $\beta_2=3.404$，把 β_2 作为系统偏差和 InSAR 监测结果相加得到纠正后的结果。水准测量结果和纠正后的 InSAR 监测结果的比较图如图 11-6 所示，对应的标准差 $\delta=\pm3.93\text{mm}$。可知偏差补偿后二者结果基本吻合。

比较两种插值方法可知，Kriging 插值的精度优于自然邻近点插值。分析原因可知，Kriging 监测依据自相关性预测未知点的值，受异常点的影响较小；而自然邻近点插值在给定的范围内，利用邻域关系获得未知点值，易受异常值的影响，因此得到的结果的精度较低。

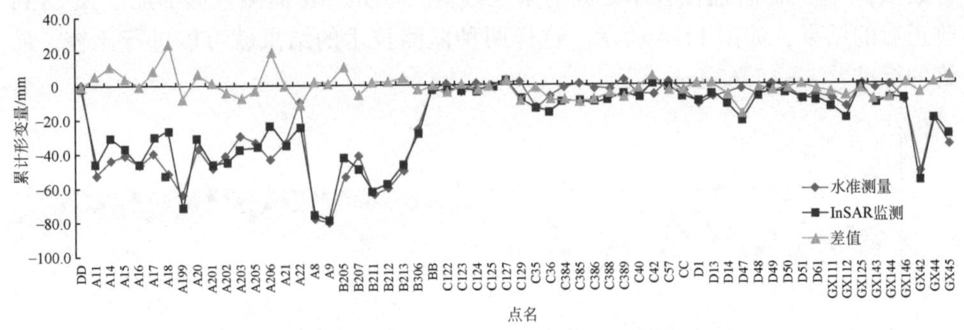

图 11-5　水准测量和 InSAR 监测比较（偏差补偿前）

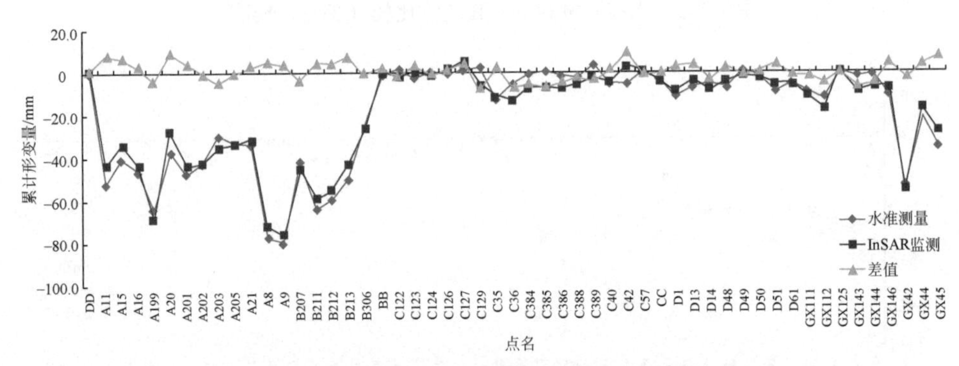

图 11-6　水准测量和 InSAR 监测比较（偏差补偿后）

11.4　本章小结

本章对 InSAR 形变监测精度评定方法展开研究，主要从内符合精度和外符合精度两方面展开讨论。采用二次差分模型，依据相位残差对 InSAR 监测结果进行评定。外符合精度主要借助地面监测数据进行评定，针对 InSAR 和地面监测数据监测基准不一致问题，本章提出了基准改进方法，并通过实际案例验证了该方法的可靠性。

第12章 地基干涉雷达测量技术

12.1 引　言

近些年发展起来的地基合成孔径雷达干涉测量（Ground-based InSAR，GB-InSAR）技术不受雾、雨、粉尘等影响，可以实现全天时、全天候和恶劣环境的观测。重复观测周期最短可达数秒，像元分辨率达米级甚至分米级，一次成像范围为数平方千米，无须在变形体上设站，形变监测精度可达毫米级，是局部区域形变监测的一种新的技术手段，适合对滑坡、冰川、大型建/构筑物（桥梁、大坝、楼房等）等进行高时空分辨率形变监测。

12.2 地基雷达系统

12.2.1 GB-SAR 系统组成

地基合成孔径雷达（Ground-based SAR，GB-SAR）系统（滑轨）通常由四个部分构成，即雷达信号发射接收部分、滑轨、供电系统和计算机。雷达信号发射接收部分主要用于发射和接收电磁波信号；这部分被放置在滑轨上面，在滑轨上移动来形成合成孔径。供电系统为雷达提供电能。计算机用于存储和运算接收到的雷达信号，并完成后期的数据处理。GB-SAR 的雷达信号发射接收单元在轨道上移动，并发射和接收电磁波信号，轨道的长度通常决定了 SAR 影像方位向的分辨率，而其距离向的分辨率主要由带宽来决定。图 12-1 展示了 GB-SAR 系统的构成。

在 GB-SAR 系统方面，早在 1999 年，欧盟委员会联合研究中心（European Commission's Joint Research Center）就提出了 GB-InSAR 系统的理论和设计，并在大坝上进行了形变监测实验，与传统的测量方法结果相比较，该实验验证了 GB-InSAR 的有效性。随后，各个国家的研究所和大学相继展开 GB-SAR 系统的研究，如欧盟委员会联合研究中心的 LISA（Linear SAR）系统（Tarchi et al., 2000），在商业上比较成功且广泛为人们所使用的意大利 IDS 公司的 IBIS（Image

图 12-1　GB-SAR 系统的构成

By Interferometric Survey）系统（Luzi et al.，2004），中国科学院电子学研究所研发的 ASTRO（Advanced Scannable Two-dimensional Rail Observation）系统（曲世勃，2011），日本东北大学研发的地基宽带极化 GB-SAR（GBPBSAR）系统等（Tien-Sze et al.，2013）。与传统的通过 SAR 模式获取数据的系统不同的是，瑞士 GAMMA 公司（Werner et al.，2008）研究的便携式雷达干涉系统（Gamma Portable Radar Interferometer，GPRI）采用真实孔径数据获取方式，同样也达到了高精度的测量效果。为了解决雷达观测时方位向的范围，韩国研发了 KIGAM（Korean Institute of Geoscience and Mineral Resources）车载 ArcSAR 系统（Lee et al.，2010），该系统通过在数据获取过程中采用弧扫描模式来获取较大的方位向观测范围，能够实现 360°的场景观测。此外，雷达传感器技术的发展使得 GB-SAR 的时间基线更短，采样更快。西班牙加泰罗尼亚理工大学研制的 RISKSAR 系统（Aguasca et al.，2004）可以最短获得时间间隔为 1min 的影像。荷兰 MetaSensing 公司的 FastGBSAR 系统可以获得 10s 时间间隔的影像（Meta and Trampuz，2009）。还有欧盟委员会联合研究中心研制的 MIMO 系统，其图像获取间隔时间也能达到秒级（Sammartino et al.，2012），北京理工大学和中国地质大学（北京）联合研制的 MIMO SAR 在 1km 范围内可达到 50Hz，可以实现振动监测。这些系统的发展，都大大地提高了 GB-SAR 的时间分辨率，使其更好地服务于形变监测。近年来，为了解决传统 GB-InSAR 只能提供视线向方向位移。Pieraccini 等（2017）提出使用转发器来协助 GB-SAR 发射信号，以作为双基地雷达系统，从而获得目标在场景中两个不同分量的位移。根据 Monserrat（2014）的研究综述，表 12-1 列举了现有的 GB-SAR 系统及其参数特性。

表 12-1 现有的 GB-SAR 系统及参数

机构	名称	雷达类型	波段	极化	成像时间	扫描类型	距离向分辨率/m	方位向分辨率/mrad（或 m/km）	精度/mm
欧盟委员会联合研究中心（欧盟）	LISA	VNA based	C Ku	VV，HH VH，HV	30min	Linear	0.5	3	0.02～4.00
Ellegisrl，formerly Lisalab（意大利）	LISA	VNA based	Ku	VV	12min	Linear	0.5	3	0.01～3.20
UNIFI DET（意大利）	—	VNA based	S，C	VV	25 min	Linear	0.5	20-dic	2.0
加泰罗尼亚理工大学（西班牙）	RiskSAR	FMCW	X	VV，HH	1min（single pol）	Linear	1.25	4	1.60
IDS spa（意大利）	IBIS-L/M	SFCW	Ku	VV	8min	Linear	0.5/0.75	4.4	0.03～4.00
东北大学（日本）	—	VNA based	S，C X	VV，HH VH，HV	2min	Linear	0.4	5	2.00
Centre for Earth Obs. Sci.，Sheffield Univ./Cranfield Unive.（英国）	—	VNA based	C，X	VV，HH	NA	Linear	NA	NA	NA
KIGAM（Korean Institute of Geo-science and Mineral Resources）（韩国）	—	VNA based	C	VV，HH	NA	Arc	0.25	2	0.40
Institute for radiophysics and electronics（UA）	GB NW-SAR	Noise radar	Ka	VV	20s	Angular	1	12	NA
Metasensing（NL）	FastGBSAR	FMCW	Ku	NA	5 s	Linear	0.5	4.5	0.10
新体制 GB-ASR 系统									
GAMMA remote sensing AG（CH）	GPRI	FMCW	Ku	VV	30min	Angular	0.75	7	0.02～4.00
欧盟委员会联合研究中心（欧盟）	Melissa	MIMO	Ku	VV	0.36s	No motion			
GroundProbe 公司（澳大利亚）	SSR	Mechanical Scanning	Ku	VV	15min	Angular	0.75	9	0.03～3.50

12.2.2 调频连续波技术

雷达通过探测回波来实现测距或者测速，其示意图见图 12-2，其中，τ 为脉冲持续时间，T_0 为回波延迟，其与距离的关系为

$$R_0 = \frac{c \cdot T_0}{2} \tag{12-1}$$

式中，c 为光速。

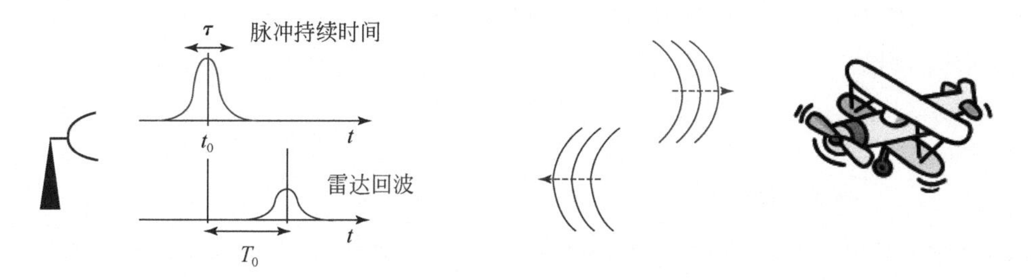

图 12-2　雷达测距示意

而要想区别两个物体，就要使两次回波不发生混叠，如图 12-3 所示，就要使 $\Delta t > \tau$，即 $\Delta d > \Delta r$。所以，Δr 即为雷达距离向的分辨率，可表示为

$$\Delta r = \frac{c \cdot \tau}{2} = \frac{c}{2B} \tag{12-2}$$

式中，B 为脉冲带宽。又由式（12-2）可知，如果想要提高距离向分辨率，就要尽可能地增加脉冲宽度，此即意味着使脉冲信号尽可能地短。但是，短的脉冲信号也会带来一定问题，就是短的脉冲信号会削弱信号的能量，导致雷达无法探测到目标的回波信号，极大地降低雷达成像质量。

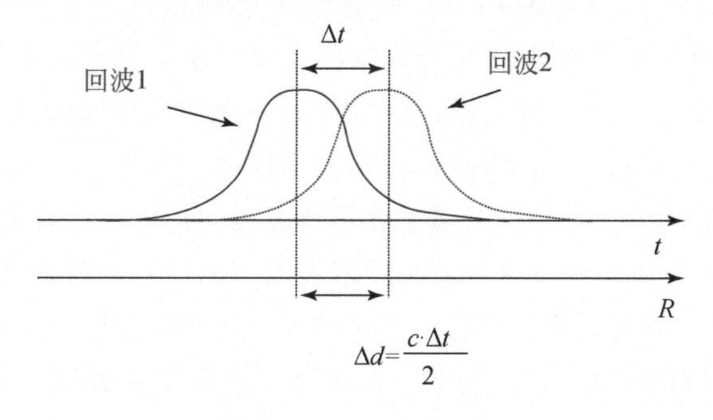

图 12-3　信号示意

为了解决以上难题，科学家们提出步进频率连续波技术。步进频率连续波发射一串连续的窄带脉冲序列，从一个脉冲到下一个脉冲的频率以固定的频率步长递增。然后，接收信号以对应于每个脉冲中心频率的速率进行采样，保存每个脉冲串的正交分量，再对其实施频谱分析，对相位和幅度进行校正，对所有的脉冲串加权后的正交分量进行逆离散快速傅里叶变换，然后合成距离像。对 N 个脉冲串进行上述处理，得到合成的高分辨率距离像。如图 12-4 所示，雷达发射 N 个窄带宽脉冲，步进量为 Δf，其带宽为

$$B=(N-1)\Delta f \tag{12-3}$$

对这串脉冲的回波信号进行处理，可以使距离向分辨率提高 N 倍，以实现高分辨率的测量。

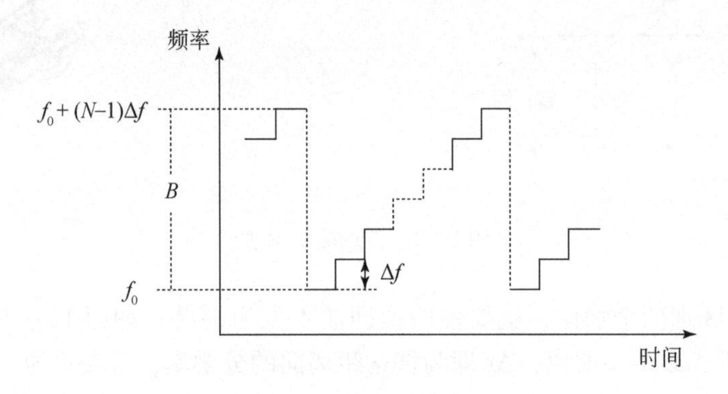

图 12-4　发射信号示意

12.2.3　SAR 技术

雷达通过发射电磁波并接收反射信号来进行物体的距离和速度探测，在雷达领域，通常使用距离向分辨率和方位向分辨率来衡量雷达的成像质量。图 12-5 标识了雷达方位向分辨率和距离向分辨率的含义，上一节中已经讨论了雷达距离向分辨率的影响因素，这一节主要讨论方位向分辨率的影响因素。方位向分辨率指雷达所能够区分的方位向上的位置相邻的两物体的能力。

在真实孔径雷达中，方位向分辨率和雷达天线的物理尺寸有关，在波长一定的情况下，要想增大方位向分辨率，就必须增大天线的孔径。然而天线的孔径受制于很多因素，不可能一味地增大。因此，空间雷达方位向的分辨率受到了极大的限制。

1951 年，美国的研究人员得出一个结论，当雷达移动时，同一波束内不同的目标对于雷达的径向速度不同，其反射的多普勒频率也不同（廖明生和王腾，2014）。因此，利用多普勒频移也可以实现对目标的区分。如图 12-6 所示，从 A_1

到 A_n 点，雷达均可以对目标点进行观测，每个位置上雷达的信号值由雷达到目标点的距离来决定，其是随时间变化的函数。回波信号的瞬时频率也随雷达的运动而发生着变化，如雷达匀速前进时，雷达信号呈现为近似线性的调频信号。因此，对 $A_1 \sim A_n$ 点进行相位补偿，在求和点同相叠加，就形成了聚焦于目标的合成孔径阵列，这就是 SAR 成像的基本原理。

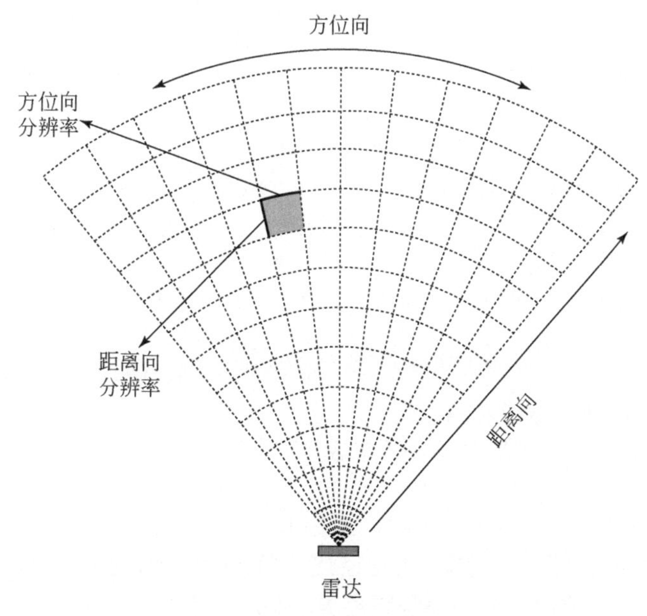

图 12-5　雷达分辨率示意

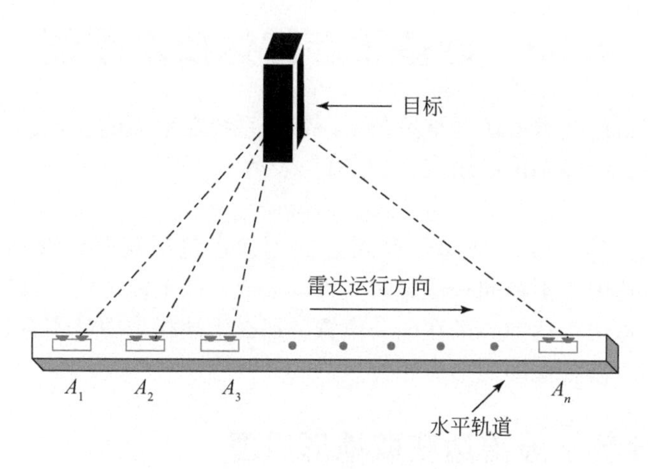

图 12-6　合成孔径示意

当雷达沿轨道运动时，从 A_1 到 A_n 点，设目标距离导轨垂直距离为 y，雷达在轨道上的位置为 x，在 x 处收到的相位信息可表示为

$$\varphi(x)=\frac{4\pi}{\lambda}\sqrt{x^2+y^2} \tag{12-4}$$

对式（12-4）求导可得

$$\frac{\mathrm{d}\varphi(x)}{\mathrm{d}x}=\frac{4\pi}{\lambda}\frac{x}{\sqrt{x^2+y^2}} \tag{12-5}$$

由于目标与雷达间的距离远远超过了轨道长度，式（12-5）可近似为

$$\frac{\mathrm{d}\varphi(x)}{\mathrm{d}x}\approx\frac{4\pi}{\lambda}\frac{x}{y} \tag{12-6}$$

目标相位历史信息对应的频率 $v(x)$ 可近似为

$$v(x)=\frac{2x}{\lambda y} \tag{12-7}$$

雷达在长为 L_s 的轨道上由运动而产生的频率漂移 B_f 为

$$B_f=v(L_s/2)-v(-L_s/2)=\frac{2L_s}{\lambda R_0} \tag{12-8}$$

式中，R_0 为目标到轨道中心的距离。

因此，GB-SAR 在方位向的分辨率 σ_c：

$$\sigma_c=\frac{1}{B_f}=\frac{\lambda}{2L_s}R_0 \tag{12-9}$$

由式（12-9）可知，采用合成孔径技术后，GB-SAR 方位向的分辨率与轨道长度有关，并且方位向的分辨率与距离 R_0 也密切相关，方位向的分辨率随着 R_0 的增大而减小。

12.3 地基干涉雷达技术原理

地基干涉雷达技术可认为是星载干涉雷达系统在地面的实现，其数学模型和星载系统一样，干涉相位可用式（12-10）表示：

$$\varphi=\varphi_{\text{flat}}+\varphi_{\text{top}}+\varphi_{\text{def}}+\varphi_{\text{atm}}+\varphi_{\text{noi}} \tag{12-10}$$

由式（12-10）可知，地基干涉雷达的用途也包括获取地形和形变两部分。当每次观测雷达中心不在同一位置时，可以形成一条干涉基线，此时可以获取地形信息。如果每次雷达中心都在同一位置，那么干涉相位中就不存在与基线相关的量，得到的干涉相位即为形变相位。

12.3.1 地基干涉雷达获取地形原理

地基干涉雷达进行地形观测的示意图如图 12-7 所示。

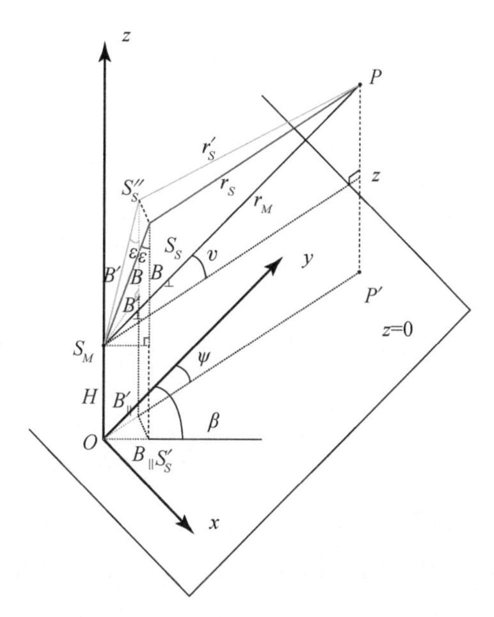

图 12-7　地基干涉雷达获取地形示意

在图 12-7 中，y 为雷达的距离向方向；v 为 r_M 的投影角；x 为方位向；z 为高程方向；点 P 为任意目标点；P'为目标点投影到水平面上的点；ε 为基线 B 与垂直方向的夹角；β 为基线 B 的水平分量和距离向方向的夹角；ψ 为 r_M 在水平面上的投影与距离方向的夹角，ψ 会随着目标点的变化而变化。为了建立高程与基线的关系，首先将任意基线 B 投影到 r_M 和高程方向所在的平面 $PP'O$，S''_S为 S_S 投影到该平面上的点；B'为基线 B 投影到该平面的等效基线；ε'为新的基线 B'和高程方向的夹角。

基线 B 和等效基线 B'的垂直基线相等，垂直基线 $B'_\perp$ 由原始基线 B 与 ε 角度确定，水平基线 $B'_\parallel$ 由原始基线 B 的水平基线和夹角 β 确定。所以等效基线的垂直基线 $B'_\perp$ 和水平基线 $B'_\parallel$ 的表达式为

$$B'_\perp = B_\perp = B\cos\varepsilon \tag{12-11}$$

$$B'_\parallel = B\sin\varepsilon\cos(\beta-\psi) = B_\parallel\cos(\beta-\psi) \tag{12-12}$$

在 $S_M S''_S P$ 平面内建立新的三角函数方程：

$$\Delta r = r_M - r'_S = r_M - \sqrt{B'^2 + r_M^2 - 2B' r_M \sin(\varepsilon' + v)} \tag{12-13}$$

$$\sin\varepsilon' = \frac{B_\parallel\cos(\beta-\psi)}{\sqrt{B_\perp^2 + B_\parallel^2\cos^2(\beta-\psi)}} \tag{12-14}$$

$$\cos\varepsilon' = \frac{B_\perp}{\sqrt{B_\perp^2 + B_\parallel^2\cos^2(\beta-\psi)}} \tag{12-15}$$

$$\sin\upsilon=\frac{z-H}{r_M} \tag{12-16}$$

相位和高程的关系为

$$\frac{\lambda\varphi}{4\pi}=B_{\parallel}\cos(\beta-\psi)\sqrt{1-\left(\frac{z-H}{r_M}\right)^2}+B_{\perp}\left(\frac{z-H}{r_M}\right)-\frac{B_{\parallel}^2\cos^2(\beta-\psi)+B_{\perp}^2}{2r_M} \tag{12-17}$$

其中，高程（$z-H$）的数量级一般是百米级别，距离 r_M 的数量级一般是 km，所以将$\frac{z-H}{r_M}$看作一个整体，使用泰勒公式展开，取前两项得

$$\begin{aligned}z=H&+\frac{r_M B_{\perp}}{B_{\perp}^2+B_{\parallel}^2\cos^2(\beta-\psi)}\left[\frac{\lambda\varphi}{4\pi}+\frac{B_{\perp}^2+B_{\parallel}^2\cos^2(\beta-\psi)}{2r_M}\right]-\frac{r_M B_{\perp}}{B_{\perp}^2+B_{\parallel}^2\cos^2(\beta-\psi)}\\&\cdot\cos(\beta-\psi)\sqrt{B_{\perp}^2-\left[\frac{\lambda\varphi}{4\pi}+\frac{B_{\perp}^2+B_{\parallel}^2\cos^2(\beta-\psi)}{2r_M}\right]^2+B_{\parallel}^2\cos^2(\beta-\psi)}\end{aligned} \tag{12-18}$$

式（12-18）为求高程 z 的表达式，适用于基线的任何情况，当基线处于垂直方向时，水平基线 $B_{\parallel}$ 等于 0；当基线在 yoz 平面时，$\beta=0$。满足以上两个条件时，高程与基线的关系为

$$z=\frac{B_{\perp}}{2}+\frac{\lambda r_M\varphi}{4\pi B_{\perp}}+H \tag{12-19}$$

在实际监测中，如果能够对 GB-SAR 设备精确整平，可通过式（12-19）求取目标的高程。

由式（12-18）可知，高程 z 是变量 φ、$B_{\parallel}$、$B_{\perp}$、λ、H、r_M、ψ、β 的函数，高程测量精度受这些变量的测量精度的影响。由于 r_M、ψ、β 三个变量值不是实际监测得到的，因此在后续的误差分析时不对其进行分析，假设 φ、$B_{\parallel}$、$B_{\perp}$、λ、H 之间相互独立，则高程 z 对应的标准偏差可表示为

$$\sigma_z=\sqrt{\left(\frac{\partial z}{\partial\varphi}\sigma_{\varphi}\right)^2+\left(\frac{\partial z}{\partial B_{\perp}}\sigma_{B_{\perp}}\right)^2+\left(\frac{\partial z}{\partial B_{\parallel}}\sigma_{B_{\parallel}}\right)^2+\left(\frac{\partial z}{\partial\lambda}\sigma_{\lambda}\right)^2+\left(\frac{\partial z}{\partial H}\sigma_H\right)^2} \tag{12-20}$$

采用式（12-20）可以评定获取高程的精度，式中的偏导数计算如下

$$\frac{\partial z}{\partial\varphi}=\frac{\lambda}{4\pi}\cdot\frac{r_M}{B_{\perp}^2+B_{\parallel}^2\cos^2(\beta-\psi)}\cdot\left[B_{\perp}+\frac{D}{C}B_{\parallel}\cos^2(\beta-\psi)\right] \tag{12-21}$$

$$\begin{aligned}\frac{\partial z}{\partial B_{\perp}}=\frac{r_M}{B_{\perp}^2+B_{\parallel}^2\cos^2(\beta-\psi)}&\cdot\left[D\cdot\frac{B_{\parallel}^2\cos^2(\beta-\psi)-B_{\perp}^2}{B_{\perp}^2+B_{\parallel}^2\cos^2(\beta-\psi)}+\frac{B_{\perp}^2}{r_M}\right.\\&\left.+\frac{2CB_{\perp}B_{\parallel}}{B_{\perp}^2+B_{\parallel}^2\cos^2(\beta-\psi)}-\frac{B_{\perp}B_{\parallel}}{C}\cdot\left(1-\frac{D}{r_M}\right)\cos^2(\beta-\psi)\right]\end{aligned} \tag{12-22}$$

$$\frac{\partial z}{\partial B_{\parallel}}=\frac{r_M}{B_{\perp}^2+B_{\parallel}^2\cos^2(\beta-\psi)}\cdot\left[-2D\frac{B_{\perp}B_{\parallel}\cos^2(\beta-\psi)}{B_{\perp}^2+B_{\parallel}^2\cos^2(\beta-\psi)}+\frac{B_{\perp}B_{\parallel}\cos^2(\beta-\psi)}{r_M}\right.$$
$$\left.+C\cdot\frac{B_{\parallel}\cos^2(\beta-\psi)-B_{\perp}^2}{B_{\perp}^2+B_{\parallel}^2\cos^2(\beta-\psi)}-\frac{B_{\parallel}^2}{C}\left(1-\frac{D}{r_M}\right)\cos^4(\beta-\psi)\right] \tag{12-23}$$

$$\frac{\partial z}{\partial \lambda}=\frac{\varphi}{4\pi}\cdot\frac{r_M}{B_{\perp}^2+B_{\parallel}^2\cos^2(\beta-\psi)}\cdot\left(B_{\perp}+B_{\parallel}\cdot\frac{D}{C}\right) \tag{12-24}$$

$$\frac{\partial z}{\partial H}=1 \tag{12-25}$$

其中，

$$C=\cos(\beta-\psi)\cdot\sqrt{B_{\perp}^2+B_{\parallel}^2\cos^2(\beta-\psi)-D^2} \tag{12-26}$$

$$D=\frac{\lambda\varphi}{4\pi}+\frac{B_{\perp}^2+B_{\parallel}^2\cos^2(\beta-\psi)}{2r_M} \tag{12-27}$$

通过计算式（12-21）~式（12-25），可以得到 GB-InSAR 高程测量对各变量误差的敏感度。例如 GB-SAR 天线高度测量误差与高程误差是等价的，假设 1cm 的天线高度误差，那么带来的高程误差也为 1cm。相比天线高度测量误差，干涉相位、基线分量和雷达波长误差对高程精度的影响更为复杂，但是对应的敏感度函数都受到基线分量的影响。因此在本书中简化敏感度分析，通过模拟案例在基线分量空间中寻找一个区域，使得高程监测对相位噪声和基线测量误差的敏感度最小。

以 Ku 波长为例，假设距离 $r_M=1500\text{m}$，相位 $\varphi=4\pi$，波长 $\lambda=0.018\text{m}$，$\beta-\psi=2°$，$H=0$，$B_{\parallel}$ 的取值范围为（0.1m，2m），$B_{\perp}$ 取值范围为（0.1m，2m），干涉相位、基线分量和雷达波长误差对应敏感度分布图如图 12-8 ~ 图 12-11 所示。

受到失相干或者相位解缠方法的影响，干涉相位中往往存在误差的影响。图 12-8 显示了干涉相位误差的敏感度分布，可知高程对相位误差的敏感性随着基线的增加而减小。图 12-12 为垂直/水平基线在 0.2 ~ 0.7m 变化时，高程误差对应的敏感度剖面图，可知随着基线分量长度的增加，高程误差的敏感度降低，且水平基线增加时，敏感度降低较快。事实上，水平基线从 0.2m 增加到 0.7m，对应的敏感度从 7.17 降低到 1.15，类似的垂直基线变化对应的敏感度从 7.17 降低到 3.22。另一方面，由 Van Cittert-Zernike 定理可知，当发射与接收天线间的距离过大，即 B/r_M 过大时，干涉对产生几何失相干，造成相干性降低。可以采用两种稍微不同的频率 SAR 影像（光谱偏移）或者公共带滤波的方式减弱几何失相干。在实际应用中需要在降低敏感度和避免几何失相干之间进行折中，一般来讲当 B/r_M 的值小于 10^{-3} 时即可满足 Van Cittert-Zernike 定理。

图 12-9 和图 12-10 分别显示了高程对垂直基线和水平基线测量误差的敏感度

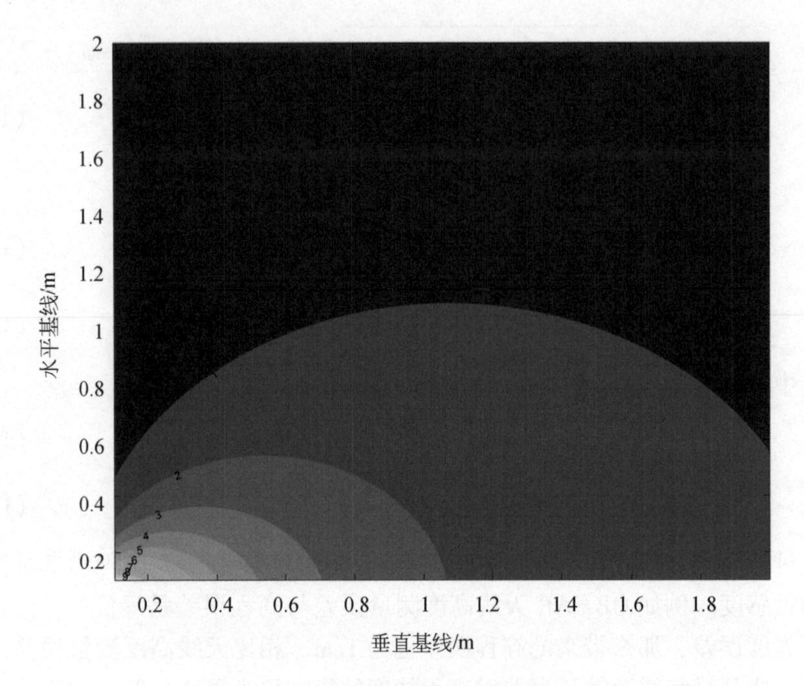

图 12-8　干涉相位误差的敏感度分布

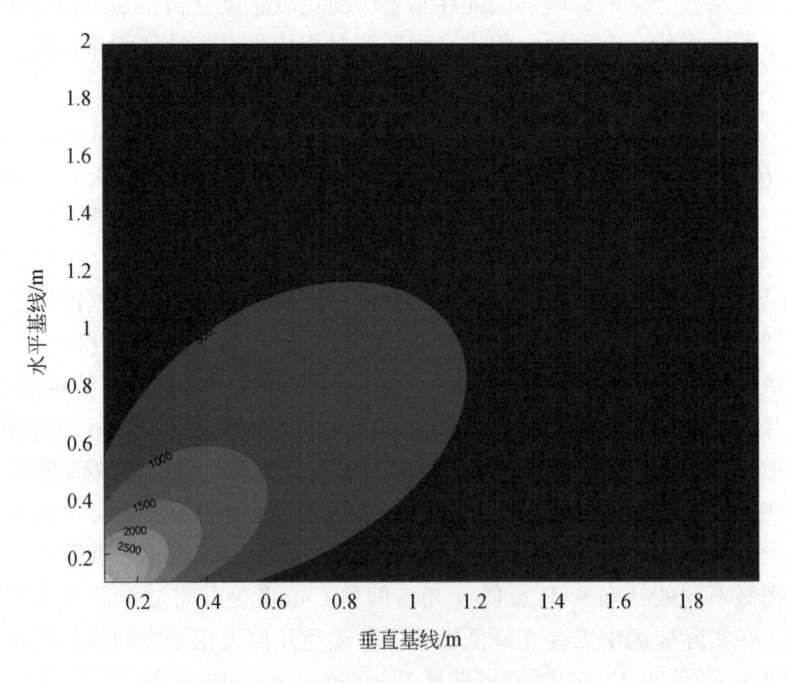

图 12-9　垂直基线误差的敏感度分布

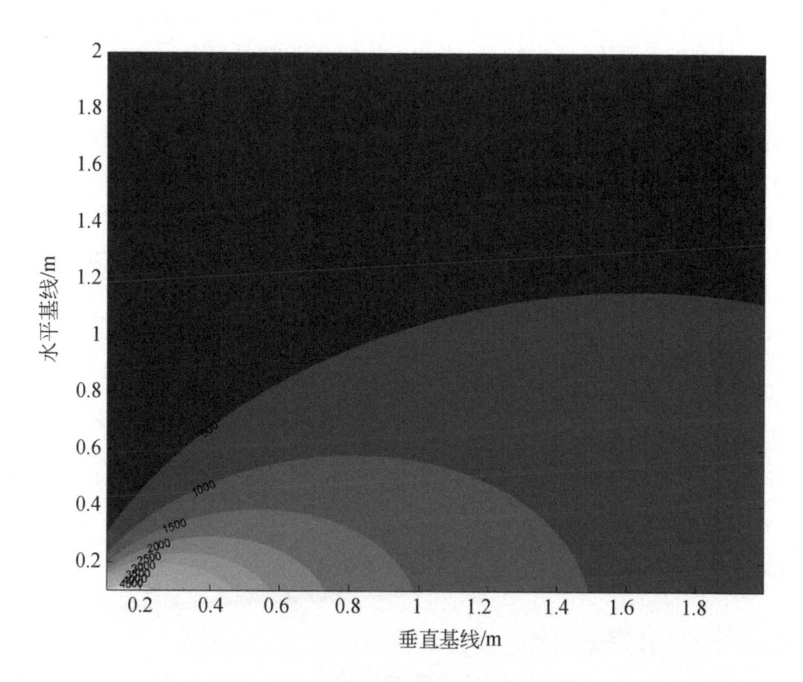

图 12-10　水平基线误差的敏感度分布

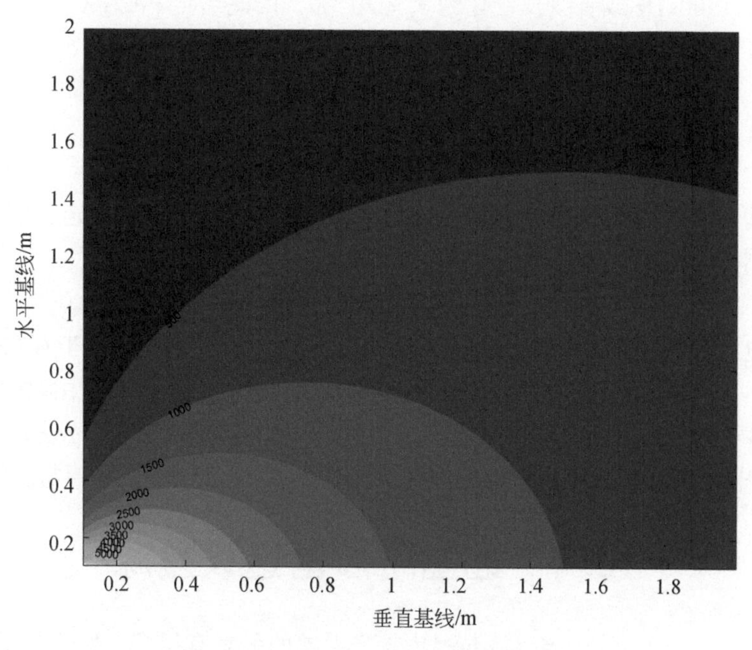

图 12-11　雷达波长误差的敏感度分布

分布图。以图 12-9 为例，给定了基线分量的区间（0.1 ~ 2m），该图描述了高程对垂直基线误差的敏感度，用敏感度乘以垂直基线测量的精度可以得到对应的高程精度。相反，如果限定高程的精度，也可以根据敏感度对算出要求的垂直基线测量的精度。从图 12-9 和图 12-10 可以看出，要获得亚米级的高程精度，基线分量的测量精度要优于亚毫米级。

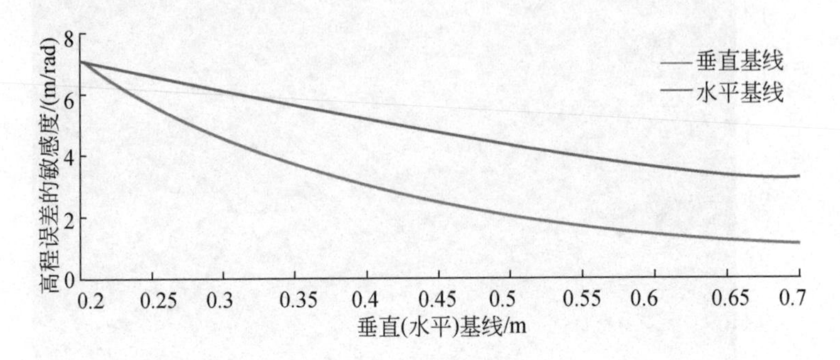

图 12-12　基线敏感度剖面

高程对雷达波长误差的敏感度分布图采用图 12-11 所示。雷达天线发射器以稳定的比率 $\delta_f/f \backsimeq 10^{-8} \sim 10^{-6}$ 发射不同频率的电磁波，对应的 Ku 波段对应的频率变化为 $\delta_f \backsimeq 300\text{kHz}$ 或者波长变化为 $\delta_\lambda \backsimeq 30^{-7}\text{m}$，因此给定 $|\partial z/\partial\lambda| \leqslant 10^4$ 时，可以忽略波长变化引起的高程误差。

12.3.2　地基干涉雷达获取形变原理

地基干涉雷达进行形变监测时，每次观测时雷达中心位置固定，即能实现 0 基线观测，因此对应的干涉相位可用式（12-28）表示，

$$\varphi_{\text{diff}} = \varphi_{\text{def}} + \varphi_{\text{atm}} + \varphi_{\text{noi}} + 2k\pi \tag{12-28}$$

共包括大气相位 φ_{atm}、形变相位 φ_{def}、噪声相位 φ_{noi} 三部分。由于 GB-SAR 监测范围较小，因此可认为在监测场景中大气环境参数稳定，故可以采用大气模型进行去除。对于噪声相位可采用滤波方法进行减弱，滤波方法可以参考星载技术的方法。如果能够正确地对缠绕相位进行解缠，那监测目标的形变将很容易获取。

12.4　地基干涉雷达误差源

由前述的分析可知，给 GB-InSAR 带来误差的因素有很多，如硬件系统噪声、安放仪器的误差、环境影响、数据处理误差或者本身雷达观测几何带来的误差等。

从 GB-SAR 系统的角度来讲，GB-SAR 因受硬件设计等因素的限制而在观测过程中存在一定的噪声误差，这些噪声误差由一系列因素引起，如系统频率不稳定等（黄其欢和张理想，2011），但通常可以采用滤波的方式去除噪声的影响。

从人为因素来讲，非连续 GB-SAR 观测中会涉及对 GB-SAR 设备的重复安放；再者，在观测过程中，由于其他因素导致的 GB-SAR 安放位置发生偏移，两次观测的轨道发生偏移产生轨道误差（Yang et al., 2017），需要在处理过程中对其进行改正，否则会带来严重的精度问题。

在外部环境方面，一方面是受大气扰动的影响，由于两次观测的大气扰动不同，而大气扰动使得电磁波的传播路径发生偏折，GB-InSAR 通常采用频率较高的波段，致使大气扰动对干涉图相位影响尤其明显，温度在 20℃时，距离雷达 1km 处，1% 的相对湿度的变化可导致 2mm 的测量误差（Rödelsperger et al., 2010），是影响 GB-SAR 精度的一个极其重要的因素。另一方面就是在长久的观测过程中，散射体自身的特性改变（电解质和几何属性），或者发生的较大的形变会引起相干性降低，甚至失相干，导致观测的相位不可靠，这也是差分干涉测量技术一直想要克服的难点，但 GB-SAR 由于时间基线较短，所发生的失相干现象往往较少。同星载 InSAR 一样，在 GB-SAR 里也可以通过对高质量点进行分析的方式来降低失相干对干涉图质量的影响，从而获得有效的形变信息。

基于上述的分析，12.4 节将对轨道误差和大气误差的校正进行重点分析。

12.4.1 GB-SAR 轨道误差及其校正方法

在进行非连续 GB-SAR 观测时，需要对目标区域进行长时间观测，通常会在周期性的观测活动里对 GB-SAR 设备在同一位置进行重新安置，以获取目标区域长时间的缓慢形变。因此，在实际的观测中，难以确保两次观测中 GB-SAR 设备准确地处于同样的位置。由 GB-SAR 设备安放位置不同带来的误差就被称为轨道误差，由星载 InSAR 的原理可知，GB-SAR 的轨道误差亦同于在 GB-SAR 观测中引入了空间基线。因此，把 GB-SAR 轨道误差分解为距离向、方位向和高程向的三个分量。图 12-13 展示了三个方向基线（即轨道误差）的几何关系。

图 12-14 中，O 点为第一次观测 GB-InSAR 设备中心位置；O' 为第二次观测 GB-InSAR 设备中心位置；P 为目标点位置；R_1 和 R_2 分别为 P 到 O 和 O' 的距离；θ 为方位角；OO' 为两次观测 SAR 设备中心的距离，称为基线。把基线分别投影到距离向、方位向和垂直方向，对应的基线误差采用式（12-29）表示。

$$\varphi_{\text{baseline},\text{error}}=\varphi_{\text{az},\text{error}}+\varphi_{\text{rg},\text{error}}+\varphi_{\text{ver},\text{error}} \tag{12-29}$$

式中，$\varphi_{\text{az},\text{error}}$ 为方位向基线误差；$\varphi_{\text{rg},\text{error}}$ 为距离向基线误差；$\varphi_{\text{ver},\text{error}}$ 为垂直向基线

误差。

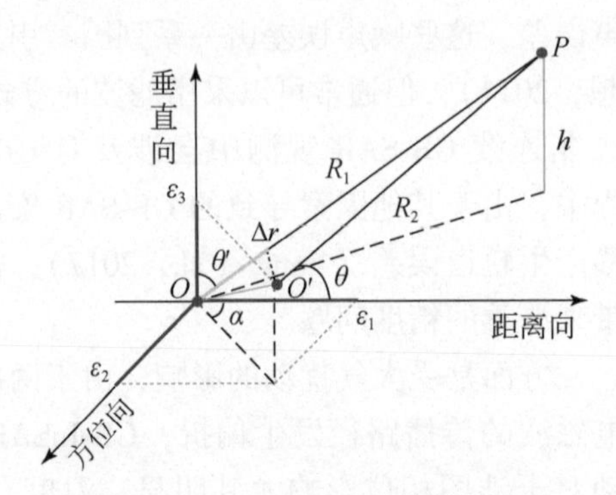

图 12-13　GB-InSAR 基线误差示意

方位向基线误差示意图如图 12-14 所示，图中 ε_1 为基线在方位向上的投影分量，根据几何关系，推导出方位向基线误差的表达式：

$$\varphi_{\mathrm{az,error}}=\frac{4\pi}{\lambda}\varepsilon_1\sin\theta \tag{12-30}$$

可知方位向基线误差与方位向移动量和方位角相关。图 12-15 为模拟的方位向基线误差分布图。当方位角为 20°时，SAR 中心在方位向移动 2.92mm，可引起 1mm 的形变误差。

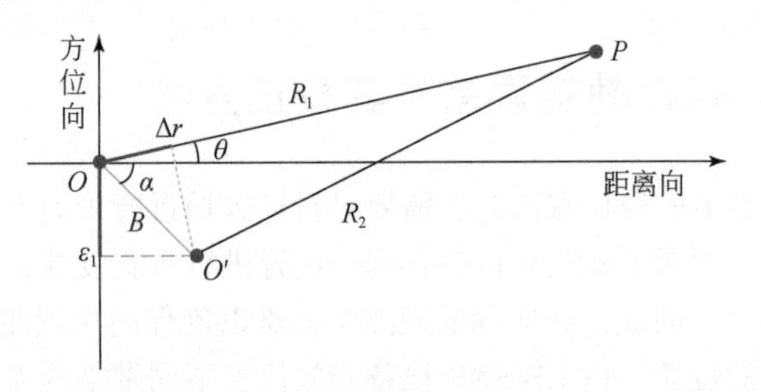

图 12-14　方位向基线误差几何关系示意

距离向基线误差示意图如图 12-16 所示，图中 ε_2 为基线在距离向上的投影分量，根据几何关系，推导出距离向基线误差的表达式：

$$\varphi_{\mathrm{rg,error}}=-\frac{4\pi}{\lambda}\varepsilon_2\cos\theta \tag{12-31}$$

可知距离向基线误差与距离向移动量和方位角相关，且影响较大。图 12-17 为模拟的距离向基线误差分布图。当方位向角度为 20°时，SAR 中心在距离向移动 1.06mm，可引起 1mm 的形变误差。

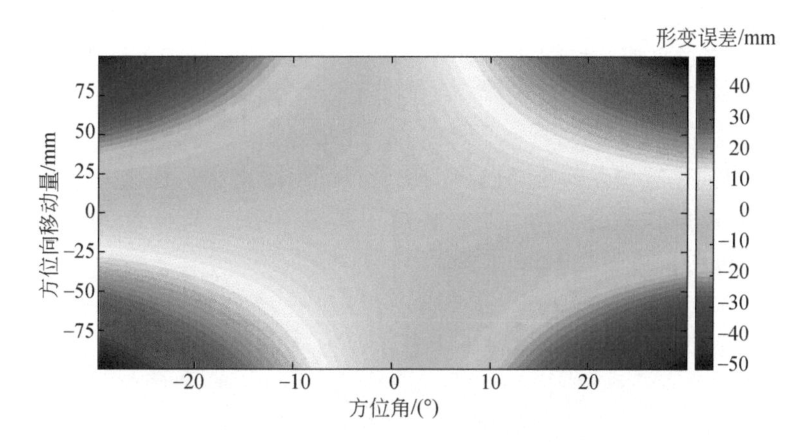

图 12-15　模拟的方位向基线误差分布

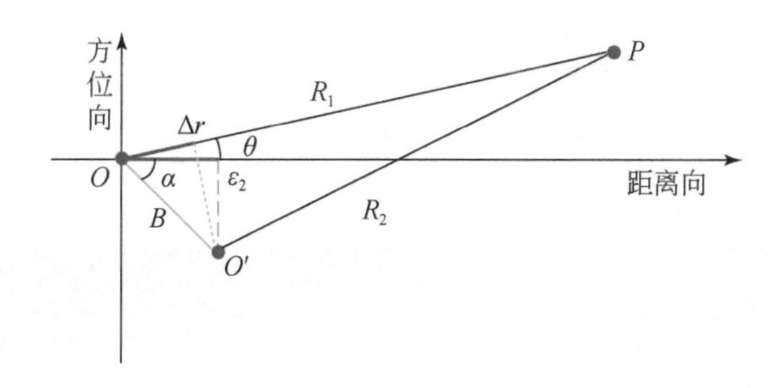

图 12-16　距离向基线误差几何关系示意

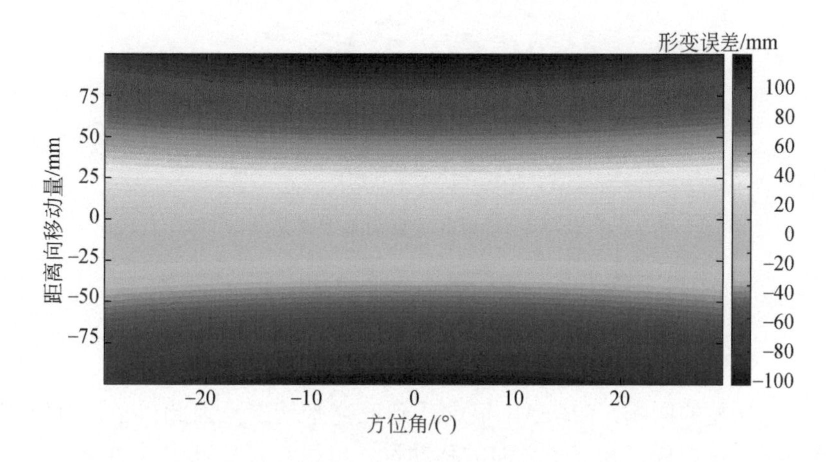

图 12-17　模拟的距离向基线误差分布

垂直向基线误差示意图如图 12-18 所示，图中 ε_3 为基线在垂直向上的投影分量，h 为目标点高程，根据几何关系，推导出垂直向基线误差的表达式

$$\Delta\varphi_{\mathrm{ve}} = -\frac{4\pi}{\lambda}\varepsilon_3 \frac{h}{R} \tag{12-32}$$

可知垂直向基线误差与垂直向移动量、目标点距离和高程相关。图 12-19 为模拟的垂直向基线误差分布图。当目标点距离为 200m、高程为 50m、竖直向移动距离为 4mm 时，可引起 1mm 形变误差。

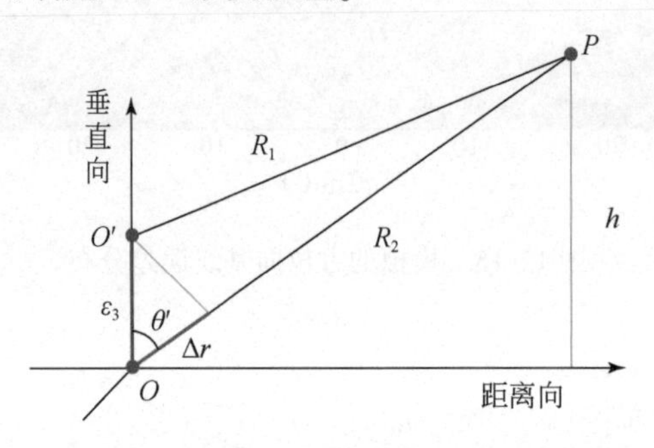

图 12-18　垂直向基线误差几何关系示意

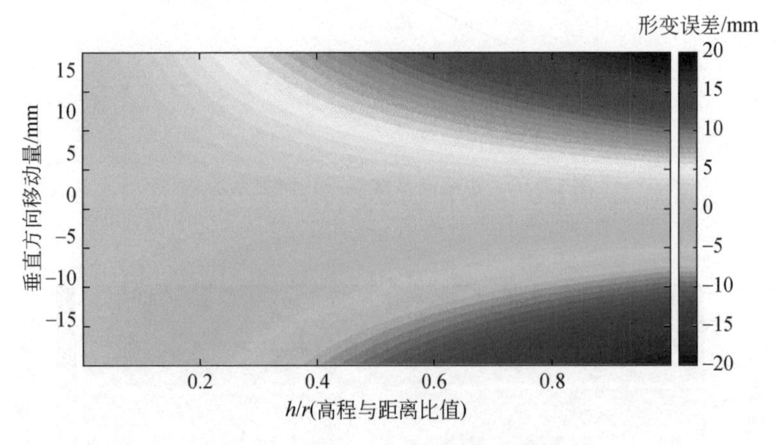

图 12-19　模拟的垂直向基线误差分布

综合以上的分析，基线误差可采用式（12-33）表示。

$$\varphi_{\mathrm{baseline,error}} = -\frac{4\pi}{\lambda}\left(\varepsilon_1\cos\theta - \varepsilon_2\sin\theta + \varepsilon_3 \frac{h}{R}\right) \tag{12-33}$$

受这些误差的影响，GB-SAR 很难达到亚毫米精度。因此，必须对轨道误差进行精确校正，如果已知三个方向的移动量，可以直接计算出基线误差。但在实际监测中，受到测量仪器精度的限制，测得的三维方向移动量精度难以满足要求，常根据解缠后的相位反算出三维方向移动量进行基线误差解算。

12.4.2 GB-SAR 大气误差及其校正方法

大气扰动是 GB-SAR 中一个主要的误差来源，其产生原因主要是电磁波通过大气时，受大气介质的影响发生弯曲。通常来讲，GB-SAR 的波长较短，其受大气扰动影响较为明显。因此，能否很好地进行大气校正就成了实现高精度 GB-SAR 监测的关键。

迄今为止，国内外许多学者对大气校正进行了一系列深入的研究，主要可分为三大类。

第一类校正方法是基于监测环境中的气象数据，主要利用电磁波传输时其延迟系数与环境中温度、湿度和气压的关系来求取大气延迟系数（Rödelspergerm，2010），通过求得的延迟系数，进而模拟出与距离有关的大气相位模型。Iannini 和 Guarnieri（2011）在这种方法的基础上提出先对湿度进行校正，再对大气进行改正，有效改善了精度，并分析了风的强度对大气延迟的影响。这类方法需要人工采集气象数据，精度受气象参数获取位置的影响，而且很难获取滑坡具体形变区域的准确气象信息。

第二类比较常用的校正方法是距离函数法，主要通过选择无形变的高质量点并对其进行相位解缠，建立距离与相位的大气模型，采用最小二乘的方式求解出大气延迟系数。Luzi 等（2004）选择了已知区域的几个稳定点（类似于岩石、金属桌等），建立了一次线性模型来模拟大气相位。针对范围较大的区域，Noferini 等（2005）提出了利用振幅离差指数阈值法选择 PS 点作为控制点并假定大气延迟系数随距离呈线性关系，建立了二次线性模型的大气相位模型。Iglesias 等（2014）详细分析了在山区场景内，温度、湿度和气压等随高度变化的现象，利用大气延迟系数随高程变化的特性，提出了考虑高程的大气延迟模型。

需要注意的是，以上的改正方法都是基于场景内大气同质的假定，即大气在场景内均匀变化，由于 GB-SAR 监测的范围较小，这种假定在多数情况下是合理的。但是当场景受到风的影响，或者地表受热不均引起热力对流、地表起伏引起动力湍流等（周校，2015）时，大气同质的假定便不再成立。

第三类校正方法则不基于大气同质的假定，其通过对形变区掩膜，再采用滤波插值的方法获取大气延迟相位（Rödelspergerm，2010；Hu，2019）。

本节将对影响大气相位的因素进行研究，并通过分析大气特点，给出一种基于缠绕相位的大气校正方法。最后，通过林家坪铁路边坡和马兰庄矿区采集的 GB-SAR 数据进行大气校正实验。

12.4.2.1　大气相位分析

根据电磁波传播理论，t 时刻发射波长为 λ 的电磁波，从发射点经传播距离 $r(i,j)$ 到达目标点像元（i,j）并返回，其原始干涉图的回波相位可表示为式（12-34），其中 φ_t 为 t 时刻获取的原始干涉图，$n(r,t)$ 为折射指数。

$$\varphi_t(i,j) = \frac{4\pi}{\lambda}\int_0^{r(i,j)} n(r,t)\,\mathrm{d}r \tag{12-34}$$

对于 GB-SAR 而言，在观测条件区域较小的情况下，如 Rödelsperger 等（2010）在论文中提到的 300 ~ 500m，可认为大气介质的空间分布是均匀的，即大气是同质的，认为 $n(r,t)$ 只与时间 t 有关。

则可把原始干涉图中与大气有关的相位简单表示为

$$\varphi(t) = \frac{4\pi r \cdot n(t)}{\lambda} \tag{12-35}$$

折射指数 n 与通常使用的折射率（N）的关系如下：

$$N = (n-1)\times 10^6 \tag{12-36}$$

折射率和温度 T(K)，气压 P(mbar) 和相对湿度 h(%) 有关。

$$N = \frac{77.6P}{T} + \frac{3.73\times 10^5 e}{T^2} \tag{12-37}$$

式中，e 为水气压。

$$e = \frac{h}{100}\cdot 6.107\cdot \exp\left[\frac{17.27\cdot(T-273)}{T-35.86}\right] \tag{12-38}$$

由此可见，温度、相对湿度和气压对大气相位的影响是复杂的，为了定量地分析这些因素对大气相位的影响，根据误差传播定律：

$$\sigma^2_{\varphi_{\mathrm{atm}}} = \sigma^2_{\varphi_{\mathrm{atm}}(T)} + \sigma^2_{\varphi_{\mathrm{atm}}(h)} + \sigma^2_{\varphi_{\mathrm{atm}}(P)} \tag{12-39}$$

分析了在温度 20℃、相对湿度为 50%、气压为 1013hPa 时，假定在 Ku 波段的情况下，距离雷达 1000m 处，温度、相对湿度和气压的变化会给大气相位带来很大的影响。如图 12-20 所示（Rödelsperger et al.，2010），大气相位对温度和相对湿度的变化较为敏感，0.5℃的温度变化或 1% 的相对湿度变化就可引起近 50°的相位误差；而对大气压强的敏感性稍弱（通常，同一地区一天的大气压强变化在 1hPa 左右）。由此也可以看出，GB-SAR 对环境中的温度、相对湿度较为敏感，环境变化容易引入较大的误差，这是必须要进行准确改正的。

12.4.2.2　基于缠绕相位的大气校正方法

从前面的分析可知，可把原始干涉图中与大气有关的相位简单表示为

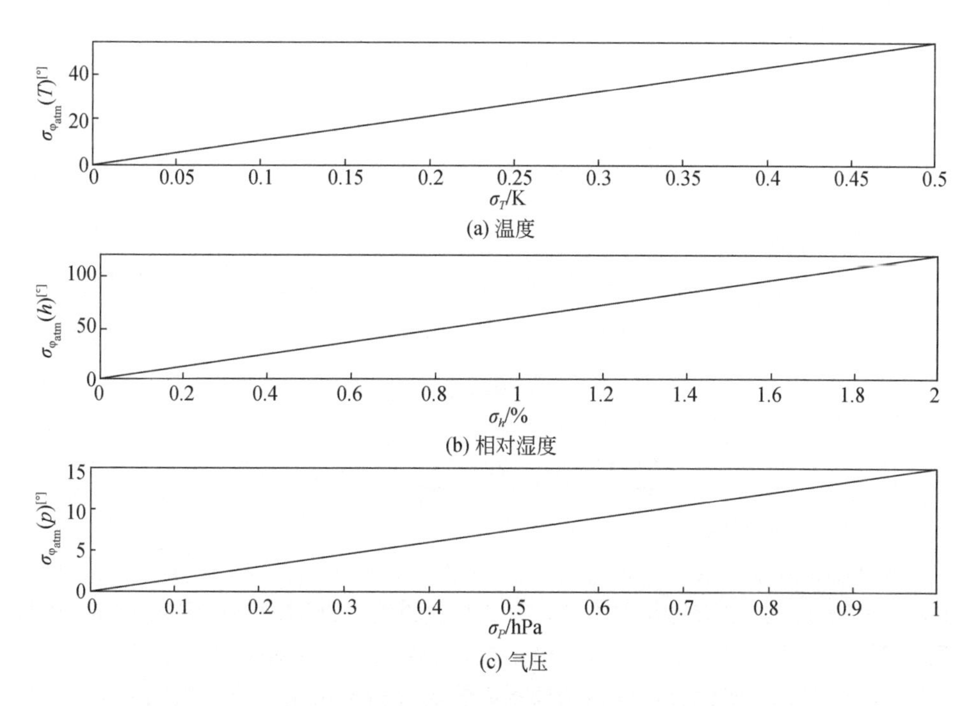

图 12-20 温度、湿度和气压对大气延迟相位产生的影响示意

式（12-40），差分干涉图中的大气相位可以表示为

$$\varphi=\frac{4\pi r\cdot[n(t_2)-n(t_1)]}{\lambda}+2k\pi \tag{12-40}$$

用 a 代表 $\frac{4\pi}{\lambda}\cdot[n(t_2)-n(t_1)]$，则

$$\varphi=\frac{4\pi r\cdot a}{\lambda}+2k\pi \tag{12-41}$$

在传统的方法中，通过选择几个控制点，用建立距离与干涉相位的函数模型的方式来解算 a，但由于 k 的存在，需要对干涉图进行解缠。

从式（12-41）可以看出，虽然可以通过相位解缠的方式再进行系数的求解，但其实 a 也可以通过相邻点作差的方式求得。

干涉图上两点间的大气相位差则可表示为

$$\Delta\varphi=\Delta r\cdot a+2k\pi \tag{12-42}$$

对于长时间干涉图上没有形变的两点来说，相位差主要为大气相位差。因此，当距离差足够小到可以保证式（12-42）里面的 k 为 0 时，就能计算所有干涉图中高相干点的相位差和距离差，并可以把噪声和形变引起的相位差当作粗差，用最小二乘方法来求解 a。

其求解步骤如下。

1）对干涉图滤波

由于干涉图受噪声干扰，对其进行滤波可以减弱噪声的影响，同时提高干涉相位的相干性；为了给后续的大气延迟系数求解提供保障，可以对干涉图采用经典的 Goldstein 滤波方法。

2）选择高相干点

根据式（12-43）来选择高相干点，m、n 代表窗口大小，M、S 分别代表参考影像和副影像。在长时间序列的分析中，也可以选择 PS 候选点。

$$\hat{\gamma}=\frac{\left|\sum_{i=1}^{m}\sum_{j=1}^{n}M(i,j)S^{*}(i,j)\right|}{\sqrt{\sum_{i=1}^{m}\sum_{j=1}^{n}|M(i,j)|^{2}\sum_{i=1}^{m}\sum_{j=1}^{n}|S(i,j)|^{2}}} \tag{12-43}$$

3）设定距离阈值

需要注意的是，要保证式（12-42）里面的 k 为0，即不存在相位跳变。两点相邻距离较远时，对应的相位差往往存在相位跳变，此时的相位差除了包含大气延迟相位外，还存在一个整周数，由于整周数未知，因此不能直接根据相位差求解大气延迟系数。所以，需要根据场景中的大气情况设定一个距离阈值 R。根据式（12-42），R 须满足以下条件

$$\frac{4\pi\cdot R\cdot[n(t_2)-n(t_1)]}{\lambda}<\pi \tag{12-44}$$

$$R<\frac{\lambda}{4[n(t_2)-n(t_1)]} \tag{12-45}$$

例如，Ku 波段情况下，场景处于标准大气压，温度从 10℃变化到 30℃，湿度从 80%变到 50%，R 应该设为 190m。通常来讲，在短时间内，如 1～2h，大气的变化并没有那么大，计算出来的 R 值就会相对偏大。但为了保证相邻点的运动状态相同，把这个 R 根据经验设得相对较小，如 50m 或者 100m。然后，沿着每个方位向，计算相邻点的相位差，并剔除大于 R 的相位差。

4）建立相邻点距离和相位间的函数模型

考虑干涉图中所有符合要求的相邻高相干点的相位差和距离差，可以得到下面的矩阵等式：

$$\Delta\boldsymbol{\psi}=\Delta\boldsymbol{R}\cdot a+\boldsymbol{\varepsilon} \tag{12-46}$$

式中，$\boldsymbol{\varepsilon}=(\varepsilon_1,\varepsilon_2,\cdots,\varepsilon_q)$；$\Delta\boldsymbol{R}=(\Delta r_1,\Delta r_2,\cdots,\Delta r_q)$；$\Delta\boldsymbol{\psi}=\mathrm{wrap}(\Delta\varphi_1,\Delta\varphi_2,\cdots,\Delta\varphi_q)$；$\boldsymbol{\varepsilon}$ 为随机误差；q 为弧段数量；a 为未知参数，可以通过下面的最小二乘得到。

$$a=[(\Delta R)^{\mathrm{T}}(\Delta R)]^{-1}(\Delta R)^{\mathrm{T}}*\Delta\boldsymbol{\psi} \tag{12-47}$$

式中，$*$ 为 ΔR 的矩阵转置。则得到的大气延迟相位的表达式为

$$\Delta|\hat{\boldsymbol{\psi}}| = \Delta R \cdot a \tag{12-48}$$

当选择的高相干点位于形变区时，$\Delta\boldsymbol{\psi}$ 中除了大气延迟相位外，还存在形变相位，因此采用式（12-48）计算的大气延迟系数是不准确的。对于一个具体的工作区，形变区是一个小区域，且短距离的相位差的相位跳变可能性较小。依据大数定理，形变区的相位差和存在跳变的相位差可视为粗差，可根据设定的均方根误差进行剔除。均方根误差如式（12-50）所示，同时把均方根误差设为阈值剔除掉粗差。

$$|\Delta\hat{\varphi}_i - \Delta\varphi_i| < \sigma \tag{12-49}$$

$$\sigma = \sqrt{\frac{|\Delta\hat{\psi}^* \Delta\hat{\psi} - \Delta\psi^* \Delta\psi|}{q-1}} \tag{12-50}$$

利用剔除后的点，再次进行回归分析即可得到大气延迟系数。

5）大气相位模拟和去除

最后，大气相位通过式（12-51）计算得到。

$$\varphi_{\text{atm}} = r \cdot a \tag{12-51}$$

去除了大气相位的干涉图表示为

$$\varphi_{\text{corr}} = \text{wrap}(\varphi_{\text{meas}} - \varphi_{\text{atm}}) \tag{12-52}$$

式中，wrap 为缠绕相位；φ_{meas}为测量的相位。

12.4.2.3 大气校正案例分析

实验选择了山西省吕梁市临县林家坪村地区的一个铁路滑坡（图 12-21）。该滑坡为黄土滑坡，已进行工程治理，滑坡的下部就是铁路轨道，监测的目的是检验治理后的稳定性，以便防止其对铁路的影响，该地区植被覆盖稀疏，相干性

图 12-21　林家坪铁路边坡照片

较高且滑坡稳定，适合用于进行大气延迟改正测试。

选用的 GB-SAR 设备由中国地质大学（北京）研制（图 12-22），其系统参数见表 12-2。

图 12-22　GB-SAR 设备

表 12-2　GB-SAR 设备系统参数

名称	参数
带宽	500MHz
距离向分辨率	0. 3m
最小采样间隔	2min
波段	Ku
观测范围	50 ~ 300m

选择其中一幅时间间隔为 1h 的 GB-SAR 干涉图［图 12-23（a）］，然后根据振幅离差指数，选择振幅离差指数小于 0. 12 的点作为高质量点，共得到高质量点 12 200 个，见图 12-23（b）。从干涉图［图 12-23（a）］上可以看出来，其相位值的大小随距离的增加而增加，且伴有跳变产生，是典型由大气相位引起的。

按照传统方法计算大气延迟相位，由于干涉图存在缠绕，对干涉图进行相位解缠，然后用传统方法计算大气延迟相位并进行补偿，计算得到的大气延迟相位为

$$\varphi_{\mathrm{atm}}=0.0182\cdot r \tag{12-53}$$

模拟的大气相位见图 12-23（c），改正后的干涉图见图 12-23（d）。

而提出的方法不需要相位解缠，直接进行计算，其计算结果为

$$\varphi_{\mathrm{atm}}=0.0178\cdot r \tag{12-54}$$

模拟的大气相位见图 12-23（e），改正后的干涉图见图 12-23（f）。

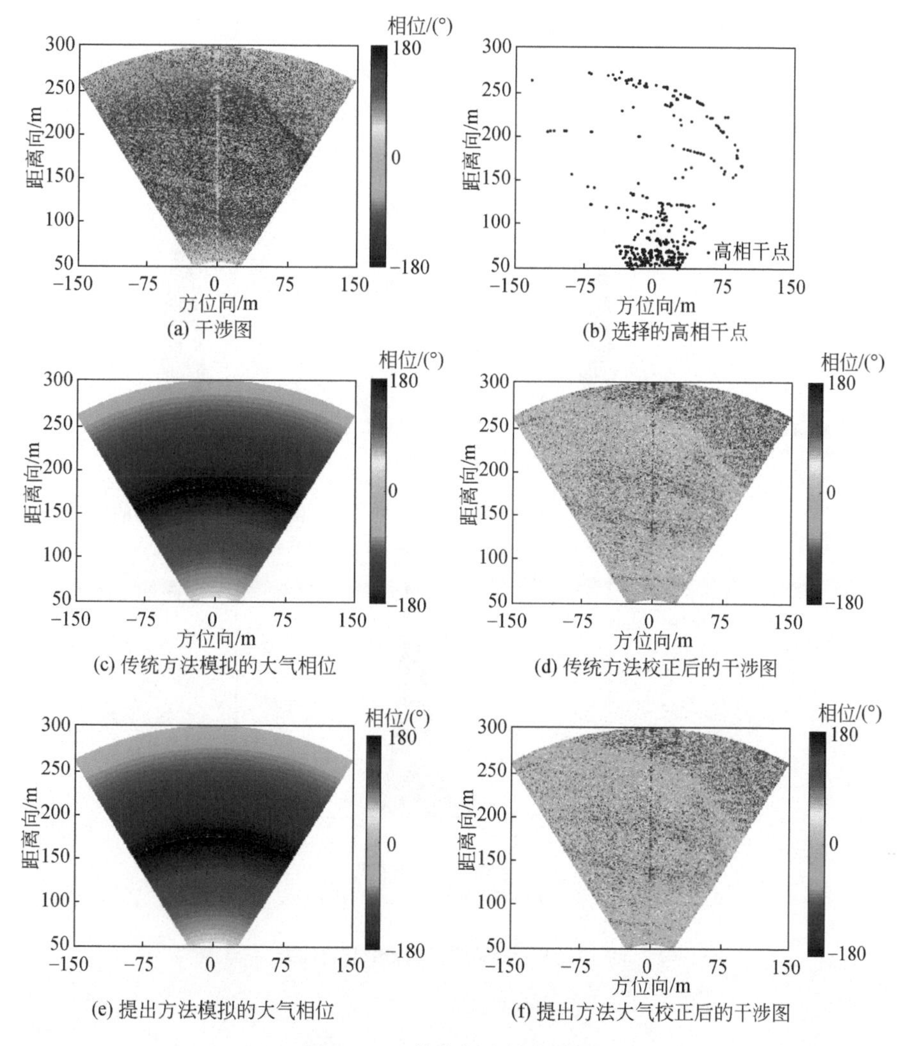

(a) 干涉图 (b) 选择的高相干点
(c) 传统方法模拟的大气相位 (d) 传统方法校正后的干涉图
(e) 提出方法模拟的大气相位 (f) 提出方法大气校正后的干涉图

图 12-23 林家坪边坡实验图

从改正后的干涉图 12-23（f）可以看出，改正后的干涉图近距离和远距离处都一致，且在 0 附近，说明大气改正良好。为了进一步量化其精度，计算了 PS 点大气校正的残差，即其原观测值与改正值的差值，见图 12-24。PS 点的残差在大气校正中是比较常见的精度指标，之所以可以作为指标，是因为选择的点是无形变的点，如果进行正确校正，就会得到以 0 为均值的高斯分布；显然，残差正态分布的标准差越小，就说明改正的精度越好。除此之外，通过外部数据也可以进行精度检验，但由于本次实验缺乏外部数据，故只采用内符合精度评定方法进行精度验证。干涉图上的原始相位见图 12-24（a）；传统方法的残差见图 12-24（b），其残差的标准差为 0.207mm；提出方法校正后的残差为图 12-24（c），其残差的标准差为 0.208mm。两种方法残差标准差仅相差 0.001mm，可认为其改正结果基本一致，精度均在亚毫米范围内，说明其大气校正精度良好。

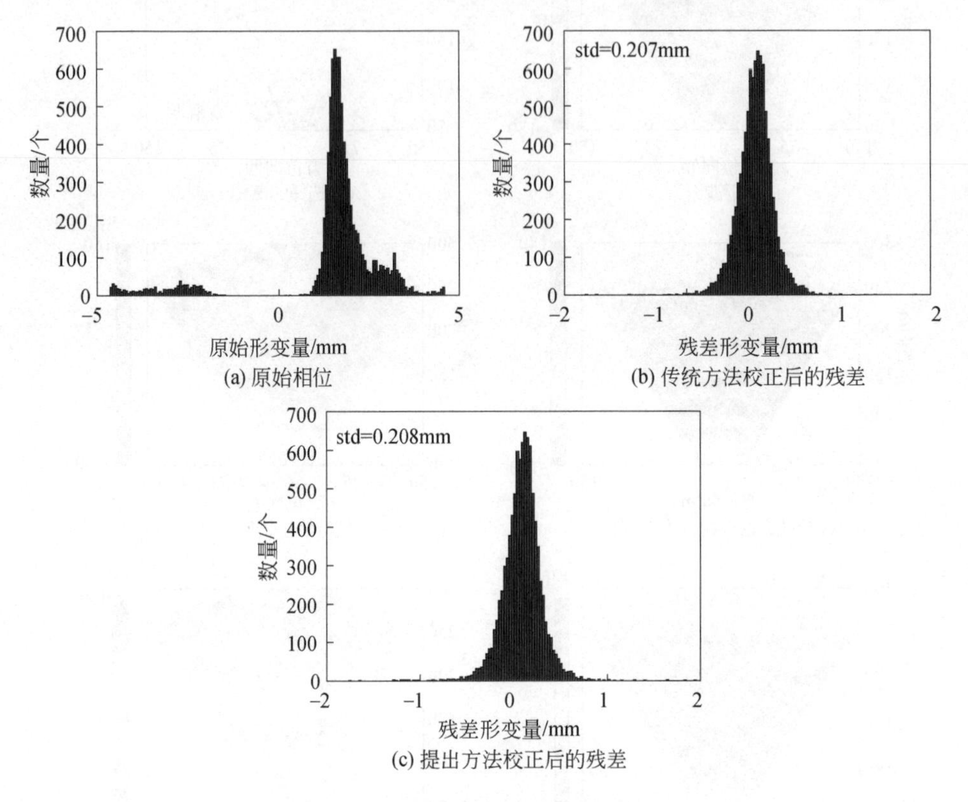

图 12-24　大气校正后 PS 点的残差

12.5　多基线获取地形原理

基线长度是获取地形的一个非常重要的参数，短基线对应的高程模糊度大，对应的干涉条纹较稀疏，易实现正确的相位解缠，但是获取的高程精度较低。相反，长基线时能够获取高精度的地形信息，但是相位解缠困难，因此可采用多基线的方式获取地形信息，多基线干涉测量示意图如图 12-25 所示。

假设有 K 个不同基线的干涉图，图像大小为 $M\times N$，每个干涉图中的任意一个像元对应的缠绕相位可以表示为

$$\varphi_k(p)=\mathrm{wrap}[\alpha_k h(p)+w_k(p)]\quad k=1,\cdots,K;p=1,\cdots,M\times N \tag{12-55}$$

式中，$h(p)$ 为像元 p 对应的高程值；k 为各个干涉图序号；α_k 为不同基线对应

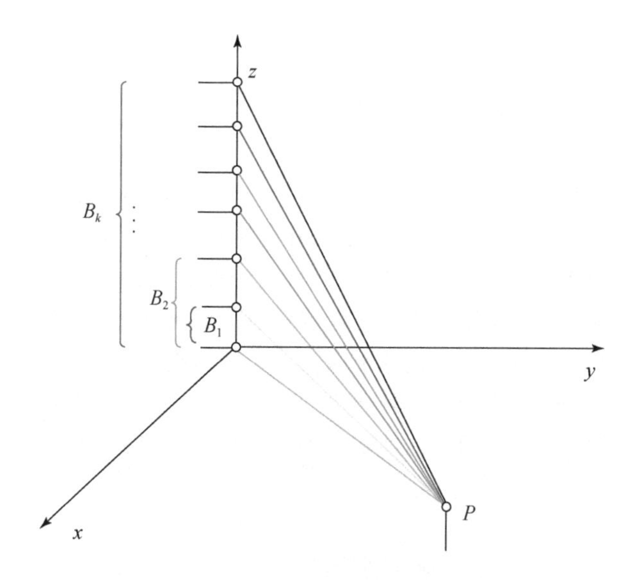

图 12-25　多基线干涉测量示意

的高程系数；$w_k(p)$ 为相位噪声，wrap 为缠绕计算。对应的似然函数为

$$f[\varphi(p);h(p)]=\frac{1}{2\pi}\frac{1-|\gamma|^2}{1-|\gamma|^2\cos^2[\varphi(p)-\alpha h(p)]}\cdot\left(1+\frac{|\gamma|\cos[\varphi(p)-\alpha h(p)]\cos^{-1}\{-\cos[\varphi(p)-\alpha h(p)]\}}{\{1-|\gamma|^2\cos^2[\varphi(p)-\alpha h(p)]\}^{1/2}}\right) \tag{12-56}$$

式中，γ 为相干系数，对于单基线情况，对应的似然函数为一个周期函数，有无穷多个最大似然解，无法直接估计出高程，需要经过复杂的相位解缠后估计出高程，但是受限于单次观测和误差的影响，获取的高程精度有限。为解决这个问题，可以增加多个独立观测相位，通过长短基线的组合使高程值在一定范围内对应一个峰值，对应的总体似然函数如下：

$$F_{\mathrm{MCh}}[\boldsymbol{\Phi}(p),h(p)]=\prod_{k=1}^{K}f[\varphi_k(p);h(p)] \tag{12-57}$$

式中，$\boldsymbol{\Phi}(p)=[\varphi_1(p),\varphi_2(p),\cdots,\varphi_K(p)]^{\mathrm{T}}$ 为像元 p 对应的缠绕相位矢量。可以利用基于马尔可夫随机场–最大后验估计计算高程值，该方法的难点在于超参数的估计，采用 EM 算法进行估计，其中数学期望采用蒙特卡罗方法进行计算，为了提高 EM 的收敛速度和计算精度，采用 Multiple-trial Metropolized Independence

Sample（MTMIS）抽样替代 Metropolis-Hastings 抽样。

12.6 时间序列地基干涉雷达影像处理方法

由于地基干涉雷达的大气延迟相位在时间维具有较强的相干性，在进行时间序列分析时，虽然可以采用星载时间序列分析方法，如 PS-InSAR 技术、SBAS 技术等，但对大气延迟相位的处理不能照搬星载 InSAR 处理方法。12.4 节提到，可以根据缠绕相位建立数学模型去除大气延迟相位，因此可在进行时间序列分析前把这部分误差消除掉。同时，由于地基干涉雷达采用的波长较短，在长时间监测中易失相干，因此在干涉像对组合中，不建议采用单参考影像的方式。综合以上的分析，可采用以下方法进行时间序列地基干涉雷达分析，流程如图 12-26 所示，具体如下。

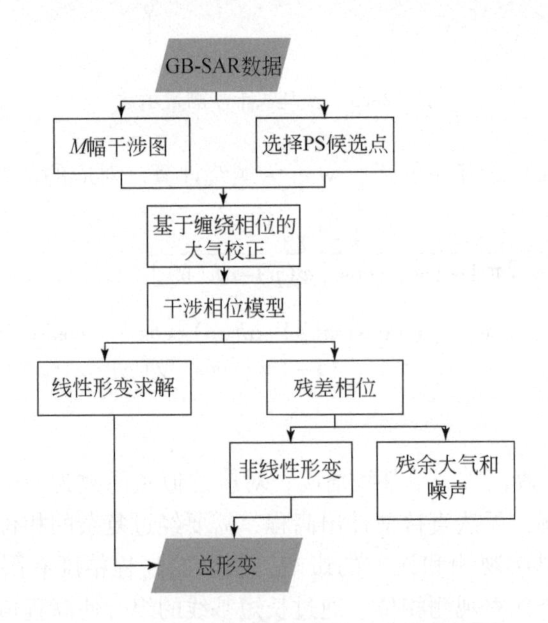

图 12-26　时间序列地基干涉雷达处理流程

1）组合干涉像对

不同于星载 InSAR，由于 GB-SAR 影像采样时间间隔较短，大气在短时间内变化较小，所以采用相邻 SLC(12 23 13 34 24）的干涉组合方式以减小大气对干涉图的影响，同时保证多余观测。相邻影像差分使得干涉图保持了较高的相干性，有利于后续的形变分析。

2）选择 PS 点

PS 点指的是在时间序列上雷达散射特性保持稳定的点。从实体点的类型看，地面上的各种硬目标如各种人工建筑物、野外裸露的地表岩石等，由于它们属于强散射体，所以受时间失相干的影响较小，使得相位观测量比较准确（保持着较高的信噪比）。在 PS-InSAR 方法中，仅对 PS 点进行建模，从而得到精确的地面形变量。

在最初的 PS 算法中，Ferretti 等（2011）使用目标点的振幅离差信息来选择 PS 点，振幅离差的计算公式为

$$D_A = \frac{\sigma_A}{m_A} \tag{12-58}$$

式中，σ_A 为目标点幅度时间序列的标准差；m_A 为目标点幅度时间序列的均值。在传统的幅度离差选择过程中，先设定幅度离差门限 $D_{\text{Threshold}}$，然后将那些满足条件 $D_A < D_{\text{Threshold}}$ 的像元点选为 PS 点。

还有一种选择 PS 点的方式是选择高相干点作为 PS 点，点位的相干性可以直接反映点位质量的高低，根据式（12-59）可以计算每幅干涉图中点位的相干性，m 和 n 代表窗口大小，M 和 S 分别代表参考影像和副影像。

$$\gamma = \frac{\left|\sum_{i=1}^{m}\sum_{j=1}^{n} M(i,j)S^*(i,j)\right|}{\sqrt{\sum_{i=1}^{m}\sum_{j=1}^{n}|M(i,j)|^2 \sum_{i=1}^{m}\sum_{j=1}^{n}|S(i,j)|^2}} \tag{12-59}$$

得到相干系数的序列 γ_1，γ_2，…，γ_n，计算他们的均值 $\bar{\gamma}$ 和标准差 σ_γ，并设定相应的阈值来选择出 PS 点。

当采取设置高阈值选择 PS 点的方法时，可以获得较高精度的 PS 点形变信息，然而在选择 PS 点时，不仅需要考虑 PS 点的质量，同时还需要顾及 PS 点的密度，因为 PS 点密度较低时不仅影响空间解缠，而且难以反映 PS 点较少地区的形变信息。综合考虑，采用对两种方法取并集的方式选择高质量点。

3）去除干涉图中的大气

此步骤即基于缠绕相位的大气校正，详见 12.4 节，通过距离差和相位差的方式计算出大气延迟系数，并模拟出大气相位。此种方法能很好地去除距离向大气的影响。

4）计算线性形变及残差

计算线性形变和残差的方法与星载时间序列分析的方法是一致的，不同的是 GB-InSAR 中没有空间基线，不包含与高程有关的相位。对于去除大气后的干涉图，对选择的 PS 点构建 Delaunry 三角网，并设立距离阈值，剔除弧段距离大于距离阈值的弧段，对相邻的 PS 点进行作差处理，则第 k 幅相邻点差分的相位如

式（12-60）所示：

$$\Delta\varphi_{x,y}^{k}=\frac{4\pi}{\lambda}\cdot T_k\cdot\Delta v_{x,y}+\Delta\varphi_{\text{res}} \tag{12-60}$$

式中，$\Delta v_{x,y}$ 为 x 和 y 两点间的线性速率差；T_k 为干涉图的时间基线；$\Delta\varphi_{\text{res}}$ 为两个点的残余相位，包含了大气延迟相位、相邻点的非线性形变相位差和噪声相位。由于点位相邻，可以认为大气延迟相位比较相近，非线性形变相位也是微小量，PS 点受噪声影响较小；可以认为残余相位差 $\Delta\varphi_{\text{res}}$ 满足 $|\Delta\varphi_{\text{res}}|<\pi$，在满足此条件的情况下，就可通过解空间搜索的方法得到 $\Delta v_{x,y}$ 的解，再通过网络平差的方式求解出每个点的线性速率。

在获得所有弧段的 Δv 后，即可计算得到线性形变速率，任一弧段的线性形变速率观测方程为

$$\hat{v}_x-\hat{v}_y=\Delta v_{xy}+\varepsilon_{xy} \tag{12-61}$$

式中，$\hat{v}_x$ 和 $\hat{v}_y$ 为未知的形变速率；ε_{xy} 为残差。对所有的弧段构建矩阵，方程为

$$\boldsymbol{B}\cdot\boldsymbol{X}=\boldsymbol{L}+\boldsymbol{Z} \tag{12-62}$$

式中，$\boldsymbol{B}$ 为 1 和−1 构成的稀疏矩阵；$\boldsymbol{L}$ 和 $\boldsymbol{Z}$ 为观测值和残差向量；$\boldsymbol{X}$ 为所有 PS 点待估计的形变速率向量，$\boldsymbol{X}=[\hat{v}_1,\hat{v}_2,\cdots,\hat{v}_n]$。

则未知量 $\boldsymbol{X}$ 的最小二乘解为

$$\boldsymbol{X}=(\boldsymbol{B}^{\mathrm{T}}\boldsymbol{P}\boldsymbol{B})^{-1}\boldsymbol{B}^{\mathrm{T}}\boldsymbol{P}\boldsymbol{L} \tag{12-63}$$

权阵 $\boldsymbol{P}$ 可由弧段质量构成为

$$\boldsymbol{P}=\begin{bmatrix}\gamma_1^2 & & & \\ & \gamma_2^2 & & \\ & & \ddots & \\ & & & \gamma_n^2\end{bmatrix} \tag{12-64}$$

式中，γ 为弧段的质量，即常说的 MC 值。

另外，根据每个弧段的线性速率差，可以求得每个弧段的残余相位差，再利用网络平差法即可得到每个 PS 点的残余相位 φ_{res}。

5）分离残余大气相位和非线性形变相位

残差包含三部分相位，即残余的大气相位、非线性形变相位以及噪声。由于时间间隔短，影像相干性高，所以忽略噪声的影响。在对干涉图进行大气去除后，已经可以去除掉与距离有关的大气相位部分，并且这也是主要部分，然而在地形变化较大的地方，大气受高程影响；在湍流等极端天气的影响下，可能会出

现局部大气不同质的情况，所以在残差中仍然会包含少量残余大气。

$$\varphi_{\text{res}}=\varphi_{\text{atm\_res}}+\varphi_{\text{nonlinear}}+\varphi_{\text{noise}} \tag{12-65}$$

这部分残余大气可能具有在观测场景内不同质的特点，但残余大气在空间上仍具有高相干性，因此可以通过设定阈值对形变区进行掩膜，然后对残差进行滤波插值（Rödelsperger et al.，2010）的方式得到残余的大气相位，最后在残差里除去残余大气相位即可得到非线性形变相位。

6）总的形变量

整合每幅图的线性形变和非线性形变就可得到总的形变量，得到每幅干涉图的形变之后，通过最小二乘的方式把它们转化为单一参考影像，就可以得到每一时刻的累计形变量了，以前几幅干涉图为例，转化的矩阵为

$$\begin{bmatrix} 1 & 0 & 0 & 0 \\ 0 & 1 & 0 & 0 \\ -1 & 1 & 0 & 0 \\ 0 & -1 & 1 & 0 \\ -1 & 0 & 1 & 0 \\ 0 & 0 & -1 & 1 \\ 0 & -1 & 0 & 1 \end{bmatrix} \cdot \begin{bmatrix} \varphi_{12} \\ \varphi_{13} \\ \varphi_{14} \\ \varphi_{15} \end{bmatrix} = \begin{bmatrix} \varphi_{12} \\ \varphi_{13} \\ \varphi_{23} \\ \varphi_{34} \\ \varphi_{24} \\ \varphi_{45} \\ \varphi_{35} \end{bmatrix} \tag{12-66}$$

7）实验分析

实验选择了河北省马兰庄矿区，马兰庄铁矿资源储量为 8912.15 万 t，该矿位于河北省迁安市马兰庄镇，其西面距离北京市 200km 左右，西南方向距离唐山市约为 80km。矿区中心的地理坐标为 118°36′E，40°06′N。露天矿区呈椭圆状，整个采场长半轴约 1100m，短半轴约 900m，边坡为典型岩质边坡，没有植被覆盖，边坡的高差也比较大，坡顶和坡底的高差达到 200m；边坡角为 38°～47°，有三个主要的坡度方向（底部、前部和右侧）。为确保该矿区边坡稳定，确保矿区安全生产，采用 GB-SAR 对其进行形变监测，现场照片见图 12-27，其雷达强度影像见图 12-27（a）。本次实验采集共分两次，第一次是从 2018 年 8 月 14 日到 2018 年 9 月 1 日，第二次是从 2018 年 9 月 3 日到 2018 年 09 月 13 日，采集了时间间隔为 1h 的影像共 617 景。

针对获取的影像，首先对相邻影像进行差分，计算振幅离差和相干性；然后进行选点，按照传统方法选择振幅离差小于 0.15 的点，如图 12-28（a）所示，共选择 29 137 个点。按照提出的并集方法选择的点见图 12-28（b），相干性阈值大于 0.95 或相干性标准差小于 0.1，共得到 103 582 个点，是仅用振幅离差指数

(a) 马兰庄矿区照片

(b) GB-SAR强度

(c) 具体滑坡区的照片

图 12-27　马兰庄矿区场景和强度图

阈值法选择的点的近三倍。从图 12-28（a）中可看出，按照传统的 PS 方法进行选点时（振幅离差指数阈值法），干涉图随着时间的增加，其散射体所处的地形发生改变，或场景内散射体受天气等外界因素影响，介电常数发生变化，使得选择的 PS 点较少（尤其是形变发生的位置），不利于后续的分析，而按照相干性法选出来的 PS 点较多，基本能覆盖到滑坡的全部区域，尤其是对形变区的点也有很好的反映，这主要归功于对相邻 SLC 进行干涉，保证了图像具有高相干性，从而也保证了点位质量。因此，提出的方法通过求并集的方式同时保证了 PS 点的质量和密度，比较适合这次滑坡监测。

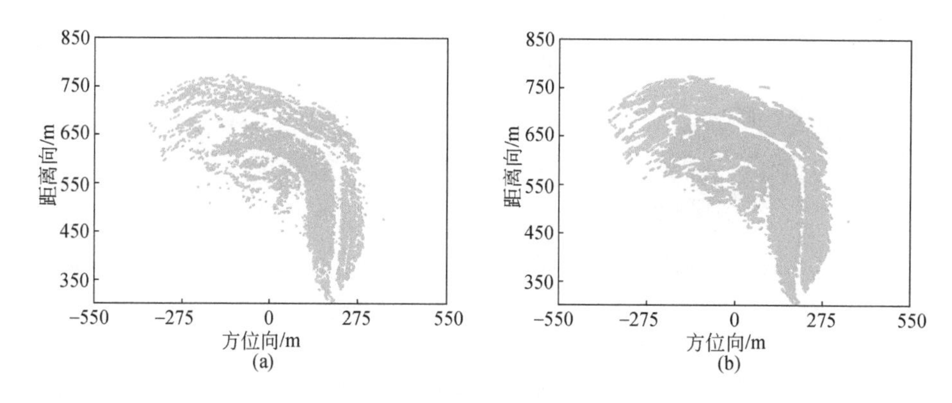

图 12-28 （a）仅用振幅离差指数阈值法选择的 PS 点和（b）用振幅离差和相干性并集选择的 PS 点

对于选择的 PS 点，按照前面提出的方法，通过距离差和相位差来计算线性大气延迟相位，并进行大气延迟相位去除。以其中两个干涉图为例。由图 12-29（a）和（b）可以看出，原图相位随距离变化而变化，是典型的受到了大气影响，且干涉图中带有相位跳变和形变。利用给出的基于缠绕相位拟合大气的方式进行大气拟合，拟合出的大气延迟相位见图 12-29（c）和（d），拟合出的大气大致能反映干涉图的大气，但就图 12-29（a）来讲，大气显然不仅仅与距离向有关，还受局部非均质大气的影响，这一部分残余大气有待后续去除。在干涉图中存在大气不同质的情况时，采用线性模型虽然不能完全去除大气，但极大地减弱了大气的影响，方便了后来的线性形变计算。在对原始干涉除去这部分大气后，按照给出的方法计算线性形变，计算得到的线性形变见图 12-30（a）。为了说明对干涉图进行大气校正的必要性，用未去除距离向大气的干涉图进行计算，其结果为图 12-30（b），从图 12-30（a）中可看出，按照提出方法计算出来的形变速率几乎不包含大气的影响，而未去除大气方法计算出来的线性形变受大气影响（其速率随距离改变而改变），形变区域也因大气的干扰而得不到正确的反映，这是 GB-SAR 影像大气在时空上高度相关的特点造成的。大气影响了弧段速率差的解算，从而影响了线性形变。而后面残差的计算同样也会依赖于求解的弧段速率差，所以速率差受大气影响同样也会导致后面求解的错误，从而影响最终的结果，因此在干涉图上去除大气，即正确计算弧段速率差是至关重要的，这也是提出方法的价值和优点所在。

在计算完线性形变后，得到残差，并计算残差里面的大气，图 12-29（e）和（f）为（a）和（b）干涉图对应的残差。可以看出，由于图 12-29（b）的大气基本和线性模型相符，利用提出的模型能很好地拟合大气，所以其残差［图 12-29（f）］中的残余大气几乎为 0。但不是所有的干涉图都能满足大气同质的假

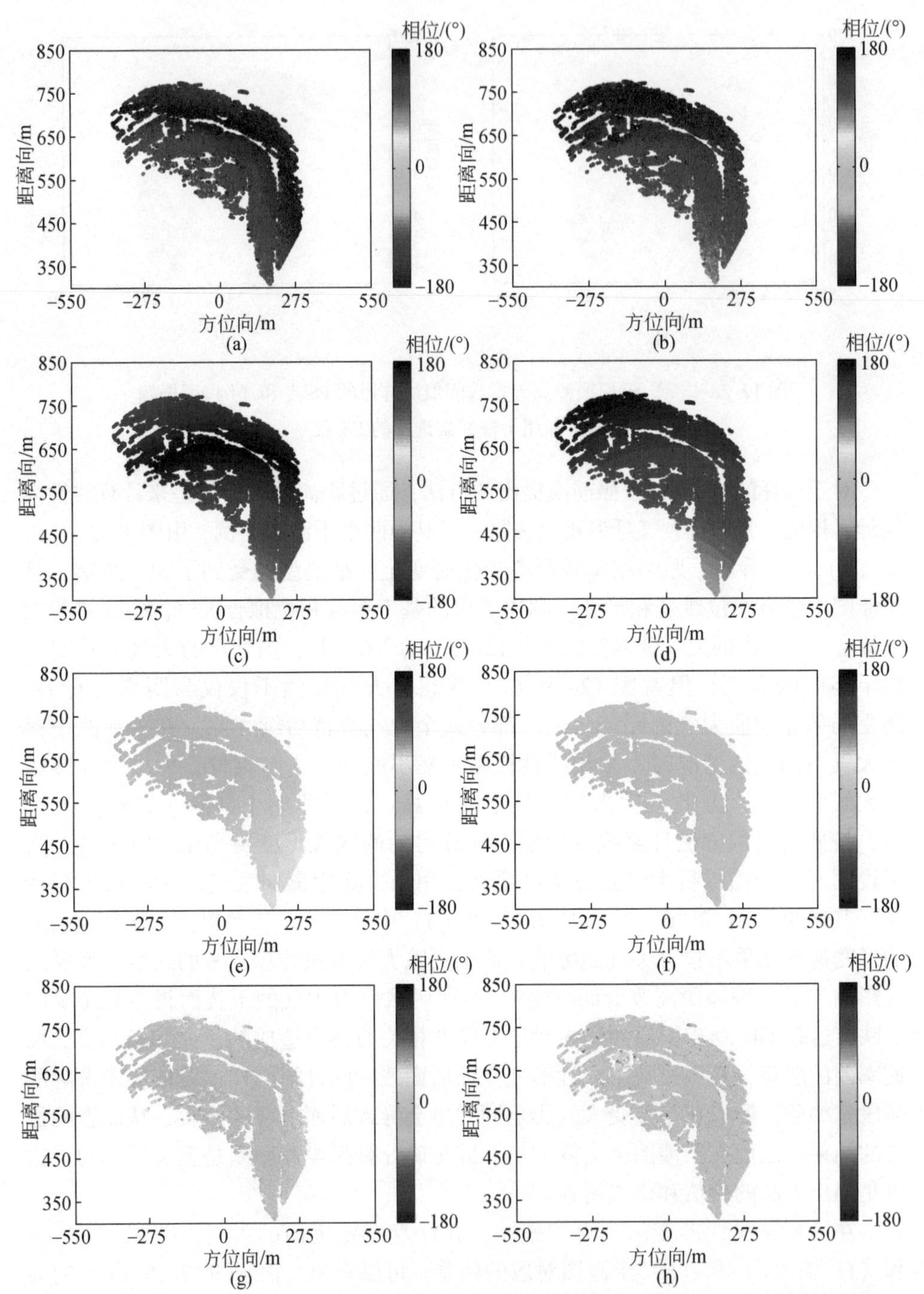

图 12-29 （a）（b）为干涉图，（c）（d）基于缠绕相位模拟出来的大气，（e）（f）分别为（a）（b）两幅干涉图对应的残差，（g）（h）为两幅干涉图对应的形变

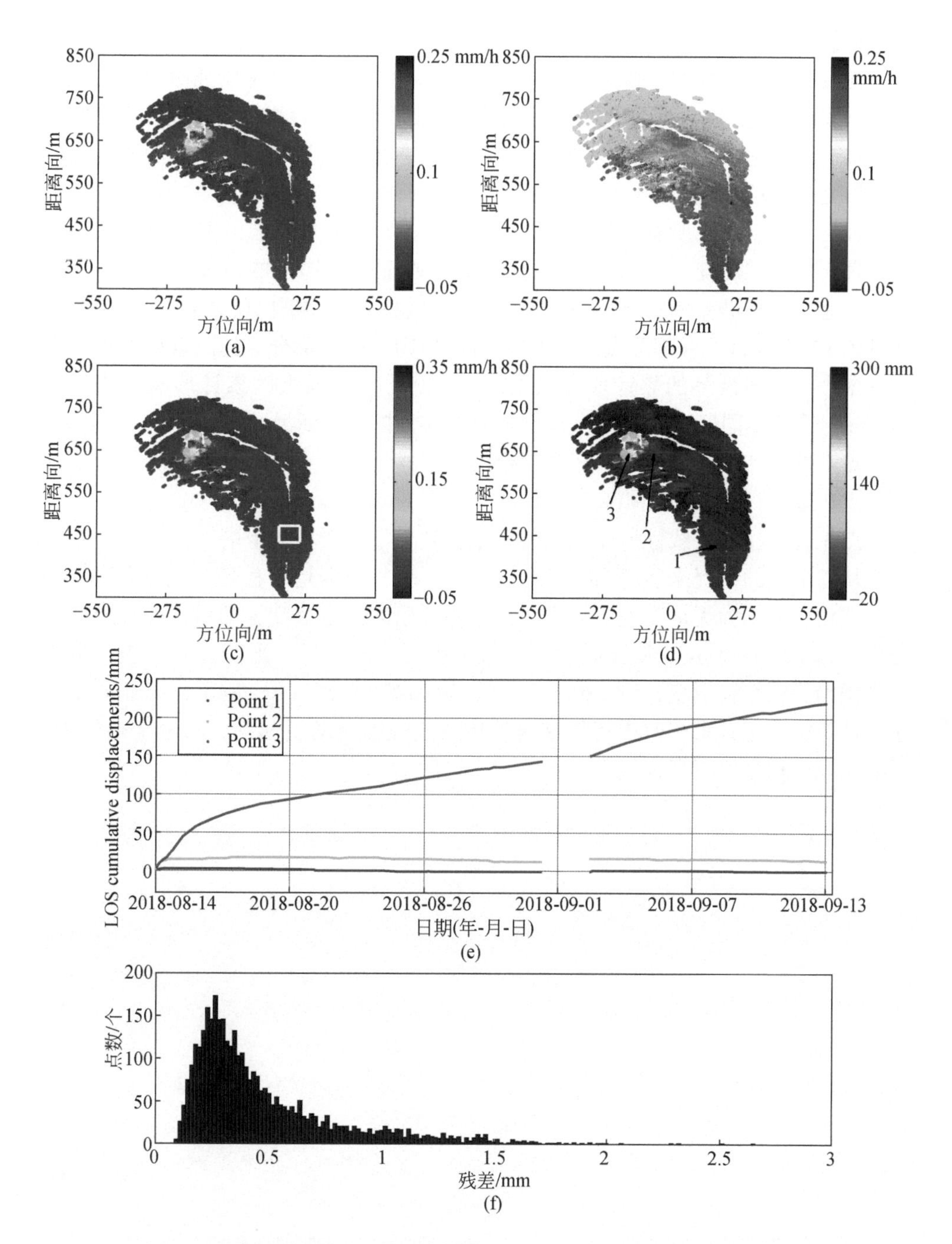

图 12-30 （a）提出方法解算出来的线性形变，（b）传统方法解算出来的线性形变，（c）最终的形变速率，（d）累积形变，（e）三个点的形变图，（f）PS 点残差

定，如图 12-29（e），这幅干涉图中残差最大值达到了 1rad（3mm），且明显为残余大气，这是不容忽视的。在残差中掩膜掉形变区，然后采用插值的方式就可以去除残余大气，除去残余大气就可得到非线性形变，综合线性和非线性形变即得到两幅干涉图的形变，见图 12-29（g）和（h），可以看出，两幅干涉图的稳定区域和形变被很好地展现了出来。

最后，在得到了所有干涉图的形变后，运用 SVD 方法求出累计形变量，并计算最终的线性形变［图 12-30（c）］。为了验证线性形变的精度，计算图中白色框内速率的标准差为 0.0054mm/h，表明精度良好，此框内所有 PS 点模型的残差见图 12-30（f），大部分点的残差在 1mm 以内，即大部分点的测量精度可达到亚毫米。干涉图最终的累计形变量见图 12-30（d），最大的累计形变量达到了 300mm，选取不同区域的像元点进行时间序列分析来判断滑坡的情况。

点 1 选择在下部滑坡一个相对稳定的位置；

点 2 选择在滑坡形变相对较小的一个位置；

点 3 选择在滑坡线性形变较大的位置，处于下部滑坡的上端。

从三个点的情况来看［图 12-30（e）］，点 1 基本趋于稳定，其相位值在 0 周围波动，可认为无形变发生。点 2 在监测开始时发生形变，随后保持稳定，形变量达到了10mm。点 3 从开始就发生较大形变，两天后，形变开始变缓，呈逐步递增趋势，最终形变达到 230mm，其位置如图 12-27（c）所示，此处严重坍塌，这是矿区每日采矿时进行爆破对坡体造成强烈震动引起的，其形变量较大，需要采取工程措施以保证安全。

第 13 章　GAMMA 软件操作指南

13.1　GAMMA 软件介绍

GAMMA 公司（GAMMA Remote Sensing Research and Consulting AG）是由 Charles Werner 和 Urs Wegmuller 于 1995 年成立的专门进行雷达信号处理与服务的公司。GAMMA 软件是由该公司开发的用于干涉雷达数据处理的全功能软件平台，该软件包括整个 SAR 数据处理过程的全功能模块：从 SAR 原始信号处理到 SLC 成像、单视/多视处理、雷达信号滤波、正射纠正/配准、DEM 提取（干涉）、形变分析（差分干涉、点目标干涉分析）、土地利用等，可以处理各种机载、星载雷达数据（COSMO-SkyMed、TerraSAR-X、ERS-1/2、ENVISAT ASAR、JERS-1、SIR-C、SeaSAT、AlOS-1/2、RADARSAT-1/2、Sentinel-1a/b 等）和地基雷达数据等。

GAMMA 软件全部由 ANSI-C 语言开发，可支持 UNIX、Linux、Windows、MAC 等操作系统。该软件共包括 SAR 成像模块（Modular SAR Processor，MSP）、SAR 干涉模块（Interferometric SAR Processor，ISP）、差分干涉/地理编码模块（Differential Interferometry and Geocoding Software，DIFF&GEO）、土地利用模块（Land Application Tools，LAT）、干涉点目标分析模块（Interferometric Point Target Analysis Software，IPTA）和可视化模块（Display Software，DISP），每个软件包括 bin、html、scripts 和 src 四个文件夹，其中 bin 文件夹下存放 GAMMA 软件的各个函数，html 文件夹存放每个函数的帮助说明，scripts 文件夹存放脚本文件，src 文件存放头文件信息。

13.2　GAMMA 软件安装

GAMMA 软件支持并行计算，可进行多时相数据分析，因此必须具有足够的 CPU、内存和硬盘存储资源，推荐硬件要求如表 13-1 所示。

表 13-1　硬件要求

电脑配置	支持和推荐
CPU	最低 2. 2GHz，建议使用超线程（HHT）或多核
内存	最低：4GB 推荐：16GB
硬盘空间	最低：500GB 推荐：1TB

本章主要介绍 GAMMA 软件在 Windows 和 Linux 系统下的安装过程。

13. 2. 1　Windows 系统安装步骤

本节主要介绍在 Cygwin 环境下的安装过程，主要包括以下步骤：

（1）首先到 Cygwin 官网下载 Cygwin 安装工具（https://www. cygwin. com/）；

（2）选择网络安装模式，Root Directory 推荐为 C:\cygwin64（图 13-1），Local Package Directory 根据电脑硬盘空间，可任意设置（图 13-2）。

（3）接着选择网络较快的镜像链接进行安装包下载（图 13-3）。

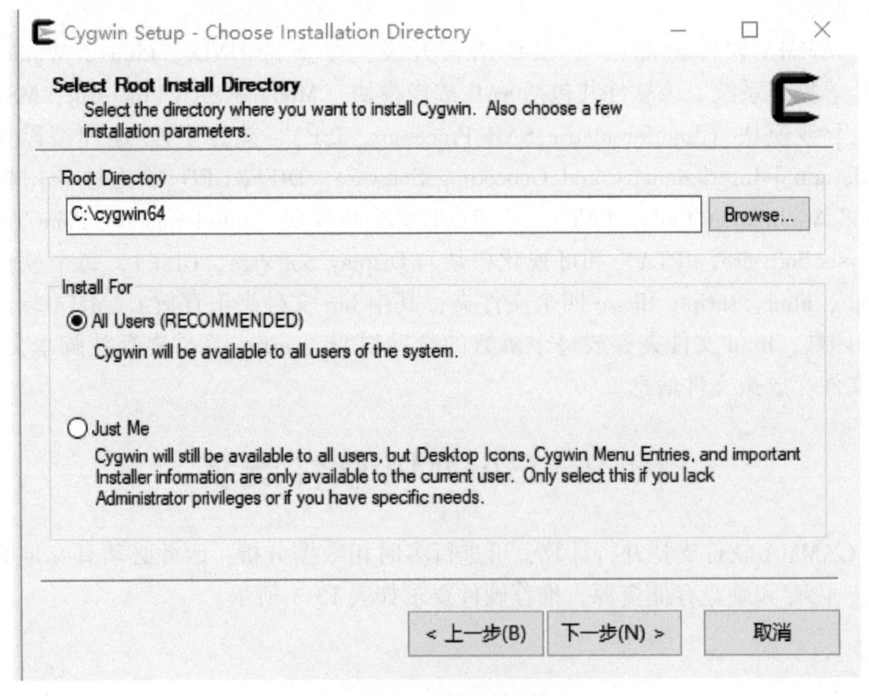

图 13-1　Cygwin 安装过程 1

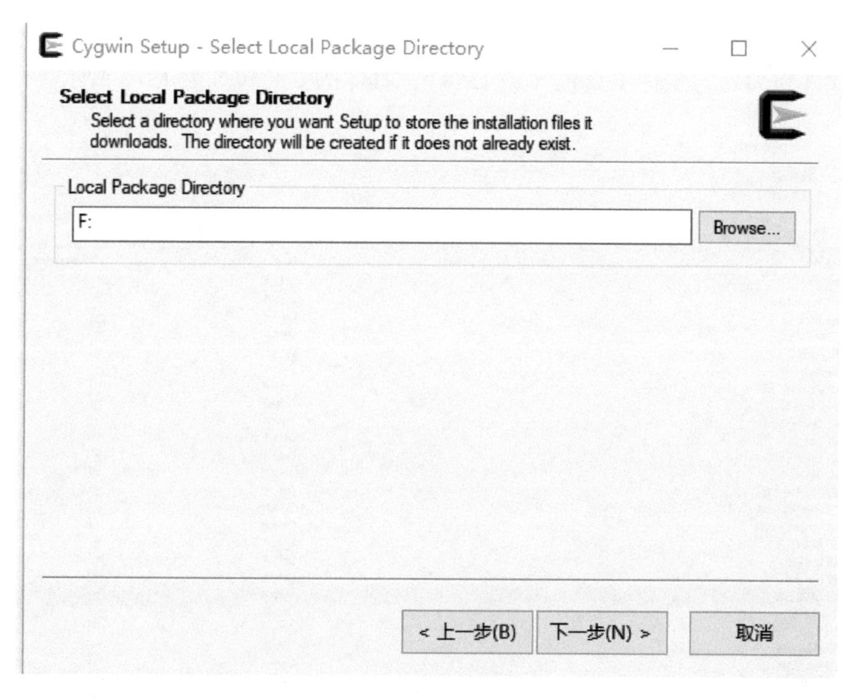

图 13-2　Cygwin 安装过程 2

图 13-3　Cygwin 安装过程 3

（4）Cygwin 是一个功能强大的 Linux 虚拟系统，对于 GAMMA 软件只需安装基础软件和额外的软件工具包（图 13-4），具体的安装包如表 13-2 所示。

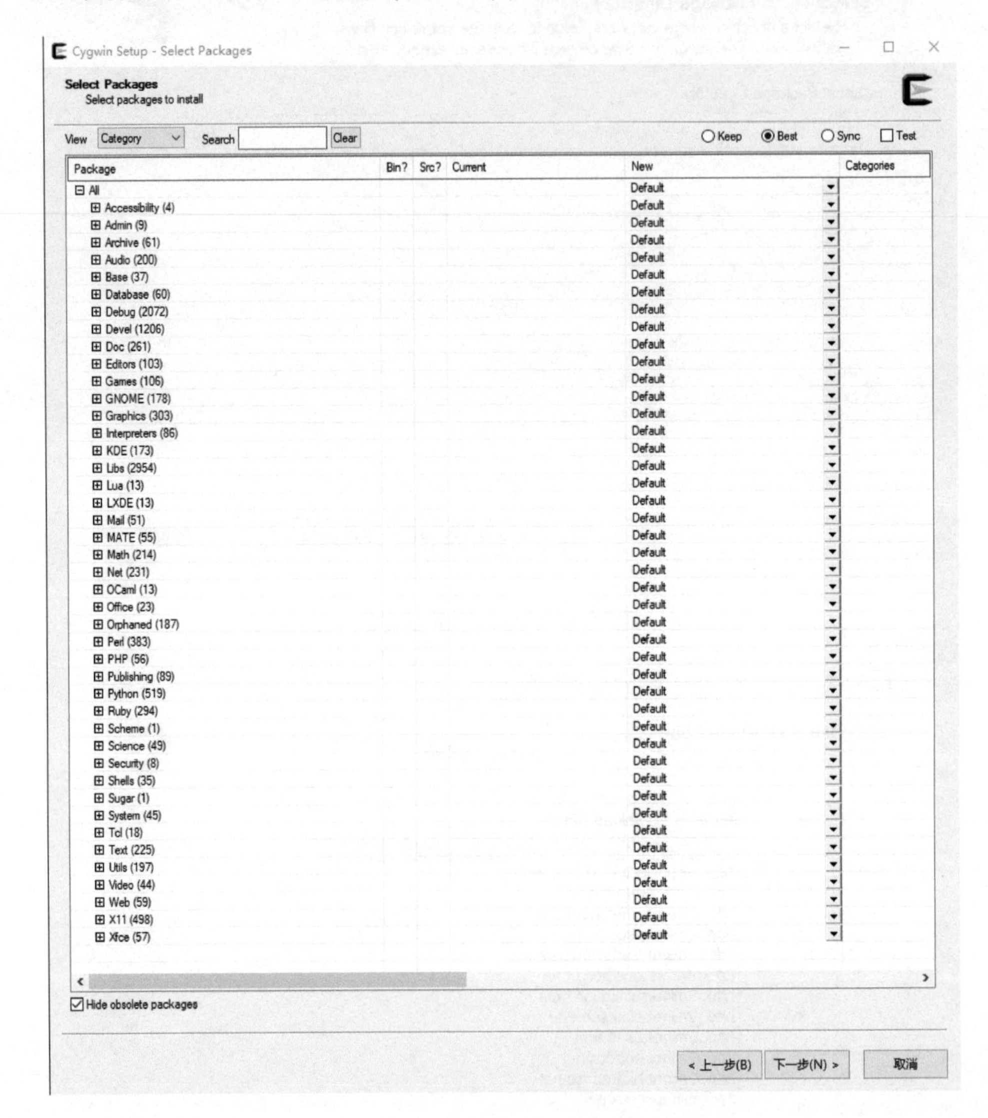

图 13-4　Cygwin 安装过程 4

表 13-2　硬件要求

类别	必需的软件包
Archive	zip，unzip
Base	所有软件包

续表

类别	必需的软件包
Graphics	ImageMagick
Interpreters	Perl
Editors	Emacs，nano nano
Net	inetutils，openssh
Shells	rxvt，xterm，tcsh
Text	a2ps
X11	xorg-server，xinit，xorg-docs，xterm，X-start-menu-icons，xkbutils，xlogo，xeyes，xmag，xmodmap，xlsfonts

（5）以上设置完成后，按照安装提示即可完成 Cygwin 软件的安装。安装完成后，在桌面会出现 Cygwin 图标，双击桌面图标即可运行 Cygwin 软件。

（6）配置 GAMMA 软件环境。首先把 GAMMA 软件包（GAMMA_SOFTWARE-＊和 GAMMA_LOCAL_＊，＊代表 GAMMA 软件版本日期）复制到 C:\cygwin\usr 目录下，然后开始配置环境变量，打开 C:\cygwin\home\username（username 为电脑名称）下的 . bashrc 文件，把以下内容复制到文件末尾并保存。

```
----------------------------添加内容起始线------------------------------
    export GAMMA_HOME="C:\GAMMA_SOFTWARE-*"
    #convert to path using cygpath utility to Cygwin POSIX path
    export GH=$(cygpath -up $GAMMA_HOME)
    echo "Gamma Software Path:$GH"

    export GAMMA_LOCAL=/cygdrive/c/GAMMA_LOCAL_*/local
    echo "Gamma Software Library Path:$GAMMA_LOCAL"

    #define GDAL data library location,modify for you specific GDAL version
    export GDAL_DATA="C:\GAMMA_LOCAL_*\local\gdal1_10\bin\data"

    export GAMMA_LIB=$GH/lib
    export MSP_HOME=$GH/MSP
    export ISP_HOME=$GH/ISP
    export DIFF_HOME=$GH/DIFF
    export LAT_HOME=$GH/LAT
```

```
export DISP_HOME=$GH/DISP
export IPTA_HOME=$GH/IPTA

export
PATH=$GAMMA_LOCAL/bin:$GAMMA_LOCAL/mingw64/bin:$GAMMA_LOCAL/gdal1_10/bin/gdal/apps:$GAMMA_LOCAL/gdal1_10/bin:$GAMMA_LOCAL/hdf5_1_8_11/bin:$GAMMA_LIB:$MSP_HOME/bin:$ISP_HOME/bin:$DIFF_HOME/bin:$LAT_HOME/bin:$DISP_HOME/bin:$IPTA_HOME/bin:\$MSP_HOME/scripts:$LAT_HOME/scripts:$ISP_HOME/scripts:$DIFF_HOME/scripts:$IPTA_HOME/scripts:/cygdrive/c/PROGRA~2/gnuplot/bin
#unset timezone
export TZ=

#setup Xserver
export DISPLAY=:0.0
xhost+
```

------------------------------添加内容结束线------------------------------

（7）环境变量设置完成后就可运行 GAMMA 软件，如需要测试软件是否安装成功，可以打开 Cygwin 终端，在命令行输入 GAMMA 软件中的任一个函数，如 disras，若出现如下界面（图 13-5），即表示软件安装成功。

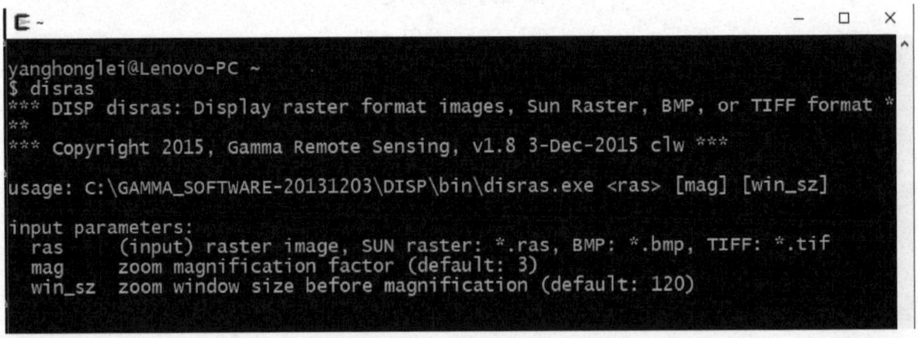

```
yanghonglei@Lenovo-PC ~
$ disras
*** DISP disras: Display raster format images, Sun Raster, BMP, or TIFF format *
**
*** Copyright 2015, Gamma Remote Sensing, v1.8 3-Dec-2015 clw ***

usage: C:\GAMMA_SOFTWARE-20131203\DISP\bin\disras.exe <ras> [mag] [win_sz]

input parameters:
  ras     (input) raster image, SUN raster: *.ras, BMP: *.bmp, TIFF: *.tif
  mag     zoom magnification factor (default: 3)
  win_sz  zoom window size before magnification (default: 120)
```

图 13-5　GAMMA 运行界面

13.2.2　Linux 系统安装步骤

选择主流的 Linux 操作系统，如 Ubuntu、Fedora 和 CentOS 等，本节以 Ubuntu 为例介绍 GAMMA 软件安装，推荐安装 ubuntu16.04 LTS 版本。GAMMA

软件安装步骤包含以下过程。

1）安装文件准备

GAMMA 软件包：GAMMA_SOFTWARE- *. tar. gz（ *表示软件版本时间）

加密狗软件：aksusbd-2. 5. 1-i386. tar. gz

2）正版软件的安装步骤

同时按下 Ctrl+T 打开终端，并将所有文件拷贝到/usr/local 下（需要 root 权限），具体命令如下：

```
sudo cp -r GAMMA_SOFTWARE-20150702/usr/local
```

切换路径到/usr/local，并解压 GAMMA 软件，具体命令如下：

```
cd /usr/local
sudo tar -zxvfGAMMA_SOFTWARE-*. tar. gz
```

3）设置环境变量

打开 . bashrc 文件，把以下内容加入到 . bashrc 文件，具体命令如下：

```
sudo gedit/etc/bash. bashrc
----------------------------添加内容起始线-----------------------------
export GAMMA_HOME=/usr/local/GAMMA_SOFTWARE-*
export MSP_HOME=$GAMMA_HOME/MSP
export ISP_HOME=$GAMMA_HOME/ISP
export DIFF_HOME=$GAMMA_HOME/DIFF
export DISP_HOME=$GAMMA_HOME/DISP
export LAT_HOME=$GAMMA_HOME/LAT
export IPTA_HOME=$GAMMA_HOME/IPTA
export GEO_HOME=$GAMMA_HOME/GEO

export
PATH=$PATH:. $MSP_HOME/bin:$ISP_HOME/bin:$DIFF_HOME/bin:$LAT_HOME/bin:
$DISP_HOME/bin:$IPTA_HOME/bin:\
$MSP _HOME/scripts: ISP _HOME/scripts: $ DIFF _ HOME/scripts: $ LAT _ HOME/
scripts:$IPTA_HOME/scripts

export OS=linux64
export CPPFLAGS="-DCPU_LITTLE_END-mtune=native-msse2-mfpmath=sse-fopenmp"

    export CPPFLAGS="-DCPU_LITTLE_END-mtune=native-msse2-mfpmath=sse-
fopenmp-I/usr/include/mpich-x86_64"
```

```
export LD_LIB_FLAGS="-shared"
export LD_LIBRARY_PATH=$LD_LIBRARY_PATH:$GAMMA_HOME/lib
export CC=gcc
export GNUTERM=wxt

export HDF5_DISABLE_VERSION_CHECK=1
export GNUTERM=qt
export GAMMA_RASTER="BMP"
export LD_LIBRARY_PATH=$LD_LIBRARY_PATH:$GAMMA_HOME/lib:/usr/local/lib
```

----------------------------添加内容结束线----------------------------

4）安装 FFTW3 软件包

可采用两种方式进行安装，第一种采用如下命令进行在线安装：

```
sudo apt-get install libfftw3-dev
```

第二种，在线下载 FFTW3 源文件（http://www.fftw.org/download.html），采用如下命令进行安装：

```
./configure --disable -fortran --enable-single --enable-shared --enable-sse --enable-sse2
make
sudo make install
```

推荐采用第一种方式进行安装。

5）安装 Gnuplot 软件

采用如下命令进行安装：

```
sudo apt-get -y install gnuplot5
```

6）安装 GDAL 库

采用如下命令进行安装：

```
sudo apt-get install libgdal-dev gdal-bin libgdal1-dev
```

7）安装 HDF5 库

采用如下命令进行安装：

```
sudo apt-get -y install libhdf5-dev libhdf5-10
```

8）安装 LAPACK 和 BLAS 库

采用如下命令进行安装：

```
sudo apt-get -y install libblas-dev libblas3 libblas-doc liblapack-
```

```
dev liblapack3 liblapack-doc
```

9）安装加密狗软件

首先解压加密狗软件，然后进行安装，具体过程如下：

```
sudo tar -zxvf aksusbd-2.5.1-i386.tar.gz
sudo ./dinst
```

10）软件测试

打开终端，输入 disras 命令，如出现以下界面（图 13-6），表明软件已安装成功。

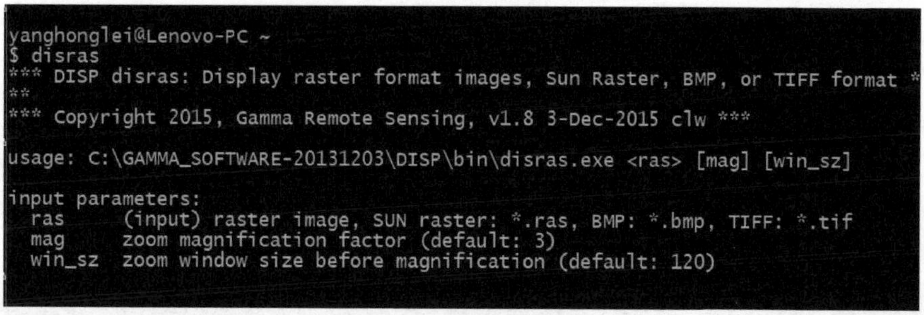

```
yanghonglei@Lenovo-PC ~
$ disras
*** DISP disras: Display raster format images, Sun Raster, BMP, or TIFF format *
**
*** Copyright 2015, Gamma Remote Sensing, v1.8 3-Dec-2015 clw ***

usage: C:\GAMMA_SOFTWARE-20131203\DISP\bin\disras.exe <ras> [mag] [win_sz]

input parameters:
  ras      (input) raster image, SUN raster: *.ras, BMP: *.bmp, TIFF: *.tif
  mag      zoom magnification factor (default: 3)
  win_sz   zoom window size before magnification (default: 120)
```

图 13-6　GAMMA 示意

如果提示权限不够，可采用如下命令进行解决：

```
sudo chmod 777-R/usr/local/GAMMA_SOFTWARE-*
```

13.3　认知 SAR 影像

本章以城市和山区的 SAR 影像为例，让读者认知单视复数影像、多视影像、斜距影像、地距影像、SAR 几何畸变、极化 SAR 影像和 SAR 影像滤波等。

13.3.1　数据格式转换

根据不同的用户应用需求，需要购置不同等级的 SAR 影像产品，SAR 影像标准产品可分为 5 个等级，具体如表 13-3 所示。

表 13-3　SAR 影像标准产品等级

等级	产品名称	产品说明
0 级	原始信号影像产品	未经成像处理的原始信号数据
1A 级	单视复数影像产品	成像处理后以复数矩阵存储的产品

续表

等级	产品名称	产品说明
1B 级	多视影像产品	距离向和方位向分辨率一致的产品
2 级	几何校正产品	经过成像处理、辐射校正和系统级几何校正处理，形成具有地图投影的图像产品
3 级	几何精校正产品	经过成像处理、辐射校正和几何校正，同时采用地面控制点改进产品的几何精度的产品数据
4 级	高程校正产品	经成像处理、辐射校正、几何校正和几何精校正，同时采用 DEM 纠正地势起伏造成的影响的产品数据
5 级	标准镶嵌影像产品	无缝镶嵌图像产品

对于不同级别的 SAR 影像产品，GAMMA 软件提供了不同的数据格式转换函数，这些函数都以 par_* 的形式命名，用户可以在终端输入 par_* 后，按下 Tab 键，这样会在终端输出所有的数据格式转化函数（图 13-7）。

```
yanghonglei@Lenovo-PC ~
$ par_
par_ACS_ERS.exe          par_EORC_PALSAR.exe        par_PRI_ESRIN_JERS.exe   par_RSI_RSAT
par_ASAR.exe             par_EORC_PALSAR_geo.exe    par_PulSAR.exe           par_S1_GRD.exe
par_ASF_91.exe           par_ERSDAC_PALSAR.exe      par_RISAT_geo.exe        par_S1_SLC.exe
par_ASF_96.exe           par_ESA_ERS.exe            par_RISAT_GRD.exe        par_SIRC.exe
par_ASF_PRI.exe          par_IECAS_SLC.exe          par_RISAT_SLC.exe        par_TX_geo.exe
par_ASF_RSAT_SS.exe      par_JERS_geo.exe           par_RSAT_SCW.exe         par_TX_GRD.exe
par_ASF_SLC.exe          par_KC_PALSAR_slr.exe      par_RSAT_SGF.exe         par_TX_SLC.exe
par_ATLSCI_ERS.exe       par_KS_DGM.exe             par_RSAT_SLC.exe         par_UAVSAR_geo.exe
par_CS_geo.exe           par_KS_geo.exe             par_RSAT2_SG.exe         par_UAVSAR_SLC.exe
par_CS_SLC.exe           par_KS_SLC.exe             par_RSAT2_SLC.exe
par_CS_SLC_TIF.exe       par_MSP.exe                par_RSI
par_EORC_JERS_SLC.exe    par_PRI.exe                par_RSI_ERS.exe
```

图 13-7　终端输出的数据格式转换函数名称

以 TerraSAR-X 的单视复数影像为例，介绍 SAR 数据格式转化用法，首先在终端输入 par_TX_SLC，然后按下回车键，在终端会输出这个函数的用法（图 13-8），更详细的用法可以参照 html 文件下的帮助文档。这个函数需要输入 5 个参数，其中 2 个输入文件（input），2 个输出文件（output），1 个极化方式标示符。最终输入参数如下（黑体表示函数名，绿色表示输入文件，蓝色表示输出文件，该输出包含单视复数数据文件名和对应的参数文件名，其中 20110102 表示成像日期，slc 表示单视复数数据，par 表示参数文件，红色表示极化标示符）。

```
par_TX_SLC TDX1_SAR_SSC______SM_S_SRA_20110102T100357_20110102T100405.xml IMAGEDATA/IMAGE_HH_SRA_strip_008.cos 20110102.slc.par 20110102.slc HH
```

```
yanghonglei@Lenovo-PC ~
$ par_TX_SLC
*** Generate SLC parameter file and SLC image from a Terrasar-X SSC data set ***
*** Copyright 2015, Gamma Remote Sensing, v2.0 15-Oct-2015 awi/clw  ***

usage: C:\GAMMA_SOFTWARE-20131203\ISP\bin\par_TX_SLC.exe <annotation_XML> <COSAR> <SLC_par> <SLC> [pol]

input parameters:
  annotation_XML (input) Terrasar-X product annotation XML file
  COSAR          (input) COSAR SSC data file
  SLC_par        (output) ISP SLC parameter file (example: yyyymmdd.slc.par)
  SLC            (output) SLC data file (example: yyyymmdd.slc)
  pol            polarisation HH, HV, VH, VV (default: first polarisation found in the annotation_XML)
```

图 13-8　par_TX_SLC 函数用法

数据格式转化完成后生成 GAMMA 格式的数据文件，其中参数文件 20110102. slc. par 以文本的形式存储，可以采用文本编辑工具打开，文本内容包含了 SAR 影像的头文件信息，如成像时间、影像行列数、数据类型、数据分辨率、入射角、定轨参数等信息。可以采用 DISP 软件包下的函数进行单视复数数据的显示，具体命令为 disSLC，具体用法如图 13-9 所示。

```
yanghonglei@Lenovo-PC /cygdrive/f/InSARdata/北京TCX/WEST/SO_000036763_0016_1/SO_000036763_0016_1/TDX1_SAR__SSC______SM_S_SRA_20110102T100357_20110102T100405
$ disSLC
*** DISP Program C:\GAMMA_SOFTWARE-20131203\DISP\bin\disSLC.exe ***
*** Copyright 2012, Gamma Remote Sensing, v1.6 4-Apr-2012 clw ***
*** Generate 8-bit SUN/BMP raster file of SLC intensity ***

usage: C:\GAMMA_SOFTWARE-20131203\DISP\bin\disSLC.exe <SLC> <width> [start] [nlines] [scale] [exp] [data_type]

input parameters:
  SLC        (input) single-look complex image (FCOMPLEX or SCOMPLEX data type)
  width      complex samples per row of the SLC
  start      starting line (default=1)
  nlines     number of lines to display (default=0: to end of file)
  scale      display scale factor (default=1.)
  exp        display exponent (default=.5)
  data_type  input SLC data type
               0: FCOMPLEX
               1: SCOMPLEX (default)
```

图 13-9　disSLC 函数用法

该函数需要一个输入文件（单视复数名称）、影像距离向采样数、起始行数、显示行数、显示参数和数据类型（FCOMPLEX：浮点型复数，SCOMPLEX：短整型复数，该输入可从参数文件中获取），具体输入如下所示。

```
disSLC 20110102.slc 20302 1000 5000 1 0.5 1
```

本案例的数据类型为 SCOMPLEX，可在终端输入 1 或者-，但是如果数据类型为 FCOMPLEX，必须在终端输入 0。图像显示窗口如图 13-10 所示。

13.3.2　认知单视复数影像

SAR 接收的散射数据为复数信号（包含强度和相位）。在 GAMMA 软件中可采用 rasSLC 和 rasmph 两个函数生成强度图像和相位图像，13.3.1 节中生成的是一个标准图幅，本节案例中只提取部分影像进行，提取函数为 SLC_copy，具体输入如下：

图 13-10　disSLC 显示窗口

```
SLC_copy 20110102.slc 20110102.slc.par 20110102.slc_part 20110102.slc_part.par 4 - 1000 1000 1000 1000
rasSLC 20110102.slc_part 1000 1 1000 1 1 1.0 0.35 1 1 - 20110102.slc_part.bmp
rasmph  20110102.slc_part 1000 1 1000 1 1 1.0 0.1 20110102.slc.phase.bmp 1
```

生成的强度图像和相位图像如图 13-11 和图 13-12 所示。

图 13-11　强度图像

图 13-12　相位图像

13.3.3 斜距图像和地距图像

由于 SAR 成像结构为侧视成像，得到的 SAR 影像为斜距影像，从近地端到远地端，随着入射角的变化，斜距分辨单元对应的地面单元不同。本节采用北京市的 ENVISAT ASAR 影像为例生成斜距图像和地距图像。具体操作如下。

（1）生成 10×10 视的斜距强度图像。

```
multi_look 20030618.rslc 20030618.rslc.par 20030618.rmli 20030618.rmli.par 10 10
raspwr 20030618.rmli 517
```

（2）生成 10×10 视的地距强度图像。

```
SR_to_GRD 20030618.rmli.par - 20030618.rmli.gd.par 20030618.rmli 20030618.rmli.gd 1 1 1
raspwr 20030618.rmli.gd 2606
```

生成的斜距强度和地距强度图如图 13-13 所示。

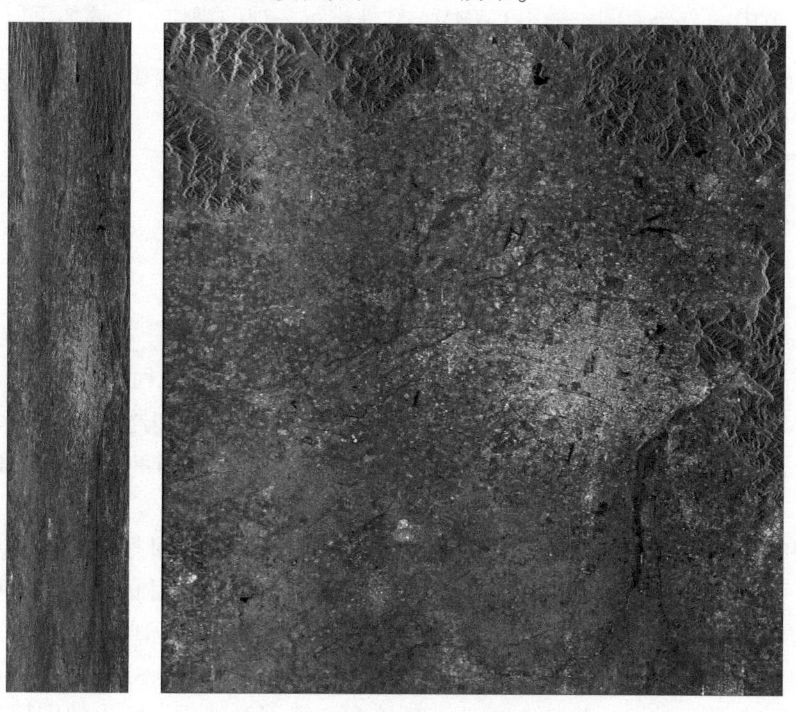

图 13-13　斜距强度和地距强度图像

13.3.4　多视 SAR 强度图像

SAR 在距离向通过线性调频信号的脉冲压缩技术获取距离向分辨率，通过合成孔径技术获取方位向分辨率，由于两种技术不同，距离向分辨率和方位向分辨率不一致，造成单视 SAR 影像变形，同时 SAR 单个像元接收的雷达回波是对应地面单元的雷达回波的相干叠加，造成斑点噪声，降低了 SAR 影像的实用性，因此在进行 SAR 影像解译之前，需要对 SAR 单视影像进行多视处理，其中多视比的计算如式（13-1）所示：

$$\text{Multi-look} = \text{int}\left(\frac{\text{Resolution}_{SR}}{\text{Resolution}_{AZ} \times \sin(\text{incidence})}\right) \tag{13-1}$$

式中，Multi-look 为多视比；Resolution_{SR} 为距离向分辨率；Resolution_{AZ} 为方位向分辨率；incidence 为入射角。其中，距离向分辨率、方位向分辨率和入射角都可以从参数文件中获取，以 Envisat ASAR 影像为例，距离向分辨率为 7.803 974m，方位向分辨率为 4.045 585m，入射角为 22.8072°。计算得到的多视比为 5，以 13.3.3 节中的数据为例，采用 GAMMA 软件进行多视的操作，具体如下所示：

```
multi_look 20030618.rslc 20030618.rslc.par 20030618.rmli 20030618.rmli.par 2 10
raspwr 20030618.rmli 2585
```

生成的多视强度图像如图 13-14 所示。

13.3.5　极化数据处理

雷达发射的电磁波在目标表面感应电流而进行辐射，从而产生散射电磁波。由于目标对入射电磁波的调制效应，散射波的性质不同于入射波的性质，这种调制效应由目标的物理结构特征决定，不同目标对相同入射波具有不同的调制特性。

目标在电磁波的照射下存在着变极化效应，也就是说目标散射场的极化取决于入射场的极化，但通常与入射电磁波的极化不一致，目标对入射电磁波有着特定的极化变换作用，其变换关系由入射波的频率、目标形状、尺寸、结构和取向等因素决定。因此，全极化 SAR 可以获得比单极化 SAR 更丰富的目标信息，在海洋、林业、地质、农业、环境和灾害等领域具有巨大的应用潜力。

图 13-14　多视强度图像

本节以2015年4月11日河北省深州市的RADARSAT-2全极化影像为例，介绍GAMMA软件全极化数据处理流程。采用par_RSAT2_SLC将数据转换为GAMMA软件支持的格式，具体如下：

```
par_RSAT2_SLC product.xml lutSigma.xml imagery_HH.tif HH 20150411_HH.slc.par 20150411_HH.slc
par_RSAT2_SLC product.xml lutSigma.xml imagery_HV.tif HV 20150411_HV.slc.par 20150411_HV.slc
par_RSAT2_SLC product.xml lutSigma.xml imagery_VV.tif VV 20150411_VV.slc.par 20150411_VV.slc
par_RSAT2_SLC product.xml lutSigma.xml imagery_VH.tif VH 20150411_VH.slc.par 20150411_VH.slc
```

整个图幅大小为 3644 行×6213 列，分辨率为 4.7m×4.7m，数据格式为 FCOMPLEX，本案例提取部分影像进行分析，具体如下：

```
SLC_copy 20150411_HH.slc 20150411_HH.slc.par 20150411_HH.slc.part 20150411_HH.slc.part.par 1 - 600 1000 30 1000 0
rasSLC 20150411_HH.slc.part 1000 1 0 1 1 - - -
SLC_copy 20150411_HV.slc 20150411_HV.slc.par 20150411_HV.slc.part 20150411_HV.slc.part.par 1 - 600 1000 30 1000 0
rasSLC 20150411_HV.slc.part 1000 1 0 1 1 - - -
SLC_copy 20150411_VV.slc 20150411_VV.slc.par 20150411_VV.slc.part 20150411_VV.slc.part.par 1 - 600 1000 30 1000 0
rasSLC 20150411_VV.slc.part 1000 1 0 1 1 - - -
SLC_copy 20150411_VH.slc 20150411_VH.slc.par 20150411_VH.slc.part 20150411_VH.slc.part.par 1 - 600 1000 30 1000 0
rasSLC 20150411_VH.slc.part 1000 1 0 1 1 - - -
```

生成的结果如图 13-15 ~ 图 13-18 所示。

HV 和 VH 极化对区分植被和非植被边界与水体边界有利，HH 极化对反演土壤湿度有利，VV 极化对识别农作物有利。

图 13-15　HH 极化图像

图 13-16　HV 极化图像

图 13-17　VV 极化图像

图 13-18　VH 极化图像

散射总功率矩阵是各单极化的线性组合，在 GAMMA 软件中可通过 lin_comb 函数计算，具体如下：

```
multi_look 20150411_HH.slc.part 20150411_HH.slc.part.par 20150411_HH.part.mli 20150411_HH.part.mli.par 1 1
multi_look 20150411_HV.slc.part 20150411_HV.slc.part.par 20150411_HV.part.mli 20150411_HV.part.mli.par 1 1
multi_look 20150411_VV.slc.part 20150411_VV.slc.part.par 20150411_VV.part.mli 20150411_VV.part.mli.par 1 1
multi_look 20150411_VH.slc.part 20150411_VH.slc.part.par 20150411_VH.part.mli 20150411_VH.part.mli.par 1 1
lin_comb 3 20150411_HH.part.mli 20150411_HV.part.mli 20150411_VV.part.mli 0 1 2 1 20150411.span 1000
raspwr 20150411.span 1000
```

生成的散射总功率图像如图 13-19 所示。

单极化 SAR 影像和散射总功率图仍是以灰度影像的形式展示，在进行应用时可用的信息较少，可以把不同极化的后向散射影像进行假彩色合成，其中 HH 极化为红色通道，HV 极化为绿色通道，VV 极化为蓝色通道，具体如下：

```
raspwr 20150411_HV.part.mli 1000
raspwr 20150411_HH.part.mli 1000
raspwr 20150411_VH.part.mli 1000
raspwr 20150411_VV.part.mli 1000
```

```
ras_to_rgb 20150411_HH.part.mli.bmp 20150411_HV.part.mli.bmp 20150411_VV.part.mli.bmp 20150411.lexic.rgb.bmp
```

图 13-19　散射总功率图像

生成的假彩图像如图 13-20 所示。

人工建筑在同极化图像中主要发生单次反射和二次反射，由于其在同极化数据中具有强的后向散射系数，交叉极化中具有弱的后向散射系数，因此人工建筑在合成的影像中表现为粉红色；植被区域在交叉极化中具有强的后向散射系数，因此在合成的影像中表现为绿色；裸露地表以漫反射为主，在全极化影像中具有强的 HH 极化和 VV 极化后向散射系数，因此在合成的影像中表现为紫色。

极化 SAR 能够获取目标的全极化散射特征，可根据全极化散射特征与目标的形状结构、物理属性之间的关系对目标进行识别，极化目标分解是获取极化目标特征的重要方法，大致可以分为基于散射矩阵的相干分解和基于相干矩阵或者协方差的非相干分解。

图 13-20　假彩图像

Pauli 分解是常用的基于散射矩阵的相干分解方法，在 GAMMA 软件中采用 Pauli 函数实现，具体如下：

```
pauli 20150411_HH.slc.part 20150411_HV.slc.part 20150411_VV.slc.part 20150411_HH.slc.part.par 20150411_HV.slc.part.par 20150411_VV.slc.part.par 20150411.pauli
rasSLC 20150411.pauli_alpha.slc 1000
rasSLC 20150411.pauli_beta.slc 1000
rasSLC 20150411.pauli_gamma.slc 1000
ras_to_rgb 20150411.pauli_beta.slc.bmp 20150411.pauli_gamma.slc.bmp 20150411.pauli_alpha.slc.bmp 20150411.pauli.rgb.bmp
```

生成的结果图像如图 13-21 ~ 图 13-24 所示。

与图 13-20 相比，二者在植被区域存在较大的差异，在图中呈现紫色，而在 Pauli 合成影像中呈现蓝色。

图 13-21　HH+VV（奇次反射）

图 13-22　HH−VV（偶次反射）

图 13-23　2×HV（45°二面散射体）

图 13-24　Pauli 合成影像

Freeman-Durden 分解是常用的非相干目标极化分解方法，该方法是为解译森林植被的后向散射而发展起来的，它将协方差矩阵分解为体散射、偶次散射和与地面相关的奇次散射三部分，同时假定三者在统计上独立不相关。在 GAMMA 软件中采用 PD3C_DEC 脚本实现 Freeman-Durden 分解，具体如下：

```
FD3C_DEC 20150411_HH.slc.part 20150411_HV.slc.part 20150411_VV.slc.part 20150411.T13 1000 20150411 1 1
raspwr 20150411.fdd_ps 1000
```

```
raspwr 20150411.fdd_pd 1000
raspwr 20150411.fdd_pw 1000
raspwr 20150411.fdd_pv 1000
ras_to_rgb 20150411.fdd_pd.bmp 20150411.fdd_pv.bmp 20150411.fdd_ps.
bmp 20150411.fdd.rgb.bmp
```

生成的结果如图 13-25 所示。

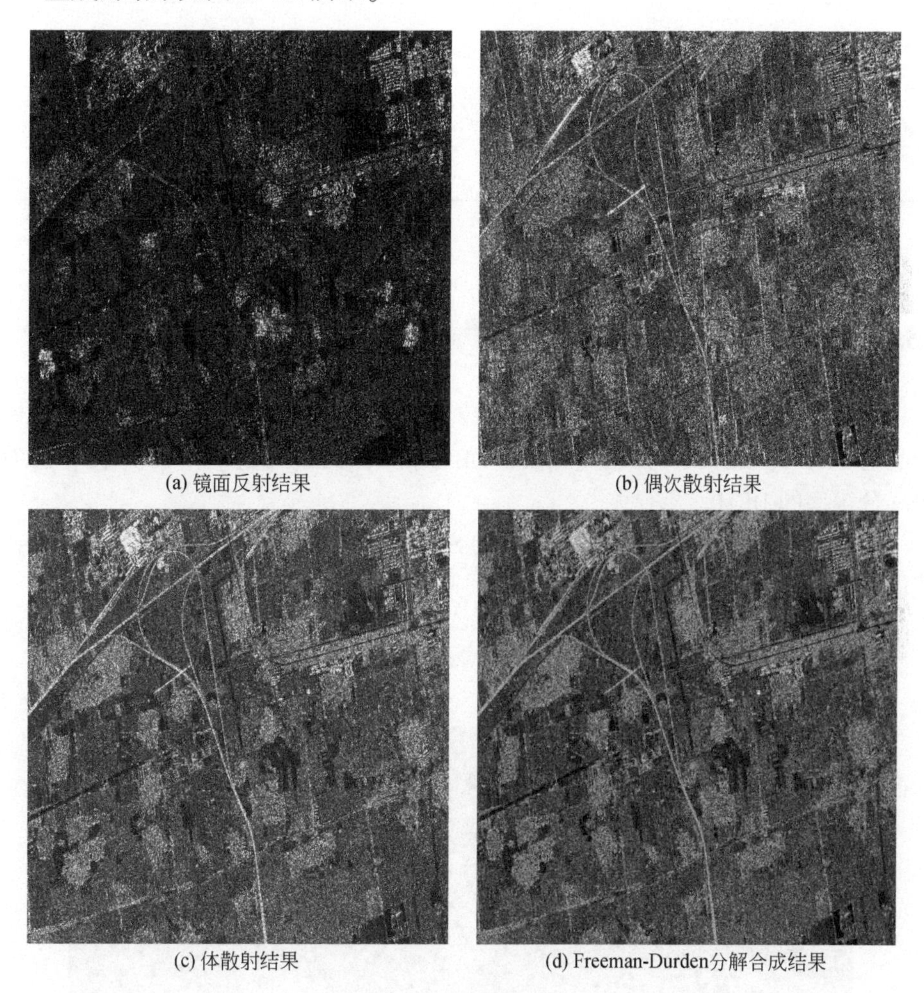

(a) 镜面反射结果　(b) 偶次散射结果

(c) 体散射结果　(d) Freeman-Durden分解合成结果

图 13-25　生成结果

13.4　地 理 编 码

地理编码的功能是实现影像数据 SAR 成像坐标系（斜距–方位向）与地图坐

标系的相互转换，涉及的函数包含在 GAMMA 软件的 DIFF 模块，用到的函数主要有 gc_map、geocode、gc_map_fine、geocode_back 等。以伊朗 BAM 地区的数据为例介绍地理编码的流程，具体数据如表 13-4 所示。

表 13-4　地理编码数据信息

数据文件	文件描述
20031203.VV.SLC	单视复数数据
20031203.VV.SLC.par	单视复数数据对应的参数文件
N28E57.hgt N28E58.hgt N28E59.hgt N29E57.hgt N29E58.hgt N29E59.hgt	SRTM DEM 数据文件

具体流程如下。

13.4.1　DEM 预处理

进行地理标码时需要用到 SAR 影像对应区域的 DEM 数据，当前公开的 DEM 产品有 SRTM、ASTER GDEM、ALOS DEM 和 TanDEM-X 等。本案例采用 SRTM 90m 分辨率的 DEM。

根据 SAR 影像覆盖范围确定需要的 SRTM DEM，可以通过 SLC_corners 函数获取影像范围，具体如下：

```
SLC_corners 20031203.VV.SLC.par
```

对应的输出如图 13-26 所示。

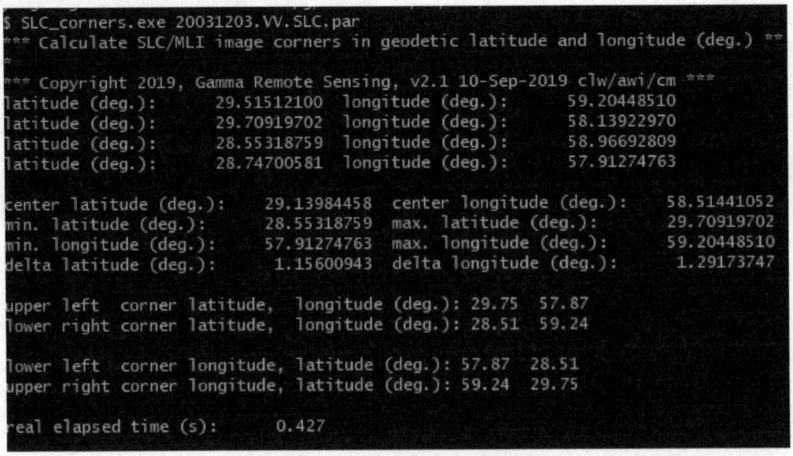

```
$ SLC_corners.exe 20031203.VV.SLC.par
*** Calculate SLC/MLI image corners in geodetic latitude and longitude (deg.) ***
*** Copyright 2019, Gamma Remote Sensing, v2.1 10-Sep-2019 clw/awi/cm ***
latitude (deg.):      29.51512100  longitude (deg.):      59.20448510
latitude (deg.):      29.70919702  longitude (deg.):      58.13922970
latitude (deg.):      28.55318759  longitude (deg.):      58.96692809
latitude (deg.):      28.74700581  longitude (deg.):      57.91274763

center latitude (deg.):     29.13984458  center longitude (deg.):    58.51441052
min. latitude (deg.):       28.55318759  max. latitude (deg.):       29.70919702
min. longitude (deg.):      57.91274763  max. longitude (deg.):      59.20448510
delta latitude (deg.):       1.15600943  delta longitude (deg.):      1.29173747

upper left  corner latitude,  longitude (deg.): 29.75  57.87
lower right corner latitude,  longitude (deg.): 28.51  59.24

lower left  corner longitude, latitude (deg.): 57.87  28.51
upper right corner longitude, latitude (deg.): 59.24  29.75

real elapsed time (s):      0.427
```

图 13-26　SLC_corners 输出界面

可以根据输出的最小、最大经纬度范围确定需要的 SRTM DEM 范围，本案例需要 N28E57、N28E58、N28E59、N29E57、N29E58 和 N29E59 共 6 个 SRTM DEM 文件。由于 GAMMA 软件中数据文件和参数文件是分开的，因此需要制作每个 DEM 对应的参数文件，采用 create_dem_par 函数，以 N28E57. hgt 为例进行说明，具体如下：

```
create_dem_par N28E57.dem_par
```

该命令需要用户交互输入 DEM 的相关参数。

（1）DEM 投影的选择。

多种 DEM 投影类型选择，本次案例采用的是等角投影，故选择 EQA，由于默认选择为 EQA，所以直接敲回车键。

（2）DEM 基准投影、椭球投影和地图投影的定义。

要求用户提供 DEM 数据所在的国家名，然后屏幕出现一系列可用的基准投影参和椭球投影参。

本次试验的 DEM 为 WGS-84 坐标系，因此可以直接输入 WGS84。

（3）其他参数的定义。

```
DEM title:自定义                          data format:INTEGER*2
```

其中数据格式根据用到的 DEM 的格式确定，本案例是整型。

```
DEM height offset(m):0.0                  DEM height scale factor:1
DEM width:3601                            DEM length:3601
```

输入 DEM 的大小，对于 90m SRTM，每个数据的行列号是 1201×1201，如果用到的是 30m，对应的行列号是 3601×3601。

```
Posting:-8.3333333e-04  8.3333333ee-04
```

输入每个像元的大小，90m 分辨率的 SRTM DEM 每个文件的面积范围是 1°×1°，因此每个像元的大小是 1°/1201。因为 SRTM 文件命令是以左下角的像元对应的经纬度为准，GAMMA 软件是以左上角的像元为第一个像元，因此纬度是递减的，纬度每个像元的大小加了负号（-）。

```
Northing/easting or latitude/longitude of first DEM sample:29 57
```

输入左上角像元对应的经纬度。

交互完成后生成对应的 DEM 文件，可采用 disdem_par 命令查看 DEM，具体如下：

```
disdem_par N28E57.hgt N28E57.dem_par
```

同样的流程可以生成其他 DEM 对应的参数文件，但是在后续的处理中需要把 6 个 DEM 文件拼接为一个文件，采用 multi_mosaic 命令实现，具体如下：

```
mk_tab . hgt par hgt_tab
```

该命令生成一个文件 hgt_tab，该文件包含两列，第一列为 DEM 的数据文件名，第二例为对应的参数文件名，这个文件作为 multi_mosaic 函数的一个输入。

```
multi_mosaic hgt_tab bam.hgt bam.dem_par
```

SRTM DEM 是采用干涉方式获取的，阴影区域的 DEM 无法获取，在数据文件中以-32 768 代替阴影区域的高程值，在进行地理编码前需要通过插值方式对空缺区域的值做预处理，具体如下。

（1）把 DEM 数据中为 0m 的值用一个和它相差不大的值代替，本实验采用 1 取代。

```
replace_values bam.hgt 0 1 temp_dem 3601 0 4
```

（2）采用同样的命令可以取代数据中的缺失值。

```
replace_values temp_dem -32768 0 temp_dem2 3601 0 4
```

（3）采用 interp_ad 内插填补空缺，根据空缺块的大小，选择合适的内插窗口，空缺块越大，选择的窗口越大。

```
interp_ad temp_dem2 bam.dem 3601 16 40 81 2 4
```

经过以上的操作，DEM 的预处理完成，接着可进行初始地理编码。

13.4.2 初始地理编码

初始地理编码需要用到 SAR 强度图像和对应的参数文件，因此需要对单视复数数据进行多视处理，具体如下：

```
multi_look 20031203.VV.SLC 20031203.VV.SLC.par 20031203.mli 20031203.mli.par 2 10
```

用于编码的 DEM 和 SAR 强度图像的参数文件准备就绪后，就可以进行初始地理编码，具体如下：

```
gc_map 20031203.mli.par - bam.dem_par bam.dem DEM_seg_par DEM_seg lookup_table 1 1 sim_sar
```

生成的 lookup_table 文件中包含了 SAR 成像坐标系与 WGS-84 坐标系的对应关系，同时还根据雷达成像的几何参数和 DEM 信息，模拟出一个 SAR 影像，该影像为 WGS-84 坐标系。根据两个坐标系的关系，可以把模拟的 SAR 转到 SAR 成像坐标系，具体如下：

```
geocode lookup_table sim_sar 1651 nsim_sar 2583 2689
```

其中，WGS-84 坐标系下的 SAR 影像的宽从 DEM_seg_par 文件中查找。

采用 dis2pwr 命令可以同时查看模拟的 SAR 影像和真实的 SAR 影像，具体如下：

```
dis2pwr nsim_sar 20031203.mli 2583 2583
```

模拟生成的 SAR 影像和真实的 SAR 影像如图 13-27 和图 13-28 所示。

图 13-27　模拟生成的 SAR 影像

图 13-28　真实的 SAR 影像

13.4.3　精化地理标码

SAR 影像定轨参数精度低、SAR 影像分辨率和 DEM 分辨率不一致都会造成地理编码误差，从初始编码得到的模拟 SAR 影像和真实 SAR 影像可以明显看出二者的差异，因此需要根据二者的差异，找出偏移关系，实现精确编码，具体流程如下。

（1）首先生成一个编码参数文件，具体如下：

```
create_diff_par 20031203.mli.par - 20031203.diff_par 1 0
```

（2）根据强度互相关算法，自动识别出同名点和同名点之间的偏移量，具体如下：

```
offset_pwrm nsim_sar 20031203.mli 20031203.diff_par offs ccp 128 128
offsets 2 24 24 0.2
```

该案例中，同名点识别的阈值设为0.2。

（3）根据同名点间的偏移量，可以计算偏移多项式，具体如下：

```
offset_fitm offs ccp 20031203.diff_par coffs coffsets 0.25 1
```

该案例中，偏移多项式的阶数为1，相干值大于0.25的同名点参与偏移多项式的计算，两个方向对应的标准差为0.51像元和0.21像元，都优于1像元。表示达到了优化的效果。如果标准差过大，可以通过提高相干性的阈值和多项式的阶数进行调整。

（4）根据偏移多项式，可以对初始的查询列表进行优化，具体如下：

```
gc_map_fine lookup_table 1651 20031203.diff_par lookup_table.fine 1
```

经过以上的操作，准确地确定了两个坐标系的对应关系，这样就可以实现二者之间的相互转化。

13.4.4 坐标系转换

根据精化后的查询列表，采用 geocode 和 geocode_back 实现 WGS-84 坐标系和 SAR 成像坐标系之间的转换。具体如下。

1）WGS-84 坐标系转换为 SAR 成像坐标系

采用 geocode 命令实现该操作，具体如下：

```
geocode lookup_table.fine DEM_seg 1651 20031203.dem 2583 2689
```

经过以上操作，把 WGS-84 坐标系的 DEM 转换为 SAR 成像坐标系，该成果可用于后续的差分干涉计算。

如果要显示转换后的 DEM，采用 dishgt 实现，具体如下：

```
dishgt 20031203.dem 20031203.mli 2583
```

如果要生成 DEM 的图片，采用 rashgt 实现，具体如下：

```
rashgt 20031203.dem 20031203.mli 2583
```

生成图像如图 13-29 所示。

2）SAR 成像坐标系转换为 WGS-84 坐标系

采用 geocode_back 命令实现该操作，具体如下：

```
geocode_back 20031203.mli 2583 lookup_table.fine 20031203.mli.eqa
```

图 13-29　SAR 成像坐标系的 DEM

```
1651 1419
```

经过以上操作把 SAR 强度图像从 SAR 成像坐标系转换为 WGS-84 坐标系，采用 dispwr 进行显示，具体如下：

```
dispwr 20031203.mli.eqa 1651
```

如果要生成转换后的强度图像的图片，可采用 raspwr，具体如下：

```
raspwr 20031203.mli.eqa 1651
```

生成的图片如图 13-30 所示。

图 13-30　WGS-84 坐标系的 SAR 强度图像

此时只是生成了 WGS-84 坐标系的数据文件，未包含坐标信息，不能在制图软件中进行操作，GAMMA 软件中提供了生成 geotiff 产品的功能，采用 data2geotiff 实现，具体如下：

```
data2geotiff DEM_seg_par 20031203.mli.eqa 2 20031203.mli.eqa.tif
```

13.5 D-InSAR 获取地震形变

本案例以 2003 年 12 月 26 日伊朗 BAM 地区 M_w6.5 级地震为例进行介绍，方法为二轨差分干涉，数据采用震前和震后的两景 Envisat ASAR 影像，DEM 采用 SRTM DEM，具体数据信息如表 13-5 所示，数据处理具体流程如表 13-6 所示。

表 13-5　二轨差分干涉数据信息

数据文件	文件描述
20031203.VV.SLC 20040211.VV.SLC	单视复数数据
20031203.VV.SLC.par 20040211.VV.SLC.par	单视复数数据对应的参数文件
N28E57.hgt N28E58.hgt N28E59.hgt N29E57.hgt N29E58.hgt N29E59.hgt	SRTM DEM 数据文件

表 13-6　二轨差分干涉处理流程

步骤	用到的程序
1. 干涉处理	create_offset, init_offset_orbit, offset_pwr, offset_fit, SLC_interp, SLC_intf, base_init
2. 生成雷达结构的 DEM	create_dem_par, gc_map, geocode, create_diff_par, offset_pwrm, offset_fitm, gc_map_fine, geocode
3. 模拟解缠地形相位	phase_sim
4. 提取地形相位	create_diff_par, sub_phase
5. 去除线性相位趋势	base_est_fft, ph_slope_base (of ISP)
6. 生成沉降图	adf, PHASE UNWRAPPING, dispmap

13.5.1 干涉处理

该部分主要包括影像配准和干涉计算两个步骤，具体如下。

1）影像配准

影像配准包括粗配准和精配准两步，其中根据 SAR 头文件中的定轨数据进行粗配准，根据强度互相关算法进行精配准。

采用 create_offset 命令生成一个干涉参数文件，具体如下：

```
create_offset 20031203.VV.SLC.par 20040211.VV.SLC.par 20031203_20040211.off 1 2 10 0
```

本案例以震前的影像（20031203.VV.SLC）为参考影像，震后的影像（20040211.VV.SLC）为副影像，干涉参数文件为20031203_20040211.off，该文件中参数用于后续的配准和干涉。

根据轨道信息初始估计两个 SLC 影像间的偏移值，采用 init_offset_orbit 命令，具体如下：

```
init_offset_orbit 20031203.VV.SLC.par 20040211.VV.SLC.par 20031203_20040211.off
```

该过程能够估算出干涉对影像像元级的偏移量，本案例中距离向和方位向对应的偏移量分辨率为 2 个像元和-6171 个像元，该数值可以从干涉参数文件中查找到。

接着根据强度互相关算法，找到干涉对影像中的同名点，建立偏移多项式，实现亚像元级的配准，具体如下：

```
offset_pwr 20031203.VV.SLC 20040211.VV.SLC 20031203.VV.SLC.par 20040211.VV.SLC.par 20031203_20040211.off offs ccp 128 128 offsets 2 24 24 0.2
```

搜索窗口为 128 像元×128 像元，整幅影像分为 24×24 块，相干性阈值设为 0.2，共识别出 426 个同名点，同名点对应的偏移量值存放在 offs 文件中，作为偏移多项式计算的观测值。

采用 offset_fit 命令计算偏移多项式，具体如下。

```
offset_fit offs ccp 20031203_20040211.off coffs coffsets 0.25 3
```

偏移多项式的阶数设为 3 阶，相干性高于 0.25 的同名点参与计算，获得的偏移多项式参数存放在干涉参数文件，详细信息如下：

```
range_offset_polynomial: 1.74013 1.4748e-006 2.1489e-006 0.0000e+000 0.0000e+000 0.0000e+000
azimuth_offset_polynomial: -6183.94633 1.0637e-004 2.5067e-006 0.0000e+000 0.0000e+000 0.0000e+000
```

两个方向的配准精度分辨率为 0.0086 像元和 0.0176 像元，均小于 1/8 像元，满足干涉的要求。

根据偏移多项式，对副影像进行重采样，这样就完成了配准环节，具体如下：

```
SLC_interp 20040211.VV.SLC 20031203.VV.SLC.par 20040211.VV.SLC.par 20031203_20040211.off 20040211.VV.rSLC 20040211.VV.rSLC.par
```

生成采样后的副影像文件和参数文件分别命名为 20040211. VV. rSLC 和 20040211. VV. rSLC. par。

2）干涉计算

采用 interf_SLC 命令进行干涉计算，具体如下：

```
SLC_intf 20031203.VV.SLC 20040211.VV.rSLC 20031203.VV.SLC.par 20040211.VV.rSLC.par 20031203_20040211.off 20031203_20040211.int 2 10
```

该过程中多视视数设为 2×10，生成的干涉文件为 20031203_20040211. int。在后续计算干涉相干性时需要用到干涉对影像的强度图像，因此采用 multi_look 命令分别计算干涉对影像的强度图，具体如下：

```
multi_look 20031203.VV.SLC 20031203.VV.SLC.par 20031203.mli 20031203.mli.par 2 10
multi_look 20040211.VV.rSLC 20040211.VV.rSLC.par 20040211.mli 20040211.mli.par 2 10
```

干涉相干值影像采用 cc_wave 计算，具体如下：

```
cc_wave 20031203_20040211.int 20031203.mli 20040211.mli 20031203_20040211.int.cc 2583 5 5
```

该过程中，相干性计算窗口设 5 像元×5 像元，生成相干值图像命名为 20031203_20040211. int. cc。

采用 dismph_pwr 和 discc 可以分别显示干涉图和干涉相干值图像，具体如下：

```
dismph_pwr 20031203_20040211.int 20031203.mli 2583
discc 20031203_20040211.int.cc 20031203.mli 2583
```

采用 rasmph_pwr 和 rascc 可以分别生成干涉相位图像和干涉相干值图像，操作如下：

```
rasmph_pwr 20031203_20040211.int 20031203.mli 2583
rascc 20031203_20040211.int.cc 20031203.mli 2583
```

生成的图像如图 13-31 和图 13-32 所示。

此时的干涉相位中包含了参考面、高程、形变、大气和噪声等相位，干涉图中条纹较密集，本案例的目的是获取形变相位，后续的计算中需要剔除其他的相位。

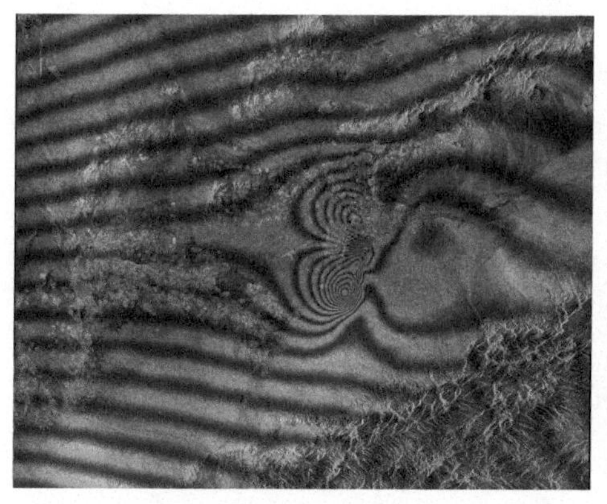

图 13-31　干涉相位图像

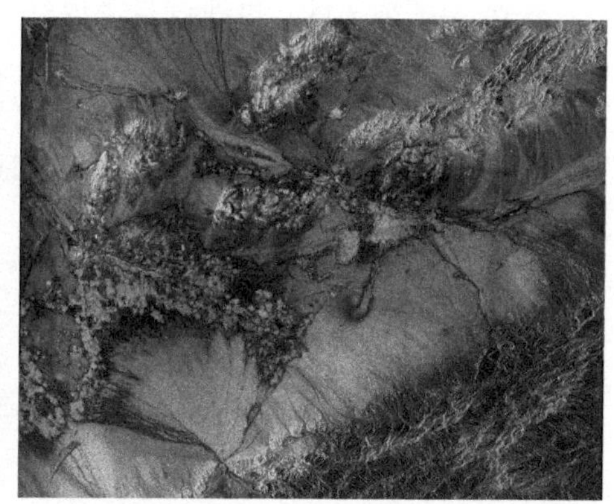

图 13-32　干涉相干值图像

13.5.2　计算地形和参考面相位

二轨差分干涉测量需要从干涉相位中剔除地形和参考面相位，由 InSAR 干涉相位模型可知，这两部分相位都和基线有关，因此首先根据定轨参数计算出干涉基线，采用 base_init 进行计算，具体如下：

```
base_init 20031203.VV.SLC.par 20040211.VV.rSLC.par 20031203_20040211.off 20031203_20040211.int 20031203_20040211.base 0
```

生成的基线参数存放在 20031203_20040211.base 文件中，文件内容如图 13-33 所示。

```
initial_baseline(TCN):         -0.2365988      -5.7161473      -13.6009201
m   m   m
initial_baseline_rate:          0.0000000       0.1600854      -0.0753434
m/s m/s m/s
precision_baseline(TCN):        0.0000000       0.0000000       0.0000000
m   m   m
precision_baseline_rate:        0.0000000       0.0000000       0.0000000
m/s m/s m/s
unwrap_phase_constant:              0.00000     radians
```

图 13-33　基线文件信息

可采用 base_perp 命令生成每行像元对应的垂直基线和平行基线信息。具体如下：

```
base_perp *.base 20031203.VV.SLC.par 20031203_20040211.off > perp
```

perp 为文本文件，可通过写字板打开查看。

为了计算地形相位，需要一个和参考影像对应的 DEM，这部分操作和 13.4 节一致，因此在本案例中不做介绍，具体参考 13.4 节。

根据基线文件和高程文件，采用 phase_sim 命令计算地形和参考面相位，具体如下：

```
phase_sim 20031203.VV.SLC.par 20031203_20040211.off 20031203_20040211.base 20031203.dem 20031203_20040211.sim_unw 0 0
```

20031203_20040211.sim_unw 是生成的地形和参考面的相位，可采用 disrmg 显示，具体如下：

```
disrmg 20031203_20040211.sim_unw 20031203.mli 2583
```

采用 rasrmg 生成对应的图片格式，具体如下：

```
rasdt_pwr24 20031203_20040211.sim_unw 20031203.mli 2583 1 1 0 1 1 6.28
```

生成的图像如图 13-34 所示。

图 13-34　地形和参考面相位

13.5.3　差分干涉

为了生成差分干涉图，需要生成一个参数文件，它包含所有描述差分干涉图的参数。采用程序 create_diff_par 生成这个参数文件，具体如下。

```
create_diff_par 20031203_20040211.off - 20031203_20040211.diff_par 0 0
```

采用 sub_phase 命令从原始干涉图（20031203_20040211. int）减去地形和参考面相位（20031203_20040211. sim_unw），即可得到差分干涉相位，如果忽略大气、噪声等误差，此时的干涉相位即为形变相位。命令操作如下：

```
sub_phase 20031203_20040211.int 20031203_20040211.sim_unw 20031203_20040211.diff_par 20031203_20040211.diff_int 1 0
```

20031203_20040211. diff_int 为生成的差分干涉图，可用 dismph_pwr 显示，具体如下：

```
dismph_pwr 20031203_20040211.diff_int 20031203.mli 2583
```

采用 rasmph_pwr 可生成差干涉图（图 13-35），具体如下：

```
rasmph_pwr 20031203_20040211.diff_int 20031203.mli 2583
```

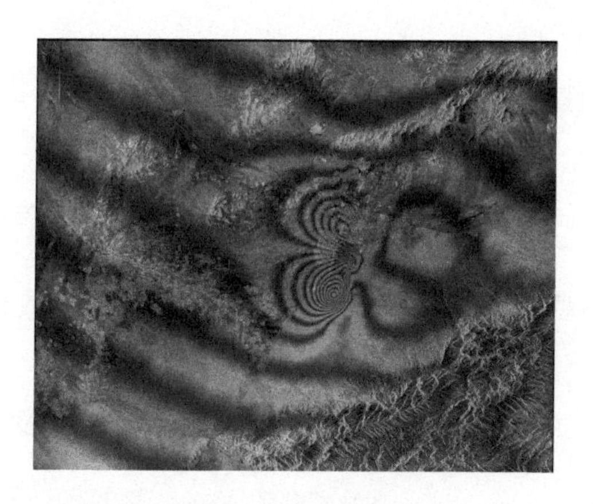

图 13-35　差分干涉相位

13.5.4　去除线性趋势相位

当干涉基线存在误差时，地形和参考面相位的精度降低，对参考面相位的影响最为显著，造成的相位误差常以线性趋势分布在整个差分干涉图中，如图 13-36 所示。可采用以下步骤减弱其影响，具体如下：

（1）由条纹变化率估计基线误差。

根据差分干涉图中残余的参考面相位，依据 FFT 方法，计算出基线误差估计值，具体如下：

```
base_init 20031203.VV.SLC.par 20040211.VV.rSLC.par 20031203_20040211.off 20031203_20040211.diff_int 20031203_20040211.base_res 4
```

基线误差估计值存放在 20031203_20040211. base_res 中，具体信息如图 13-36 所示。

```
initial_baseline(TCN):          0.0000000        0.5770215        -0.2115089
m   m   m
initial_baseline_rate:          0.0000000       -0.0343767         0.0000000
m/s m/s m/s
precision_baseline(TCN):        0.0000000        0.0000000         0.0000000
m   m   m
precision_baseline_rate:        0.0000000        0.0000000         0.0000000
m/s m/s m/s
unwrap_phase_constant:                0.00000      radians
```

图 13-36　基线误差信息

（2）纠正初始基线。

把基线误差估计值加到初始基线中，获得精确的基线值。采用程序 base_add，具体如下：

```
base_add 20031203_20040211.base 20031203_20040211.base_res 20031203_20040211.base1
```

精确的基线信息存放在 20031203_20040211. base1，具体信息如图 13-37 所示。

```
initial_baseline(TCN):         -0.2365988       -5.1391258       -13.8124290
m   m   m
initial_baseline_rate:          0.0000000        0.1257087        -0.0753434
m/s m/s m/s
precision_baseline(TCN):        0.0000000        0.0000000         0.0000000
m   m   m
precision_baseline_rate:        0.0000000        0.0000000         0.0000000
m/s m/s m/s
unwrap_phase_constant:                0.00000      radians
```

图 13-37　纠正后的基线信息

（3）由新的基线重新计算地形和参考面相位。

采用纠正后的基线信息，重新计算地形和参考面相位，具体如下：

```
phase_sim 20031203.VV.SLC.par 20031203_20040211.off 20031203_20040211.base1 20031203.dem 20031203_20040211.sim_unw 0 0
```

得到基线纠正后的地形和参考面相位如图 13-38 所示。对比图 13-34 和图 13-38 可知，近似平行的条纹个数一致，表明基线误差得到了有效的改正。

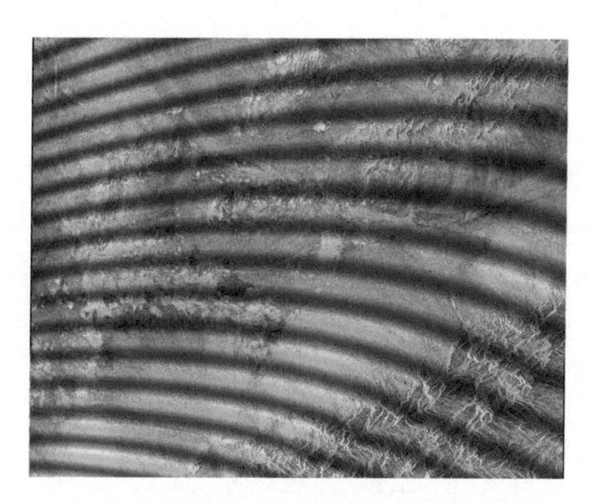

图 13-38　基线纠正后的地形和参考面相位

（4）再次进行差分干涉获取新的差分干涉图。

再次采用 sub_phase 命令从原始干涉图提取纠正后的地形和参考面相位，获得新的差分干涉图，具体如下：

```
sub_phase 20031203_20040211.int 20031203_20040211.sim_unw1 20031203_20040211.diff_par 20031203_20040211.diff_int 1 0
```

生成的差分干涉图如图 13-39 所示，与图 13-35 相比，已不存在趋势项条纹，从图 13-39 中可以明显地识别出地震引起的地表形变。

图 13-39　基线纠正后的差分干涉相位

13.5.5　生成地表形变图

从差分干涉图获得的最终沉降图仍需要进一步处理，包括滤波、相位解缠、转换成沉降图和地理编码。具体如下。

1）干涉相位滤波

相位解缠前需要对干涉图进行滤波，目的是抑制相位噪声，减少残差点的个数，使相位解缠更简单、更准确和更有效率。GAMMA 软件提供局部梯度自适应滤波和 Goldstein 自适应滤波两种自适应滤波方法，分别对应着命令 adapt_filt 和 adf，本案例中采用 adf 进行滤波，具体如下。

```
adf 20031203 _20040211. diff _ int 20031203 _20040211. diff _ int _ sm
20031203_20040211.diff_int_sm.cc 2583 0.5 32 7
```

该命令中输入参数 alpha 表示滤波指数，该值范围为 0 ~ 1，其中 0 表示不滤波，1 表示强滤波，在实际应用中根据干涉图的质量进行设置，本案例中干涉相位质量较高，采用 0.5，如果干涉图相位质量较差，可以提高滤波指数。在进行滤波的同时，该命令还生成了滤波后干涉相位对应的相干值图像（25394_16242. diff_int_sm. cc），该图像可用于后续相位解缠。

滤波后的差分干涉相位图和相干值图如图 13-40 和图 13-41 所示。

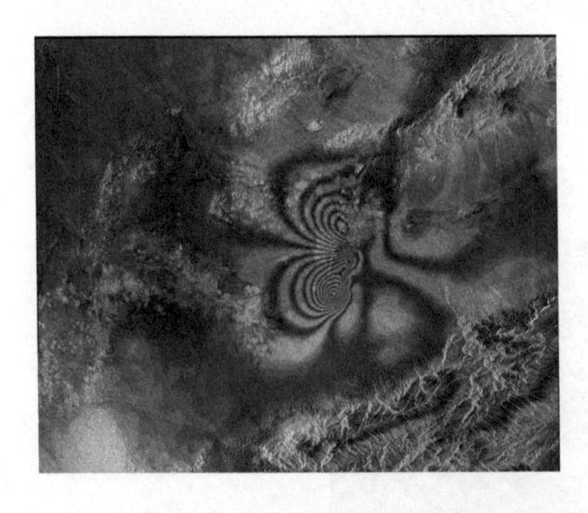

图 13-40　滤波后的差分干涉

图 13-41　滤波后的相干值图像

2）相位解缠

以上生成的差分干涉图的相位值为（$-\pi$，π]，是缠绕相位，需要进行相位解缠来恢复真实的差分相位值。GAMMA 软件提供了枝切法和最小费用流两种相位解缠方法，由于最小费用流方法不需要太多的用户交互，本案例只介绍最小费用流一种方法，具体如下：

生成一个掩膜文件，掩盖掉相干性差的区域，根据上一步生成的相干值图像和强度影像，设置双重阈值，把低于阈值的像元设为 NULL 值，采用命令 rascc_mask 实现，具体如下。

```
rascc_mask 20031203_20040211.diff_int_sm.cc 20031203.mli 2583 1 1 0 1 1 0.5 0.5 - - - - - mask.bmp
```

本案例中设置相干性阈值为 0.5，强度值阈值设为 0.5 倍的强度均值，低于阈值的像元不参与相位解缠，生成的掩膜文件为 mask.bmp，如图 13-42 所示，可以看出，相位质量差的像元都被掩盖。

图 13-42　掩膜图像

采用 mcf 命令进行相位解缠，该命令需要设置几个参数，具体如下。

权重（可采用相干值）；

掩膜图像（上一步生成的文件）；

构网类型（filled triangular mesh 和 Delaunay triangulation）；

解缠参考点（一般选择影像中间，相干性高且稳定的像元）；

分块数目（由于 mcf 算法需要占用较大的内存，根据计算机的配准，设置分块数目）。

本案例的输入如下。

```
mcf 20031203_20040211.diff_int_sm 20031203_20040211.diff_int_sm.cc mask.bmp 20031203_20040211.diff_int_sm.unw 2583 1 0 0 - - 1 1 - 1048 2090
```

构网类型采用 Delaunay triangulation，参考点根据掩膜后的图像，选择（1048，2090）点为解缠参考点，本案例的差分干涉图较小，未做分块，如果显示的内存需求比可用的计算机内存大得多，就必须增加分块数。

生成的解缠后的差分干涉图如图 13-43 所示。

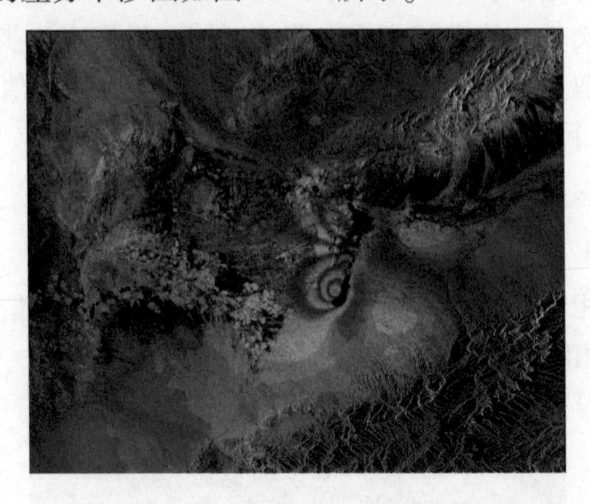

图 13-43　解缠后的差分干涉

3）转换成形变量

解缠完成后，需要把相位转换为熟悉的形变量，采用命令 dispmap，该命令实现雷达视线方向、垂直方向和水平方向三个方向的转换，但是由于垂直方向和水平方向只是根据简单的三角形转换关系，因此不推荐这两个方向的转换。本案例的转换如下。

```
dispmap 20031203_20040211.diff_int_sm.unw 20031203.dem 20031203.mli.par 20031203_20040211.off 20031203_20040211.disp 0
```

采用 rasdt_pwr24 命令生成形变图，如下所示。

```
rasdt_pwr24 20031203_20040211.disp 20031203.mli 2583 1 1 0 1 1 0.028
```

SAR 成像坐标系的形变图如图 13-44 所示，图中每个颜色周期代表 0.028m。

图 13-44　SAR 成像坐标系的形变

4）地理编码

采用命令 geocode_back 对形变图（和干涉图）进行编码，具体如下。

```
geocode_back 20031203_20040211.disp 2583 lookup_table.fine 20031203_20040211.disp.eqa 1651 1419
```

实现了对形变图的地理编码。

```
data2geotiff DEM_seg_par 20031203_20040211.disp.eqa 2 20031203_20040211.disp.eqa.tif
```

把最终结果转换为 geotiff 格式，可以用后续的 GIS 软件分析与成图。

```
geocode_back 20031203_20040211.disp.bmp 2583 lookup_table.fine 20031203_20040211.disp.eqa.bmp 1651 1419 0 2
```

实现了对形变图片的地理编码，对应的结果如图 13-45 所示。

```
kml_map 20031203_20040211.disp.eqa.bmp DEM_seg_par result.kml
```

生成了 kml 文件，可在 Google Earth 中进行分析。

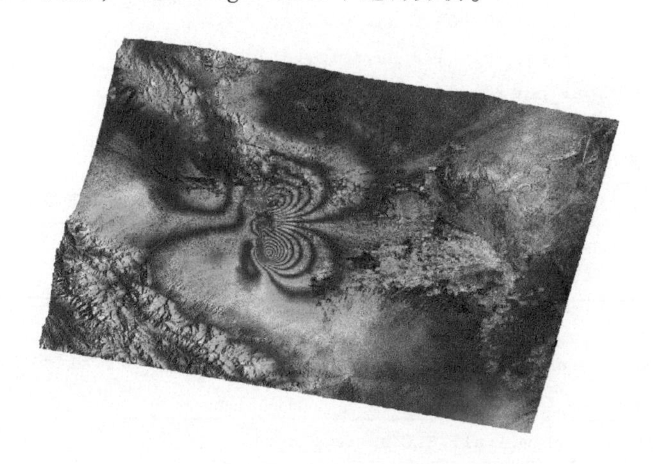

图 13-45　WGS-84 坐标系的形变

13.6　SBAS 技术获取郑州市地表形变

本案例采用郑州市 2007 年 1 月 ~2011 年 3 月的 19 景 ALOS-1 影像进行 SBAS 技术处理的介绍，DEM 采用 SRTM 30m 数据。具体数据信息如表 13-7 所示，数据处理具体流程如表 13-8 所示。

表 13-7 数据信息

数据文件	文件描述
20070115_HH.rslc 20070302_HH.rslc 20070718_HH.rslc 20070902_HH.rslc 20071018_HH.rslc 20080118_HH.rslc 20080304_HH.rslc 20080604_HH.rslc 20080720_HH.rslc 20090120_HH.rslc 20090307_HH.rslc 20090907_HH.rslc 20091023_HH.rslc 20100123_HH.rslc 20100310_HH.rslc 20100425_HH.rslc 20100726_HH.rslc20101026_HH.rslc 20110313_HH.rslc	单视复数数据
20070115_HH.rslc.par.par 20070302_HH.rslc.par.par 20070718_HH.rslc.par.par 20070902_HH.rslc.par.par 20071018_HH.rslc.par.par 20080118_HH.rslc.par.par 20080304_HH.rslc.par.par 20080604_HH.rslc.par.par 20080720_HH.rslc.par.par 20090120_HH.rslc.par.par 20090307_HH.rslc.par.par 20090907_HH.rslc.par.par 20091023_HH.rslc.par.par 20100123_HH.rslc.par.par 20100310_HH.rslc.par.par 20100425_HH.rslc.par.par 20100726_HH.rslc.par.par 20101026_HH.rslc.par.par 20110313_HH.rslc.par.par	单视复数数据对应的参数文件
N34E113.hgt N34E114.hgt N35E113.hgt N35E114.hgt	SRTM DEM 数据文件

表 13-8 SBAS 处理流程

步骤	用到的程序
1. 地理编码	create_dem_par, gc_map, geocode, create_diff_par, offset_pwrm, offset_fitm, gc_map_fine, geocode
2. 配准	mk_tab, mk_mli_all, SLC_resamp_lt_all
3. 差分干涉	mk_diff_2d, mk_adf_2d, mk_unw_2d, mk_base_2d
4. 时间序列分析	image2pt、mk_d2pt、MLI2pt、spf_pt、mb_pt、thres_msk_pt、fspf_pt、sub_phase_pt、dispmap_pt、def_mod_pt、pt2geo、disp_prt 等
5. 地理编码	create_diff_par, sub_phase

13.6.1 地理编码

这部分操作和 13.4 节一致，因此在本案例中不做介绍，具体参考 13.4 节。

13.6.2 配准

13.5.1 节已经介绍了两景单视复数影像的配准方法，本案例中采用 GAMMA 软件 DIFF 模块中提供的脚本进行批量数据配准，包含 SLC_resamp_all 和 SLC_resamp_lt_all 两个脚本，其中 SLC_resamp_all 用于影像纹理特征比较丰富的情况；对于纹理特征不明显的区域，需要借助 DEM 进行配准，采用 SLC_resamp_lt_all。由于郑州市地貌特征较简单，以平原为主，因此本案例采用 SLC_resamp_lt_all 进行配准，具体如下。

1）生成单视复数数据文件表

采用命令 mk_tab，生成一个 SLC_tab 文件，该文件包含两列，其中第一列为单视复数数据文件，第二列为对应的参数文件，具体如下：

```
mk_tab SLC_dir slc par SLC_tab
```

其中，SLC_dir 为单视复数数据及其参数文件存放的位置；slc 为单视复数数据的文件后缀名；par 为单视复数数据参数文件的后缀名；SLC_tab 为生成的文件表。

2）对每个单视复数数据生成多视强度图

采用 mk_mli_all 脚本批量对单视复数数据进行多视处理，多视视数为 2×10，具体如下：

```
mk_mli_all SLC_tab MLI_dir 2 10
```

3）批量配准单视复数数据

采用 SLC_resamp_lt_all 进行批量配准，包含 5 个步骤，具体如下：

（1）该步骤依据 DEM 生成查询列表，并把参考影像的强度图采样到副影像强度的几何结构下；

（2）该步骤为可选操作，根据采样后的参考影像强度图或副影像强度图间的偏移关系，优化查询列表；

（3）该步骤根据查询列表，把副影像的单视复数数据采样到参考影像的几何结构；

（4）该步骤计算参考影像和采样的副影像间的偏移关系，并生成偏移多项式；

（5）该步骤根据步骤（3）生成的偏移多项式，优化查询列表，对副影像重新采样，并生成配准后的单视复数数据文件表。

具体过程如下：

```
SLC_resamp_lt_all SLC_tab 20070115_HH.slc 20070115_HH.slc.par MLI_dir/20070115_HH.mli.par 20070115.dem MLI_dir RSLC_dir RSLC_tab 0
SLC_resamp_lt_all SLC_tab 20070115_HH.slc 20070115_HH.slc.par MLI_dir/20070115_HH.mli.par 20070115.dem MLI_dir RSLC_dir RSLC_tab 1
SLC_resamp_lt_all SLC_tab 20070115_HH.slc 20070115_HH.slc.par MLI_dir/20070115_HH.mli.par 20070115.dem MLI_dir RSLC_dir RSLC_tab 2
SLC_resamp_lt_all SLC_tab 20070115_HH.slc 20070115_HH.slc.par MLI_dir/20070115_HH.mli.par 20070115.dem MLI_dir RSLC_dir RSLC_tab 3
SLC_resamp_lt_all SLC_tab 20070115_HH.slc 20070115_HH.slc.par MLI_dir/20070115_HH.mli.par 20070115.dem MLI_dir RSLC_dir RSLC_tab 4
```

本案例中用第一景影像为参考影像（2007 年 1 月 15 日）。

配准过程都保存在 *. resamp. log 文件中，需要查看文件中的配准精度指标，如果每个影像配准精度大于 0. 2 个像元，需要对其进行重新配准，配准过程参考 13. 5. 1 节。

配准完成后，重新生成每个单视复数数据的强度图，具体如下：

```
mk_mli_all RSLC_tab MLI_dir/ 2 10
```

13. 6. 3 差分干涉

GAMMA 软件提供差分干涉批处理的脚本，主要包括 mk_diff_2d、mk_adf_2d、mk_unw_2d。差分干涉步骤包括干涉像对组合、基于初始基线的差分干涉、滤波、相位解缠、基线优化、基于精密基线的差分干涉、滤波、相位解缠八部分。具体如下：

(1) 干涉像对组合。

在进行干涉处理之前，要先确定干涉像对组合，对于 SBAS 技术，通过设定空间基线和时间基线阈值来确定干涉像对组合，空间基线一般设为 1/3 的极限基线长度，时间基线对于短波长一般设为同季节的时间间隔。本案例采用 L 波段数据，相干性在时间维保持得比较好，空间基线设为 2500m，时间基线设为 370 天。采用命令 base_calc 计算干涉像对组合，具体如下：

```
base_calc RSLC_tab SLC2_dir/20070115_HH.rslc.par bperp_file itab 1 1 0 2500 0 370
```

共有 59 个干涉像对，组合信息存放在 itab 文件中，该文件包含四列，其中第一列为参考影像编号，第二列为副影像编号，第三列为干涉像对序号，第四列为干涉像对标示，其中 1 标示参与干涉，0 标示不参与干涉。干涉像对组合图如

图 13-46 所示。

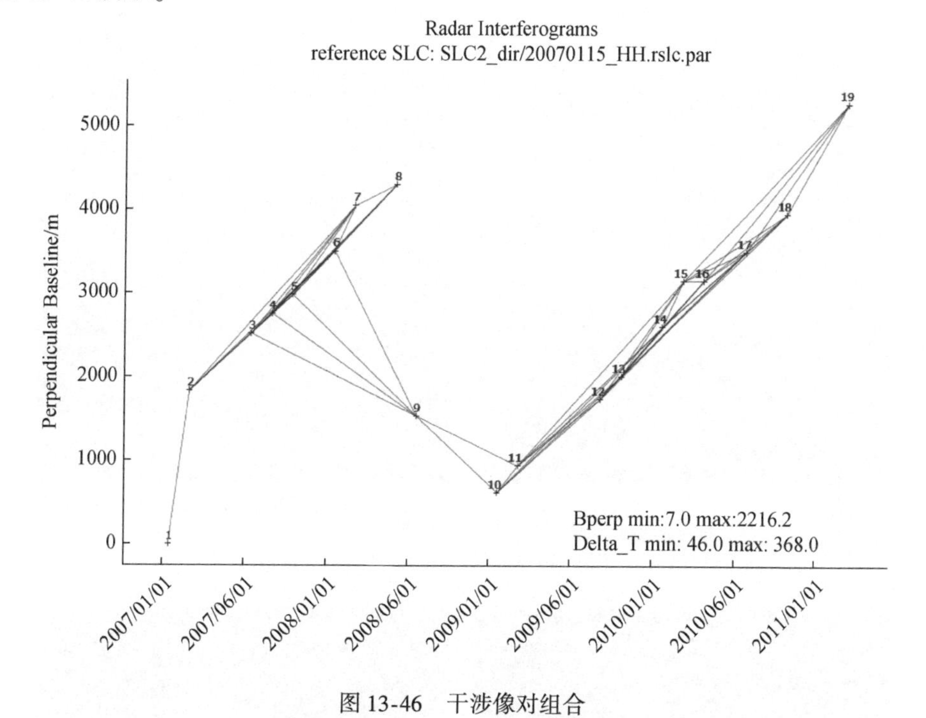

图 13-46　干涉像对组合

（2）基于初始基线的差分干涉。

采用 mk_diff_2d 进行差分干涉批处理，该脚本需要输入参与计算的单视复数数据和单视复数数据对应的参数文件［该文件在配准的时候已经生成（RSLC_tab)］、干涉像对组合文件（itab)、SAR 成像坐标系的 DEM 文件（参照 13. 6. 1 节）和 SAR 强度文件（MLI_dir)。还需要设置多视视数（本案例采用 2×10)、基线类型（选择初始基线)、初始基线计算方法（根据轨道数据)，具体操作如下：

```
mk_diff_2d RSLC_tab itab 0 20070115.dem - MLI_dir/20070115_HH.rmli MLI
_dir/ diff_dir 2 10 3 1 1 0
```

生成的差分干涉图及其相干值图存放在 diff_dir 文件夹。图 13-47 和图 13-48 为相隔 46 天和 367 天的差分干涉图，由图 13-47 和图 13-48 可知本案例的数据不仅在短时间内具有高相干性，而且经过 1 年的时间间隔，相干性仍能得到保持，说明采用的干涉像对组合方案是合理的。ALOS-1 传感器的定轨较差，采用定轨数据计算的基线存在误差，造成差分干涉图中存在明显的参考面相位，以近似平行的干涉条纹存在，可采用 13. 5. 4 节的方法进行基线纠正，本案例采用结合地面控制点的方法进行基线纠正，这部分将在后续介绍。

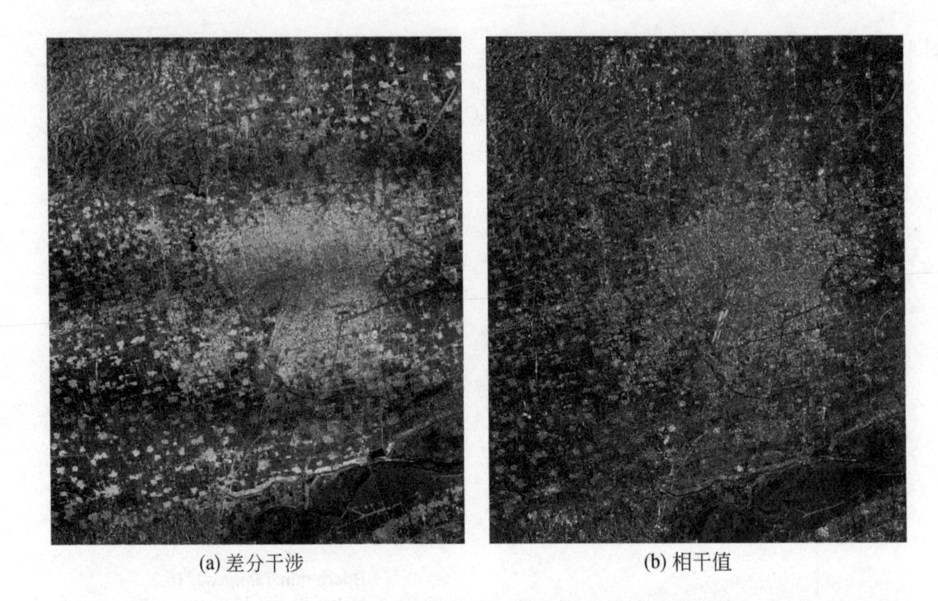

(a) 差分干涉　　(b) 相干值

图 13-47　相隔 46 天的差分干涉图和对应的相干值

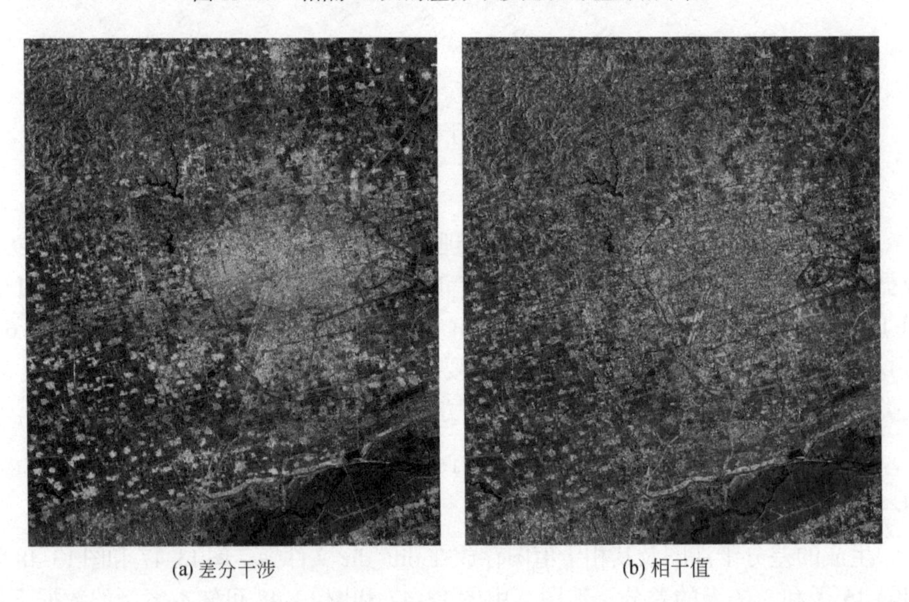

(a) 差分干涉　　(b) 相干值

图 13-48　相隔 367 天的差分干涉图和对应的相干值

（3）滤波。

GAMMA 软件中提供的滤波脚本为 mk_adf_2d，该脚本采用的滤波方法为 Goldstein 滤波方法，脚本用法如下：

```
mk_adf_2d RSLC_tab itab MLI_dir/20070115_HH.rmli diff_dir 7 0.75 32
```

滤波后的差分干涉图及其相干值图存放在 diff_dir 文件夹。

（4）相位解缠。

GAMMA 软件中提供的相位解缠脚本为 mk_unw_2d，该脚本采用解缠方位最小费用流算法，脚本用法如下：

```
mk_unw_2d RSLC_tab itab MLI_dir/20070115_HH.rmli diff_dir 0.75 0.05 1 1
1 1 686 588 1
```

该步的相位解缠要用于后面的基线优化，为保证解缠相位的质量，设置了较严格的相干值（0.75）生成掩膜图。时间序列 InSAR 选择解缠参考点时，建议查看差分干涉图集，选择稳定且质量高的点，不能单单根据一幅差分干涉图确定参考点，本案例的解缠参考点选在城市中位置，点号为（686，588）。批处理结束后，要认真检查每个解缠后的差分干涉图，确保其正确，如有解缠错误，通过调整掩膜阈值，把解缠错误的差分干涉图重新进行解缠，多次调整仍不能获取正确的解缠相位，可以把此干涉像对删掉，不需要删除文件，把 itab 表中干涉标示由 1 改为 0 即可。

（5）基线优化。

GAMMA 软件中提供的基线优化脚本为 mk_base_2d，该脚本采用结合地面控制点的方法进行基线优化，脚本用法如下：

```
mk_base_2d RSLC_tab itab 20070115.dem diff_dir/ pbase - 32 32 3 1
```

地面控制点坐标从 DEM 图中提取，优化后的基线信息写在 *.base 文件中，如图 13-49 所示。前两行为采用定轨数据计算的初始基线信息，第三和四行为优化后的基线信息。同时也生成用于点计算的基线文件，该文件可以用 PS 点时间序列分析。

```
initial_baseline(TCN):        -16.4812710      801.8846248      -45.6724793
m   m   m
initial_baseline_rate:          0.0000000        0.9469596       -0.1028020
m/s m/s m/s
precision_baseline(TCN):        0.0000000      802.2689502      -45.9498375
m   m   m
precision_baseline_rate:        0.0000000        0.8419288       -0.0169366
m/s m/s m/s
unwrap_phase_constant:              0.00099      radians
```

图 13-49　优化后的干涉基线参数文件信息

（6）基于精密基线的差分干涉。

为了避免和前面生成的差分干涉图混淆，建立一个新的文件夹，用于存放基线优化后的差分干涉图，采用的操作如下：

```
mkdir diff_dir1
```

mkdir 为 linux 自带命令，用于生成文件夹。在进行差分干涉前需要把优化的基线文件复制到 diff_dir1 文件夹中，操作如下：

```
cp diff_dir/*.base diff_dir1
```

接着采用 mk_diff_2d 脚本重新进行差分干涉计算，与前面的差分干涉过程相比，这里需要修改几个参数，具体如下：

基线类型采用精密基线，对应的标示为 1；

生成的结果存放位置改为 diff_dir1；

基线计算方法，这里采用已有的基线，对应的标示为 2。

具体操作如下：

```
mk_diff_2d RSLC_tab itab 1 20070115.dem - MLI_dir/20070115_HH.rmli MLI_dir/ diff_dir1 2 10 3 1 1 2
```

图 13-50 为基线优化后的差分干涉图，图中干涉相位颜色单一，不存在明显的干涉条纹，证明了基线优化的可靠性。

(a) 原始差分干涉

(b) 基线优化后的差分干涉

图 13-50　基线优化后的差分干涉

（7）滤波。

滤波操作和“（3）滤波”一样，只修改了差分干涉的文件夹，具体如下。

```
mk_adf_2d RSLC_tab itab MLI_dir/20070115_HH.rmli diff_dir1 7 0.75 32
```

（8）相位解缠。

相位解缠和“（4）相位解缠”基本一致，稍微不同的是增加了选择高相干点的步骤，高相干点通过设置时间序列相干值均值和标准差双重阈值确定。相干值均值和标准差通过 temp_lin_var 命令计算，该命令需要一个相干值文件表，该表采用 ls 生成，操作如下：

```
ls diff_dir1/*.adf.cc > cc_list
```

temp_lin_var 命令操作如下：

```
temp_lin_var cc_list mean stdev 1100 1 1
```

本案例中把相干值均值高于 0.3、标准差介于 0～0.3 的点识别为高相干点，采用 single_class_mapping 生成一个掩膜文件，如图 13-51 所示。该文件掩盖掉了低相干值的点，操作如下：

```
single_class_mapping 2 mean 0.3 1 stdev 0 0.3 mask.bmp 1100
```

该掩膜图作为相位解缠的掩膜文件，相位解缠的操作如下：

```
mk_unw_2d RSLC_tab itab MLI_dir/20070115_HH.rmli diff_dir1 0.35 0.0 1 1
1 1 686 588 1 mask.bmp 0 0 - - -d diff_tab
```

解缠后的结果如图 13-52 所示，另外还生成一个 diff_tab 文件，该文件记录所有解缠后的文件，可以用于后续的时间序列分析，如 Stacking 等。

图 13-51　掩膜

图 13-52　解缠后的差分干涉

13.6.4　时间序列分析

SBAS 时间序列分析是从干涉相位中剔除高程残差和大气相位，涉及的命令有 image2pt、MLI2pt、data2pt、prox_prt、spf_pt、mb_pt、fspf_pt 和 def_mod_pt 等。主要过程包括提取高相干点、SBAS 分析、大气延迟误差剔除、累计形变与形变速率计算四个环节，具体如下。

1）提取高相干点

经过前面三个环节，获取了每个干涉像对栅格格式解缠相位，时间序列分析是针对点文件进行的，因此需要提取每个高相干点对应的解缠相位、图像信息和高程信息等，具体操作如下。

```
image2pt mask.bmp 1100 pt 1 1 6
```

该操作生成高相干点的点文件。

依据点文件，提取每个点解缠后的差分干涉信息，操作如下。

```
mk_d2pt diff_tab pt 1100 2 1 1 pdiff_unw
mkdir ras
ras_data_pt pt - pdiff_unw 1 - MLI_dir/20070115_HH.rmli.bmp ras/pdiff 2
1 1 6.24 1
```

新生成 ras 文件夹，该文件夹用于存放时间序列分析的过程图像。上面的操作可以生成解缠后差分干涉图。

依据点文件，提取每个点的后向散射强度信息，操作如下。

```
MLI2pt MLI_tab pt - pMLI_par - -
```

依据点文件，提取每个点的高程信息。操作如下。

```
cp MLI_dir/20070115_HH.rmli.par.
```

把主影像的强度图参数文件复制到当前文件夹下，打开文件并修改文件中多视视数，如下所示：

```
range_looks:                2
azimuth_looks:              10
```

修改为

```
range_looks:                1
azimuth_looks:              1
data2pt 20070115.dem 20070115_HH.rmli.par pt 20070115_HH.rmli.par
```

```
pdem 1 2
```

可用 pdisdt_pwr24 显示每个点的高程值，操作如下：

```
pdisdt_pwr24 pt - 20070115_HH.rmli.par pdem 1 20070115_HH.rmli.par MLI_dir/20070115_HH.rmli 50 1
```

2）SBAS 分析

GAMMA 软件提供 mb_pt 命令进行小基线集分析，该命令可以解算出高程改正量和形变序列。在进行分析前需要确定参考点（686，588）对应的点号，并对参考点进行滤波，具体操作如下。

```
prox_prt pt - pdem  686 588 5 25 30 2 - 1
```

输出结果如下。

```
record  index  column  line  value
****************************************
      1 624608    686    588 1.09103e+002
```

624608 为参考点点号，采用 spf_pt 对参考点进行均值滤波，避免参考点为粗差点。操作如下。

```
spf_pt pt - 20070115_HH.rmli.par pdiff_unw pdiff_unwa - 2 25 0 - 624608 1
```

滤波结束后，采用 mb_pt 命令进行 SBAS 分析，操作如下。

```
mb_pt pt - pMLI_par itab pdiff_unwa 624608 -itab_ts pdiff_ts pdiff_sim psigma_ts 1 phgt_out 0.0 prate pconst psigma_fit 20070115_HH.rmli.par
```

该过程生成了高程改正文件（phgt_out）、形变序列相位文件（pdiff_ts）、高程和形变模型相位（pdiff_sim）、形变速率相位（prate）和质量文件（psigma_ts，psigma_fit）等。可采用 pdisdt_pwr24 显示形变速率相位和质量图，操作如下。

```
pdisdt_pwr24 pt - 20070115_HH.rmli.par prate 1 20070115_HH.rmli.par MLI_dir/20070115_HH.rmli 3.14 1
pdisdt_pwr24 pt - 20070115_HH.rmli.par psigma_ts 1 20070115_HH.rmli.par MLI_dir/20070115_HH.rmli 2 1
```

采用 ras_data_pt 生成形变序列图，操作如下。

```
ras_data_pt pt - pdiff_ts 1 -MLI_dir/20070115_HH.rmli.bmp ras/pdiff_ts 2 1 1 12 1
```

生成的形变速率相位图和质量如图 13-53 和图 13-54 所示。由图 13-54 可以看出有少数点与模型吻合较差，对应的标准差偏高，需要从点集中剔除，操作如下：

```
thres_msk_pt pt pmask0 psigma_ts 1 0.0 0.5
```

根据时间序列标准差设置阈值 0.5，生成一个掩膜文件 pmask0，高于 0.5 的点不参与后续计算。

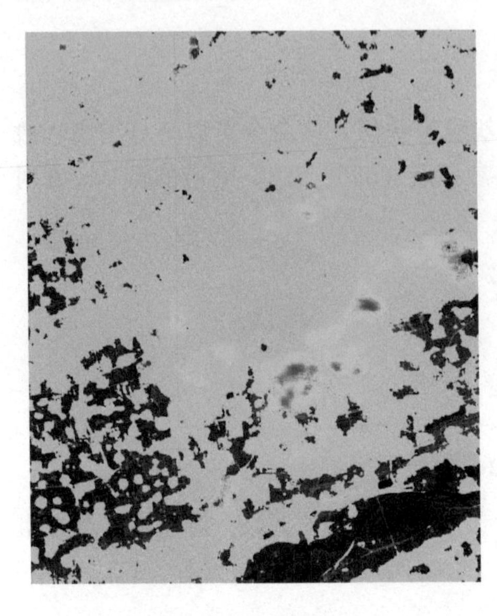

图 13-53　形变速率相位

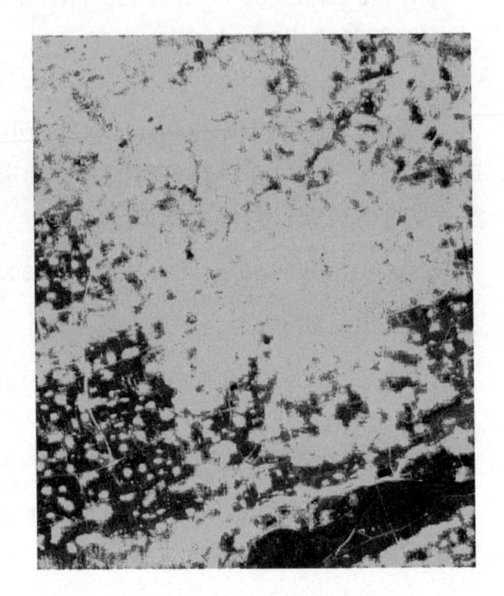

图 13-54　质量

由于参与计算的差分干涉相位中存在大气延迟误差，因此此时得到形变序列和形变速率相位可靠性比较低，在后续需要剔除其影响，如图 13-55（a）所示。

3）大气延迟误差剔除

假设大气延迟误差在空间维相关，形变相位在时间维相关，可采用时空域滤波的方向从形变序列相位中分离出大气延迟相位，具体如下。

（1）时间维滤波。

该过程从形变序列中分离出大气延迟相位和非线性形变，操作如下：

```
tpf_pt pt pmask0 pMLI_par itab_ts pdiff_ts pdiff_ts_tpf 2 1000. 2 9
sub_phase_pt pt pmask0 pdiff_ts - pdiff_ts_tpf pddiff_ts1 0 0
```

（2）空间维滤波。

假设大气在空间维相关，采用空间滤波从 pddiff_ ts1 分离出大气延迟相位。操作如下：

```
fspf_pt pt pmask0 20070115_HH.rmli.par pddiff_ts1 patm_ts_A - 2 100 4 1
```

patm_ts_A 即时间序列大气延迟相位。可采用 ras_data_pt 生成相应的图像，具体如下：

```
ras_data_pt pt - patm_ts_A 1- MLI_dir/20070115_HH.rmli.bmp ras/patm_ts
_A 2 1 1 6.24 1
```

估算的大气延迟相位如图 13-55（b）所示。

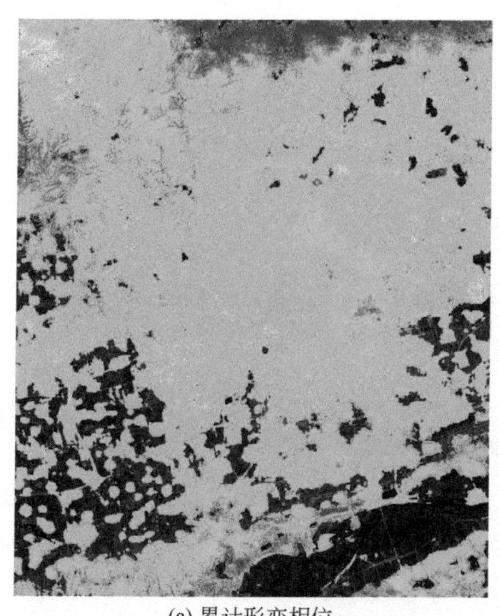

(a) 累计形变相位

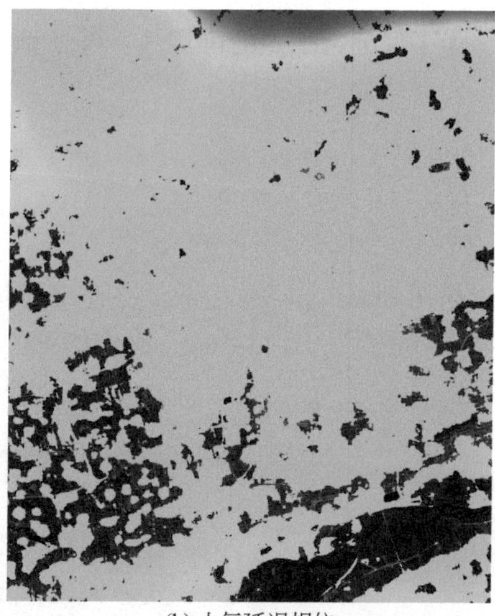

(b) 大气延迟相位

图 13-55　含大气延迟误差的累计形变相位和估算的大气延迟相位

4）累计形变与形变速率计算

从时间序列累计形变相位中减去大气延迟相位，即可获得最终的时间序列形变相位，操作如下：

```
sub_phase_pt pt pmask0 pdiff_ts - patm_ts_A pdiff_ts_A 0 0
```

采用 dispmap_pt 把形变从相位转为距离单位，操作如下：

```
dispmap_pt pt pmask0 pMLI_par itab_ts pdiff_ts_A pdem pdisp_ts_A 0
```

采用 def_mod_pt 计算线性形变速率，该命令需要一个基线文件，采用 base_orbit_pt 生成，此时生成的基线文件和前面生成的基线文件不同，前面生成基线文件和 itab 一致，共 59 个，当前生成的基线文件和 itab_ts 一致，共 19 个。操作如下：

```
base_orbit_pt pMLI_par itab_ts - pbase_ts
```

进行形变速率之前，同样要对参考点进行滤波，操作如下：

```
spf_pt pt pmask0 20070115_HH.rmli.par pdiff_ts_A pdiff_ts_Aa - 2 25 0 -
624608 0
```

```
def_mod_pt pt pmask0 pMLI_par - itab_ts pbase_ts 0 pdiff_ts_Aa 0 624608
pres_A pdh_A pdef_A punw_A psigma_A pmask_A 60.-0.2 0.2 0.5 5 pdh_err_A pdef
_err_A
```

pdef_A 即生成的线性速率文件。

为了保证每个点的可靠性，可计算残差的相干性，设置相干阈值剔除质量差的点，具体如下：

```
cct_pt pt pmask_A 20070115_HH.rmli.par pres_A pcct_A 2 0.0 0 5
/bin/cp pmask_A pmask_A_070
thres_msk_pt pt pmask_A_070 pcct_A 1 0.70 1.01
```

采用 prasdt_pwr24 生成最终速率图，GAMMA 软件提供 vu_disp 显示每个点的时间序列曲线（图 13-56），操作如下：

```
vu_disp pt pmask_A_070 pMLI_par itab_ts pdisp_ts_A pdef_A pdem psigma_A
pdh_err_A pdef_err_A - pdef_A.ras -0.2 0.2 2 128
```

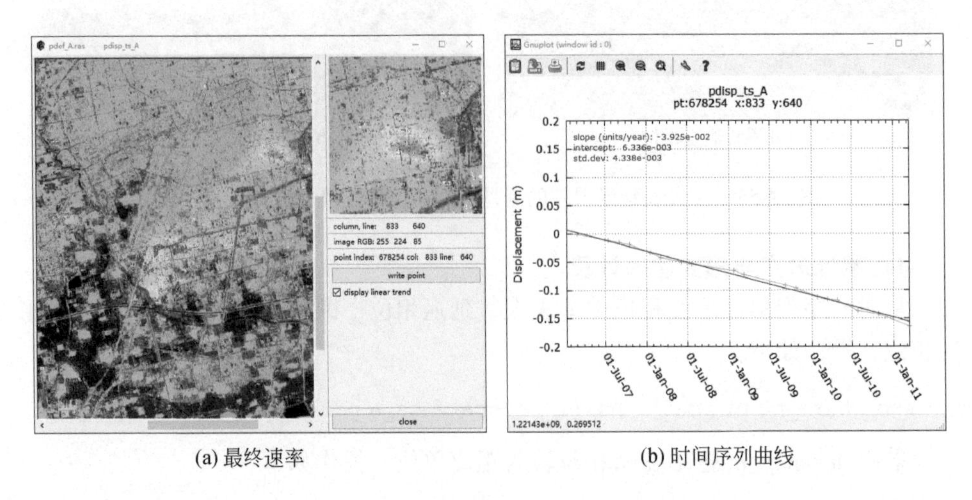

(a) 最终速率　　　　(b) 时间序列曲线

图 13-56　最终速率和每个点的时间序列曲线

13.6.5　地理编码

以上过程生成的结果是 SAR 成像坐标系，用户最终需要的是地图坐标系，需要对结果进行地理编码，GAMMA 软件中提供 pt2geo 命令进行地理编码，操作如下：

```
pt2geo pt pmask_A_070 20070115_HH.rmli.par - pdem DEM_seg_par GEO_dir/
20070302.diff_par 1 1 pt_map pmap pmapll
```

其中，输出 pt_map 为地图坐标系坐标，pmap 为地图坐标系坐标值。根据输出结果可进行结果的地理编码，以形变速率为例进行介绍，操作如下：

```
pt2d pt_map pmask_A_070 pdef_A 1 zhengzhou.def 1564 1511 30 30  1 1 2 3 3 1
```

其中，（1564，1511）为地图坐标系的文件行列号，该值可从 DEM_seg_par 中获取。

采用 ras8_float 命令把地理编码后的结果生成图片格式，操作如下。

```
ras8_float zhengzhou.def - 1564 zhengzhou.def.bmp 1 0 . 240. - - - 0-0.05
0.05 0 0 1. .35 1 1 0 1 1 1
```

生成结果如图 13-57 所示。

采用 comb_ his 命令可生成以强度图为底图的图片，操作如下：

```
comb_hsi zhengzhou.def.bmp 20070115_HH.rmli.eqa.bmp zhengzhou.def.
map.bmp
```

其中，20070115_HH. rmli. eqa. bmp 为 WGS-84 坐标系下的 SAR 强度图像。生成的结果如图 13-58 所示。

图 13-57　WGS-84 坐标系下的形变速率图像

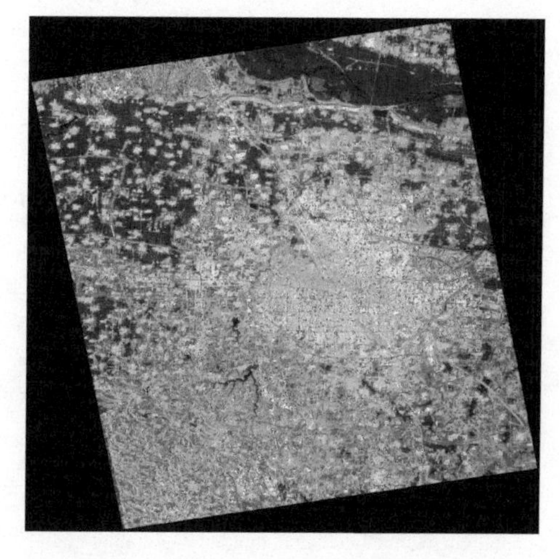

图 13-58　以强度图为底图的形变速率图像

pt2d 生成的结果只包含了数据信息，不包含坐标系信息，该结果没法在 GIS 软件中进行制图，需要采用 data2geotiff 命令生成 geotiff 格式的成果，操作如下。

```
data2geotiff DEM_seg_par zhengzhou.def 2 zhengzhou.def.tif
```

GAMMA 软件还可以把每个点对应的坐标信息、高程、形变速率、点质量和累计形变量输出成矢量格式，采用命令为 disp_prt，操作如下。

```
disp_prt pt_map pmask_A_070 - pMLI_par itab_ts pmap pdem pdef_A pcct_A pdh_err_A pdef_err_A pdisp_ts_A  624608 items.txt disp_tab.txt
```

矢量结果也可制作成 kml 文件，在 Google Earth 软件中进行分析。操作如下。

```
kml_pt disp_tab.txt 5 4 7"LOS rate [mm/year]"6  "height"8 coherence 1 zhengzhou_disp.tmp.kml button_master.png gamma_logo.png - 1 0. 240. 0.7 0. 7 1.0 1.0 0 -50.0 50.0 0
```

13.7 IPTA 技术获取滑坡形变

以西藏自治区昌都市江达县岩比乡沃达村的一处滑坡为例对方法进行介绍，数据采用配准后的 Sentinel-1a 升轨影像，时间范围为 2014 年 11 月 ~ 2019 年 9 月，影像量为 106 景。DEM 采用 30m 分辨率 SRTM DEM。方法采用了融合单视和多视干涉相位的时间序列分析方法，该方法可以提供较高点密度分布的结果。具体数据处理流程如表 13-9 所示。

表 13-9 IPTA 集处理流程

步骤	用到的程序
1. 干涉像对组合	—
2. 地理编码	—
3. 计算像元的多视差分干涉相位	mk_diff_2d、mk_diff_2d、mk_unw_2d、mk_base_2d
4. 计算 PS 点差分干涉相位	image2pt、mk_d2pt、MLI2pt、spf_pt、mb_pt、thres_msk_pt、fspf_pt、sub_phase_pt、dispmap_pt、def_mod_pt、pt2geo、disp_prt 等
5. 组合多视差分干涉相位和单视差分干涉相位	create_diff_par、sub_phase
6. 时间序列分析	—

13.7.1 干涉像对组合

采用 base_calc 计算干涉像对组合，Sentinel-1a 卫星干涉基线控制地较好，基线长度保持在 200m 左右，时间采样 12 天。因此，组合干涉像对时不设置干涉基线阈值，时间基线设置相邻的 3 景影像进行组合，操作如下。

```
base_calc SLC_tab SLC_dir/20141105.slc.par bperp_file itab 1 1 - - - - 3
```

对应的干涉像对组合图如图 13-59 所示。

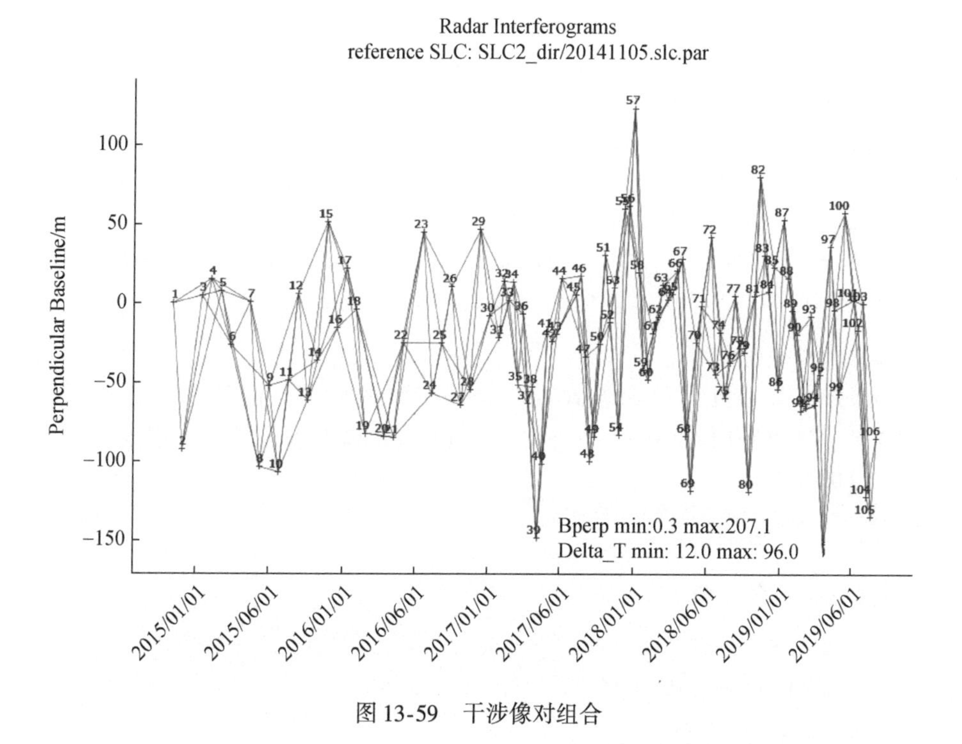

图 13-59　干涉像对组合

13.7.2　地理编码

这部分操作和 13.4 节一致，因此在本案例中不做介绍，具体参考 13.4 节。需要说明的是生成强度图的多视视数为 4×1。

13.7.3　计算像元的多视差分干涉相位

采用振幅离差指数识别 PS 点，能够保证 PS 点的干涉相位可靠性，但是对于长时间序列情况，PS 点分布稀疏，不能够很好地反映形变场分布。另外，该方法只能识别在时间序列中一直保持高质量相位的点，不能保证短时段保持高质量的点。针对这样的情况，本案例干涉像对组合方法不采用单参考影像方式，而是采用临近 3 景影像进行组合，确保了干涉相位在短期内也具有高质量。参与计算的点，除了 PS 点外，还根据增加多视视数能够有效地减弱干涉相位的噪声的思想，引入了每个点的多视差分干涉相位。具体操作如下。

（1）计算多视 DEM。

对已有的 DEM 多 3×3 处理，操作如下：

```
multi_look SLC_dir/20141105.slc SLC_dir/20141105.slc.par 20141105.mli 20141105.mli.par 4 1
raspwr 20141105.mli 1500
create_offset 20141105.mli.par  20141105.mli.par 20141105.off 1 1 1 0
multi_real 20141105.dem 20141105.off 20141105.hgt3 20141105.off3 3 3
multi_real 20141105.mli 20141105.off 20141105.mli3 20141105.off3 3 3
dishgt 20141105.hgt3 20141105.mli3 500
```

（2）计算差分干涉。

该部分也采用批处理的方式进行差分干涉的计算，但是处理方式不同于 12. 6. 3 节，这里采用 GAMMA 软件提供的 run_all 脚本进行处理，多视视数设为 12×3，具体如下：

```
mkdir diff_dir3
```

生成干涉参数文件：

```
run_all bperp_file 'create_offset SLC_dir/$2.slc.par SLC_dir/$3.slc.par diff_dir3/$2_$3.off 1 12 3 0'
```

计算参考面和地形相位：

```
run_all bperp_file 'phase_sim_orb SLC_dir/$2.slc.par SLC_dir/$3.slc.par diff_dir3/$2_$3.off 20141105.hgt3 diff_dir3/$2_$3.sim_unw SLC_dir/20141105.slc.par - - 1 1'
```

计算差分干涉相位：

```
run_all bperp_file 'SLC_diff_intf SLC_dir/$2.slc SLC_dir/$3.slc SLC_dir/$2.slc.par SLC_dir/$3.slc.par diff_dir3/$2_$3.off diff_dir3/$2_$3.sim_unw $2_$3.diff 12 3 0 0'
run_all bperp_file 'rasmph_pwr diff_dir3/$2_$3.diff 20141105.mli3 500 1 1 0 1 1 1. .34 1 diff_dir3/$2_$3.diff.bmp'
```

提出点差分干涉相位。

采用 mkgrid 生成一个点位置文件，操作如下：

```
mkgrid pt3 500 500 12 3 7 1
multi_look SLC_dir/20141105.slc SLC_dir/20141105.slc.par 20141105.mli3 20141105.mli3.par 12 3 0 - 0.000001
```

根据 pt3 从差分干涉相位中提取每个点对应的干涉相位，操作如下：

```
run_all bperp_file 'data2pt diff_dir3/$2_$3.diff  20141105.mli3.par pt3 SLC_dir/20141105.slc.par pdiff3 $1 0'
```

采用 pdismph_pwr24 生成差分干涉相位图，操作如下：

```
pdismph_pwr24 pt3 - SLC_dir/20141105.slc.par pdiff3 1 20141105.mli3.par 20141105.mli3 0
```

采用 ras_data_pt 生成每个差分干涉图的图片，操作如下：

```
mkdir ras
ras_data_pt pt3 - pdiff3 1 - 20141105.mli.bmp ras/pdiff3 0 4 1 6.24 3
```

间隔 12 天和 36 天的差分干涉图如图 13-60 和图 13-61 所示。

图 13-60　时间间隔 12 天的差分干涉

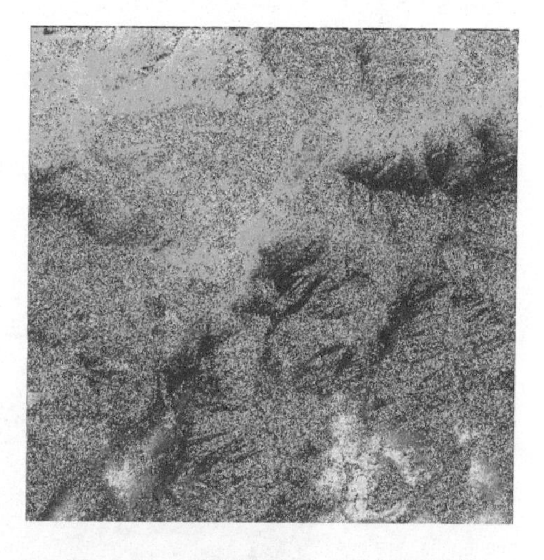

图 13-61　时间间隔 36 天的差分干涉

提出每个点对应的高程值，操作如下：

```
data2pt 20141105.hgt3 20141105.mli3.par pt3 SLC_dir/20141105.slc.par phgt3 1 2
pdisdt_pwr24 pt3 - SLC_dir/20141105.slc.par phgt3 1 20141105.mli3.par 20141105.mli3 500. 0
```

13.7.4　计算 PS 点差分干涉相位

该部分包括 PS 点识别和差分干涉两部分，其中 PS 点识别采用振幅离差指数和子视相干值两种方法，差分干涉计算只计算识别的 PS 点，具体操作如下。

1）子视相干值识别 PS 点

生成每景单视复数影像的子视相干值及其标准差文件，操作如下：

```
mk_sp_all SLC_tab sp_dir 4 4 0.0 0.4 1.0
```

mk_sp_all 命令是批处理脚本，不仅计算每个单视复数影像的子视相干值及其标准差文件，而且还计算两个指标的时间序列均值，根据均值，设定相应的阈值，采用 single_class_mapping 命令进行 PS 点的识别，操作如下：

```
single_class_mapping 2 sp_dir/ave.sp_cc 0.40 1.0 sp_dir/ave.sp_msr 0.4
100 . ptmap.bmp 6000 1 0 1 1
```

相干性和标准差阈值都设为 0.4，相干性高于 0.4 和标准差低于 0.4 的点被识别为 PS 点，PS 点以图片的形式（ptmap. bmp）保存，后续分析要用到 PS 点位文件，GAMMA 软件采用 image2pt 命令从图片中提出点位，操作如下：

```
image2pt ptmap.bmp 6000 pt2 1 1 6
```

采用 ras_ pt 生成 PS 点的分布图，操作如下：

```
ras_pt pt2 - 20141105.mli.bmp pt2.bmp 4 1 255 255 0 3
```

PS 点分布图如图 13-62 所示。

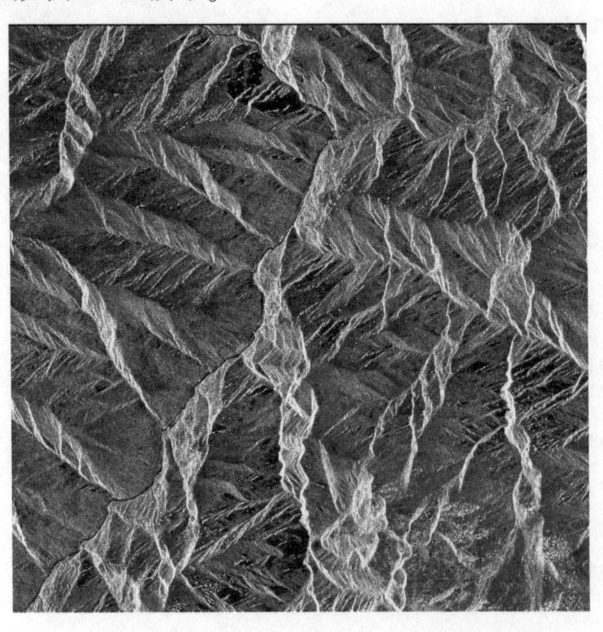

图 13-62　子视相干值识别的 PS 点分布

2）振幅离差指数识别 PS 点

采用 pwr_stat 命令进行振幅离差指数计算，操作如下：

```
pwr_stat SLC_tab SLC_dir/20141105.slc.par MSR pt1 1.5 0.15 - - - - 1 2
```

振幅离差阈值设为 1.5，为了避开阴影和水域的影响，增加了强度阈值，强度阈值设为强度均值的 0.15 倍，识别的 PS 点同样采用 ras_pt 生成分布图如图 13-63 所示，操作如下：

```
ras_pt pt1 - 20141105.mli.bmp pt1.bmp 4 1 255 0 0 3
```

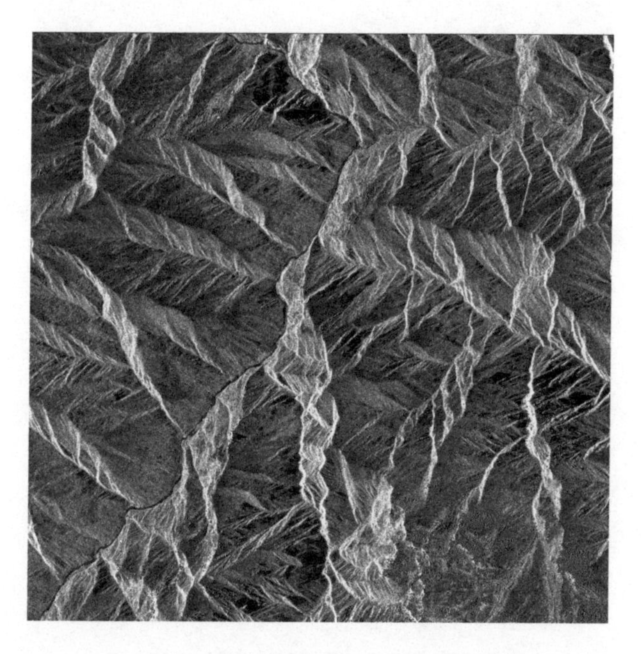

图 13-63　振幅离差指数识别的 PS 点分布

3）融合两种方法识别的点

采用 merge_pt 取两种方法识别点的并集，操作如下：

```
echo"pt1"> plist_tab
echo"pt2"  >> plist_tab
merge_pt plist_tab pt 1 0 0
mv pt pt_30373
```

pt 为融合后点集，其中子视相干值识别的 PS 点数为 15 051 个，振幅离差指数识别的 PS 点数为 19 641 个，二者并集点数为 30 373 个，采用 ras_pt 生成融合后点集的图片，操作如下：

```
ras_pt pt_30373 - 20141105.mli.bmp pt.bmp 4 1 255 0 0 3
```

生成的点并集图像如图 13-64 所示。

图 13-64　两种方法并集的 PS 点分布

4）提取 PS 点对应的高程值

采用命令 data2pt 实现，具体如下：

```
data2pt 20141105.dem 20141105.mli.par pt_30373 SLC_dir/20141105.slc.par pdem 1 2
pdisdt_pwr24 pt_30373 - SLC_dir/20141105.slc.par pdem  1 20141105.mli.par 20141105.mli 500.0 1
```

5）计算每个 PS 点对应的差分干涉相位

提出每个 PS 点对应的单视复数数据，操作如下：

```
/bin/rm pSLC_par pSLC
SLC2pt SLC_tab pt_30373 - pSLC_par pSLC -
```

计算干涉基线，操作如下：

```
base_orbit_pt pSLC_par itab - pbase.orbit
```

计算干涉值，操作如下：

```
intf_pt pt_30373 - itab - pSLC pint 1
```

计算参考面和高程相位，操作如下：

```
phase_sim_orb_pt pt_30373 - pSLC_par - itab - pdem psim_unw SLC_dir/
20141105.slc.par -
```

进行差分干涉处理，操作如下：

```
sub_phase_pt pt_30373 - pint - psim_unw pdiff 1 0
```

生成差分干涉图，操作如下：

```
ras_data_pt pt_30373- pdiff 1- 20141105.mli.bmp ras/pdiff 0 4 1 6.3 1
```

生成差分干涉图如图 13-65 所示。

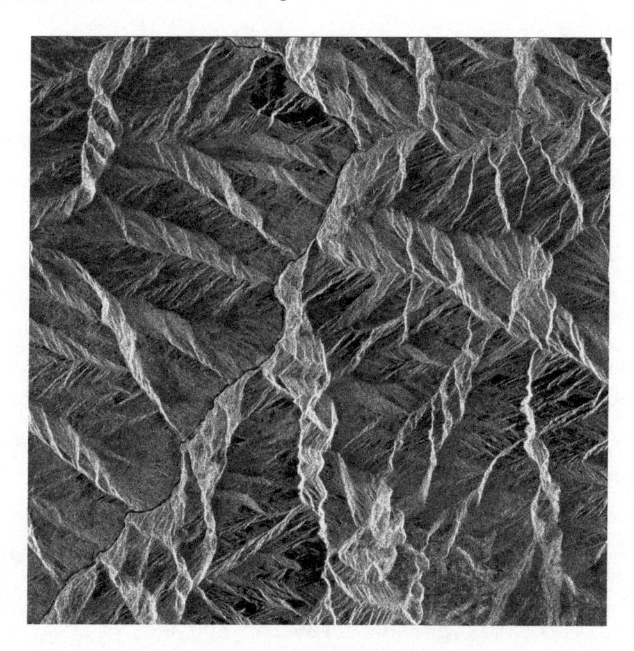

图 13-65　PS 点对应的差分干涉

13.7.5　组合多视差分干涉相位和单视差分干涉相位

该部分包括点集、高程和差分干涉相位的融合三部分，具体如下。

1）点集的融合

采用 cat 命令进行融合，操作如下：

```
cat pt_30373 pt3 > pt_combined
```

```
npt pt_combined
```

融合后点数为 280 373 个，对融合后的点位做备份，操作如下：

```
/bin/cp pt_combined pt_280373
```

2）高程值融合

生成多视和单视的掩膜图，对多视对应的高程值加上一个大的数据以区分单视和多视，操作如下：

```
lin_comb_pt pt3 - phgt3 1 phgt3 1 phgt3A 1 1000000 0. 0. 2 1
```

采用 cat 命令融合两种高程，操作如下。

```
cat pdem phgt3A > ptmp1
```

生成多视和单视的掩膜图，操作如下：

```
/bin/rm pmask_single pmask_multilook
thres_msk_pt pt_combined pmask_single ptmp1 1 -100. 10000
thres_msk_pt pt_combined pmask_multilook ptmp1 1 999999. 1000001
```

pmask_single 和 pmask_multilook 分别为单视和多视的掩膜图。

采用 expand_data_pt 生成融合后高程值，操作如下：

```
expand_data_pt pt_30373 - SLC_dir/20141105.slc.par pdem pt_combined pmask_single pdem_combined_single 1 2 1
pdisdt_pwr24 pt_combined - SLC_dir/20141105.slc.par pdem_combined_single 1 20141105.mli.par 20141105.mli 500.0 1
expand_data_pt pt3 - SLC_dir/20141105.slc.par phgt3 pt_combined pmask_multilook pdem_combined_multilook 1 2 1
pdisdt_pwr24 pt_combined - SLC_dir/20141105.slc.par pdem_combined_multilook 1 20141105.mli.par 20141105.mli 500.0 1
lin_comb_pt pt_combined - pdem_combined_single 1 pdem_combined_multilook 1 pdem_combined 1 0. 1. 1. 2 1
pdisdt_pwr24 pt_combined - SLC_dir/20141105.slc.par pdem_combined 1 20141105.mli.par 20141105.mli 500.0 1
```

pdem_combined 为融合后的高程文件。

3）差分干涉相位融合

采用 expand_data_pt、cpx_to_real、lin_comb_pt 和 real_to_cpx 进行融合，具体如下。

```
expand_data_pt pt_30373 - SLC_dir/20141105.slc.par pdiff pt_combined pmask_single pdiff_combined_single-0 1
pdismph_pwr24 pt_combined - SLC_dir/20141105.slc.par pdiff_combined_single  11 20141105.mli.par 20141105.mli 1
expand_data_pt pt3 - SLC_dir/20141105.slc.par pdiff3 pt_combined pmask_multilook pdiff_combined_multilook - 0 1
pdismph_pwr24 pt_combined - SLC_dir/20141105.slc.par pdiff_combined_multilook  11 20141105.mli.par 20141105.mli 1
cpx_to_real pdiff_combined_single pdiff_combined_single.real 1 0
cpx_to_real pdiff_combined_single pdiff_combined_single.imag 1 1
cpx_to_real pdiff_combined_multilook pdiff_combined_multilook.real 1 0
cpx_to_real pdiff_combined_multilook pdiff_combined_multilook.imag 1 1
lin_comb_pt pt_combined - pdiff_combined_single.real - pdiff_combined_multilook.real - pdiff_combined.real - 0. 1. 1. 2 1
lin_comb_pt pt_combined - pdiff_combined_single.imag - pdiff_combined_multilook.imag - pdiff_combined.imag - 0. 1. 1. 2 1
real_to_cpx pdiff_combined.real pdiff_combined.imag pdiff_combined 1 0
pdismph_pwr24 pt_combined - SLC_dir/20141105.slc.par pdiff_combined 11 20141105.mli.par 20141105.mli 1
```

pdiff_combined 为联合后的差分干涉相位。

13.7.6 时间序列分析

该部分包括确定参考点、计算高程改正量与相位解缠、初算时间序列累计形变、剔除大气延迟相位、精算时间序列形变速率 5 部分。具体如下。

1）确定参考点

与 13.6.4 节一样采用 prox_prt 命令确定参考点，不同之处在于本案例针对单视影像进行分析，采用 pdisdt_pwr24 命令确定的坐标位置是 4×1 视后的结果，需要恢复到单视。操作如下：

```
pdisdt_pwr24 pt_combined pmask_single SLC_dir/20141105.slc.par pdem_combined  1 20141105.mli.par 20141105.mli 500.0 1
```

采用 pdisdt_pwr24 确定了点（468，966），对应的单视位置为（1872，966），采用 prox_prt 确定参考点的序号，操作如下。

```
prox_prt pt_combined pmask_single pdem_combined 1872 966 5 25 30 2 - 1
```

输出的点信息如下。

```
record  index  column  line  value
****************************************
    1   9666   1872     966 2.99654e+003
    1   9665   1871     966 2.99654e+003
    1   9661   1871     965 2.99375e+003
    1   9650   1873     964 2.99171e+003
    1   9692   1868     968 2.99812e+003
    1   9651   1877     964 2.99274e+003
    1   9853   1877     980 3.05749e+003
```

9666 即为参考点的序号，用于后续的分析。

2）计算高程改正量与相位解缠

该案例首先通过空间域解缠获取每个差分干涉图的解缠相位，然后依据高程值分离出与高程相关的大气延迟相位，接着计算出高程改正量，并从差分相位中剔除，最后采用 SVD 分解方法获取单参考影像的差分干涉相位。相位解缠可采用时间维解缠和空间维解缠两种方法，其中时间维解缠采用 multi_def_pt 和 def_mod_pt 计算。multi_def_pt 采用分块的策略减弱大气延迟相位的影响，用于大气延迟相位严重的情况，def_mod_pt 用于不包括或者大气延迟相位较弱的情况。空间维解缠采用 mcf_pt。本案例采用 mcf_ptt 命令进行相位解缠，操作如下。

对前面生成的差分干涉相位、点位坐标和干涉基线做备份，操作如下：

```
/bin/cp pt_combined pt
/bin/cp pdiff_combined pdiff
/bin/cp pbase.orbit pbase
```

根据点位坐标生成每个点对应的单视复数数据及其参数数据，操作如下：

```
SLC2pt SLC_tab pt - pSLC_par pSLC -
```

接着对参考点滤波并进行相位解缠，解缠可采用空间维和时间维的解缠算法，操作如下：

```
spf_pt pt - SLC_dir/20141105.slc.par pdiff pdiffa - 0 25 0 - 9666 0
```

空间维相位解缠如下：

```
run_all itab 'mcf_pt pt - pdiffa $3 - - pdiff.unw 3 12 9666 0'> tmp
```

时间维相位解缠如下：

```
multi_def_pt pt - pSLC_par - itab pbase 0 pdiffa 1 9666 pres1 pdh1 pdef1 pdiff.unw psigma1 pmask1 60 -0.02 0.02 100 1.2 0.85 2 0 1
ras_data_pt pt-pdiff.unw 1 - 20141105.mli.bmp ras/pdiff.unw 2 4 1 6.24 3
```

pdiff. unw 为解缠后的差分干涉图，对应的图片如图 13-66 所示。采用 atm_mod_pt 计算与高程相关的大气延迟相位，操作如下：

```
atm_mod_pt pt - pdiff.unw pdem_combined pmod - 0
ras_data_pt pt - pmod 1 - 20141105.mli.bmp ras/mod 2 4 1 6.24 3
```

pmod 为生成的与高程相关的大气延迟相位，对应的图片如图 13-67 所示。

采用 sub_phase_pt 命令从原始差分干涉（pdiff）中消除与高程相关的大气延迟相位，操作如下：

```
sub_phase_pt pt - pdiff - pmod pdiff1 1 0
```

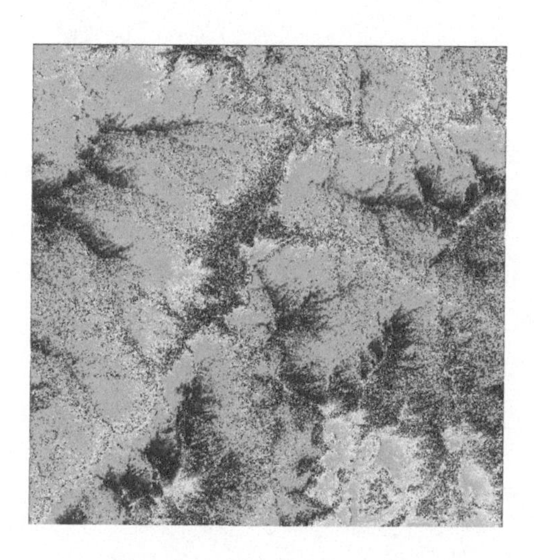

图 13-66　解缠后的差分干涉

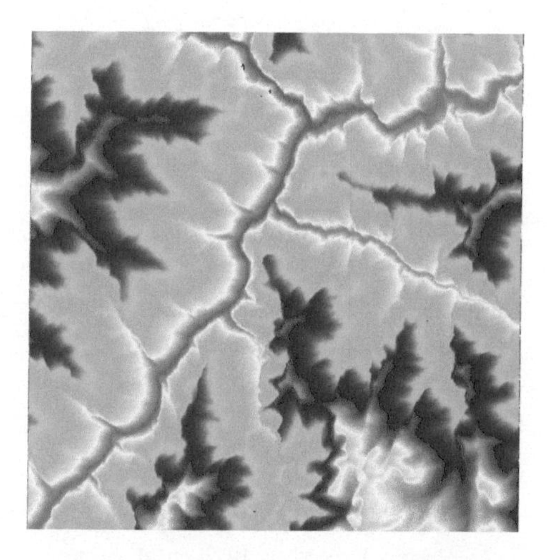

图 13-67　与高程相关的大气延迟相位

剔除与高程相关大气延迟相位的差分干涉图如图 13-68 所示。pdiff1 为新生成的差分干涉相位，对其进行参考点滤波，并采用 def_mod_pt 计算高程改正量，操作如下：

```
spf_pt pt - SLC_dir/20141105.slc.par pdiff1 pdiff1a - 0 25 0 - 9666 0
def_mod_pt pt - pSLC_par - itab pbase 0 pdiff1a 1 9666 pres1 pdh1 - punw1
psigma1 pmask1 50.-0.1 0.1 1.85 1 pdh_err1 -
```

采用 pdisdt_pwr24 显示高程改正量，采用 ras_data_pt 生成高程改正量图片，如图 13-69 所示。具体操作如下：

```
pdisdt_pwr24 pt pmask1 SLC_dir/20141105.slc.par pdh1 1 20141105.mli.
par 20141105.mli 30. 3
ras_data_pt pt pmask1 pdh1 1 - 20141105.mli.bmp ras/pres1 2 4 1 30 3
```

图 13-68　不包含与高程相关大气的差分干涉

图 13-69　高程改正量分布

该过程处理能获取高程改正量，还对缠绕相位 pdiffa 进行了时间维相位解缠，并把高程改正量从差分干涉相位中剔除，得到一个残差相位（pres1），此时残差相位中包含了形变、大气残余和噪声相位等，其中大气相位为主要成分。此时可根据大气相位具有空间相干性的特点，采用空间域滤波的方法分离出长波大气，具体如下：

```
fspf_pt pt pmask1 SLC_dir/20141105.slc.par pres1 pres1.fspf - 2 150 1 0
ras_data_pt pt - pres1 1 - 20141105.mli.bmp ras/mod 2 4 1 6.24 3
ras_data_pt pt - pres1.fspf 1 - 20141105.mli.bmp ras/mod 2 4 1 6.24 3
```

滤波前后的残差相位如图 13-70 和图 13-71 所示。

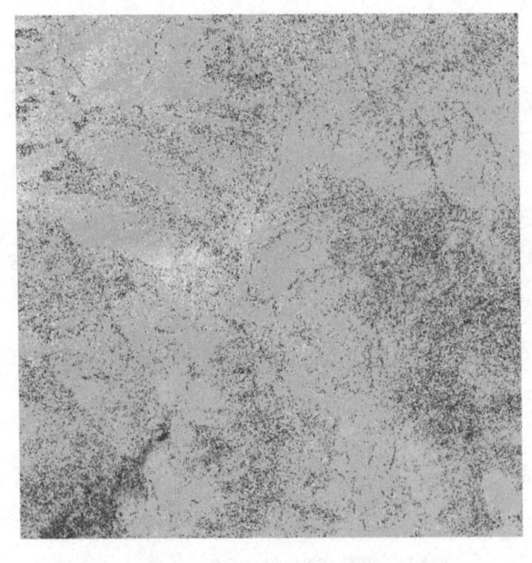

图 13-70　残差相位

图 13-71　大气延迟相位

此时，获得高程改正量 pdh1、与高程相关的大气延迟相位 pmod 和大气延迟相位 pres1. fspf。把 pmod 和 pres1. fspf 加起来作为大气延迟相位初始值。操作如下：

```
sub_phase_pt pt pmask1 pmod - pres1.fspf patm0 0 1
```

此时的残差相位中仍包含少量的高程改正量，因此需要再次进行高程改正量计算，在计算之前，需要从原始差分干涉相位中剔除高程改正量和大气延迟相位初始值，具体操作如下：

```
phase_sim_pt pt - pSLC_par - itab - pbase pdh1 pdh1_sim_unw - 2 0
/bin/rm ptmp1
sub_phase_pt pt - pdiff - pdh1_sim_unw ptmp1 1 0
sub_phase_pt pt - ptmp1 - patm0 pdiff1 1 0
ras_data_pt pt - pdiff1 1 - 20141105.mli.bmp ras/pdiff1 0 4 1 6.24 3
```

pdiff1 为新生成差分干涉相位，接着对其进行参考点滤波和时间序列分析，操作如下：

```
spf_pt pt - SLC_dir/20141105.slc.par pdiff1 pdiff1a - 0 25 0 - 9666 0
def_mod_pt pt - pSLC_par - itab pbase 0 pdiff1a 1 9666 pres2 pdh2 pddef2
punw2 psigma2 pmask2 90.-0.1 0.1 1.2 2 pdh_err2 pdef_err2
```

pres2 为新生成的残差相位，里面包含大气延迟相位，仍采用空间域滤波的方法分离，具体操作如下：

```
fspf_pt pt pmask2 SLC_dir/20141105.slc.par pres2 pres2.fspf - 2 9 1 0
```

滤波后的相位加上大气延迟相位初始值，得到大气延迟相位之和，操作如下：

```
/bin/rm ptmp1 ptmp2
lin_comb_pt pt - patm0 - pres2.fspf - ptmp1 - 0.0 1. 1. 2 0
```

避免大气延迟相位中存在噪声点，对其进行滤波，操作如下：

```
fspf_pt pt pmask2 SLC_dir/20141105.slc.par ptmp1 ptmp2 - 2 50 2 0
```

采用插值方法获取空缺点的大气延迟相位，操作如下：

```
expand_data_pt pt pmask2 SLC_dir/20141105.slc.par ptmp2 pt - patm1 - 2
150 1 100
```

pdh2 为新生成的高程改正量，加上第一次获取的高程改正量，得到总体高程改正量，操作如下：

```
lin_comb_pt pt - pdh1 1 pdh2 1 pdhtot - 0.0 1. 1. 2 1
```

将该值纠正到原始高程中，得到纠正后的高程值，操作如下：

```
lin_comb_pt pt - pdem_combined 1 pdhtot 1 phgt2 - 0.0 1. 1. 2 1
```

将总体高程改正量转为相位，并从原始干涉相位中剔除，操作如下：

```
phase_sim_pt pt - pSLC_par - itab - pbase pdhtot pdh2_sim_unw - 2 0
/bin/rm ptmp1
sub_phase_pt pt - pdiff - pdh2_sim_unw ptmp1 1 0
```

消除大气延迟相位 patm1，操作如下：

```
sub_phase_pt pt - ptmp1 - patm1 pdiff2 1 0
```

对新生成差分干涉相位进行参考点滤波和相位解缠，具体如下：

```
spf_pt pt - SLC_dir/20141105.slc.par pdiff2 pdiff2a - 0 25 0 - 9666 0
def_mod_pt pt - pSLC_par - itab pbase 0 pdiff2a 1 9666 pres3 pdh3 pddef3 punw3 psigma3 pmask3 10.-0.05 0.05 1.2 2 pdh_err3 pdef_err3
```

此时只有少数点的高程改正量小于 1m，由于 Sentinel-1a 干涉基线较短，这部分可以忽略，解缠后的相位 punw3+patm1+pdh2_sim_unw 即为原始差分干涉相位的解缠相位，操作如下：

```
/bin/rm ptmp1
sub_phase_pt pt pmask3 punw3 - pdh2_sim_unw ptmp1 0 1
sub_phase_pt pt pmask3 ptmp1 - patm1 pdiff.unw 0 1
```

最后检查解缠前后相位成分的一致性，确保解缠过程中没有相位丢失，操作如下：

```
/bin/rm ptmp1
sub_phase_pt pt pmask3 pdiff - pdiff.unw ptmp1 1 0
pdismph_pwr24 pt pmask3 SLC_dir/20141105.slc.par pdiff 102 20141105.mli.par 20141105.mli 0
pdismph_pwr24 pt pmask3 SLC_dir/20141105.slc.par ptmp1 102 20141105.mli.par 20141105.mli 0
```

通过查看 ptmp1 的图像，发现没有明显的相位变化，证明解缠前后相位保持一致。此时，获取了正确的解缠相位，在进行下一步分析前，需要从解缠后的相位中剔除高程改正量相位，操作如下：

```
sub_phase_pt pt pmask3 pdiff.unw - pdh2_sim_unw pdiff.unw1 0 0
```

3）初算时间序列累计形变

采用 mb_pt 命令将多参考影像干涉像对转为单参考影像干涉像对，并解算出初始形变速率和形变序列。在进行分析前需要确定参考点进行滤波，具体操作如下：

```
spf_pt pt pmask3 SLC_dir/20141105.slc.par pdiff.unw1 pdiff.unwa - 2 25 0 - 9666 1
mb_pt pt pmask3 pSLC_par itab pdiff.unwa 9666 - itab_ts pdiff_ts pdiff_sim psigma_ts 1 phgt_out 0.0 prate pconst psigma_fit SLC_dir/20141105.slc.par
```

查看时间序列分析后的质量图，模型与观测值的标准差大部分小于 1.6rad，因为参与计算的相位中包含大气相位，该值还偏大，因此此时的形变速率不能作为最终的结果，需要剔除大气相位重新计算速率。

4）剔除大气延迟相位

大气相位滤波仍采用空间域滤波的方法，在滤波之前首先设置掩膜，形变区的点不参与滤波，然后根据稳定区域的滤波值，通过插值方法内插出形变区的大气延迟相位，具体操作如下。

（1）设置掩膜。

```
fspf_pt pt pmask3 SLC_dir/20141105.slc.par prate prate_fspf25 1 2 25 4 0
sub_phase_pt pt pmask3 prate-prate_fspf25 pdrate 0 0
/bin/cp pmask3 pmask_slow
thres_msk_pt pt pmask_slow prate 1 -2.5 2.5
thres_msk_pt pt pmask_slow prate_fspf25 1 -2.5 2.5
thres_msk_pt pt pmask_slow pdrate 1 -1. 1.
pdisdt_pwr24 pt pmask_slow SLC_dir/20141105.slc.par prate 1 20141105.mli.par 20141105.mli 6.28 3
```

（2）空间域滤波。

```
/bin/rm ptmp1
fspf_pt pt pmask_slow SLC_dir/20141105.slc.par pdiff_ts ptmp1 - 2 100 2 1
```

（3）内插空缺点大气相位。

```
expand_data_pt pt pmask_slow SLC_dir/20141105.slc.par ptmp1 pt - pdiff_ts_fspf100 - 2 150 1 100
pdisdt_pwr24 pt - SLC_dir/20141105.slc.par pdiff_ts_fspf100 32 20141105.mli.par 20141105.mli 6.28 3
/bin/cp pdiff_ts_fspf100 patm_ts_B
```

patm_ts_B 为生成的大气延迟相位，从 pdiff_ts 中剔除即可得到累计形变相位。操作如下：

```
sub_phase_pt pt pmask3A pdiff_ts - patm_ts_B pdiff_ts_B 0 0
```

采用 dispmap_pt 把累计形变相位转为累计形变量，具体如下：

```
dispmap_pt pt pmask3A pSLC_par itab_ts pdiff_ts_B phgt2 pdisp_ts_B 0
```

5）精算时间序列形变速率

采用 def_mod_pt 根据时间序列累计相位重新计算形变速率，操作如下：

```
base_orbit_pt pSLC_par itab_ts - pbase_ts
spf_pt pt- SLC_dir/20141105.slc.par pdiff_ts_B pdiff_ts_Ba - 2 25 0 -
9666 0
def_mod_pt pt - pSLC_par - itab_ts pbase_ts 0 pdiff_ts_Ba 0 9666 pres_B pdh
_B pdef_B punw_B psigma_B pmask_B 60. -0.2 0.2 5.0 5 pdh_err_B pdef_err_B
```

对形变速率 pdef_B 进行小窗口滤波，根据滤波前后的差值，设置阈值剔除杂点，操作如下：

```
spf_pt pt pmask_B SLC_dir/20141105.slc.par pdef_B pdef_B.spf 1 2 11 0
sub_phase_pt pt pmask_B pdef_B 1 pdef_B.spf pdef.diff 0 0
cp pmask_B pmask_final
thres_msk_pt pt pmask_final pdef.diff 1 -0.005 0.005
```

采用 prasdt_pwr24 生成最终速率图，GAMMA 软件提供 vu_disp 显示每个点的时间序列曲线（图 13-72），操作如下：

```
prasdt_pwr24 pt pmask_final SLC_dir/20141105.slc.par pdef_B 1
20141105.mli.par 20141105.mli 0.1 3
vu_disp pt pmask_final pSLC_par itab_ts pdisp_ts_B pdef_B phgt2 psigma_
B pdh_err_B pdef_err_B - pdef_B.ras -0.16 0.04 2 128
```

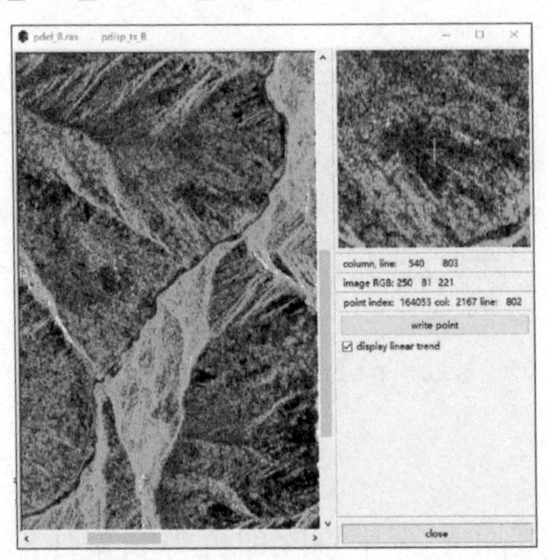

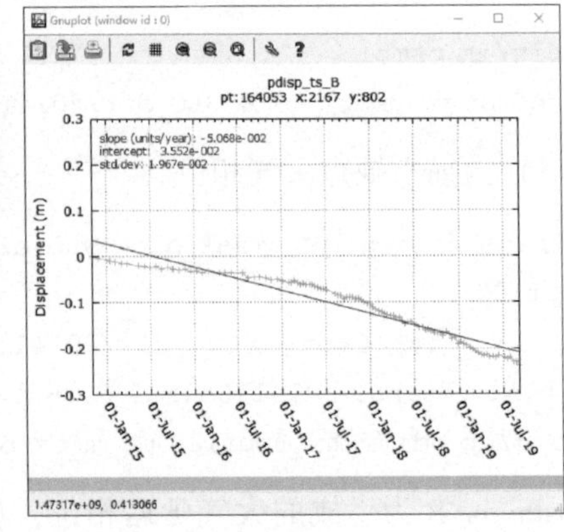

图 13-72　单点时间序列

13.7.7 地理编码

以上过程生成的结果是 SAR 成像坐标系，用户最终需要的是地图坐标系，需要对结果进行地理编码，GAMMA 软件提供 pt2geo 命令进行地理编码，操作如下：

```
pt2geo pt pmask_final SLC_dir/20141105.slc.par - phgt2 DEM_seg_par GEO_dir/20141105.diff_par 4 1 pt_map pmap pmapll
```

其中输出 pt_map 为地图坐标系坐标，pmap 为地图坐标系坐标值。根据输出结果可进行结果的地理编码，以形变速率为例进行介绍，操作如下：

```
pt2d pt_map pmask_final pdef_B 1 woda.def 1109 834  30 30  1 1  2 3 3 1
```

其中，（1109，834）为地图坐标系的文件行列号，该值可从 DEM_seg_par 中获取。

采用 ras8_float 命令把地理编码后的结果生成图片格式，操作如下：

```
ras8_float woda.def - 1109 woda.def.bmp 1 0. 240. - - - 0 -0.05 0.05 0 0 1. .35 1 1 0 1 1 1
```

生成结果如图 13-73 所示。

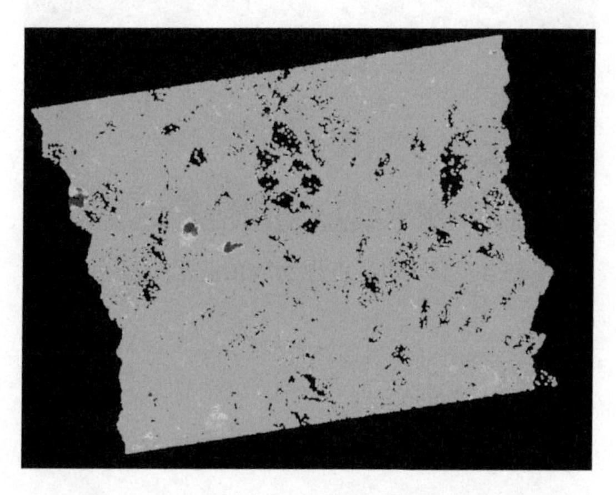

图 13-73 WGS-84 坐标系下的形变速率

采用 comb_his 命令可生成以强度图为底图的图片，操作如下：

```
comb_hsi woda.def.bmp 20141105.mli.eqa.bmp woda.def.map.bmp
```

其中 20070115_HH. rmli. eqa. bmp 为 WGS-84 坐标系下的 SAR 强度图图片，结果如图 13-74 所示。

pt2d 生成的结果只包含了数据信息，不包含坐标系信息，该结果没法在 GIS 软件中进行制图，需要采用 data2geotiff 命令生成 geotiff 格式的成果，操作如下：

```
data2geotiff DEM_seg_parwoda.def 2 woda.def.tif
```

GAMMA 软件还可以把每个点对应的坐标信息、高程、形变速率、点质量和累计形变量输出成矢量格式，采用命令为 disp_prt，操作如下：

```
disp_prt pt_map pmask_final - pSLC_par itab_ts pmap phgt2 pdef_B pcct_B pdh_err_B pdef_err_B pdisp_ts_B 9666 items.txt disp_tab.txt
```

矢量结果也可制作成 kml 文件，在 Google Earth 软件中进行分析。操作如下：

```
kml_pt disp_tab.txt 5 4 7"LOS rate [mm/year]"6  "height"8 coherence 1 woda_disp.tmp.kml button_master.png gamma_logo.png - 1 0. 240. 0.7 0.7 1.0 1.0 0 -50.0 50.0 0
```

图 13-74　以强度图为底图的形变速率

参考文献

白俊 . 2005. 干涉雷达中的永久散射体和交叉干涉技术的研究与应用 . 北京：中国科学院自动化研究所硕士学位论文 .

陈富龙，林珲，程世来 . 2013. 星载雷达干涉测量及时间序列分析的原理、方法与应用 . 北京：科学出版社 .

陈强 . 2006. 基于永久散射体雷达差分干涉探测区域地表形变的研究 . 成都：西南交通大学博士学位论文 .

戴昌达，姜小光，唐伶俐 . 2004. 遥感图像应用处理与分析 . 北京：清华大学出版社 .

邓云凯，禹卫东，张衡，等 . 2020. 未来星载 SAR 技术发展趋势 . 雷达学报，9（1）：1-33.

丁赤飚，李芳芳，胡东辉，等，2017. 机载干涉合成孔径雷达数据处理技术 . 北京：科学出版社 .

高洋，张健 . 2005. 基于自然邻点插值的数据处理方法 . 中国科学院研究生院学报，22（3）：346-351.

葛大庆 . 2013. 区域性地面沉降 InSAR 监测关键技术研究 . 北京：中国地质大学博士学位论文 .

郭华东，邵芸，王长林 . 2000. 雷达对地观测理论与应用 . 北京：科学出版社 .

洪文，王彦平，林赟，等 . 2018. 新体制 SAR 三维成像技术研究进展 . 雷达学报，7（6）：633-654.

黄海风，张永胜，董臻 . 2015. 星载合成孔径雷达干涉新技术 . 北京：科学出版社 .

黄其欢，张理想 . 2011. 基于 GBInSAR 技术的微变形监测系统及其在大坝变形监测中的应用 . 水利水电科技进展，1（3）：84-87.

江利明 . 2006. 利用雷达干涉数据检测城区地物变化的方法研究 . 武汉：武汉大学博士学位论文 .

靳国旺，徐青，张燕等 . 2006. InSAR 干涉图的零中频矢量滤波算法 . 测绘学报，35（1）：24-29.

靳国旺，徐青，张红敏 . 2014. 合成孔径雷达干涉测量 . 北京：国防工业出版社 .

匡纲要，高贵，蒋咏梅，等 . 2007. 合成孔径雷达目标检测理论、算法及应用 . 长沙：国防科技大学出版社 .

李晨，朱岱寅 . 2009. 基于信噪比门限判断和小波变换的 SAR 干涉图滤波法 . 电子与信息学报，31（2）：497-500.

李道京，汤立波，吴一戎，等 . 2005. 顺轨机载 InSAR 海面运动舰船成像 . 数据采集与处理，（4）：417-422.

李德仁，周月琴，马洪超 . 2000. 卫星雷达干涉测量原理与应用 . 测绘科学，（1）：9-14.

李维森 . 2010. 新技术在国家西部 1 ∶ 50000 地形图空白区测图工程中的应用 . 测绘科学，35（6）：8-11.

廖明生，林珲 . 2003. 雷达干涉测量：原理与信号处理基础 . 北京：测绘出版社 .

廖明生，王腾 . 2014. 时间序列 InSAR 技术与应用 . 北京：科学出版社 .

刘国祥 . 2006. Monitoring of Ground Deformations with Radar Interferometry. 北京：测绘出版社 .

刘国祥，丁晓利，李志林，等 . 2001. 星载 SAR 复数图像的配准 . 测绘学报，30（1）：60-66.
刘国祥，陈强，罗小军，等 . 2012. 永久散射体雷达干涉理论与方法 . 北京：科学出版社 .
切尔尼亚克 . 2011. 双（多）基地雷达系统 . 周万幸，译 . 北京：电子工业出版社 .
曲世勃，王彦平，谭维贤，等 . 2011. 地基 SAR 形变监测误差分析与实验 . 电子与信息学报，（1）：1-7.
舒宁 . 2000. 微波遥感原理 . 武汉：武汉大学出版社 .
舒宁 . 2003. 雷达影像干涉测量原理 . 武汉：武汉大学出版社 .
宋小刚 . 2008. 基于 GPS 和 MODs 的 ASAR 数据干涉测量中大气改正方法研究 . 地球物理学报，52（6）：1457-1464.
万莉莉，左伟华 . 2013. 高分辨率宽测绘带 Scan SAR 压缩感知成像算法研究 . 信号处理，29（4）：466-473.
汪宝存，远顺立，王继华，等 . 2015. InSAR 地面沉降监测精度分析与评价 . 遥感信息，4（4）：8-13.
王超，张红，刘智 . 2002a. 星载合成孔径雷达干涉测量 . 北京：科学出版社 .
王超，张红，刘智，等 . 2002b. 基于 D-InSAR 的 1993–1995 年苏州市地面沉降监测 . 地球物理学报，45（z1）：244-253.
王桂杰，谢谟文，邱骋等 . 2010. D- INSAR 技术在大范围滑坡监测中的应用 . 岩土力学，31（4）：1337-1344.
魏钟铨 . 2001. 合成孔径雷达卫星 . 北京：科学出版社 .
杨红磊，彭军还，张丁轩，等 . 2012. 轨道误差对 InSAR 数据处理的影响 . 测绘科学技术学报，（2）：118-121.
杨红磊 . 2012. 基于 InSAR 监测地表形变关键技术研究 . 北京：中国地质大学博士学位论文 .
杨红磊 . 2014. 时序 InSAR 监测郑州市地表形变 . 北京：中国地质大学博士后研究工作报告 .
游新兆，王琪，乔学军，等 . 2003. 大气折射对 InSAR 影响的定量分析 . 大地测量与地球动力学，23（2）：81-87.
余景波，刘国林，曹振坦 . 2013. InSAR 形变测量精度的精密关系式 . 测绘通报，26（3）：26-31.
袁孝康 . 2003. 星载合成孔径雷达导论 . 北京：国防工业出版社 .
曾琪明，解学通 . 2004. 基于谱运算的复相关函数法在干涉复图像配准中的应用 . 测绘学报，33（2）：127-131.
周校 . 2015，GB-SAR 环境改正及数据处理理论与方法研究 . 武汉：武汉大学博士学位论文 .
周万幸 . 2011. 天波超视距雷达发展综述 . 电子学报，39（06）：1373-1378.
张光义 . 1994. 相控阵雷达系统 . 北京：国防工业出版社 .
张红，王超，刘萌，等 . 2015. 极化 SAR 理论、方法与应用 . 北京：科学出版社 .
张直中 . 2004. 机载和星载合成孔径雷达导论 . 北京：电子工业出版社 .
朱建军，付海强，汪长城 . 2018. InSAR 林下地形测绘方法与研究进展 . 武汉大学学报（信息科学版），43（12）：2030-2038.
朱建军，左廷英，宋迎春 . 2013. 误差理论与测量平差基础 . 北京：测绘出版社 .

Cumming I G, Wong F G. 2007. 合成孔径雷达成像：算法与实现．洪文，胡东辉，等，译．北京：电子工业出版社．

Curlander J C, McDonough R N. 2006. 合成孔径雷达：系统与信号处理．韩传钊，等，译．北京：电子工业出版社．

AdamN, Kampes B M, Eineder M. 2004. Development of a scientific permanent scatterer system: Modifications for mixed ERS/ENVISAT time series. Proceedings of the 2004 Envisat and ERS Symposium.

Aguasca A, Broquetas A, Mallorqui J J, et al. 2004. A solid state L to X-band flexible ground-Based SAR System for continuous monitoring applications. Proceedings of the IEEE International Geoscience and Remote Sensing Symposium, 757-760.

Arnaud A, Closa J, Hanssen R, et al. 2004. Development of al-gorithrns for the exploitation of ERS-Envisat using the stable points network. Barcelona, Spain: Altamira Information.

Arnaud A. 1999. Ship detection by SAR interferometry. IEEE 1999 International Geoscience and Remote Sensing Symposium, 2616-2618.

Baehr H, Hanssen R F. 2012. Reliable estimation of orbit errors in spaceborne SAR interferometry. Journal of Geodesy, 86 (12): 1147-1164.

Baehr H. 2013. Orbital effects in spaceborne synthetic aperture radar interferometry. Karlsruhe: KIT Scientific Publishing.

Bamler R, Hartl P. 1998. Synthetic aperture radar interferometry. Inverse Problems, 14 (4): 1-54.

Bean B R, Dutton E J. 1966. Radio Meteorology. New York: Dover.

Berardino P, Fornaro G, Lanari R, et al. 2002. A new algorithm for surface deformation monitoring based on small baseline differential sar interferograms. IEEE Transactions on Geoscience and Remote Sensing, 40 (11): 2375-2383.

Burgmann, Roland, Rosen P A, et al. 2000. Synthetic aperture radar interferometry to measure Earth's surface topography and its deformation. Annual Review of Earth and Planetary Sciences, 28 (1): 169-209.

Chen C W, Zebker H A. 2000. Network approaches to two-dimensional phase unwrapping: Intractability and two new algorithms. Journal of the Optical Society of America A Optics Image Science and Vision, 17 (3): 401-414.

Chen J. 2012. Ionospheric artifacts in simultaneous L- band InSAR and GPS observations. IEEE Transactions on Geoscience and Remote Sensing, 50 (4): 1227-1239.

Colesanti C, Ferretti A, Prati C, et al. 2003. Monitoring landslides and tectonic motions with the permanent scatterers technique. Engineering Geology, 68 (1-2): 31-34.

Costantini M. 1997. A novel phase unwrapping method based on network programming. IEEE Transactions on Geoscience and Remote Sensing, 36 (3): 813-821.

Curlander J C. 1982. Location of spaceborne SAR imagery. IEEE Transactions on Geoscience and Remote Sensing, GE-20 (3): 359-364.

Curlander J C, McDonough R N. 2001. Synthetic Aperture Radar: Systems and Signal Processing. New

York：Wiley.

Dai Y，Ng H M，Wang H，et al. 2020. Modeling-assisted InSAR phase-unwrapping method for mapping mine subsidence. IEEE Geoscience and Remote Sensing Letters，(99)：1-5.

DeZan F，Monti Guarnieri A M. 2006. TOPSAR：Terrain observation by progressive scans. IEEE Transactions on Geoscience and Remote Sensing，44 (9)：2352-2360.

Ding X，Liu G，Li Z，et al. 2004. Ground subsidence monitoring in Hong Kong with satellite SAR interferometry. Photogrammetry Engineering and Remote Sensing，70 (10)：1151-1156.

Dong P，Chen Q. 2018. LiDAR Remote Sensing and Applications. Boca Raton：CRC Press.

Donglie L，Yunfeng S，Zhenguo L，et al. 2014. Evaluation of InSAR and TomoSAR for monitoring deformations caused by mining in a mountainous area with high resolution satellite-based SAR. Remote Sensing，6 (2)：1476-1495.

Eichel P H，Ghiglia D C，Jakowatz Jr C V. 1996. Spotlight SAR interferometry for terrain elevation mapping and interferometric change detection. Sandia National Labs Tech Report，2539-2546.

Feng G. 2011. Coseismic deformation and ionospheric variation associated with Wenchuan earthquake estimated from InSAR. Hong Kong：The Hong Kong Polytechnic University.

Ferretti A C，Rocca F. 2001. Permanent scatterers in SAR interferometry. IEEE Transactions on Geoscience and Remote Sensing，39 (1)：8-20.

Ferretti A C，Prati C，Rocca F. 2002. Non-lines subsidence rate estimation using permanent scatterers in differential SAR interferometry. IEEE Transactions on Geoscience and Remote Sensing，38 (5)：2202-2212.

Ferretti A，Fumagalli A，Novali F，et al. 2011. A New Algorithm for Processing Interferometric Data-Stacks：SqueeSAR. IEEE Transactions on Geoscience and Remote Sensing，49 (9)：3460-3470.

Flynn T J. 1996. Consistent 2-D phase unwrapping guided by a quality map. IGARSS96，4：2057-2059.

Gabriel A K，Goldstein R M. 1988. Crossed orbit interferometry：Theory and experimental results from SIR-B. International Journal of Remote Sensing，9 (5)：857-872.

Gabriel A K，Goldstein R M，Zebker H A. 1989. Mapping small elevation changes over large areas：Differential radar interferometry. Journal of Geophysical Research，94：9183-9191.

Gang X U，Sheng J L，Zhang L，et al. 2012. Performance improvement in multi-ship imaging for scanSAR based on sparse representation. Science China Information Sciences，55 (8)：1860-1875.

Ghiglia D C，Romero A. 1994. Robust two-dimensional weighted and unweighted phase unwrapping that uses fast transforms and iterative methods. Journal of the Optical Society of America A，11 (1)：107-117.

Ghiglia D C，Pritt M D. 1998. Two-dimensional phase unwrapping theory，algorithms，and software. New York：John Wiley & Sons Inc.

Goldstein R M，Zebker H A，Werner C L. 1988. Satellite radar interferometry：Two-dimensional phase unwrapping. Radio Science，23 (4)：713-720.

Goldstein R M, Werner C L. 1998. Radar interferogram filtering for geophysical applications. Geophysical Research Letters, 25 (21): 4035-4038.

Golub G H, Van Loan C F. 1996. Matrix Computation. Baltimore, MD: Johns Hopkins University.

Graham L C. 1974. Synthetic interferometer radar for topographic mapping. Proceedings of the IEEE, 62 (6): 763-768.

Gray L, Mattar D, Sofko G. 2000. Influence of ionospheric electron density fluctuations on satellite radar interferometry. Geophysical Research Letters, 27 (10): 1451-1454.

Hanssen R F. 2001. Radar Interferometry Data Interpretation and Error Analysis. Dordrecht: Kluwer Academic Publishers.

Hanssen R F, Weckwerth T M, Zebker H A, et al. 1999. High resolution water vapor mapping from interferometric radar measurements. Science, 283 (5406): 1295-1297.

Henry C, Souyris J C, Adragna F, et al. 1999. Target detection and analysis based on spectral analysis of a SAR image: A simulation approach. 2003 IEEE International Geoscience and Remote Sensing Symposium: 2616-2618.

Hooper A J. 2006. Persistent scatterer radar interferometry for crustal deformation studies and modeling of volcanic deformation. State of California: Doctoral dissertation, Stanford University.

Hooper A, Zebker H, Segall P, et al. 2004. New method for measuring deformation on volcanoes and other natural terrains using InSAR persistent scatterers. Geophysical Research Letters, 31 (61): 1-5.

Iannini L, Guarnieri A M. 2011. Atmospheric Phase screen in ground-based radar: Statistics and compensation. IEEE Geoscience and Remote Sensing Letters, 8 (3): 537-541.

Iglesias R, Fabregas X, Aguasca A, et al. 2014. Atmospheric phase screen compensation in ground-based SAR with a multiple- regression model over mountainous regions. IEEE Transactions on Geoscience and Remote Sensing, 52 (5): 2436-2449.

Itoh K. 1982. Analysis of the phase unwrapping algorithm. Applied Optics, 21 (14): 2470-2478.

Just D, Bamler R. 1994. Phase statistics of interferograms with applications to synthetic aperture radar. Applied Optics, 33 (20): 4361-4368.

Kaiser T, Zheng F. 2010. Ultra Wideband Systems with MIMO. New Jersey: Wiley.

Kampes B M. 2006. Radar Interferometry Persistent Scatterers Technique. Berlin: Springer.

Kohlhase A O, Feigl K L, Massonnet D . 2003. Applying differential InSAR to orbital dynamics: A new approach for estimating ERS trajectories. Journal of Geodesy, 77 (9): 493-502.

Krul L. 1984. A model description for radar reflection on the sea surface 2. Nasa STI/Recon Technical Report N.

Lanari R, Fornaro G, Riccio D, et al. 1996. Generation of digital elevation models by using SIR-C/X-SAR multifrequency two-pass interferometry: The Etna case study. IEEE Transactions on Geoscience and Remote Sensing, 34 (5): 1097-1114.

Lee H, Cho S, Kim K. 2010. A ground-based arc-scanning synthetic aperture radar (ArcSAR) system and focusing algorithms. 2010 IEEE International Geoscience and Remote Sensing Symposium

(IGARSS), 38 (5): 3490-3493.

Lee J S, Papathanassiou K P. 1998. A new technique for noise filtering of SAR interferometric phase images. IEEE Transactions on Geoscience and Remote Sensing, 36 (5): 1456-1465.

Levenberg K. 1944. A method for the solution of certain non-linear problems in least squares. Quarterly of Applied Mathematics, 2 (4): 436-438.

Li Z H. 2005. Correction of Atmospheric Water Vapour Effects on Repeat- Pass SAR Interferometry Using GPS, MODIS and MERIS Data. London: University College London.

Li Z H, Elliott J R, Feng W, et al. 2011. The 2010 M_W 6. 8 Yushu (Qinghai, China) earthquake: Constraints provided by InSAR and body wave seismology. Journal of Geophysical Research: Solid Earth. 116 (B10302): 1-16.

Li Z W. 2004. Modeling atmospheric effects on repeat-pass InSAR measurements. Hong Kong: The Hong Kong Polytechnic University.

Lin Q, Vesecky J F. 1992. New approaches in interferometric SAR data processing. IEEE Transactions on Geoscience and Remote Sensing, 30 (3): 560-567.

Liu G, Hanssen R F, Guo H, et al. 2016. Nonlinear model for InSAR baseline error. IEEE Transactions on Geoscience and Remote Sensing, 54 (9): 1-11.

López-Martínez C, Cànovas X F, Chandra M. 2002. SAR interferometric phase noise reduction using wavelet transform. Electronics Letters, 37 (10): 649-651.

López-Martínez C, Fàbregas X. 2003. Modeling and reduction of SAR interferometric phase noise in the wavelet domain. IEEE Transactions on Geoscience and Remote Sensing, 40 (12): 2553-2566.

Luzi G, Pieraccini M, Mecatti D, et al. 2004. Ground-based radar interferometry for landslides monitoring: Atmospheric and instrumental decorrelation sources on experimental data. IEEE Transactions on Geoscience and Remote Sensing, 42 (11): 2454-2466.

Marquardt D W. 1963. An algorithm for least square estimation of non-linear parameters. Journal of the Society for Industrial and Applied Mathematics, 11 (2): 431-441.

Massonnet D, Vadon H. 1995. ERS-I internal clock drift measured by interferometry. IEEE Transactions on Geoscience and Remote Sensing, 33 (2): 401-408.

Massonnet D, Feigl K L. 1998. Radar interferometry and its application to changes in the Earth's surface. Reviews of Geophysics, 36 (4): 441-500.

Massonnet D, Rossi M, Cnnaona C, et al. 1993. The displacement field of the Landers earthquake mapped by radar interferometry. Nature, 364 (6433): 138-142.

Mattar K E, Gray A L. 2002. Reducing ionospheric electron density errors in satellite radar interferometry applications. Canadian Journal of Remote Sensing, 28 (4): 593-600.

Meta A, Trampuz C. 2009. Metasensing compact, high resolution interferometric SAR sensor for commercial and scientific applications. Rome, Italy: the 7th Radar Conference (EURAD), 21-24.

Meyer F, Bamler R, Jakowski N, et al. 2006. The potential of low- frequency SAR systems for mapping ionospheric TEC distributions. IEEE Geoscience and Remote Sensing Letter, 3 (4):

560-564.

Monserrat O, Crosetto M, Luzi G. 2014. A review of ground-based SAR interferometry for deformation measurement. ISPRS Journal of Photogrammetry and Remote Sensing, 93: 40-48.

Moreira A, Prats- Iraola P, Younis M, et al. 2013. A tutorial on synthetic aperture radar. IEEE Geoence and Remote Sensing Magazine, 1 (1): 6-43.

Niell A E, Coster A J, Solheim F S, et al. 2001. Comparison of measurements of atmospheric wet delay by radiosonde, water vapor radiometer, GPS, and VLBI. Journal of Atmospheric and Oceanic Technology, 18 (6): 830-850.

Nigel Press Associates. 2004. Company web page. http://www.npagroup.com [2019-10-21].

Noferini L, Pieraccini M, Mecatti D, et al. 2005. Permanent scatterers analysis for atmospheric correction in ground- based SAR interferometry. IEEE Transactions on Geoscience and Remote Sensing, 43 (7): 1459-1471.

Ouchi K, Wang H. 2005. Inter look cross-correlation function of speckle in SAR images of sea surface processed with partially overlapped sub- apertures. IEEE Transactions on Geoscience and Remote Sensing, 43 (4): 695-701.

Pepe A, Berardino P, Bonano M, et al. 2011. SBAS-Based Satellite orbit correction for the generation of DInSAR Time-Series: Application to RADARSAT-1 data. IEEE Transactions on Geoscience and Remote Sensing, 49 (12): 5150-5165.

Pieraccini M, Miccinesi L, Rojhani N. 2017. A GBSAR operating in monostatic and bistatic modalities for retrieving the displacement vector. IEEE Geoscience and Remote Sensing Letters, 14 (9): 1494-1498.

Prati C, Rocca F. 1990. Limits to the resolution of elevation maps from stereo SAR images. International Journal of Remote Sensing, 11 (12): 2215-2235.

Pritt M D, Shipman J S. 1994. Least- squares two- dimensional phase unwrapping using FFT's. IEEE Transactions on Geoscience and Remote Sensing, 32 (3): 706-708.

Raucoules D, Michele M D. 2010. Assessing ionospheric influence on L-band SAR data: Implications on coseismic displacement measurements of the 2008 Sichuan earthquake. IEEE Geoscience and Remote Sensing Letters, 7 (2): 286-290.

Rödelsperger S, Laeufer G, Gerstenecker C, et al. 2010. Monitoring of displacements with ground-based microwave interferometry: IBIS-S and IBIS-L. Journal of applied geodesy, 4 (1): 41-54.

Rodriguez E, Martin J M. 1992. Theory and design of interferometric synthetic aperture radars. IEE Proceedings F-Radar and Signal Processing, 139 (2): 147-159.

Rogers A E, Ingalls R P. 1969. Venus: Mapping the surface Reflectivity by Radar Interferometry. Science, 797-799.

Sammartino P, Tarchi D, Fortuny-Guasch J, et al. 2012. Phase compensation and processing in MIMO radars. IET Radar Sonar Navigation, 6 (4): 222-232.

Sandwell D T, Price E J. 1998. Phase gradient approach to stacking interferograms. Journal of Geophysical Research Solid Earth, 103 (B12): 30183-30204.

Scharroo R, Visser P. 1998. Precise orbit determination and gravity field improvement for the ERS satellites. Journal of Geophysical Research, 103 (C4): 8113-8127.

Schneider R Z, Fernandes D. 2002. Entropy concept for change- detection in multitemporal SAR images. Cologne, Germany: European Conference on Synthetic Aperture Radar (EUSAR'2002): 221-224.

Schreier G. 1993. SAR Geocoding: Data and systems. Heidelberg: Herbert Wichmann Verlag.

Schwerdt M, Gonzalez J H, Bachmann M, et al. 2011. In-orbit Calibration of the TanDEM-X System//Geoscience and Remote Sensing Symposium. Vancouver: IEEE: 2420-2423.

Shirzaei M, Walter T R. 2015. Estimating the effect of satellite orbital error using wavelet-based robust regression applied to InSAR deformation data. IEEE Transactions on Geoscience and Remote Sensing, 49 (11): 4600-4605.

Smith B, Sandwell D. 2003. Accuracy and resolution of shuttle radar topography mission data. Geophysical Research Letters, 30: 1467.

Skolnik M I. 1962. Introduction to RADAR Systems. New York, USA: McGraw-Hill.

Small D, Werner C, Nuesch D. 1993. Baseline modelling for ERS-1 SAR interferometry//Proceedings of the 1993 international geoscience and remote sensing symposium, IGARSS' 93. Tokyo, Japan: Better understanding of Earth environment: 1204-1206.

Small D. 1998. Generation of digital elevation models through spaceborne SAR interferometry. Zurich: University of Zurich.

Souyris J C, Henry C, Adragna F. 2003. On the use of complex SAR image spectral analysis for target detection: Assessment of polarimetry. IEEE Transactions on Geoscience and Remote Sensing, 41 (12): 2725-2734.

Stevens N F, Wadge G, Williams C A. 2001. Post- emplacement lava subsidence and the accuracy of ERS InSAR digital elevation models of volcanoes. International Journal of Remote Sensing, 22 (5): 819-828.

Strang G. 1988. Linear Algebra and Its Applications. Orlando, FL: Harcourt Brace Jovanovich.

Strozzi T, Wegmuller U, Werner C, et al. 2000. Measurement of slow uniform surface displacement with mm/year accuracy//IEEE International Geoscience and Remote Sensing Symposium. IEEE Xplore.

Sudhaus H, Jónsson S. 2011. Source model for the 1997 Zirkuh earthquake (M_W=7.2) in Iran derived from JERS and ERS InSAR observations. Geophysical Journal International, 185 (2): 676-692.

Sun Z, Yu A, Dong Z, et al. 2019. ScanSAR interferometry of the Gaofen-3 Satellite with unsynchronized repeat-pass images. Pubmed, 19 (21): 4689.

Takajo H, Takahashi T. 1988. Noniterative method for obtaining the exact solution for the normal equation in least-squares phase estimation from the phase difference. Journal of the Optical Society of America A, 5 (11): 1818-1827.

Tarchi D, Rudolf H, Pieraccini M, et al. 2000. Remote monitoring of buildings using a ground-based sar: Application to cultural heritage survey. International Journal of Remote Sensing, 21 (18):

3545-3551.

Tatarski V I. 1961. Wave Propagation in a Turbulent Medium. New York：McGraw-Hill.

Teunissen P J G. 1995. The least-squares ambiguity decorrelation adjustment：A method for fast GPS integer ambiguity estimation. Journal of Geodesy，70（1-2）：65-82.

Teunissen P J G. 1999. A theorem on maximizing the probability of correct integer estimation. Artificial Satellites，34（1）：3-9.

Teunissen P J G. 2003. Integer aperture GNSS ambiguity resolution. Artificial Satellites，38（3）：79-88.

Tien-Sze L，Voon-Chet K，Yee-Kit C，et al. 2013. Development of a ground-based Synthetic Aperture Radar for land deformation monitoring. Conference on Synthetic Aperture Radar，478（4）：536-539.

Touzi R，Lopes A，Bruniquel J，et al. 1999. Coherence estimation for SAR imagery. IEEE Transactions on Geoscience and Remote Sensing，37（1）：135-149.

Usai S，Klees R. 1999. SAR interferometry on a very long time scale：a study of the interferometric characteristics of man-made features. Geoscience and Remote Sensing IEEE Transactions on Geoscience and Remote Sensing，37（4）：2118-2123.

Usai S. 2001. A new approach for long term monitoring of deformations by differential SAR interferometry. Netherlands：Delft University Press.

Usai S. 2003. A least squares database approach for SAR interferometric data. IEEE Transactions on Geoscience and Remote Sensing，41（4）：753-760.

Vander Kooij M W A. 2003. Coherent target analysis. Third international Workshop on ERS SAR interferometry. Frascati，Italy：'FRINGE03'，1-5.

Wegmuller U. 2007. Interferometric SAR Processing. IEEE Xplore.

Wegmüller U，Werner C. 1997. GAMMA SAR processor and interferometry software. Florence：Proceedings of 3rd ERS Symposium：1687-1692.

Wegmüller U，Werner C，Strozzi T. 1998. SAR interferometric and differential interferometric processing. Seattle：Proceedings of IGARSS'98：1106-1108.

Wegmüller U，Werner C，Strozzi T，et al. 2006. Application of SAR interferometric techniques for surface monitoring. Baden：3rd IAG / 12th FIG Symposium.

Wegmüller U，Walter D，Spreckels V，et al. 2010. Nonuniform ground motion monitoring with TerraSAR-X persistent scatterer interferometry. IEEE Transactions on Geoscience and Remote Sensing，48（2）：895-904.

Werner C L，Hensley S，Rosen P. 1996. Application of the interferometric correlation coefficient for measurement of surface change. San Francisco：AGU Fall Meeting.

Werner C，Wegmüller U，Strozzi T，et al. 2000. GAMMA SAR and interferometric processing software. Gothenburg：Proceedings of ERS-Envisat Symposium：16-20.

Werner C，Strozzi T，Wegmüller U，et al. 2002a. SAR geocoding and multi- source image registration. IEEE International Geoscience and Remote Sensing Symposium.

Werner C, Wegmüller U, Strozzi T, et al. 2002b. Processing strategies for phase unwrapping for INSAR applications. Proceedings of European Conference on Synthetic Aperture Radar EUSAR, 353-356.

Werner C, Wegmüller U, Strozzi T, et al. 2003. Interferometric point target analysis for deformation mapping. IEEE International Geoscience and Remote Sensing Symposium.

Werner C, Strozzi T, Wiesmann A, et al. 2008. A real- aperture radar for ground- based differential interferometry. Boston: IEEE International Geoscience and Remote Sensing Symposium: 210-213.

Wiley C A. 1985. Synthetic aperture radars: A paradigm for technology evolution. IEEE Transactions on Aerospace and Electronic Systems, 21 (3): 440-443.

Xia Y, Kaufmann H, Guo X F. 2004. Landslide monitoring in the Three Gorges area using D- InSAR and corner reflectors. Photogrammetric Engineering and Remote Sensing, 70 (10): 1167-1172.

Xu W, Cumming I. 1999. A region- growing algorithm for InSAR phase unwrapping. IEEE Transactions on Geoscience and Remote Sensing, 37 (1): 124-134.

Xu Z W, Wu J, Wu Z S. 2004. A survey of ionospheric effects on space-based radar. Waves in Radom Media, 14 (2): 189-273.

Yang H, Cai J, Peng J, et al. 2017. A correcting method about GB-SAR rail displacement. International Journal of Remote Sensing, 38 (5-6): 1483-1493.

Yanovsky F J. 2008. Millimeter Wave Radar: Principles and Applications//Xiao S Q, Zhou M T. Millimeter Wave Technology in Wireless PAN, LAN, and MAN. New York: Auerbach Publications.

Yu H, Lan Y, Yuan Z, et al. 2019. Phase unwrapping in InSAR: A review. IEEE Geoscience and Remote Sensing Magazine, 7 (1): 40-58.

Zebker H A, Goldstein R M . 1986. Topographic mapping from interferometric synthetic aperture radar observations. Journal of Geophysical Research Solid Earth, 91 (B5): 4993-4999.

Zebker H A, Villasenor J. 1992. Decorrelation in interferometric radar echoes. IEEE Transactions on Geoscience and Remote Sensing, 30 (5): 950-959.

Zebker H A, Chen K. 2005. Accurate estimation of correlation in InSAR observations. IEEE Geoscience and Remote Sensing Letters, 2 (2): 124-127.

Zebker H A, Farr T G, Salazar R P, et al. 1994a. Mapping the world's topography using radar interferometry: the TOPSAT mission. Proceedings of the IEEE, 82 (12): 1774-1786.

Zebker H A, Werner C L, Rosen P A, et al. 1994b. Accuracy of topographic maps derived from ERS-I interferometric radar. IEEE Transactions on Geoscience and Remote Sensing, 32 (4): 823-836.

Zebker H A, Rosen P A, Hensley S. 1997. Atmospheric effects in interferometric synthetic aperture radar surface deformation and topographic maps. Journal of Geophysical Research, 102 (B4): 7547-7563.

Zhang L, Wu J C, Ding X L, et al. 2007. The propagation of orbital errors in the 3-Pass DInSAR processing. 2007 1st Asian and Pacific Conference on Synthetic Aperture Radar.

Zhang L, Ding X L, Lu Z. 2010. Ground settlement monitoring based on temporarily coherent points between two SAR acquisitions. ISPRS Journal of Photogrammetry and Remote Sensing, 66 (1): 146-152.

Zhang L, Ding X, Lu Z. 2011. Modeling PSInSAR time series without phase unwrapping. IEEE Transactions on Geoscience and Remote Sensing, 49 (1): 547-556.

Zhang L, Ding X L, Lu Z, et al. 2014. A novel multitemporal InSAR Model for joint estimation of deformation rates and orbital errors. IEEE Transactions on Geoscience and Remote Sensing, 52 (6): 3529-3540.